WERNER PEPELS

# Marketing-Kommunikation

# Marketing-Kommunikation

Einführung in die Kommunikationspolitik

Von

Werner Pepels

3., überarbeitete und erweiterte Auflage

Duncker & Humblot · Berlin

Bibliografische Information der Deutschen Nationalbibliothek

Die Deutsche Nationalbibliothek verzeichnet diese Publikation in
der Deutschen Nationalbibliografie; detaillierte bibliografische Daten
sind im Internet über http://dnb.d-nb.de abrufbar.

Umschlagbild: © saicle – Fotolia.com

© 2015 Duncker & Humblot GmbH, Berlin
Fremddatenübernahme: TextFormArt, Daniela Weiland, Göttingen
Druck: buchbücher.de gmbh, Birkach
Printed in Germany

ISBN 978-3-428-14513-3 (Print)
ISBN 978-3-428-54513-1 (E-Book)
ISBN 978-3-428-84513-2 (Print & E-Book)

Gedruckt auf alterungsbeständigem (säurefreiem) Papier
entsprechend ISO 9706 ∞

Internet: http://www.duncker-humblot.de

# Vorwort

Die Vorauflagen von „Marketing-Kommunikation" (im Merkur-Verlag und Verlag UTB/UVK) sind gut vom Markt aufgenommen worden, so dass nunmehr die dritte überarbeitete und aktualisierte Auflage vorliegt. Der Verlag wurde für die Neuauflage gewechselt, um eine sachverständige und konstruktive verlegerische Begleitung zu erreichen. Es handelt sich nunmehr um den renommierten Duncker & Humblot-Verlag, Berlin.

Die Struktur des Bandes ist seit der Erstauflage beibehalten worden. Sie gliedert sich in acht Kapitel, die eine systematische und transferorientierte Einführung in die Kommunikationspolitik im Marketing bieten. Für Leser, die noch tiefer in die Materie einsteigen wollen, steht im selben Verlag das Standardwerk „Kommunikationsmanagement" in der aktuell fünften Auflage zur Verfügung.

Der Autor dankt Dr. Florian Simon für die Aufnahme in das Verlagsprogramm. Ein besonderer Dank sei zudem an Renate Lücker gerichtet, die den Text umsichtig lektoriert hat. Etwaig verbleibende Unzulänglichkeiten gehen natürlich allein zu Lasten des Autors.

Krefeld, im Oktober 2014                                    *Werner Pepels*

# Inhaltsübersicht

# Inhaltsverzeichnis

# Abbildungsverzeichnis

# Abkürzungsverzeichnis

| | |
|---|---|
| AE | Annoncen-Expedition |
| AG.MA | Arbeitsgemeinschaft Mediaanalyse (Träger der MA) |
| AIO | Activities, Interests, Opinions (Lebensstilmerkmale) |
| AS | Anzeigenschluss |
| B | Breite |
| BIP | Bruttoinlandsprodukt |
| B-t-B | Business to Business |
| B-t-C | Business to Consumer |
| CD | Corporate Design |
| CI | Corporate Identity |
| DM | Dialogmarketing |
| DTP | Desktop Publishing |
| DUS | Druckunterlagenschluss |
| EAN | Europäische Artikel-Nummerierung |
| EBV | Elektronische Bildverarbeitung |
| et al. | und andere |
| GBG | Geschlossene Benutzer-Gruppe |
| GI | General Interest |
| GRP | Gross Rating Point (Brutto-Medialeistungswert) |
| GWB | Gesetz gegen Wettbewerbsbeschränkungen |
| HF | Hörfunk |
| HKS | Standardisierte Farbskala |
| IKP | Interessenten-Kontakt-Programm |
| IVW | Informationsgemeinschaft zur Feststellung der Verbreitung von Werbeträgern |
| KKP | Kunden-Kontakt-Programm |
| KVA | Kostenvoranschlag |
| LAN | Local Area Network (privates Netzwerk) |
| MA | Media-Analyse |
| MDS | Multidimensionale Skalierung |
| OEM | Original Equipment Manufacturer (Originalteile-Hersteller) |
| OTC | Over the Counter (freiverkäufliche Arzneimittel) |
| OTS | Opportunity to See (Kontaktchance) |
| PI | Professional Interest |
| POS | Point of Sale (Verkaufsort) |
| PR | Public Relations |
| PZ | Publikumszeitschrift |
| RT | Rücktrittstermin |
| SI | Special Interest |
| SoA | Share of Advertising |
| SoM | Share of Market |

| | |
|---|---|
| SoV | Share of Voice |
| sp. | spaltig |
| SS | Special Segment |
| s/w | schwarz-weiß |
| SWOT | Strenghts, Weaknesses, Opportunities, Threats (Analysefom) |
| TZ | Tageszeitung (allgemeiner: Zeitung) |
| UAP | Unique Advertising Proposition |
| US | Umschlagseite |
| USP | Unique Selling Proposition |
| UWG | Gesetz gegen unlauteren Wettbewerb |
| VA | Verbraucher-Analyse |
| VADM | Verkaufsaußendienstmitarbeiter |
| VALS | Values, Lifestyle (Lebensstilmerkmale) |
| 4-c. | vierfarbig |
| VKF | Verkaufsförderung |
| WKZ | Werbekostenzuschuss |
| ZAW | Zentralverband der deutschen Werbewirtschaft, Bonn |
| ZF | Zusatzfarbe |

# 1. Grundlagen der Kommunikation

## 1.1 Prinzipien der Kommunikation

Kommunikation gehört, wie den wenigsten bewusst ist, zu den kompliziertesten Dingen unseres Lebens und führt oft genug geradewegs ins Chaos. In vielen Fällen geht es bei Konflikten im geschäftlichen, aber auch im privaten Bereich, von der Sache her nur um „Petitessen", die eigentliche Eskalation beruht vielmehr auf Kommunikationspannen über diese Sache. Denn

- gesagt bedeutet nicht gehört,
- gehört bedeutet nicht verstanden,
- verstanden bedeutet nicht einverstanden,
- einverstanden bedeutet nicht umgesetzt,
- umgesetzt bedeutet nicht bewährt.

Im Kern geht es im Kommunikationsmanagement (nach Lasswell) darum:

- Wer (Kommunikator) sagt was (Botschaft) zu wem (Zielperson) über welchen Weg (Kanal) mit welcher Wirkung (Ziel).

### 1.1.1 „Man kann nicht nicht kommunizieren!"

Kommunikation ist also nicht nur lebensnotwendig, sondern auch Ursache vielen Übels. Das große Problem ist, dass man sich ihr nicht entziehen kann, denn man kann nicht nicht kommunizieren (Watzlawick). Somit gibt es auch nicht die Wahl zwischen Kommunikation oder Nicht-Kommunikation, denn auch Nicht-Kommunikation kommuniziert, und zwar zum weitaus größeren Teil non-verbal, beim Menschen etwa durch Körpersprache, Kopfhaltung, Gesichtsausdruck etc. Diese non-verbale Kommunikation ist sogar noch aufschlussreicher, weil sie in den meisten Fällen nur schwer bewusst gesteuert werden kann, wohingegen Worte lügen können. Aber selbst eine ehrliche, einfache Botschaft ist durchaus mehrdeutig interpretierbar, weil Sachinhalt und Beziehung der Kommunikation untrennbar miteinander verbunden sind.

Dazu ein Beispiel von Watzlawick: Fahrerin und Beifahrer befinden sich im Auto, der Beifahrer sagt zur Fahrerin: „Du, da vorn die Ampel ist grün!".

Auf der *Sachinhaltsebene* geht es dabei um die objektive Darstellung der Fakten gegenüber dem Adressaten der Botschaft, hier also um die simple Tatsache, dass eine Ampel grünes Licht zeigt. Aber untrennbar damit verbunden sind immer auch die Beziehungsebenen (*siehe Abb. 1*) mit den Aspekten der

- *Selbstdarstellung* des Botschaftsabsenders, hier die Aussage, dass er es wohl eilig hat und die Grünphase der Ampel nicht verpassen will,

- *Fremdeinschätzung* des Botschaftsadressaten durch den Absender, hier also die Meinung, helfen zu müssen, damit die Fahrerin besser zurecht kommt,

- *Appellation* an den Botschaftsadressaten, hier die Aufforderung an sie, nicht solange zu trödeln, bis die Ampel wieder auf Rot umspringt.

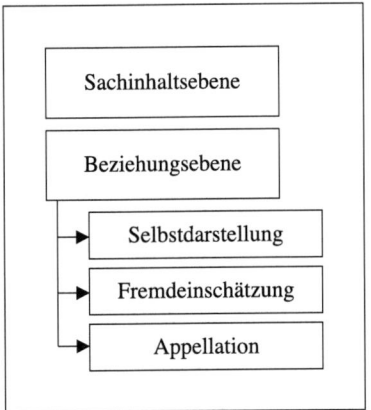

Abbildung 1: Die Ebenen der Kommunikation

Je nachdem, wie diese Aussage vom Adressaten interpretiert wird, antwortet er auf einer dieser Ebenen:

- Sachbezogen ganz harmlos mit „Ja, wirklich praktisch diese grüne Welle."

- Widerstrebend etwa durch „Ich bin doch nicht farbenblind und schneller fahren ist hier verboten."

- Partnerschaftlich etwa durch „Keine Sorge, wir liegen recht gut in der Zeit."

- Oder gehorsam etwa durch „Ja, da werde ich wohl mal etwas mehr Gas geben."

Je nachdem, wie die erste Botschaft ankommt, entspricht die erfolgte Reaktion nicht der ursprünglichen Absicht, und es entsteht, je nach Lage der Dinge, ein Konflikt. Im privaten Bereich bedeutet dies im ungünstigsten Fall Frustration auf beiden Seiten, im geschäftlichen Bereich hingegen konkrete Ineffizienz, und im werblichen Bereich schlichtweg verlorenes Geld.

Neben den beiden genannten Axiomen (Axiom 1: Man kann nicht nicht kommunizieren, Axiom 2: Jede Kommunikation hat einen Inhalts- und einen Beziehungsaspekt derart, dass Letzterer Ersteren bestimmt und daher eine Metakommunikation ist), kennt Watzlawick noch drei weitere Axiome der Kommunikation, die jedoch für die Werbung weniger zentral sind:

- Axiom 3: Die Natur einer Beziehung ist durch die Interpunktion der Kommunikationsabläufe seitens der Partner bedingt.

- Axiom 4: Menschliche Kommunikation bedient sich digitaler (schriftlich/mündlich) und analoger (non-verbaler) Modalitäten. Digitale Kommunikationen haben eine komplexe und vielseitige logische Syntax (Reihenfolge), aber eine auf dem Gebiet der Beziehungen unzulängliche Semantik (Bedeutungslehre). Analoge Kommunikationen dagegen besitzen dieses semantische Potenzial, lassen aber die für eindeutige Kommunikation erforderliche Syntax vermissen.

- Axiom 5: Zwischenmenschliche Kommunikationsabläufe sind entweder symmetrisch oder komplementär, je nachdem, ob die Beziehung zwischen den Partnern auf Gleichheit oder Unterschiedlichkeit beruht.

### 1.1.2 „Nicht die Realität ist die Realität im Markt!"

Ein weiterer Kernsatz zum Verständnis der Kommunikation lautet (in Anlehnung an B. Spiegel): „Nicht die Realität ist die Realität im Markt, sondern die Vorstellungen der Zielpersonen darüber." Dies will sagen, dass Marketing-Kommunikation sich auf einer Meta-(Emotional-)Ebene vollzieht, welche die darunter liegende Real-(Sach-)Ebene mehr oder minder überlagert. Beide Ebenen können nun, durchaus auch dauerhaft, voneinander abweichen.

Ein Beispiel dafür ist die Tabakbranche. Auf der Realebene handelt es sich bei Zigaretten um nichts anderes als in weißes Papier eingewickelte Tabakröllchen mit einem Faservorsatz davor, die zu 20 Stück in Packungen abgefüllt sind und durch Anzünden abgebrannt werden. Der dabei entweichende, im übrigen extrem gesundheitsschädliche Rauch wird inhaliert und Unterschiede zwischen verschiedenen Marken innerhalb einer Gattung sind selbst von Freaks nur schwer bis gar nicht auszumachen. Auf dieser Real-Ebene wäre aber wohl kaum jemand bereit, für eine Packung Zigaretten um die 5 € auszugeben. Erst die Überlagerung durch die Meta-Ebene der Kommunikation lässt aus diesen profanen Produkten Objekte der Begierde werden, wobei die einzelnen Zigarettenmarken dann auch keineswegs mehr als untereinander austauschbar angesehen werden. Statt über eingerollten Schnitttabak wird über Rocky Mountains, Urwalddschungel, über Weltanschauung und multikulturellen Austausch kommuniziert. Dass zwischen beiden Ebenen dauerhaft Welten klaffen, beeinträchtigt nicht nur nicht den Markterfolg dieser Produkte, sondern ist sogar strikte Voraussetzung dafür.

Dies gilt, wenngleich vielleicht nicht so stark, für praktisch alle Produkte, vor allem Konsumgüter. Die Gründe dafür sind klar. Erstens ist die Realität der weit überwiegenden Mehrzahl der Marktangebote ähnlich langweilig wie die der Zigaretten. Diese auszuloben, lohnt sich daher erst gar nicht. Zweitens sind die Angebote verschiedener Marktteilnehmer sich meist objektiv zum Verwechseln ähnlich, so dass eine Auslobung auf der Real-Ebene kaum komparative Wettbewerbsvorteile zu zeitigen in der Lage ist, auf die es aber angesichts stagnierender Märkte bei Konkurrenzverdrängung gerade ankommt. Das gilt durchaus auch für viele Investitionsgüter. Und drittens sind Unterschiede selbst dort, wo sie denn tatsächlich gegeben sind, für Nachfrager meist nicht mehr ohne Weiteres nachvollziehbar, so dass eine reale Auslobung diese leicht in ihrer Beurteilungskapazität überfordert. Deshalb ist es geradezu unausweichlich, bei der Kommunikation auf die Meta-Ebene abzuzielen, will man am Markt noch etwas bewirken.

### 1.1.3 „Der Wurm muss dem Fisch schmecken und nicht dem Angler!"

Ebenfalls von immenser Bedeutung für die Kommunikation ist die Aussage, wonach der Wurm dem Fisch schmecken muss, und nicht dem Angler. Sie besagt, dass der Wert einer Botschaft sich allein aus der Sicht der Adressaten definiert. Das heißt, nicht das Bedürfnis des Absenders, das mitzuteilen, was er loswerden will, darf im Vordergrund der Kommunikation stehen, sondern ausschließlich die mutmaßlichen Bedürfnisse der Adressaten. Dies wäre nicht weiter tragisch, würden nicht beide Interessen zumeist signifikant voneinander abweichen. Der Absender will etwa Adressaten davon überzeugen, sein Produkt anstelle eines anderen oder zusätzlich zu diesem zu kaufen und dafür Kaufkraft als Gegenleistung herzugeben, damit sein Geschäft stimmt. Den Adressaten ist aber gerade dies ziemlich gleichgültig, sie sind vielmehr daran interessiert, nur solche Nutzen zu erwerben, die sie höher einschätzen als das Geldopfer, das sie dafür erbringen müssen. Argumentiert der Absender nun aus seiner Sicht heraus, trifft er damit nicht den Nerv, d. h. die Aufmerksamkeit und das Interesse seiner Adressaten, und die Kommunikation ist vergebens, wenngleich nicht umsonst. Für eine erfolgversprechende Kommunikation bedarf es vielmehr der Regression eigener Bedürfnisse zugunsten der Bedarfe anderer, nämlich der potenziellen Abnehmer. Obgleich Kommunikation also das eigene Geld kostet, darf man damit nicht den eigenen, sondern muss fremden Interessen dienen. Nur in dem Maße, wie es gelingt, in der Kommunikation solche Nutzen anzubieten, die potenzielle Abnehmer attraktiv finden, weil sie ihren Bedürfnissen entsprechen, kann überhaupt Erfolg erreicht werden. Kommunikation hingegen, die primär das Bedürfnis des Absenders befriedigt, wird zwangsläufig scheitern. Oft ist dieser Fehler gerade in Branchen zu finden, in denen die Marketingdenkhaltung noch nicht stabil verankert ist, so z. B. in der Investitionsgüterwerbung, die allzu oft noch den Stolz der Produzenten über ihre, zugegebenermaßen oft beachtliche Leistung widerspiegelt, statt zu zeigen, dass man sich erfolgreich in die Motivation der Anwender hineinversetzen und dafür maßgeschneiderte Problemlösungen offerieren kann.

### 1.1.4 „Werbung verkauft nicht, sondern Werbung hilft verkaufen!"

Schließlich gehört noch ein letzter, ganz entscheidender Hinweis hierhin. „Werbung verkauft nicht, sondern Werbung hilft verkaufen." Naturgemäß ist die Erwartungshaltung aller Werbungtreibenden die, für ihr gutes Geld konkret messbare Verkaufsergebnisse zu erhalten. Diese Einstellung gebietet allein die kaufmännische Sorgfaltspflicht. Unseriöse Werbeberater sind denn auch leicht bei der Hand, dies für ihre Werbung zu reklamieren, weil sie wissen, dass davon zumeist die Freigabe des Budgets abhängt. Doch niemand kann garantieren, dass X € Werbebudget mindestens X + 1 € Gewinn generieren. Realistisch ist nur zu versprechen, alles professionell Mögliche zu tun, dieses Ziel zu erreichen. Denn Werbung verkauft eben nicht, sondern Werbung ist nur ein Faktor neben unzähligen anderen, der zum Kauf oder Nichtkauf führt. Diese Problematik verhindert auch eine Werbeerfolgsmessung, wie sie von Werbungtreibenden immer gern gesehen wird. Denn wenn Werbung nur ein Faktor neben anderen ist, der den wirtschaftlichen Erfolg verantwortet, ist eine Zurechnung des Anteils der Werbung nur dann möglich, wenn es gelingt, den Leistungsbeitrag aller beteiligten Faktoren zu ermitteln. Daran aber scheitert bislang die Praxis.

## 1.2 Abläufe der Kommunikation

### 1.2.1 Elemente

Damit Kommunikation entsteht, bedarf es verschiedener Elemente. Immer kommt es zum Austausch von Signalen. Signale sind wahrnehmbare Reize (z. B. Schallwellen). Signale mit Bedeutungsinhalt sind Zeichen (z. B. Wörter). Signale werden durch die Syntaktik hinsichtlich ihrer Struktur untersucht. Werden diese Zeichen unter Einhaltung von Verknüpfungsregeln sinnvoll miteinander kombiniert, ergeben sie eine Nachricht (z. B. Text). Nach der Semantik werden die Zeichen somit im Hinblick auf die Codierung ihres Bedeutungsinhalts untersucht. Ist diese Nachricht darüber hinaus von Bedeutung für Adressaten, indem ihr Neuigkeitscharakter zukommt, handelt es sich um eine Information (z. B. Neuprodukt-Ankündigung). Die Pragmatik untersucht somit die Wirkung von Nachrichten auf Empfänger. Und die Sigmatik untersucht die Beziehung der Information zum realen Werbeobjekt (*siehe dazu Abb. 2*).

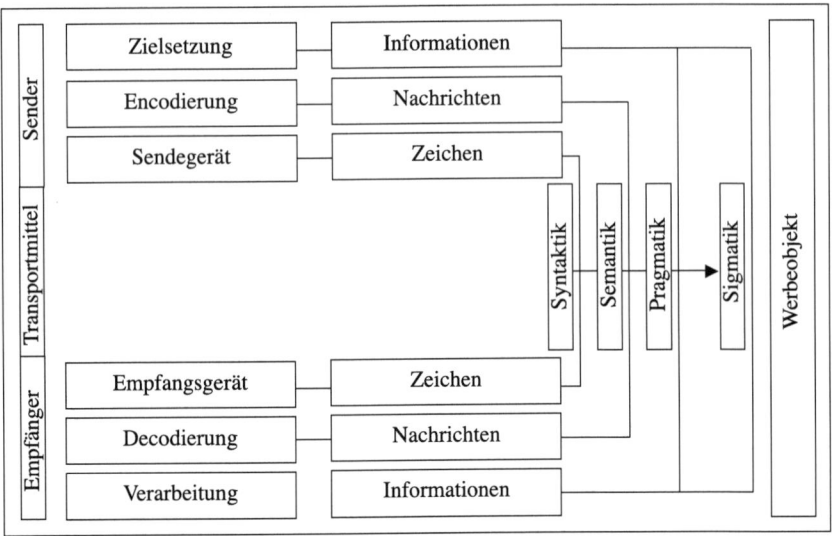

Abbildung 2: Semiotische Elemente der Kommunikation

## 1.2.2 Kommunikationskette

Bei genauerer Betrachtung stellt sich die Kommunikationskette also wie folgt dar:

- Zunächst gibt es einen *Sender*, der Werbungtreibende, der eine intendierte Botschaft (Idee) verbreiten will. Dabei kann es sich z.B. um die Absicht der Bekanntmachung eines neuen Produkts handeln.

- Damit aus den Gedanken in seinem Kopf Kommunikation entstehen kann, müssen diese in *Signale* umgewandelt werden. Denn Kommunikation kommt nur durch wahrnehmbare Reize zustande. Eine solche Encodierung (Verschlüsselung) erfolgt in Worten, Bildern, Texten, Grafiken, Tönen, Farben, Formen etc. Damit materialisiert sich die Botschaft erst.

- Damit sie von anderen, den Rezipienten als Zielpersonen, auch wahrgenommen werden kann, bedarf es jedoch eines *Sendegeräts*, das diese Signale nach außen abgibt. Beim Menschen ist dies z.B. seine Stimme. Weil diese im Markt aber selten weit genug reicht, bedient man sich ersatzweise der Medien in Form von Anzeigen, Spots und Plakaten als Sprachrohr.

- Zur Verbreitung bedarf es weiterhin eines *Transportmittels*, das die Raum- und Zeitdifferenz zwischen Botschaftsabgabe und -aufnahme überbrückt. Dies sind im einfachsten Fall Schallwellen, im Marketing jedoch zumeist Werbeträger in Form von Zeitschriften, Zeitungen, Hörfunk- und Fernsehsendern, Kinoleinwänden, Außenwerbungsflächen etc. Damit sind dann alle Voraussetzungen für das Zustandekommen einer Kommunikation erfüllt.

- Auf Rezipientenseite ist ein *Empfangsgerät* erforderlich, das die gesendeten Signale aufnehmen kann. Dem Menschen stehen dafür seine fünf Sinne zur Verfügung, Sehen, Hören, Riechen, Fühlen und Schmecken. Allerdings kommen die Signale nur an, wenn diese Sinne auch auf Empfang geschaltet sind, also etwa nicht beim Wegsehen oder Überhören von Werbung.

- Daran schließt sich die *Wahrnehmung* als Decodierung der empfangenen Signale an, um zum Verständnis der Botschaft zu gelangen. Dazu werden die Signale von Rezipienten registriert, interpretiert und zu konsistenten Bündeln gepackt.

- Dies vollzieht der *Empfänger*, der hoffentlich zugleich Zielperson der Werbung ist, da ansonsten eine Fehlstreuung vorliegt. Vor allem aber ist die Botschaft durch ihn abzuspeichern, damit sie in der Entscheidungssituation wieder aktivierbar ist und ihren Einfluss geltend machen kann.

### 1.2.3 Fehlerquellen

Nur wenn alle diese Stufen aufeinanderfolgend ohne Störung ablaufen, kann Kommunikation erfolgreich sein. Schon Unzulänglichkeiten auf einer frühen Stufe führen dazu, dass der Prozess infolge intrakommunikativer oder interkommunikativer Störungen erfolglos abbricht. Dabei gibt es zahlreiche Fehlerquellen für Kommunikation innerhalb dieser Kette (*siehe Abb. 3*):

- Fehler in der *Zielsetzung* entstehen, wenn ein gegebenes Problem nicht durch Kommunikation adäquat zu lösen ist. Dann sind werbliche Maßnahmen von vornherein zum Scheitern verurteilt.

- Fehler in der *Beschaffenheit* bedeuten, dass bewusst oder unbewusst relevante Informationen in der Botschaft vorenthalten oder verfälscht werden.

- Fehler in der *Umsetzung* liegen vor, wenn Nachrichten so verschlüsselt werden, dass der Empfänger sie nicht oder nur anders als beabsichtigt versteht. Dann kann der Botschaftsinhalt nicht ankommen.

- Fehler in der *Übermittlung* sind gegeben, wenn der gewählte Kommunikationskanal Eignungsmängel im spezifischen Fall aufweist.

- Fehler in der *Kontaktierung* infolge unzweckmäßiger Werbeträgerwahl verhindern, dass Empfänger überhaupt oder zumindest ausreichend mit der Botschaft in Berührung kommen.

- Fehler in der *Verarbeitung* sind darauf zurückzuführen, dass Empfänger die Nachricht falsch entschlüsseln oder gar nicht erst richtig aufnehmen. Dies kann in objektiven oder subjektiven Unzulänglichkeiten begründet sein.

- Fehler in der *Verwertung* bedeuten, dass die angebotene Information nicht oder nur unzureichend genutzt wird, weil ihre wahre Bedeutung verborgen bleibt.

- Fehler in der *Speicherung* entstehen durch falsches Verständnis, unzutreffende Abspeicherung oder Vergessen der Information.

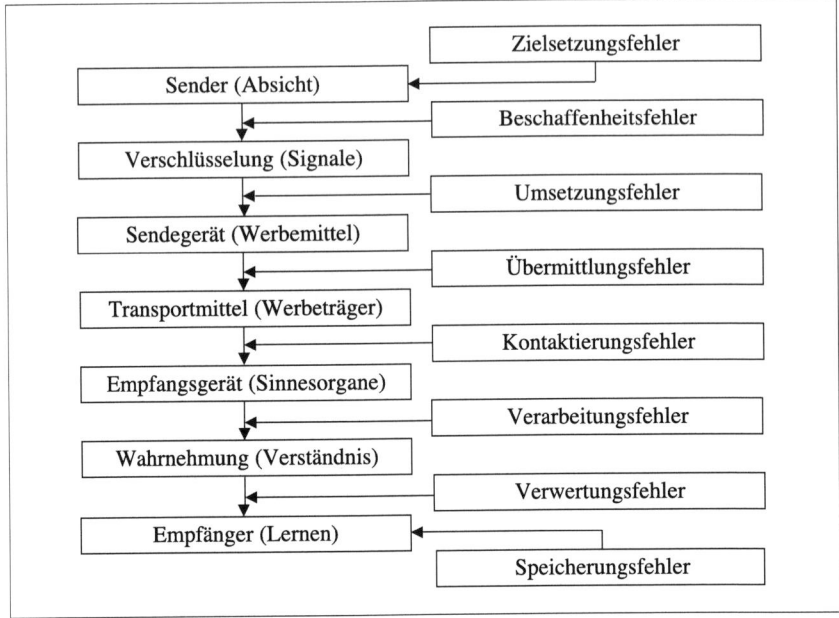

Abbildung 3: Kommunikationsphasen und mögliche Fehlerquellen

### 1.2.4 Stufenmodelle

Traditionell wird der durch Werbung beeinflussbare Kaufentscheidungsprozess nach der AIDA-Formel (Lewis) abgebildet (für Attention, Interest, Desire, Action). Solche Stufenmodelle sind zwar nach heutigen Erkenntnissen der Werbewirkung nicht haltbar, haben jedoch eine hohe Anschaulichkeit. Modifiziert müsste die AIDA-Formel heute etwa AAIÜKKKR lauten (was zugegebenermaßen nicht ganz so leicht über die Lippen geht) (*siehe Abb. 4*):

- A: Zunächst muss die grundsätzliche Bereitschaft zur Auseinandersetzung mit dem beworbenen Angebot geweckt werden. Dies erfolgt durch die Setzung von Reizsignalen zur Provozierung von *Aufmerksamkeit.*

- A: Erst nach wiederholter Wahrnehmung der Botschaft kann es zu markenbezogenen, imageaufbauenden Wirkungen kommen und damit zur *Akzeptanz* für den Anbieter und seine Markenkernaussage.

- I: Nun bedarf es der Weckung näheren *Interesses*, um verständlich zu machen, was das Angebot will, welchen Anspruch es erhebt, wie es sich gegenüber den Abnehmern und dem Wettbewerb positioniert.

- Ü: Daran schließt sich im Erfolgsfall die *Überzeugung* an, indem vor allem der Angebotsnutzen emotional wirksam dargestellt und die präsentierte Nutzenableitung einleuchtend abgesichert wird.

- K: Bei erfolgreicher Kommunikation kommt es dann zum auslösenden Faktor in Form des *Kaufakts*. Damit ist der Prozessablauf aber keineswegs beendet, sondern mündet in einen neuen Durchgang des Kreislaufs.

- K: Es beginnen die lange Zeit vernachlässigten Aktivitäten der *Kaufnachbereitung*.

- K: Ein kontinuierlicher *Kundenkontakt* soll aufrechterhalten werden, um das Angebot präsent zu halten.

- R: Die *Reaktivierung* schließlich stellt genaugenommen bereits die erste Phase des Folgezyklus dar. Der Bedarf wird wieder aktuell, es erfolgt der Einstieg in einen neuen, verkürzten Entscheidungsprozess bei Zufriedenheit bzw. bei Unzufriedenheit in die gesamte Prozessabfolge zur Alternativensuche.

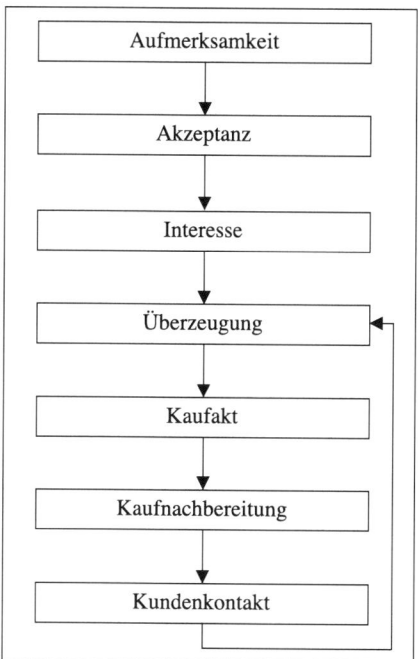

Abbildung 4: Phasen des Kaufentscheidungsprozesses

## 1.3 Begrifflichkeiten der Kommunikation

### 1.3.1 Richtung der Kommunikation

Der Kommunikationsprozess kann einseitig oder zweiseitig ausgelegt sein. Bei einseitigem Botschaftsfluss (*Simplexkanal*) schickt der Botschaftsabsender Signale an Adressaten in der mehr oder minder berechtigten Hoffnung, dass diese dort ankommen, wahrgenommen und verarbeitet werden. Diese Hoffnung wird angesichts einer exzessiven Übersättigung mit Signalen aus allen möglichen Richtungen allerdings immer geringer. Denn die Zielpersonen reagieren infolge Informationsüberlastung rigoros, indem sie nurmehr bereit oder in der Lage sind, einen kleinen Ausschnitt aller ihnen eigentlich zugedachten Informationen zu empfangen, man geht von 97–99 % Informationsverlust (Kroeber-Riel) aus. Die Aufnahmemöglichkeit und -fähigkeit wechselt zwar in Abhängigkeit von situativen Einflüssen wie Ersatzbedarfe, Lebensumstände etc., bleibt jedoch insgesamt eng begrenzt. Diese Limitation zu überwinden, vermag nur eine zweiseitige Kommunikationsauslegung. Dabei vollzieht sich nicht nur ein Botschaftsfluss vom Absender an Adressaten, sondern auch eine Rückmeldung von diesen über den Erhalt der Botschaft und evtl. bereits Aktivitäten daraus.

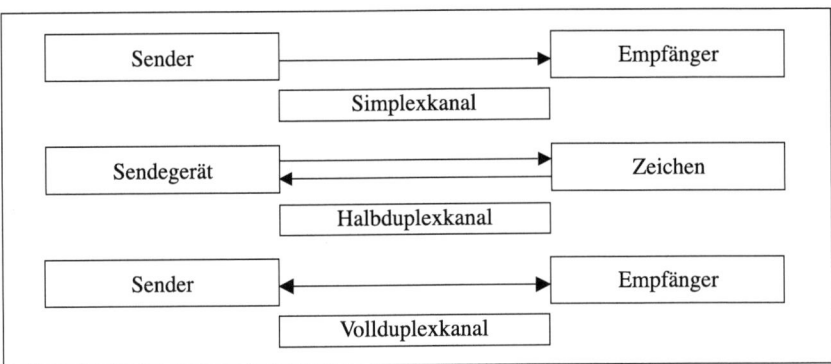

Abbildung 5: Auslegung der Kommunikation

Dieses Feedback kann parallel zu den ankommenden Signalen erfolgen (*Vollduplexkanal*) oder wechselweise danach (*Halbduplexkanal*). Für den Fall, dass eine Botschaft dann nicht richtig angekommen ist, kann der Absender sie korrigieren; für den Fall, dass sie nicht angekommen ist, die Auslobung wiederholen. Vollduplex einsetzbare interaktive Medien wie Telefon, Verkäufer, e-Mail etc. haben jedoch den großen Nachteil, dass die höhere Kommunikationssicherheit mit erheblich höheren Kosten belastet ist. Dort, wo diese sich nicht tragen, kann auch auf eine Option zum Feedback durch reaktive Medien (halbduplex) ausgewichen werden, z. B. Couponanzeige, Direct Mailing (*siehe dazu Abb. 5*).

## 1.3.2 Umfang der Kommunikation

Kommunikation kann sich weiterhin an einzeln adressierbare oder eine Vielzahl anonymer Rezipienten wenden. Erstere wird als Individualkommunikation bezeichnet, Letztere als Massenkommunikation. *Massenkommunikation* (auch Medienwerbung) findet öffentlich mit Hilfe technischer Übertragungsmittel, bei räumlicher und/oder zeitlicher Distanz zwischen Kommunikator und Rezipienten, an ein nicht physisch präsentes Publikum gerichtet und überwiegend monologisch ausgelegt statt.

Die Öffentlichkeit wird durch Werbeträger hergestellt, welche die Werbemittel des Botschaftsabsenders transportieren. Die Notwendigkeit zur Überbrückung der Zeit-Raum-Distanz macht es für die Kommunikationslogistik erforderlich, möglichst überall und jederzeit mit Werbung präsent zu sein. Dies gleicht dann einem „Schrotkugelhagel" in der allerdings immer geringer werdenden Hoffnung, dabei zumindest auch die richtigen Zielpersonen zu erwischen. Dies kann dauerhaft keine sinnvolle Arbeitsbasis sein.

Insofern gewinnt die *Individualkommunikation* (auch Einzelumwerbung) an Bedeutung. Sie erfolgt persönlich, ohne technische Übertragungsmittel, bei räumlicher und/oder zeitlicher Einheit zwischen den Kommunikationspartnern, an ein präsentes Publikum gerichtet und überwiegend dialogisch ausgelegt.

Ihrer potenziell höheren Wirkung steht jedoch die unvermeidlich höhere Investition entgegen. Insofern ist eine Einzelfallabwägung erforderlich, inwieweit die höhere Wirkchance den größeren Kostenblock rechtfertigt oder nicht. In neuerer Zeit ist eine nachhaltige Verschiebung zugunsten der Einzelumwerbung zu verzeichnen, wobei die Medienwerbung jedoch unverzichtbar bleibt, um Breitenbekanntheit und -vertrautheit zu erreichen. Einzelumwerbung vermag überwiegend nur auf dieser Basis aufsetzend zur punktuellen Verdichtung oder akquisitorischen Vertiefung der Kontakte zu führen.

Kommunikation kann mit einer Vielzahl von Absichten vorgenommen werden. Die Absicht der Absatzförderung ist nur eine, die durch die *Werbung* abgedeckt wird (in diesem Text wird als *Wechselvokabel* auch der Begriff *Kommunikation* verwendet).

Sie ist abzugrenzen von der Absicht zur Verbreitung weltanschaulicher, z.B. politischer oder religiöser, Botschaften, die *Propaganda* darstellt. *Reklame* wiederum hat zwar auch eine Absatzförderungsabsicht, geht dabei jedoch vordergründig, marktschreierisch und wenig überzeugend vor. Insofern stellt sie eine abwertende Bezeichnung für Werbung dar. Abzugrenzen ist Werbung auch von *Public Relations*, die öffentliches Vertrauen anstelle konkreter Angebote fördert. Der übergeordnete Begriff ist wiederum Marketing-Kommunikation und umfasst neben der Absatzförderung noch die *Beschaffungswerbung* für Betriebsmittel, Finanzen, Personal etc., in diesem Text wird jedoch nur die Absatzwerbung betrachtet.

### 1.3.3 Kommunikationsdefinition

*Kommunikation ist die bewusste Beeinflussung marktwirksamer Meinungen mittels Instrumentaleinsatz mit der Absicht, die Meinungsrealität im Markt den eigenen Zielvorstellungen anzugleichen.*

In dieser Definition stecken mehrere Erklärungselemente:

- Bewusste Beeinflussung meint die strategisch so gewollte Einflussnahme, ohne Rücksicht auf deren Wirksamkeit, sowie permanent stattfindende, zufällige Einflussnahmen.

- Marktwirksame Meinungen betreffen eine intellektuelle, freie Beeinflussung hinsichtlich Faktoren, die für Marktwirkungen entscheidend sind, wie Einstellung, Verhalten etc.

- Mit Instrumentaleinsatz sind die Instrumente des Kommunikations-Mix im Marketing gemeint.

- Als Absicht werden dabei gestalterische, politische Maßnahmen verstanden, die korrigierend und dynamisch eingreifen.

- Um die Meinungsrealität den eigenen Zielvorstellungen anzupassen, bedarf es der aktiven Beeinflussung, statt passiver Übernahme der Marktgegebenheiten, zur Durchsetzung der eigenen Realität im Vermarktungsumfeld.

## 1.4 Arten der Kommunikation

### 1.4.1 Zahl der Werbungtreibenden

Es kann eine Reihe verschiedener Arten der Kommunikation unterschieden werden. Nach der Zahl der Werbungtreibenden handelt es sich weit überwiegend um Alleinwerbung, d. h., ein einzelner Werbungtreibender tritt allein auf. Dies erfolgt wiederum weit überwiegend namentlich, also unter Angabe der Marke (Name des Produkts) und/oder der Firma (Name des Anbieters). Dessen Verankerung ist gerade Ziel der Übung. In Ausnahmefällen gibt es jedoch auch eine anonyme Alleinwerbung, z. B. das Hinweisschild „T" für die nächstgelegene Tankstelle oder „A" für Apotheke.

### 1.4.2 Anlass der Werbung

Nach dem Anlass zur Werbung unterscheidet man Einführungs-, Fortführungs- und Wiederbelebungswerbung. Einführungswerbung hat die Aufgabe der grundlegenden Bekanntmachung und profilierenden Positionierung des Angebots. Fortführungswerbung dient der Erhaltung der Marktgängigkeit und Wettbewerbsfähigkeit des Angebots durch dessen Aktualisierung und Penetration. Wiederbelebungswerbung setzt ein, wenn ein Angebot den Zenit seines Lebenszyklus erreicht hat und durch einen gleichartigen Nachfolger abgelöst wird (Produktvariation), um damit einen neuen Lebenszyklus zu initiieren.

### 1.4.3 Absender der Werbung

Beim Absender der Werbung kann es sich um Hersteller oder Absatzmittler handeln. Herstellerwerbung kann sich wiederum an die im Absatzkanal folgende Wirtschaftsstufe (Groß- bzw. Einzelhandel) als Fachwerbung wenden oder übergreifend gleich an die letzte Wirtschaftsstufe (private bzw. gewerbliche Endabnehmer) als Sprungwerbung richten. Inhalt der Fachwerbung sind akquisitorische Botschaften zur Sicherung und Verbesserung des Reinverkaufs in den Absatzkanal (Push). Inhalt der Sprungwerbung ist die Konditionierung der Endabnehmer auf eine Marke, um diese zu monopolisieren und zur Pflichtmarke des Handels zu machen (Pull). Daneben werben auch die Absatzmittler selbst gegenüber Endabnehmern (Händlerwerbung). Ihr Inhalt ist die Konditionierung der Endabnehmer auf eine Geschäftsstätte, weitgehend unabhängig davon, welche Marken dort im Einzelnen gekauft werden, solange nur das eigene Geschäft frequentiert wird und nicht das konkurrierende nebenan. Sprungwerbung hat also die Interbrand Competition als Fokus, Händlerwerbung hingegen die Intrabrand Competition. Beide Aktivitäten ergänzen übrigens nicht immer einander, sondern sind durchaus geeignet, Konflikte heraufzubeschwören.

### 1.4.4 Art der angesprochenen Wahrnehmungssinne

In Bezug auf die Art der angesprochenen Wahrnehmungssinne gibt es visuelle/optische Werbung (z. B. Anzeige), auditive/akustische Werbung (z. B. Funkspot), olfaktorische Werbung (z. B. Duftzusatz), gustative Werbung (z. B. Geschmacksprobe) oder haptische Werbung (z. B. Demonstration). Jeder angesprochene Sinn hat seine Vorzüge. Nach der Imagery-These wird jedoch beim Sehen vor allem für Bilder eine überlegene Wirkung behauptet, weil diese schneller wahrgenommen, besser gelernt und länger behalten werden als andere Signale. Für den Ton spricht hingegen, dass man sich ihm nicht entziehen kann, weil das Gehör sich nicht willentlich blockieren lässt. Gerüche werden zwar noch selten werblich genutzt, sind jedoch sehr wirkungsvoll, weil sie ungefiltert über Rezeptoren direkt ins Gehirn weitergeleitet werden. Der Geschmackssinn hat bei Food-Produkten eine äußerst überzeugende Wirkung (Degustation). Und der Tastsinn ist durch physisches Erleben zur nachhaltigsten Gedächtnisleistung fähig, was bei Werbung ausschlaggebend ist (Demonstration).

### 1.4.5 Anzahl der angesprochenen Wahrnehmungssinne

In Bezug auf die Anzahl der angesprochenen Wahrnehmungssinne bedeutet eine unisensorische Werbung die Ansprache nur eines Wahrnehmungssinns zur Zeit (z. B. Plakat nur Optik, Funkspot nur Akustik). Multisensorische Werbung spricht demgegenüber gleichzeitig mehr als einen Wahrnehmungssinn an (z. B. als Fernsehspot mit Optik und Akustik). Es wird vorausgesetzt, dass die Eindrucks-stärke mit der Anzahl gleichzeitig angesprochener Sinne wächst. Zudem bietet sich dann eine größere gestalterische Freiheit zur Umsetzung von Aussagen.

### 1.4.6 Ebene der Wahrnehmung

In Bezug auf die Ebene der Wahrnehmung gibt es informative Kommunikation, die sich um eine objektive, nicht manipulatorische Darstellung bemüht. Deren Gelingen scheint jedoch zweifelhaft, da jede sachinformative Kommunikation untrennbar auch mehrere Beziehungsaspekte aufweist. Ansätze finden sich nur außerhalb der Werbung (z. B. „Tagesschau" der ARD). Werbung hingegen gehört immer zur suggestiven Kommunikation. Sie will manipulieren, wobei die negative Sentenz schon verschwindet, wenn man den Begriff Manipulation durch Verführung ersetzt. Und wer lässt sich nicht gern einmal verführen oder verführt gern andere? Insofern gehen moralinsaure Vorwürfe fehl, jedenfalls solange, wie es sich um eine bewusste Suggestion handelt, d. h. die Manipulation für Rezipienten erkennbar ist und sie sich davor schützen können oder durch Wettbewerbsgesetze geschützt werden.

Problematisch ist hingegen die Fallgruppe der unbewussten Werbung (Schleichwerbung), die als Werbung nicht gesondert erkennbar ausgewiesen wird. Deshalb müssen verwechslungsfähig redaktionell aufgemachte Anzeigen in Printmedien den deutlichen Hinweis „Anzeige" tragen. Und in Non-Printmedien ist eine deutliche Einblendung „Werbung" bei Werbelangsendungen erforderlich. Dieses Gebot wird jedoch vielfach, legitimiert oder toleriert, missachtet, so etwa beim, auch unbezahlten, Placement von Produkten in Fernsehfilmen oder beim Sponsoring von Sport-, Kultur- oder Sozial-Veranstaltungen.

Eindeutig verwerflich ist schließlich die unterschwellige Werbung (Subliminal Perception), die als solche weder erkennbar noch als Werbung ausgewiesen ist und daher keine Abwehrchance lässt. Legendär sind die angeblichen Kurzzeiteinblendungen (The Hidden Pursuaders/Packard) unterhalb der Wahrnehmungsschwelle der Augen für Popcorn (Hungrig? Iss Popcorn) und Cola (Trink Coca-Cola) 1957 in einem Kino in Fort Lee/New Jersey in Fünf-Sekunden-Intervallen, die den Absatz dieser Produkte im Auditorium nach Ende der Vorstellung im Kino signifikant gegenüber einer Vergleichsgruppe ohne diese Kurzzeiteinblendungen gesteigert haben sollen (+ 57,8 % bei Popcorn, + 18,1 % bei Cola). Zwischenzeitlich ist jedoch hinlänglich erwiesen, dass eine solche Art der Wahrnehmung unwirksam ist oder allenfalls generische Bedarfe zu wecken weiß, sich unabhängig von allen berechtigten ethischen Bedenken also auch rein wirtschaftlich nicht lohnt, was wohl der beste Schutz des Publikums vor ihrem Einsatz ist (*siehe Abb. 6*).

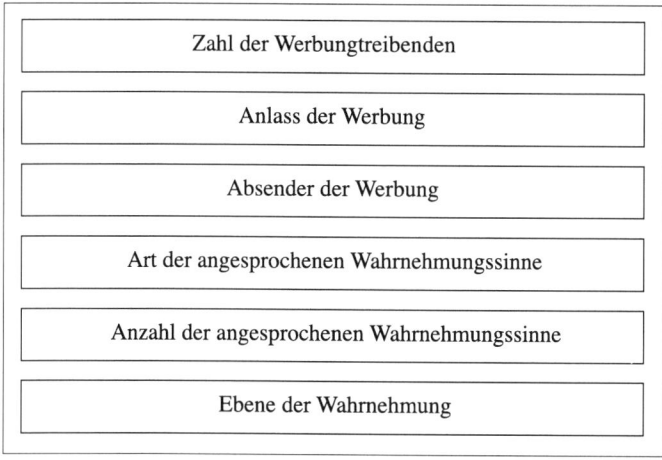

Abbildung 6: Arten der Werbung

### 1.4.7 Sonderform Kollektivwerbung

Eher eine Ausnahme ist die Kollektivwerbung, d. h., mehrere Werbungtreibende treten am Markt gemeinsam auf. Gründe dafür liegen in der Möglichkeit zur Teilung der dabei anfallenden Kosten, womit oft erst Werbemittel und Ausstattungen finanzierbar werden, die jeder Beteiligte allein sich nicht leisten könnte. Dann versprechen sich die Beteiligten Synergieeffekte aus ihrem kollektiven Auftritt, denn jedes der Angebote profitiert von der Aufmerksamkeit und dem Interesse auch aller anderen, muss diese freilich auch mit diesen teilen. Schließlich wird die Kollektivwerbung oft zur Stabilisierung von Lieferanten-Abnehmer-Beziehungen eingesetzt, z. B. als Händler-Gemeinschaftswerbung in der Automobilbranche.

Für die Kollektivwerbung gibt es verschiedene Ausprägungen:

• Die ausgelobten Angebote können miteinander in Verbindung stehen oder auch nicht. Ein Beispiel für Kollektivwerbung mit unverbundenen Angeboten war das „Schaufenster am Donnerstag" im ZDF, das lediglich eine institutionelle Klammer für ansonsten isolierte Auslobungen schuf. Bei Kollektivwerbung mit verbundenen Angeboten können diese in substitutiver oder komplementärer Beziehung zueinander stehen. Substitutiv bedeutet, dass jedes Teilangebot einzeln zur Deckung eines ersetzenden Bedarfs geeignet ist (branchengleiche Werbung), komplementär bedeutet, dass die Teilangebote gemeinsam einen ergänzenden Bedarf decken können, z. B. anlassbezogene Werbung zu Weihnachten, Sommerfest, Schulanfang. Die Teilangebote können aber auch in neutraler Beziehung zueinander stehen, d. h. sie sind zwar unverbunden, haben aber einen gemeinsamen Ursprung, z. B. Werbung für Stadtteilzentren, Ladenpassagen, Einkaufszentren.

- Die Angebotsauslobung kann dabei anonym erfolgen, d. h. ohne namentliche Erwähnung der einzelnen Werbungtreibenden, stattdessen mit gemeinschaftlicher Absenderangabe (z. B. Verbandswerbung) oder mit namentlicher Angebotsauslobung aller beteiligten Werbungtreibender.

- Dann kann es sich um eine branchenweite oder selektive Kollektivwerbung handeln. Erstere berücksichtigt alle in einem Wirtschaftszweig vertretenen Anbieter, Letztere nur einzelne Anbieter, meist die finanzstärksten, die generisch für ihren gesamten Teilmarkt werben.

- Schließlich kann eine Werbung vorliegen, bei der alle Beteiligten auf der gleichen Wirtschaftsstufe tätig sind, also nur Hersteller oder nur Absatzmittler; man spricht dann von horizontaler Kollektivwerbung. Agieren die gemeinsamen Werbungtreibenden auf unterschiedlichen Wirtschaftsstufen, also Hersteller und Großhandel, Hersteller und Einzelhandel oder Großhandel und Einzelhandel, so spricht man von vertikaler Kollektivwerbung.

Die genannten Kriterien können in beinahe beliebiger Kombination auftreten:

- So ist *Gemeinschaftswerbung* Werbung mit substitutiven Angeboten, ohne Namensnennung der Beteiligten, branchenweit im relevanten Markt und horizontal angelegt (z. B. Schöner wohnen durch neue Tapeten).

- *Sammelwerbung* ist Werbung mit unverbundenen Angeboten, namentlicher Erwähnung der Beteiligten, selektiver Auswahl und horizontaler Beziehung (z. B. Milka Riegel + Pelikan zum Schulanfang).

- *Gruppenwerbung* ist Werbung mit komplementären Angeboten, mit namentlicher Erwähnung der Beteiligten, branchenweit im relevanten Markt auf horizontaler Ebene (z. B. verschiedene Küchengerätehersteller) oder vertikal (z. B. Autohersteller und Vertragshändler).

- *Verbundwerbung* ist Werbung mit komplementären Angeboten, mit namentlicher Erwähnung der Beteiligten, selektiv sowohl auf horizontaler (z. B. Lufthansa + Avis) als auch vertikaler Ebene (z. B. Wempe + Rolex).

# 2. Eckpfeiler der Kommunikation

## 2.1 Kommunikationsziele

Für den Skipper, der seinen Zielhafen nicht kennt, ist jeder Wind ein ungünstiger (A. de Saint-Exupéry). Ebenso kann jede Werbung, deren Zielvorgabe nicht sauber definiert ist, nur rein zufällig wirkungsvoll sein. Und dafür ist sie gewiss zu teuer. Daher ist die Bestimmung der Kommunikationsziele Kernvoraussetzung jedes professionellen Ansatzes. Ein großes Problem besteht darin, dass Ziele oft nicht eindeutig genug vorgegeben werden. Damit ist dann auch keine ordentliche Erfolgskontrolle möglich. Daher bedarf es der Gliederung der Werbeziele.

Ziele sind allgemein gewünschte Zustände der Zukunft. Um operational zu sein, müssen sie Anforderungen wie Realitätsbezug, Ordnung, Konsistenz, Aktualität, Vollständigkeit, Durchsetzbarkeit, Kongruenz, Transparenz und Überprüfbarkeit gehorchen.

### 2.1.1 Ökonomische Marketingziele

Zielarten lassen sich weiter verfeinern. Die ökonomischen Ziele können in abstrakte und konkrete unterteilt werden (*siehe Abb. 7*). Auf einer eher abstrakten Ebene bieten sich folgende Basisgrößen an, die durch Kommunikation aber nur sehr indirekt angesteuert werden können:

- Absatz als mengenmäßiger Output des Unternehmens im Markt,
- Preis als wertmäßige Bemessung der einzelnen Outputeinheiten,
- Kosten als bewerteter Güterverzehr zur Leistungserstellung des Output,
- Liquidität als Zahlungsmittelfluss im Unternehmen.

Aus diesen vier Eckpfeilern lassen sich durch Kombination weitere ökonomische Ziele ableiten. Es handelt sich dabei um:

- Umsatz als Produkt aus Absatz und Preis,
- Einzahlung als monetärer Ertrag (Preis/Liquidität) der Unternehmensleistung am Markt,
- Auszahlung als monetärer Aufwand (Kosten/Liquidität) zur Marktreifmachung eines Angebots,
- Degression als Größenvorteil (Absatz/Kosten) bei der Erstellung dieses Angebots,

- Auftrag (Absatz/Liquidität) als Voraussetzung für jedweden Markterfolg,
- Spanne als gewinnbringende Differenz aus Preis und Kosten.

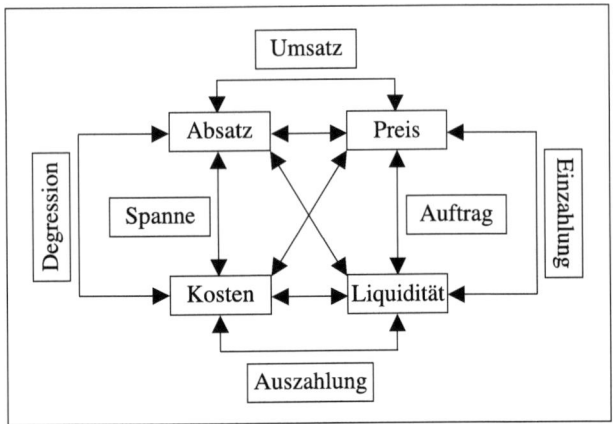

Abbildung 7: Ökonomische Marketingziele

Auf einer konkreten Ebene bieten sich jedoch besser fassbare Zielgrößen der Kommunikation. Dabei wird nicht bei betrieblichen Größen angesetzt, sondern bei marktlichen, wie dies auch dem Primat des Kunden im Marketing entspricht. Dabei lassen sich verschiedene *Käuferklassen* unterscheiden:

- *Erstkäufer* sind Personen, die durch Kommunikation veranlasst werden sollen, ein neues Angebot erstmals zu kaufen. Dabei kann es sich um eine Marktinnovation handeln, also ein Produkt, das es vorher noch nicht am Markt gab, oder um eine Unternehmensinnovation, also ein Produkt, das es vorher im Programm eines Unternehmens noch nicht gab.

- *Probierkäufer* sind Personen, die durch Kommunikation veranlasst werden sollen, ein bestehendes Angebot erstmals zu kaufen. Dabei kann es sich um einen erstmaligen Kauf der Gattung überhaupt handeln oder um einen versuchsweisen Wechsel der Marke innerhalb einer bereits frequentierten Gattung.

- *Wiederkäufer* sind Personen, die durch Kommunikation veranlasst werden sollen, ein Angebot markentreu wiederzukaufen. Je nach Rhythmus der Berücksichtigung dieser Marke kann es sich um Stammkäufer (überwiegende Verwendung) oder Wechselkäufer (teilweise Verwendung) handeln.

- *Exklusivkäufer* sind Personen, die durch Kommunikation veranlasst werden sollen, ein Angebot einer Marke ausschließlich wiederzukaufen. Dies setzt eine Alleinstellung in der Angebotswahrnehmung der Käufer voraus.

- *Intensivkäufer* sind Personen, die durch Kommunikation dazu veranlasst werden sollen, ein Angebot vermehrt zu kaufen. Dabei kann es sich sowohl um eine

Verkürzung der Kaufabstände handeln, also eine höhere Kauffrequenz, als auch um eine Steigerung der Kaufmenge, also ein höheres Kaufvolumen.

- *Aufstiegskäufer* sind Personen, denen Kommunikation einen Anreiz dazu geben soll, eine markentreue Produktkarriere einzugehen, d. h. den Wert je Kauf zu steigern, sei es durch ein wertgesteigertes Grundangebot oder optionale Ergänzungsangebote eines „normalen" Grundangebots.

- *Mehrfachkäufer* sind Personen, die innerhalb eines Marken- bzw. Herstellerangebots nicht nur ein Produkt kaufen, sondern Produkte verschiedener Produktgruppen wahrnehmen und damit ein absatzsteigerndes Cross Selling ermöglichen.

- *Empfehlungskäufer* schließlich sind Personen, die nicht nur ein Angebot selbst kaufen, sondern dafür auch positiv innerhalb ihres sozialen Umfelds als Multiplikatoren wirken, indem sie für andere kaufen oder den Kauf empfehlen.

### 2.1.2 Psychographische Werbeziele

Psychographische Zielgrößen beziehen sich zunächst auf die Kenntnis und das Verständnis ausgelobter Angebote. Werbung soll hier in erster Linie zu einer Bekanntmachung auf neuen Märkten bzw. zu einer Erhöhung oder Haltung des Bekanntheitsgrads auf bestehenden Märkten führen. Bekanntheit ist, von eher seltenen Ausnahmen wie Spontankäufen einmal abgesehen, notwendige Voraussetzung jeglicher Kaufentscheidung, da nur die im Bewusstsein verankerten Angebote beim Entscheid präsent und damit überhaupt wählbar sein können.

Psychographische Zielgrößen können sich auch auf die Sympathie zu einem Angebot oder Anbieter beziehen. Hier sollen emotionale Elemente die Einstellung positiv beeinflussen. Denn mit der in den meisten Märkten anzutreffenden objektiven Gleichartigkeit und der zumeist gegebenen zunehmenden Komplexität der Angebote setzt der „Kopf" aus und der „Bauch" übernimmt die, oft genug, irrationale Bewertung.

Schließlich betreffen psychographische Zielgrößen noch die Schaffung bzw. Verstärkung der beabsichtigten Handlungswirkung. Dies setzt eine mehr oder minder intensive Informationseinholung bzw. -vertiefung voraus. Dadurch ergeben sich eine Konditionierung der Interessenten auf ein Angebot und eine höhere Chance zum Kaufabschluss bei diesen.

Die psychographischen Zielgrößen der Kognition, Affektion und Konation betreffen also die (qualitative) Werbewirkung, ökonomische Zielgrößen betreffen den (quantitativen) Werbeerfolg (Kauf/Nichtkauf). Leider werden diese beiden Dimensionen zumeist nicht ausreichend getrennt betrachtet, so dass Missverständnisse über die spätere Beurteilung der Kommunikationsleistung geradezu vorgezeichnet sind. Denn psychographische Werbeziele sind ökonomischen Werbezielen nicht gleichgestellt, sondern vorgelagert, d. h., die Erreichung ökonomischer Werbeziele setzt die Erreichung psychographischer Werbeziele mehr oder minder voraus.

Bei den ökonomischen Werbezielen bleibt nämlich verborgen, warum und wie Werbung wirkt oder nicht wirkt, es zählt nur das quantifizierbare Ergebnis. Es wird also nur die Relation zwischen werblichem Stimulus (Reiz) und ökonomischer Reaktion (Kauf) als wichtig angesehen, was zwischen beiden Größen alles stattfindet, interessiert nicht weiter oder soll auch nicht näher analysiert werden (Black Box). Dementsprechend ist auch keine Optimierung von Werbung gemäß den ökonomischen Werbezielen möglich, sondern nur eine Abfolge von Versuch und Irrtum (Trial & Error), bei der bessere Ergebnisse zeitigende Maßnahmen andere verdrängen, ohne dass man wüsste, ob es nicht weitere, noch besser geeignete Maßnahmen gibt.

Bei den psychographischen Werbezielen geht es hingegen darum, das Zustandekommen von Wirkungen, die Voraussetzung für Ergebnisse sind, zu erreichen, also die Fragen nach dem Warum und Wie zu beantworten. Dafür ist es aber erforderlich, diejenigen Faktoren (intervenierende Variable) im Kommunikationskonzept zu analysieren, die zwischen werblicher Botschaft (Reiz) und psychographischer Reaktion (Einstellung) liegen, wobei von dieser Reaktion nicht zuverlässig auf den tatsächlichen Kaufabschluss geschlossen werden kann. Die Absicht ist damit eine isolierende Optimierung solcher Faktoren, die für Werbewirkung als verantwortlich angesehen werden und daraus folgend deren zielgerichtete Gestaltung.

Das Entscheidende ist aber, dass Marketing-Kommunikation, von Ausnahmen abgesehen wie bestimmte Formen der Direct Response-Werbung, nur die Dimension der psychographischen Werbeziele (Werbewirkung) aktiv ansteuern kann, Zielpersonen aber auch durch zahlreiche andere, nicht werblich bedingte Wirkungen beeinflusst werden (z.B. Mund-zu-Mund-Propaganda). Das bedeutet konkret, dass Absatzwerbung nur einen, mehr oder minder geringen Teil des Markterfolgs ausmacht. Noch gravierender ist aber, dass selbst bei als erreicht anzusehender Werbewirkung eine Abhängigkeit des Werbeerfolgs davon nicht gegeben ist. Denn Kaufentscheide werden letztlich aus vielfältigen Motiven getroffen, nur eines davon ist Werbewirkung, andere sind z.B. Sonderangebot, Warenverfügbarkeit, Qualitätsurteil.

Insofern ist fraglich, ob überhaupt von ökonomischen Werbezielen gesprochen werden kann, wenn diese ohnehin nicht operational anzustreben sind. Vielmehr handelt es sich bei ihnen um Marketingziele, zu deren Erreichung Werbung einen mehr oder minder großen, im Allgemeinen eher ungewiss bleibenden, Beitrag leistet. Operational sind demnach in der Werbung nur psychographische Zielgrößen, deren Erreichung aber von Werbungtreibenden nur als Mittel zur Erreichung höherer (ökonomischer) Zwecke angesehen wird. Das Dilemma liegt also darin, dass das, was Werbung zweifelsfrei bewirken kann, zum Markterfolg nur beiträgt, diesen aber noch nicht konstituiert.

## 2.2 Kommunikationsobjekte

Es ist keineswegs immer von vornherein klar, welche Angebote innerhalb eines Unternehmensprogramms beworben werden und welche nicht. Dies hat einerseits etwas mit Sinnhaftigkeit zu tun, denn natürlich wird man nur die besten Angebote bewerben, und andererseits etwas mit Geld, denn ebenso natürlich reicht das vorhandene Werbebudget bei weit verbreiteten Mehrproduktunternehmen letztlich nicht aus, alle gewünschten Angebote tatsächlich zu bewerben (*siehe dazu Abb. 8*).

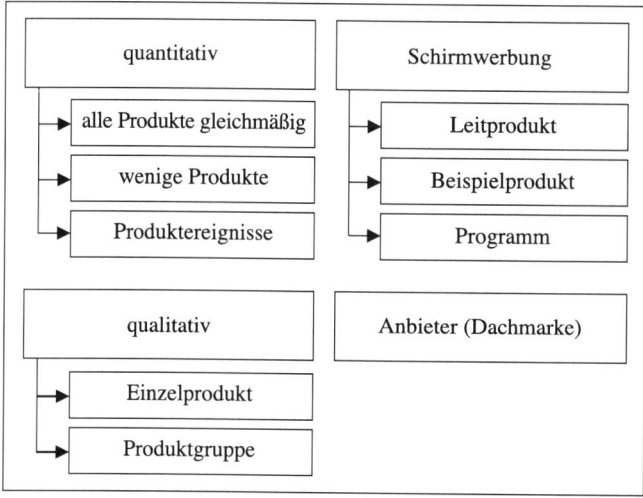

Abbildung 8: Mögliche Kommunikationsobjekte

Eine nur eher buchhalterische Möglichkeit ist daher die werbliche Berücksichtigung durch *gleichmäßige Verteilung* des Budgets auf alle Produkte im Programm eines Unternehmens. Denn dies führt dazu, dass selbst große Etatvolumina derart aufgespalten werden, dass der Auftritt jedes einzelnen Produkts zu schwachbrüstig ist, um sich gegen penetrationsstarke Konkurrenten nachhaltig durchzusetzen. Daher stellt sich die Frage nach den besseren Alternativen.

Eine andere Möglichkeit ist die werbliche *Konzentration auf wenige Werbeobjekte*, und zwar so viele, bis die vorhandenen Budgetmittel erschöpft sind. Dabei stellt sich allerdings die Frage nach den Kriterien der Selektion. Bildet man die Priorität zugunsten der Erfolgsprodukte im Programm, so werden alle übrigen Produkte, die einer kommunikativen Stützung im Zweifel stärker bedürften, vernachlässigt, und drohen in die Bedeutungslosigkeit zurückzufallen. Wählt man hingegen gerade die Problemprodukte zur Bewerbung aus, ist dies ebenso leichtfertig, da als Erfolgsprodukte die Geschäftssäulen nicht bedacht werden und daher in ihrer Bedeutung abzunehmen drohen.

Eine weitere Möglichkeit ist die Konzentration auf die *Bewerbung von Produkt-ereignissen*. Darunter sind Neueinführungen, Produktaufwertungen, Relaunches etc. zu verstehen. Anlässlich dieser Ereignisse können Produkte angemessen werblich bekannt gemacht und profiliert werden. Auch hier stellt sich allerdings die Frage, was aus jenen Produkten wird, bei denen gerade kein Ereignis gegeben ist und die vielleicht gerade deswegen der kommunikativen Aktualisierung viel eher bedürften. Da außerdem immer nur vergleichsweise wenige Produktereignisse im Programm gegeben sind, kommt man zwar zu mehr Etatmitteln je Werbeobjekt, aber auch zu einer womöglich fahrlässigen Vernachlässigung des „normalen" Angebots.

Neben dieser quantitativen Anpassung gibt es aber auch die Möglichkeit der qualitativen, wobei mehrere Ausprägungen denkbar sind. Die Bewerbung als *Einzelprodukt* (oder Solitärmarke) bedeutet, dass jedes Produkt im Programm eines Anbieters eigenständig beworben wird. Fast alle großen Markenartikler arbeiten nach dieser Devise (Procter & Gamble, Unilever, Nestlé etc.), zumeist um Märkte durch spitze Profilierung ihrer verschiedenen Produkte in Markenstrategien mehrfach besetzen und damit besser ausschöpfen zu können.

Die Bewerbung als *Produktgruppe* (oder Rangemarke) erbringt aber womöglich bessere Ergebnisse. Sie liegt dann vor, wenn ein bestimmter, relativ homogener Programmausschnitt eines Anbieters, also mehrere Einzelprodukte einer Produktgruppe, einheitlich beworben wird. Auch dies ist bei Markenartiklern weit verbreitet anzutreffen (Beiersdorf, Kraft-Jacobs-Suchard, Henkel etc.). Denn dadurch profitiert jedes Einzelprodukt von der positiven Schubkraft der gesamten Produktgruppe und nährt diese ihrerseits.

Einen Schritt weiter geht die *Schirmwerbung*, die bedeutet, dass nicht mehr das einzelne Produkt Werbeobjekt ist, sondern die Gesamtheit der Leistungen in den Vordergrund tritt, die diese hervorragenden Erzeugnisse darstellen. Dies ist häufig in der Investitions- und Produktionsgüterbranche anzutreffen, wo Angebote individuell, unüberschaubar zahlreich und nur gewerblich beschaffbar sind (Siemens etc.). Dabei ergeben sich mehrere Umsetzungsalternativen.

Zunächst ist eine Umsetzung als werbliches *Leitprodukt* denkbar. Dabei wird aus dem gesamten Angebot ein Produkt von herausragender Bedeutung (nach Menge, Image, Neuheitsgrad etc.) herausgestellt, an dem sich stellvertretend die Leistungsfähigkeit des gesamten Programms demonstrieren lässt. Insofern wird also ein „Flaggschiff" zur Bewerbung ausgewählt.

Eine weitere Möglichkeit sind werbliche *Beispielprodukte*, die zwar einzeln, aber jeweils wechselweise herausgestellt werden, um an ihnen stellvertretend die Leistungsfähigkeit des gesamten Programms zu demonstrieren. Zur Wiedererkennung bedarf es dazu jedoch eines „Rahmens" (Corporate Design) als verbindendes Element.

Dann kann man auch das gesamte *Programm* bewerben, also gemeinschaftlich im Zuge der Programmwerbung herausstellen, um das Spektrum der Leistungsfähigkeit zu demonstrieren. Dies birgt allerdings zumeist gestalterische Probleme in der werblichen Umsetzung, da die einzelnen Produkte untereinander in Konkurrenz um die Aufmerksamkeit der Zielpersonen treten.

Am Weitesten geht der Ansatz, anstelle von Teilen oder des gesamten Angebots nurmehr den *Anbieter* zu bewerben, indem man auf die Abstrahlungswirkung der Imageaufwertung der Firma auf alle diesen Markennamen tragenden Produkte setzt. Fraglich ist aber, ob dies nicht ein zu indirekter Ansatz ist, die Abstrahlungswirkung also im Vergleich zur direkten Bewerbung nicht doch zu gering bleibt. Zudem erbringt die gelungene Produktwerbung immer noch die beste Anbieterprofilierung.

## 2.3 Kommunikationsbudget

Für die Budgetierung können verschiedenste Techniken eingesetzt werden. Dabei lassen sich zwei große Gruppen unterscheiden, erstens Techniken, welche die Budgethöhe modellgestützt von der Erreichung der Werbeziele abhängig sehen, bzw. solche, welche die Budgethöhe auf Erfahrung basierend bestimmen. Zweitens Techniken, welche die Bestimmung der Budgethöhe von einem einzigen Einflussfaktor abhängig machen bzw. solche, die diese von mehr als einem Einflussfaktor abhängig sehen (in Anlehnung an Meffert). Nimmt man diese beiden Dimensionen mit je zwei Unterteilungen, so ergeben sich (*siehe Abb. 9*):

a. Erfahrungsbasierte, monovariable Budgetierungstechniken,

b. Erfahrungsbasierte, polyvariable Budgetierungstechniken,

c. modellgestützte, monovariable Budgetierungstechniken,

d. modellgestützte, polyvariable Budgetierungstechniken.

|  | Erfahrungsbasierte Budgetierungstechniken | Modellgestützte Budgetierungstechniken |
|---|---|---|
| Monovariable Budgetierungstechniken | Ergebnisanteil<br>Umsatz / Absatz<br>Fixbetrag<br>Ziel-Aufgabe<br>Konkurr. / Weinberg-Mod. | Restwert<br>Fortschreibung<br>Makrogrößen<br>ADBUG<br>Kuehn-Modell |
| Polyvariable Budgetierungstechniken | Little-Modell<br>Koyck-Modell<br>Share of Advertising /<br>Share of Market<br>Investitionsrechnung | Vidale / Wolfe-Modell<br>Fischerkoesen-Modell<br>Dorfman / Steiner-<br>Modell<br>Optimierung |

Abbildung 9: Werbebudgetierungstechniken

### 2.3.1 Erfahrungsbasierte, monovariable Budgetierungstechniken

Ergebnisanteil

Beim Ergebnisanteil wird ein Prozentsatz von Unternehmenserfolgsgrößen wie Gewinn, ROI Cash-flow etc. für Werbung aufgewandt. Daraus folgt ein prozyklischer Verlauf, der so gar nicht zum theoretisch postulierten antizyklischen Verlauf des Werbebudgets passt, das absatzbelebend in der Rezession und nachfragedämpfend im Boom wirkt. Dieses Ansinnen scheitert jedoch regelmäßig an der Realität, bei der in der Rezession nicht genügend Mittel bereit stehen, um intensiv zu werben, und bei der es im Boom leicht fällt, ausreichendes Werbebudget locker zu machen. Vorteile dieses Verfahrens liegen in der Einfachheit der Berechnung und darin, dass dieses im Übrigen dem Prinzip kaufmännischer Vorsicht entspricht. Nachteilig ist zweifellos der prozyklische Werbeverlauf. Außerdem wird die Kausalität von Input (Werbebudget) und Output (Ergebnis) dabei kurzerhand auf den Kopf gestellt.

Umsatz-/Absatzbasis

Die Wahl dieser Bezugsgröße bedeutet die Orientierung an der (zukünftig geplanten oder in der Vergangenheit bereits realisierten) Absatzmenge bzw. am Betrag je Einheit durch Umlage des Werbebudgets auf die abgesetzte Stückzahl. In der Realität werden hier teils recht hohe Beträge je Einheit für Werbung ausgewiesen. Allerdings nivelliert die Aufschlagskalkulation die unterschiedliche Kostentragfähigkeit von Produkten und diese geraten mit zunehmender finanzieller Belastung an die Preisbereitschaftsgrenzen der Nachfrage. Die einfache Berechnung stellt wohl den einzigen Vorteil dar. Inhaltlich erfolgt jedoch eine Kausalitätsumkehr (der Output/Absatz bestimmt den Input/Werbebudget). Darüber hinaus besteht immer noch Ungewissheit über den angemessenen Werbebetrag je Erzeugniseinheit (Kostentragfähigkeit).

Im Automobilbereich können die Werbeausgaben je verkauftem Neufahrzeug erhebliche Höhen erreichen. Sie liegen etwa bei bei Mazda bei über 500 € je Neuzulassung, bei Alfa Romeo und Peugeot über 600 €, bei Honda über 700 € bei Toyota über 800 € sowie bei Saab und Citroen über 900 €.

Fixbetrag

Wird ein definierter Geldbetrag für Werbung zur Verfügung gestellt, spricht man in diesem Zusammenhang von Fixbetrag. Dies geschieht meist durch diskretionäre Reservierung eines bestimmten Budgetanteils für Werbung innerhalb des Gesamtbudgets. Die Gefahr besteht bei nicht rechtzeitiger Infragestellung vor allem darin, dass dieser Betrag nicht mehr veränderbar ist, sobald er erst einmal die einschlägigen Gremien passiert hat. Von daher ist dies eine unbefriedigende Situation. Von Vorteil ist wohl die Einfachheit der Zuweisung. Nachteilig zu werten ist allerdings, dass kein sachlich begründeter Zusammenhang zwischen Werbebudget und Bezugsgröße besteht. Zudem schwankt das Werbebudget im Zeitablauf (Lebenszyklus, Konkurrenz etc.).

### Ziel-Aufgaben-Maßstab

Beim Ziel-Aufgaben-Maßstab bemisst sich das Werbebudget nach den angestrebten Werbezielen. Dies scheitert meist schon daran, dass die Erfolgswirkungen von Werbemaßnahmen nur schwer prognostizierbar sind. Wenn aber Wirkzusammenhänge fehlen, kann auch kein valider finanzieller Ziel-Mittel-Bezug hergestellt werden. Allerdings wird diese Methode von der Theorie präferiert. Vordergründig mag zwar ein plausibler Bezug bestehen. Hintergründig können die zur Erreichung bestimmter Werbeziele notwendigen Mittel jedoch nicht zuverlässig quantifiziert werden (mangelnde Werbeerfolgsmessung). Außerdem erfolgt keine angemessene Berücksichtigung der Finanzmittelsituation im Unternehmen.

### Konkurrenzvergleich

Der Wettbewerbsmaßstab sieht vor, dass das eigene Werbebudget in Abhängigkeit von Wettbewerbswerbeaufwendungen fixiert wird (SoA). Dies ist die in der Marketingpraxis von Markenartiklern mit Abstand am häufigsten angewandte Methode. Dahinter steht jedoch die Hypothese, dass man Markterfolg quasi über Werbebudget kaufen kann. Denn entsprechende Grafiken suggerieren einen validen Zusammenhang zwischen beiden Größen. Dies ist jedoch leider (oder glücklicherweise) nicht der Fall. Denn die anderen Input-Instrumente des Marketing wirken ebenso auf den Output ein wie die Werbung. Tatsächlich führt diese falsche Fixierung dann zu spiralförmig steigenden Werbeaufwendungen, weil jeder Anbieter den Wettbewerbsmaßstab der Vorperiode übertreffen will und vom Mitbewerb seinerseits in der Folgeperiode übertroffen wird. Dies ist einer der wesentlichen Gründe für die rasant steigenden branchenweiten Werbeaufwendungen und spiegelt sich in der Realität der Werbung, wobei Menge oft Qualität zu ersetzen scheint. Es gibt aber ebenso Produkte, die gänzlich ohne Medienwerbung groß geworden sind (z. B. Swatch, Fisherman's Friend, Zara) wie auch solche, die trotz massiver Medienwerbung gefloppt sind (z. B. die Printtitel Ja, Super).

Auf jeden Fall können somit Wettbewerbswerbeanstrengungen neutralisiert werden. Zudem erfolgt ein produktiver Mitteleinsatz durch die Wahl einer sachgerechten Bezugsbasis. Allerdings ist die Datenermittlung oft schwierig (Nielsen-S & P-Werbestatistik), zumindest aber kostspielig.

## Konkurrenzabhängige Budgetierung nach Weinberg

Diese Technik soll die Frage klären, wie hoch eine Werbeinvestition sein soll, um eine Marktanteilssteigerung von x Prozent zu erreichen. Als Antecedenzbedingungen werden genannt, dass der Werbeerfolg vom Ausmaß und der Qualität der eigenen Werbeanstrengungen und denen der Konkurrenz abhängig ist. Die relative Wirksamkeit der eigenen Werbeanstrengungen wird durch einen Koeffizienten ausgedrückt. Die Berechnung erfolgt durch Auswertung historischer Umsatzentwicklungen, Werbeausgaben und Marktanteilsverschiebungen (während acht Jahren) als logarithmisch-lineare Regressionsfunktion.

Der Ansatz Weinbergs geht damit vom impliziten Ziel der Marktanteilssteigerung aus. Darin liegt allerdings kaum eine zu verallgemeinernde Zielsetzung, denn eine übermäßige Steigerung des Marktanteils muss evtl. durch überhöhte Werbeaufwendungen mit sinkenden Gewinnen erkauft werden. Für eine Gewinnmaximierung müsste daher der Punkt bekannt sein, bis zu dem es sich lohnt, den Marktanteil durch verstärkte Werbung auszudehnen. Dies wird jedoch nicht expliziert. Die Wirkung der anderen Marketinginstrumente wird vernachlässigt, d. h., es wird unterstellt, dass der Umsatz der Vergangenheit allein der Werbung zuzurechnen ist. Die Schätzung des Umsatzes und der Werbeausgaben der Konkurrenz unterliegt zwangsläufig großen Unsicherheiten. Immerhin werden Konkurrenten berücksichtigt, nicht jedoch (zeitliche) Überstrahlungseffekte der Werbung. Insofern handelt es sich um ein statisches Modell. Ebenso bleiben alle Rahmenbedingungen außer der Konkurrenz unberücksichtigt. Die Qualität der Budgetentscheidung hängt zudem von der Schätzung der Modellvariablen ab. Vor allem ist fraglich, ob Erfahrungswerte der Vergangenheit in einem sich schnell wandelnden Umfeld ohne Weiteres auf die Zukunft übertragen werden können.

### 2.3.2 Erfahrungsbasierte, polyvariable Budgetierungstechniken

## Restwert

Beim Restwert wird nach Verplanung aller verfügbaren Finanzmittel ein dann evtl. noch verbleibender, liquiditätsbezogener Restbetrag Werbemaßnahmen gewidmet. Dies ist eine sehr unbefriedigende Form der Bemessung. Sie ist vor allem bei Unternehmen anzutreffen, die in der Marketingdenkhaltung noch nicht fest verankert sind und daher den Stellenwert der Kommunikation zu gering schätzen. Denn darin kommt eine mindere Bedeutung der Werbung gegenüber anderen Investitionen im Unternehmen zum Ausdruck. Tatsächlich aber ist die Investition in Kundengewinnung und -bindung als die Wertvollste überhaupt anzusehen. Die Einfachheit der Bemessung stellt jedoch einen nennenswerten Vorteil dar.

Von Nachteil ist das unverkennbare Willkürelement, weil es keinen begründbaren Zusammenhang zwischen Werbeziel und Finanzmitteleinsatz gibt.

So beklagen viele Unternehmen den Verdrängungswettbewerb, dem sie sich am Markt ausgesetzt sehen und beneiden solche, die es durch eine starke Marke schaffen, stabil zu bleiben. Was dabei allerdings leicht übersehen wird, ist, dass diese so beneidenswerten Unternehmen sich irgendwann entschieden haben, statt in Anlage- oder Umlaufvermögen in Marke zu investieren Diese Investition in Präferenzaufbau zur Kundengewinnung und -bindung ist die einzige, die nicht an Wert verliert und abgeschrieben werden muss, sondern im Gegenteil immer wertvoller wird, je nachhaltiger sie betrieben wird. Jedoch hat sie nicht den Charme des Faktischen, sondern bleibt immateriell. Daher scheint es kurzsichtig vorteilhafter, in materielle Produktionsfaktoren zu investieren, nur darf man sich dann nicht über die Folgen dessen beklagen.

## Fortschreibung

Fortschreibung bedeutet, dass das wie immer auch zustande gekommene Werbebudget der Vorperiode weitergeführt wird. Dabei werden Größen wie Tarifpreissteigerung der Medien, projektiertes Unternehmenswachstum etc. zugrunde gelegt, um die reale Kaufkraft bzw. Budgetbedeutung zu erhalten. Tatsächlich ist damit aber Unwirtschaftlichkeit festgeschrieben, die spätestens mit der Gemeinkostenwertanalyse (OVA) oder der Nullbasisbudgetierung (ZBB) in Frage gestellt wird. Der wichtigste Vorteil liegt sicherlich in der Einfachheit durch Indexierung. Von Nachteil ist, dass die Bemessung nicht verursachungsgerecht ist und bestehende Budgetverhältnisse zementiert, unabhängig davon, ob diese aktuell noch gerechtfertigt sind oder nicht. Außerdem besteht keinerlei Wettbewerbsorientierung in der Budgetierung.

## Makrovariable

Dabei werden erstmalig überbetriebliche Bezüge wie Branchenwachstumsindex, Inflationsrate, Bruttosozialproduktveränderung etc. hergestellt. Dadurch werden bei überdurchschnittlichen Erfolgspositionen eines Unternehmens allerdings leicht individuelle Marktchancen verpasst, wenn die aggregierten Größen Zurückhaltung signalisieren. Und umgekehrt bei unterdurchschnittlichen Erfolgspositionen Mittel gebunden, wenn die aggregierten Größen Engagement signalisieren. Als Vorteil ist die hinlänglich einfache Feststellung zu werten, als Nachteil die Tatsache, dass es sich um Vergangenheitswerte/Zukunftsschätzungen handelt und dabei keine Berücksichtigung der unternehmensindividuellen Situation stattfindet.

## ADBUG-Modell

Das computergestützte ADBUG-Modell folgt dem Decision Calculus-Ansatz, der Marktanteilsveränderungen in Abhängigkeit vom Werbeaufwand simuliert. Dabei wird eine s-förmige (ertragsgesetzliche) Wirkungsfunktion unterstellt. Als Dateninput sind für die Simulation vier Informationen erforderlich:

- derjenige Marktanteil, bei dem der Werbeaufwand in der Periode den Wert Null annimmt,

- derjenige Marktanteil, welcher die Sättigungsmenge darstellt und erst bei extrem hohem Werbeaufwand erreicht wird,

- derjenige Werbeaufwand, der zur Erhaltung des bisherigen Marktanteils notwendig ist,

- derjenige Marktanteil, der durch eine 50%-ige Erhöhung des Erhaltungsaufwands erreicht werden kann.

Diese Daten müssen, sofern nicht bereits vorliegend, qualifiziert subjektiv geschätzt werden. Außerdem können Carry over-(Zeitübertragungs-)Effekte durch Erweiterung des Ansatzes berücksichtigt werden, ebenso wie eine Variation der Werbeträgerqualität, der Qualität der Werbebotschaft und der Wirkung anderer Marketinginstrumente als der Werbung.

Allerdings basieren alle Ergebnisse damit letztlich auf subjektiver Schätzung, da davon auszugehen ist, dass objektive Daten als Input nicht verfügbar sind. Insofern sind erhebliche Verzerrungsgefahren gegeben. Weiterhin wird der Marktanteil in diesem Modell als alleiniges Werbeziel unterstellt, was praktisch sicherlich zu kurz greift.

## Kuehn-Modell

Das von Kuehn entwickelte Modell basiert auf einer Entscheidungsregel, die auf Basis von Markoff-Ketten die Summe aller gegenwärtigen und zukünftigen, diskontierten Gewinne hinsichtlich des gegenwärtigen Budgets maximiert. Die Umsätze einer Periode kommen danach durch Käufer der Vorperiode zustande, die mit Sicherheit die eigene Marke wieder kaufen, und dem Anteil aller potenziellen Markenwechsler, die sich durch den Einsatz des gesamten absatzpolitischen Instrumentariums der Branche für eine Marke entscheiden. Sind Vertrieb und Regalplatz sowie Attraktivität und Preis der eigenen Marke konkurrenzfähig und besteht eine konstante und für alle Marken gleiche Abgangsrate an Kunden, so besteht der Absatz einer Periode aus den markenloyalen Kunden der Vorperiode, den attrahierten neuen Kunden durch das Marketing-Mix des Unternehmens und aus den Interaktionseffekten aller Marketing-Mixes incl. Werbung. Unter Berücksichtigung einer Marktwachstumsrate mit Gewinnmaximierung als Zielfunktion und einer Werbekostenfunktion kann so zumindest theoretisch das optimale Werbebudget ermittelt werden. Es ist c. p. umso höher, je höher die Werbeausgaben der Konkurrenten sind, je höher die Gewinnspanne (vor Werbung) des Unternehmens ist, je höher der Gesamtumsatz der Branche ist, je höher der Anteil illoyaler Konkurrenzmarken-Käufer bzw. loyaler Käufer der eigenen Marke ist, je geringer die Werbekosten in Relation zu anderen Investitionen sind sowie je höher die Werbewirksamkeit ist.

### 2.3.3 Modellgestützte, monovariable Budgetierungstechniken

#### Little-Modell

Little versucht, bezogen auf ein bestimmtes Unternehmen in einer bestimmten Marktsituation dessen Werbereaktionsfunktion zu ermitteln. Begonnen wird mit einer Schätzung dieser Funktion, zweckmäßigerweise als konkave oder s-förmige Funktion. Das sich daraus ergebende Budget wird in der Periode t auf einem Testmarkt investiert. Auf einem ersten Kontrollmarkt wird für Werbung weniger Geld ausgegeben (Low Spending), auf einem zweiten Kontrollmarkt mehr Geld (High Spending). Die dabei erzielten Umsätze auf den Teilmärkten geben Aufschluss über die Werbeeffizienz. Für die nächste Werbeperiode steht nun die durch Erfahrung verbesserte Information zur Verfügung. Mit kontinuierlicher Anpassung bildet die Funktion die Werbeeffizienz immer genauer ab, der Budgeteinsatz nähert sich also dem Optimum.

Bei Little werden somit nur Vergangenheitswerte herangezogen und in die Zukunft projiziert. Dies versagt dann, wenn plötzliche Änderungen der Konkurrenzaktivitäten oder anderer exogener Marktfaktoren (Diskontinuitäten) auftreten. Auch Veränderungen der eigenen absatzpolitischen Aktivitäten führen zu Variationen, die im Modell nicht berücksichtig werden. Es wird ein ertragsgesetzlicher Verlauf der Reaktionskurve angenommen, der weithin unbewiesen bleibt, doch der die marginalanalytische Bestimmung erst ermöglicht. Die Konstanthaltung von weiteren Modellparametern ist eine Vereinfachung, die zu Fehlern führt. Die praktische Durchführbarkeit der Experimente ist wohl nur für große Märkte möglich, da ansonsten eine genügende Abgrenzbarkeit der Wirkungen entfällt. Die Experimentalkonstruktion mit Test- und Kontrollmärkten ist zudem sehr aufwändig wie auch die gesamte Informationsbeschaffung mit hohem Aufwand verbunden ist. Außerdem muss sichergestellt sein, dass die zugrunde liegenden Annahmen vollständig und realitätsgetreu sind, was eine deterministische Situation anstelle real stochastischer Situationen erfordert.

Koyck-Modell

Dieses Modell dient zur dynamischen Werbebudgetierung unter Berücksichtigung eines Time lag der Nachfragereaktion auf Werbeaktivitaten. Es berücksichtigt also den Faktor Zeit. Dabei wird für die Wirkungen des Einsatzes früherer Werbeaufwendungen auf den heutigen Absatz eine geometrische Folge als Funktion angenommen. Zugleich wird ein Grundabsatz unterstellt, der selbst dann anfällt, wenn gar keine Werbung eingesetzt wird. Außerdem wird eine konstante Wiederkaufrate berücksichtigt. Analog zum Time lag ist weiterhin die Berücksichtigung eines Übertragungseffekts der Werbeaufwendungen vergangener Perioden auf die aktuelle Werbeperiode möglich.

Share of Advertising/Share of Market-Anteil

Unter Share of Advertising (SoA) versteht man den Anteil der eigenen Werbeaufwendungen an den gesamten Werbeaufwendungen aller Anbieter am relevanten Markt. Unter Share of Market (SoM) versteht man den Marktanteil des eigenen Unternehmens an diesem relevanten Markt. Die SoA/SoM-Budgetierungstechnik stellt beide Größen in Relation zueinander. Der eigene Marktanteil als Nenner des Quotienten sollte aus entsprechender Marktforschung bekannt sein (Nielsen/ GfK). Der eigene Werbeanteil als Zähler des Quotienten ist ebenfalls aus entsprechender Marktforschung (Nielsen/S & P) bekannt oder kann näherungsweise geschätzt werden (*siehe dazu Abb. 10 und 11*). Für den Wert des Quotienten ergeben sich prinzipiell zwei Möglichkeiten:

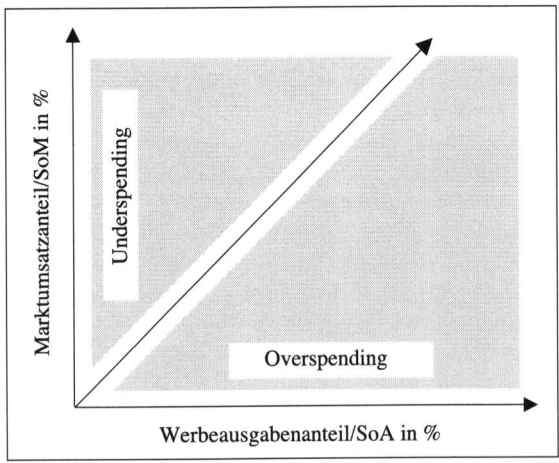

Abbildung 10: SoA/SoM-Relation

- SoA/SoM-Werte > 1 bedeuten, dass der Werbeaufwand bezogen auf den damit erreichten Umsatzanteil überproportional hoch ist, die Werbung also entweder vergleichsweise ineffizient scheint oder aber ein höherer Marktanteil erkauft werden soll.

- SoA/SoM-Werte < 1 bedeuten einen unterproportionalen Werbeaufwand bezogen auf den Umsatzanteil. Dies spricht für besonders effiziente Werbung oder aber freiwillige oder unfreiwillige Preisgabe von Marktanteilen.

Allerdings ist dieser Quotient auch abhängig von der Marktposition. So können sich alteingesessene, große Unternehmen sehr oft einen relativ geringen Werbeaufwand leisten, weil die Reputation ihrer Marke aus sich heraus akquisitorisch wirkt. Wird diese Markenstärke jedoch nicht kontinuierlich aufgeladen, besteht die Gefahr, dass der Markenkern ausgezehrt wird. Außerdem ist die SoA/SoM-Relation abhängig von der Lebenszyklusphase des beworbenen Produkts. So ist zu Beginn meist überproportionaler Werbeaufwand erforderlich, um dem Produkt eine entsprechende Position am Markt zu erkämpfen. Später kann die relative Medialeistung zurückgefahren werden.

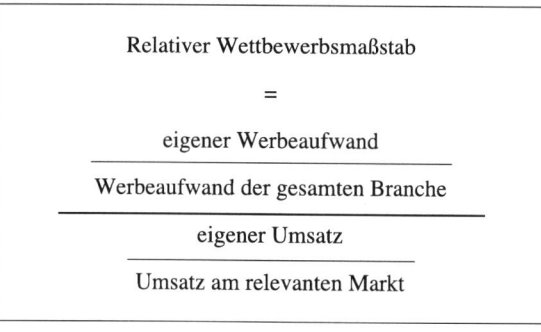

Abbildung 11: Ermittlung des SoA/SoM-Werts

Aus der SoA/SoM-Relation lässt sich hochrechnen, wie viel Werbeaufwand als Voraussetzung für die Erreichung eines bestimmten Marktanteils gilt. Praktisch gibt es zwar zahlreiche verzerrende Einflussfaktoren, eine regressionsanalytische Abhängigkeit ist jedoch problemlos berechenbar. Denn es gibt so etwas wie eine Werbeerfahrungskurve, d.h. eine mehr oder minder feste Relation zwischen Werbeanteil und Marktanteil. Diese Relation ist zwar von Branche zu Branche verschieden (grafisch unterschiedlicher Steigungswinkel/Quotient), innerhalb einer Branche aber auch bei veränderlichen Budgets relativ starr. Werbungtreibende, deren SoA/SoM-Relation besser ist als der Durchschnittsquotient werden von solchen, deren SoA/SoM-Relation schlechter ist, auf den Durchschnitt kompensiert. Bei Ersteren handelt es sich meist um einheimische und traditionelle Anbieter, bei Letzteren um Importeure oder Neuanbieter.

Daraus ergibt sich die wenig erfreuliche Erkenntnis, dass der Werbeerfolg weniger von der Qualität der werblichen Inhalte bestimmt wird als vielmehr von werblicher Penetration. Dies gilt zumindest für die weit verbreitet anzutreffenden Low Involvement-Produkte, die sich ihre Marktpräsenz immer wieder neu erkaufen müssen. Dies trägt auch zur Erklärung bei, warum Unternehmen die Marktführerschaft inne haben (z. B. Procter & Gamble, Ferrero, Henkel), deren werblicher Markenauftritt häufig als notleidend zu bezeichnen ist. Es kommt eben weniger auf die Qualität der Werbung an als auf die Menge.

Statt des Share of Advertising wird oft auch der Share of Voice (SoV) als Anteil eines Anbieters am Bruttowerbedruck des Konkurrenzumfelds verwendet, oder der Share of Mind (SoMi) als Anteil eines Anbieters an der Werbebekanntheit innerhalb des Konkurrenzumfelds (outputbezogen).

### Investitionstheoretisches Modell

Dabei wird von einer langfristigen Überlegung ausgegangen, die Werbeaufwendungen richtigerweise als Investition zum Beitrag der Erzielung zukünftiger Umsätze interpretiert. Folglich kann das Werbebudget derart fixiert werden, dass die Differenz zwischen den kumulierten Werbeaufwendungen der Vergangenheit und den dadurch induzierten, kumulierten Erträgen der Zukunft maximiert wird. Als Rechenverfahren bietet sich dafür die Kapitalwertmethode an. Die vergangenen Werbeaufwendungen werden dazu auf den gegenwärtigen Entscheidungszeitpunkt aufgezinst, die zukünftig erwarteten Werbeerträge auf diesen gemeinsamen Zeitpunkt abgezinst. Werden alternative Werbeprogramme in ihren Aufwendungen und Erträgen bestimmt und in ihren Auswirkungen rechnerisch dynamisiert, so ist dasjenige Programm als das Beste anzusehen, das den höchsten Kapitalwert als Zielgröße aufweist.

Problematisch ist dabei vor allem die Zurechnung zukünftiger Werbeerträge auf vergangene Werbeaufwendungen. Auch ist die Prognose von Ertragsdaten ausgesprochen schwierig, wenngleich in diesem Fall wohl nicht allzu fern in die Zukunft vorgeschaut zu werden braucht.

Von entscheidender Bedeutung ist jedoch, Werbung nicht als Kosten aufzufassen, sondern als Investition. Denn Werbung ist Investition in zukünftige Umsätze und damit in nicht mehr und nicht weniger als die Unternehmensexistenz. In der betrieblichen Praxis ist es weitaus einleuchtender, Investitionsmittel zu budgetieren als Kostenpositionen. Von Ersteren wird akzeptiert, dass sie zum Überleben unerlässlich sind, Letztere sind hingegen zu minimieren. Zur Bewusstseinsbildung trägt daher schon bei, und entspricht auch den Tatsachen, von Werbeinvestitionen zu sprechen und nicht von Werbekosten.

### 2.3.4 Modellgestützte, polyvariable Budgetierungstechniken

Vidale/Wolfe-Modell

Vidale/Wolfe führen aufgrund empirischer Analysen den Zusammenhang zwischen Werbung (Modellinput) und Umsatz (Modelloutput) auf drei Parameter zurück: die Umsatzverfallskonstante, die Marktsättigungskonstante und die Reaktionskonstante:

- Der Umsatzschwund ist der Wert, der sich bei Einstellung oder Einschränkung der Werbeaktivitäten ergibt, im Modell als linearer Trend unterstellt, ein hoher Wert bedeutet hier, dass der Umsatz ohne Werbung stark zurückgeht, et vice versa,

- die Sättigungsgrenze des Marktes gibt an, ab wann trotz werblicher Anstrengungen keine Umsatzzunahmen mehr zu verzeichnen sind,

- die Reaktionskonstante für das Verhältnis von Umsatzhöhe und Höhe der Werbeausgaben ist definiert als der Umsatzzuwachs, der bei einem Ausgangsumsatz von Null durch eine zusätzliche Geldeinheit Werbeausgaben erzielt wird.

Die Veränderung des Umsatzes ist umso höher, je höher die Reaktionskonstante, je höher das ungenutzte Umsatzpotenzial, je höher die Werbeausgaben und je niedriger die Umsatzverfallskonstante ist. Die Messung der Parameter erfolgt am Zweckmäßigsten durch Testwerbung unter kontrollierten Bedingungen. Daraus lassen sich die Werbeausgaben ermitteln, die nötig sind, den Umsatz auf einem bestimmten Niveau zu halten oder eine bestimmte Umsatzzuwachsrate zu garantieren.

Die Werbeeffizienz nimmt danach mit steigendem Verkaufsvolumen ab. Dabei wird ein konstantes, damit vernachlässigbares Konkurrenzverhalten unterstellt. Das Modell ist ein dynamisches, in das die mit der Zeit nachlassende Werbeeffizienz eingeht. Die Bestimmung der Parameter Reaktionskonstante, Sättigungsniveau und Umsatzabnahme ist schwierig. Am Ehesten lässt sich die Umsatzabnahme als eine Art Vergessenskonstante interpretieren, die zu einem bestimmten Verlust an bisherigen Käufern führt. Dazu müsste ein Unternehmen aber mit der Werbung aussetzen. Außerdem verändern sich alle drei Größen durch Veränderung der Marktverhältnisse. Die Konzentration auf die Umsaterhaltung kann nicht als allgemein gültige unternehmerische Zielsetzung aufgefasst werden. Problematisch sind auch die alleinige Ansprache der potenziellen und die Vernachlässigung der aktuellen Käufer. Es wird von gleicher Bedeutung aller Käufer ausgegangen, d.h. Erwerb gleicher Produktmengen, wobei der Absatz pro Käufer nicht erhöht werden kann. Insofern kann das Modell nur für Marktbereiche mit konstanter Verbrauchsrate unterstellt werden. Der Einfluss von Konkurrenzaktivitäten wird nicht berücksichtigt, obgleich diesen im Marketing eine zentrale Bedeutung zukommt. Die unterstellten direkten Beziehungen zwischen Werbeaufwand und erzielten Umsätzen lassen sich in der Realität kaum nachweisen, hängen doch Erfolge und

Misserfolge immer vom Einsatz aller Marketinginstrumente ab. Werbeerfolg, der erst nach der Planungsperiode eintritt, wird nicht berücksichtigt, erforderlich wäre es aber, diesen auf den Planungszeitpunkt zu diskontieren.

## Fischerkoesen-Modell

Das Modell von Fischerkoesen enthält zwei Einflussgrößen:

- Verbreitungs- und Resonanzwirkung als relative Anzahl der Personen, die einen Werbeanstoß empfangen bzw. bewusst aufgenommen haben,

- Verkaufswirkung oder Effizienz als relative Anzahl der Personen, die durch die Werbemaßnahme zu Käufern eines Guts werden.

Effizienz und Resonanz sind miteinander verbunden. Werden in einem Experiment Versuchspersonen mit einem Werbemittel konfrontiert, so ergibt sich eine gewisse Effizienz, d. h., der Marktanteil erhöht sich. Die Effizienz ist maximal, wenn alle Personen vom eingesetzten Werbemittel erreicht werden, sie ist minimal, wenn keine Person erreicht wird. Die Realität liegt zwischen diesen beiden Extremen. Insofern besteht zwischen Effizienz und Resonanz eine multiplikative Verbindung. Ein Werbeanstoß, der alle Zielpersonen erreicht, ohne dort irgendeine Verkaufswirkung zu erreichen, bedeutet demnach, dass der bisherige Marktanteil unverändert bleibt. Dies gilt auch, wenn keine Zielperson durch Werbung erreicht worden ist. Nun gilt es allerdings, die Parameter Resonanz und Effizienz zu ermitteln. Die Effizienz wird durch die marginale Preisbereitschaft gemessen, die Resonanz durch Verfahren der experimentellen Lernpsychologie.

Doch darin liegen spezifische Probleme. So ist es extrem schwierig, diese Werte zu bestimmen. Außerdem ergeben sich für jeden Markt jeweils andere Werte. Schließlich bleiben auch Wettbewerbsreaktionen, wie sie für Oligopolmärkte geradezu typisch sind, unberücksichtigt.

## Dorfman/Steiner-Modell

Dorfman/Steiner beziehen das Werbebudget nur insofern ein, als es um die Optimierung des Marketing-Mix durch marginalanalytische Kalküle geht. Dabei gelten folgende Prämissen: Ein-Produkt-Unternehmen, Gewinnmaximierung als Ziel, Preis und Produktqualität als weitere Parameter neben der Werbung, kein Wirkverbund dieser Instrumente und vorhandene Informationen zu Erlösen und Kosten. Der optimale Marketing-Mix, und damit auch das optimale Werbebudget, sind danach erreicht, wenn die Preiselastizität der Nachfrage, der Grenzertrag der Werbung und die mit dem Quotienten aus Preis und Durchschnittskosten multiplizierte Nachfrageelastizität in Bezug auf Qualitätsänderungen einander genau gleich sind.

Damit wird das optimale Werbebudget formal exakt abgeleitet. Voraussetzung dafür sind jedoch die Stetigkeit und mehrmalige Differenzierbarkeit der zugrunde liegenden Wirkungsfunktionen, was realiter zweifelhaft ist. Außerdem können keine Restriktionen berücksichtigt werden, das angegebene Optimum kann also außerhalb des zulässigen Lösungsbereichs liegen. Der Einsatz anderer Marketinginstrumente als der Werbung wird negiert. Interdependenzen zwischen Nicht-Werbeparametern werden daher nicht berücksichtigt. Aus dem Rechnungswesen müssen die Einflüsse marginaler Änderungen des Werbebudgets erfassbar sein, was völlig unrealistisch ist. Der Ansatz geht von einem Einproduktunternehmen aus, substitutive und komplementäre Beziehungen im Programm werden also nicht erfasst. Auch dies ist einigermaßen unrealistisch. Es wird das ausschließliche Ziel der Gewinnmaximierung unterstellt, das in der Praxis sehr zweifelhaft ist. Das verwendete marginalanalytische Rechenverfahren ist dort gänzlich ungeeignet, da infinitesimal kleine Änderungen und deren Auswirkungen nicht realisierbar sind.

Eine Weiterentwicklung ist durch das Lambin-Modell vorhanden, das eine dynamische Betrachtung mehrerer Variabler des Marketing-Mix erlaubt und auch die Werbeaktivitäten der Konkurrenz berücksichtigt.

### Optimierungsmodell

Die Werbebudgetierung erfolgt dabei durch Optimierung auf Basis von Grenzerlösen und Grenzkosten. Das gewinnmaximale Werbebudget liegt demnach dann vor, wenn die kombinierten Grenzkosten, d.h. Grenzwerbe- und andere Grenzproduktionskosten, exakt gleich dem Preis sind. Bei variablen Preisen führt der Einsatz der Werbung freilich dazu, dass sich die Form und Lage der Preisabsatzfunktion verändern. Insofern gibt es bei verschiedenen Konstellationen eine Werbebudgethöhe, bei welcher die gewinnmaximale Preis-Mengen-Kombination erreicht wird. Das Optimum ist dort gegeben, wo sich die partiellen Grenzerträge der Instrumente ausgleichen.

Dabei wird allerdings eine Stetigkeit und Differenzierbarkeit des funktionalen Zusammenhangs unterstellt. Ebenso sind keine Restriktionen berücksichtigt, die in anderen Unternehmensbereichen (etwa der Produktion) liegen können. Es wird die einseitige Zielsetzung der Gewinnmaximierung unterstellt. Ebenso werden nur quantitative Werbeziele berücksichtigt. Außerdem wird neben der Werbung nur die Preispolitik als absatzpolitisches Instrument einbezogen. Konkurrenzaktivitäten werden zudem völlig vernachlässigt.

## 2.3.5 Kritische Betrachtung der Budgetierungstechniken

Für *erfahrungsbasierte* Budgetierungstechniken gilt, dass einige dieser Verfahren, wie ausgeführt, der Gefahr einer prozyklisch orientierten Budgetierung und eines logischen Zirkelschlusses unterliegen.

Vielfach fehlt ein analytischer Zusammenhang zwischen der Werbung als Inputgröße und der Outputgröße des Verfahrens. So ist der Gewinn von zahlreichen anderen Faktoren mehr abhängig als von der Werbung, vor allem von den Kostenpositionen. Gleiches gilt für den Deckungsbeitrag, der ebenso wesentlich von den Kosten beeinflusst wird. Auch Absatz(-menge) und Umsatz(-wert) sind von zahlreichen anderen Faktoren abhängig, die außerhalb der Werbung verursacht sind.

Insofern besteht die Gefahr der Fehlallokation des Budgets, auf jeden Fall aber dürfte das Optimum der Werbebudgethöhe auf diese Weise mehr oder minder weit verfehlt werden. Auch der reine Konkurrenzbezug führt fehl, ist doch der Erfolg der Konkurrenz ebenso von vielfältigen anderen Größen abhängig als der Werbung wie das beim eigenen Unternehmen auch der Fall ist.

Die Bestimmung eines fixen Geldbetrags ist ebenso wenig zweckdienlich wie eine Ziel-Aufgaben-Sicht, die eine bekannte, funktionale Verbindung zwischen Werbeinput und Solloutput unterstellt.

Die Angaben sind meist recht grob und die der Aussage zugrunde liegenden Bezüge vereinfacht. Beispielsweise werden keine Wirkungsverzögerungs- (direkte Carry Over-)Effekte oder Wirkungsübertragungseffekte (indirekte Carry Over-) Effekte berücksichtigt. Ebenso bleiben zeitliche Wirkungsverbünde, z. B. in Form von Marktwiderständen, unberücksichtigt.

Für *modellgestützte* Budgetierungstechniken gilt, dass regelmäßig eine statische Betrachtungsweise nur einer kurzfristigen Werbeperiode vorherrscht. Tatsächlich jedoch ist es im Sinne einer vorausschauenden Planung erforderlich, Auswirkungen jetziger Aktivitäten auf zukünftige Perioden bzw. Einflüsse zukünftiger Perioden auf jetzige Aktivitäten in die Entscheidung über das Werbebudget mit einzubeziehen.

Häufig gilt auch die Gewinnmaximierung als einschränkende Zielsetzung des Unternehmens. Tatsächlich sind jedoch alle möglichen Formen der Zielsetzung anzutreffen, ganz gewiss nicht aber die Gewinnmaximierung. Dies scheitert schon allein an den dazu erforderlichen formalen Voraussetzungen. Deshalb kann gar kein Unternehmen Gewinne maximieren, selbst es dies wollte.

Zugleich wird das Vorhandensein vollkommener Information über alle relevanten Umfelddaten unterstellt. Auch dies ist angesichts zunehmend komplexer Vermarktungsbedingungen nicht annähernd gegeben. Zudem sprechen die begrenzten Verarbeitungskapazitäten des Entscheidungsträgers Mensch gegen das jemalige Erreichen dieser Prämisse.

Von den funktionalen Zusammenhängen zwischen Input und Output wird angenommen, dass sie stetig und differenzierbar sind. Statt dessen sind diese zu weiten Teilen nicht einmal bekannt, geschweige denn die Art ihres Zusammenhangs. Gerade Werbung ist durch elementar qualitative Kriterien charakterisiert, die sich einer quantifizierten Erfassung weitgehend entziehen.

Es werden Marktformen entweder des Monopols oder des Polypols vorausgesetzt, nicht jedoch die real weit verbreiteten Oligopole. Abgesehen davon, dass es absolute Monopole wohl in einer Welt der Alternativen nicht gibt, sind auch Polypole zumeist von monopolistischen Teilstrukturen durchzogen. Für diese praktischen Mischformen wird in den Modellen keine Aussage getroffen.

Im betrachteten Unternehmen wird eine Monoproduktion zugrunde gelegt. Dies ist heutzutage jedoch die krasse Ausnahme. Beinahe alle Anbieter stellen Produkte für mehrere Märkte zur Verfügung, um ihr angestammtes Know-how besser auszunutzen oder eine Minderung von Marktrisiken zu erreichen.

Es sollen keine weiteren Marketinginstrumente außer der Werbung vorhanden sein. Nun ist aber hinlänglich bekannt, dass die übrigen Marketing-Mix-Instrumente mindestens den gleichen Leistungsbeitrag zum Absatzerfolg von Produkten zu liefern imstande sind wie die Werbung. Von daher entbehrt diese Annahme des Realitätsbezugs.

Schließlich werden ein gegebenes Werbeverfahren in Kampagnenanlage, Medienauswahl und -einsatz unterstellt. Dies schließt aus, dass die Effizienz der Werbung durch Änderung der kreativen Umsetzung, durch Nutzung anderer Werbemittel und -träger sowie durch mediatechnische Maßnahmen erhöht werden kann. Gerade dies ist aber angesichts begrenzter Budgetmittel häufig das Ziel.

### 2.3.6 Budgetmittelzuweisung

Das zur Verfügung stehende Budget des Werbungtreibenden ist zunächst dahingehend aufzuteilen, welcher Anteil für klassische und welcher für nicht-klassische Werbemittel eingesetzt werden soll. Dieser Unterscheidung liegt eine historische Entwicklung zugrunde. Denn Erstere verfügen über fix kalkulierte Preislisten, anhand derer zumindest offiziell für ein Vielzahl von Fällen standardisiert abgerechnet wird, während für nicht-klassische Werbemittel keine festen Preislisten gelten, sondern im Einzelfall individuell abgerechnet wird. Die Werbungdurchführenden für die klassischen Werbemittel haben zudem in ihre Preislisten 15 % AE-Provision für Werbungsmittler (Agenturen) eingerechnet.

Gelegentlich werden diese Bereiche zwar noch getrennt budgetiert, zunehmend löst jedoch die Problemorientierung die Medienorientierung bei Werbungtreibenden ab. Vielmehr wird dann eine Aufgabe definiert (z. B. Neueinführung, Relaunch, Line Extension) und insgesamt mit Geldmitteln dotiert. Für welche

Bereiche diese Geldmittel dann eingesetzt werden, sollte sich an der komparativen Leistungsfähigkeit der einzelnen Medien bemessen und nicht an abstrakt vorgegebenen Budgetgrenzen.

Praktisch keine ernst zu nehmende Kampagne kann mehr allein auf klassischen oder auf nicht-klassischen Werbemitteln basieren, sondern erfordert einen Mix der Kommunikationsinstrumente. Dabei geht es um eine grobe Zuteilung der Geldmittel zu diesen beiden Bereichen. Die Feinsteuerung erfolgt erst bei der Realisation. Trotz des starken Trends zu nicht-klassischen Werbemitteln muss betont werden, dass der Aufbau und die Erhaltung von Marken tatsächlich nur durch den Einsatz klassischer Werbemittel möglich ist.

Innerhalb der Klassischen Medien stellen sich die Alternativen von Anzeigen, Spots und Plakaten. Für jedes dieser Medien ergeben sich spezifische Stärken und Schwächen, die in einem Leistungsprofil herausgearbeitet werden. Ihre individuelle Eignung ergibt sich, indem diese mit dem sich aus den Werbezielen ergebenden Anforderungsprofil verglichen werden. Die Rangfolge der Medien leitet sich aus dem Grad der Übereinstimmung aus Leistungs- und Anforderungsprofil ab.

Entsprechend ist zu entscheiden, ob nur eine Mediagattung eingesetzt werden soll oder eine Kombination aus zwei oder mehr Mediagattttungen. Dabei ist zu berücksichtigen, dass für eine Einschaltung gewisse Medialeistungswerte mindestens erreicht werden sollen. Dies setzt wiederum eine bestimmte Breite, Häufigkeit und Ausstattung des Medieneinsatzes voraus. Wegen der dabei hinzunehmenden hohen Kosten sind nurmehr große Budgets in der Lage, mehr als eine klassische Mediagattung zu finanzieren. Man geht dabei in der Praxis von 4 Mio. €/p.a. als Untergrenze aus.

Die Budgetaufteilung erfolgt dann nach Entwicklungsvor- und Schaltkosten. Das Entwicklungsvorkostenbudget deckt alle Kosten ab, die bei der kaufmännischen (Marketinginformation) und technischen (Produktion) Entwicklung von Werbemaßnahmen entstehen. Es betrifft die Voraussetzungen für den Einsatz der Werbung, stellt aber selbst noch keine Werbemaßnahmen dar und hat daher Fixkostencharakter. Das Schaltkostenbudget deckt alle Kosten ab, die Werbungdurchführende (Sender, Verlage, Pächter) für die Einschaltung von Werbemitteln in ihren Werbeträgern erhalten. Damit ist dann erst die tatsächliche Verbreitung der Werbebotschaften möglich. Hinzu kommen die Kosten in der nicht-klassischen Werbung.

Die Werbeinvestitionen betrugen im Jahr 2013 25,05 Mrd. € in Deutschland, dies entspricht 0,92 % des BIP. Das streufähige Volumen betrug 15,25 Mrd. €. Die Tendenz ist dabei leicht fallend. Den größten Anteil daran hatte das Fernsehen (27 %), vor sonstigen Printtiteln (21 %), Zeitungen (19 %), Zeitschriften (13 %), Onlinemedien (8 %), Plakat (6 %), Hörfunk (5 %) und Kino (1 %).

## 2.4 Kommunikationszeitraum

Hinsichtlich des zeitlichen Einsatzes der Werbung gibt es verschiedene Postulate. Theoretisch wird empfohlen, *antizyklisch* zu werben, d. h. dann, wenn die Geschäftslage nicht so gut ist, diese durch verstärkte Werbung anzukurbeln bzw. dann, wenn die Geschäftslage ohnehin gut ist, diese durch Rücknahme der Werbung nicht unnötig zu überhitzen. Problematisch ist dabei, dass in der Flaute meist kein Geld für Werbung verfügbar ist, und im Boom die Bereitstellung von Werbebudget leicht fällt, so dass der Zeiteinsatz praktisch eher prozyklisch erfolgt. Entsprechend saisonaler Schwerpunkte sollte zudem prosaisonal geworben werden, wobei ein zeitlicher Verzögerungseffekt der Werbung gegenüber der Absatzwirkung dazu führt, dass die Werbesaison der Verkaufssaison zeitlich vorgelagert ist.

Außerdem müssen die Werbemaßnahmen auch räumlich aufeinander abgestimmt werden. So kann es sinnvoll sein, alle Maßnahmen im gleichen Gebiet einzusetzen oder separate Raum-Maßnahmen-Kombinationen vorzusehen. Generell ist darauf zu achten, dass das Werbegebiet weitgehend kongruent zum realisierten oder intendierten Distributionsgebiet ist. Es sollte also weder zu Unterfüllungen kommen, d. h., es bleiben Distributionsgebiete, die durch Werbung nicht abgedeckt sind (Streulücke), noch zu Überfüllungen, d. h., die Werbung deckt Gebiete ab, die nicht distribuiert werden (Fehlstreuung). Denkbar ist eine gleichmäßige Ausdeckung, aber auch eine punktuell erhöhte Ausdeckung, etwa in Ballungsräumen oder neu aufzubauenden Distributionsgebieten.

Ein wichtiger Aspekt bei allen Werbemaßnahmen ist zweifellos ihre räumliche und zeitliche Koordination. Innerhalb einer bestimmten Werbeperiode kann der Medieneinsatz in unterschiedlicher *zeitlicher Einsatzabfolge* erfolgen. Man unterscheidet allgemein (*dazu Abb. 12*):

- *parallelen* Einsatz, d. h. zwei oder mehr Kommunikationsinstrumente werden völlig zeitgleich nebeneinander herlaufend eingesetzt,

- *ablösenden* Einsatz, d. h. ein nachfolgendes Kommunikationsinstrument löst ein vorherlaufendes ab und schließt sich unmittelbar daran an,

- *versetzten* Einsatz, d. h. zwei oder mehr Kommunikationsinstrumente laufen jeweils gleich lang, setzen jedoch zu verschiedenen Zeitpunkten ein und wieder aus, so dass es zur zeitweisen Überlappung kommt,

- *sukzessiv startenden* Einsatz, d. h. Kommunikationsinstrumente setzen nacheinander ein und laufen dann gemeinsam zum gleichen Zeitpunkt aus,

- *sukzessiv stoppenden* Einsatz, d. h. Kommunikationsinstrumente laufen nacheinander aus, nachdem sie zeitgleich eingesetzt haben,

- *intermittierenden* Einsatz, d. h. zwei oder mehr Kommunikationsinstrumente wechseln einander fortlaufend und ohne Unterbrechung ab,

- *disruptiven* Einsatz, d.h. zwei oder mehr Kommunikationsinstrumente wechseln einander diskontinuierlich, also mit Unterbrechung, ab,

- *konzentrierten* Einsatz, d.h. Kommunikationsinstrumente werden nur limitiert während eines Zeitausschnitts der Werbeperiode aktiviert,

- *vorlaufenden* Einsatz, d.h. ein Kommunikationsinstrument wirkt als Vorlauf zu einem nachfolgenden anderen,

- *nachlaufender* Einsatz, d.h. ein Kommunikationsinstrument wirkt als Nachlauf zu einem vorauseilenden anderen.

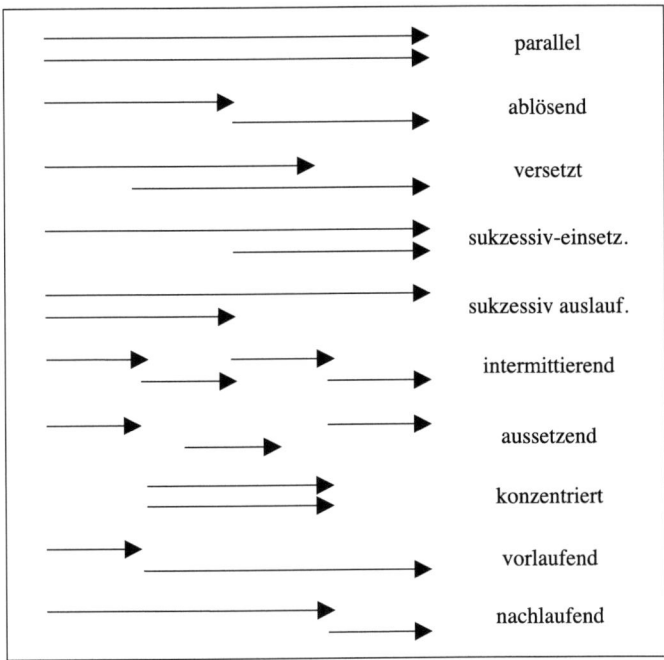

Abbildung 12: Werbetiming

Die Werbeperiode ergibt sich regelmäßig bereits aus der werblichen Aufgabenstellung selbst. Meist handelt es sich um ein Budgetjahr, seltener um Halbjahre, Tertiale oder Quartale. Hier ist vor allem die Flexibilität, genauer Reagibilität, der Medien auf unternehmerische Einsatzerfordernisse zu betrachten. Dafür ergeben sich verschiedene Abstufungen.

Tagesgenaue Reaktionsmöglichkeit ist die Ausnahme. Ein Time lag bis zu einer Woche ergibt sich durch produktionstechnische Vorkehrungen, die zum Werbeeinsatz zu treffen sind, also Druckvorlagenherstellung bzw. Pre Production. Aber auch durch die Reaktionszeit der Werbedurchführenden (Verlage/Sender/Pächter).

Ein Time lag bis zu einem Monat ergibt sich bei komplizierteren produktionstechnischen Erfordernissen (z. B. dreidimensionale Werbemittel, Verarbeitung) und längeren Einsatzintervallen der Werbemittel (z. B. bei monatlicher Erscheinungsweise von Zeitschriften). Entsprechend ist die Reagibilität eingeschränkt. Noch längere Fristen ergeben sich bei bestimmten Medien, so bei öffentlich-rechtlichen Fernsehanstalten oder Publikumszeitschriften bei Vierfarbanzeigen. Daher ist es wichtig, entsprechend rechtzeitig zu disponieren, indem diese Vorlaufzeiten eingerechnet werden.

Bei Produktneueinführungen oder Relaunches ist sicherzustellen, dass die Werbung erst dann einsetzt, wenn das neue oder variierte Produkt auch wirklich zur Verfügung steht. Evtl. ist ein gewisser Vorlauf sinnvoll, um als Teaser Neugier für das Produkt zu provozieren. Ebenso ist aber auch ein gewisser Vorlauf für den Distributionsaufbau sinnvoll, denn die tatsächliche Nichtverfügbarkeit von Produkten kann leicht in Badwill bei Nachfragern umschlagen. Oft werden gesonderte Eröffnungsmotive bzw. bessere Werbemittelausstattungen eingesetzt, um den Erstauftritt zu dramatisieren. Ebenso wird in der Einführungsphase oft die Kontaktdosis gegenüber der Restlaufzeit erhöht.

Da die Ausdeckung eines ganzen Jahres angesichts begrenzter Budgets oft nicht möglich ist, wird zumeist eine „Sommerpause" eingelegt. Dem liegt die Erfahrung zugrunde, dass sich während der Sommerferien in den Schulen und Betrieben zahlreiche Entscheider nicht im Verbreitungsgebiet der belegten Werbeträger aufhalten. Die zeitliche Streckung der Ferien infolge zahlreicher Urlaubstage führt jedoch dazu, dass sich über das ganze Jahr hinweg mehr oder minder gleichmäßig verteilt, Personen in organisierter Freizeit befinden. Im übrigen werden im Printbereich abonnierte Titel hochwahrscheinlich „nachgelesen". Auch lässt sich an den Absatzzahlen von Produkten das Sommerloch nicht verifizieren.

Verstärkt wird pulsierende Werbung empfohlen, d. h. mehrere Einschaltungen/ Belegungen sollen zeitlich kurz nacheinander erfolgen, dann kann man eine Pause einlegen, wobei die Erinnerung weitgehend erhalten bleibt. Nach dieser Pause setzt Werbung wieder zur Aktualisierung des Anbieters/Angebots ein und hievt die Erinnerung rasch erneut auf das Ausgangsniveau. Es gibt allerdings auch gegenteilige Erkenntnisse, die eher von dem Erfordernis einer stetigen Penetration ausgehen.

Denkbar ist auch eine im Zeitablauf steigende Werbeintensität, wenn man dem Recency-Effekt Glauben schenkt, der besagt, dass die kaufzeitpunkt-nahesten Botschaften am besten verarbeitet werden, oder aber eine fallende Werbeintensität, wenn man an den Primacy-Effekt glaubt, also die beste Verarbeitung für die frühesten Botschaften. Die Medien können dabei zeitgleich starten oder aber zeitversetzt, also sukzessiv nacheinander einsetzend.

Da externe Überschneidungen zwischen Werbeträgern bestehen, d. h. eine Zielperson nutzt mehr als einen Werbeträger, können die Einschaltungen so verschach-

telt („auf Lücke gesetzt") werden, dass aufgrund des Auflagezeitraums der Werbeträger in jedem Zeitpunkt eine werbliche Präsenz in der Zielgruppe gewährleistet
ist. Oft ergeben sich auch konkrete Anlässe für die Einschaltung aus externen
Terminvorgaben wie Geschenktermin, Orderzeitraum oder Jahresende.

Die Übersicht der Einschaltungen darf jedoch nicht darüber hinwegtäuschen,
dass der Eindruck des Streuplans nicht die reale Situation wiedergibt, sondern nur
von Werbungtreibenden oder Werbungsmittlern so gesehen wird. Oft wird davon
allerdings unzulässigerweise auf die öffentliche Werbepenetration geschlossen.
Dazu muss man sich immer wieder vor Augen halten, dass die allermeiste Werbung unbeachtet an den Zielpersonen vorbeirauscht. Und die Werbung, die be-
achtet wird, rasch in Vergessenheit gerät, wenn sie nicht in kurzen Zeitabständen erneuert wird. Und die beachtete Werbung längst nicht zur Beeindruckung
(Werbewirkung) oder gar zum Kauf (Werbeerfolg) führen muss.

## 2.5 Kommunikationsgebiet

Eine exakte räumliche Steuerung der Medien ist jedoch sehr schwierig, so dass
sich selbst größere Inkongruenzen kaum vermeiden lassen. Umgekehrt ist es bei
fraktionierter Medienlandschaft, etwa bei privatem Hörfunk, Tageszeitungen oder
Außenwerbung, oft schwierig, eine flächendeckende Ausdehnung zu erreichen.
Dabei ist es sinnvoll, Tarifgemeinschaften von Werbungdurchführenden zu nutzen, die so organisiert sind, dass sie größere Flächen nahezu ohne Lücken oder
Überlappungen mit mehreren parallelen Werbeträgern ausdecken. Beim Werbegebiet ergeben sich im Einzelnen folgende Abstufungen (*dazu Abb. 13*):

- Ein *punktueller* Werbeeinsatz erfolgt in unmittelbarer räumlicher Umgebung
  des Anbieters. Dies ist z. B. für Handels- und Handwerksbetriebe mit einem
  Verkaufsort relevant. Dementsprechend sind für die Bewerbung ausschließlich
  Medien angezeigt, die punktuell steuerbar sind, alle anderen werden der Aufgabe nicht gerecht.

- Ein *lokaler* Werbeeinsatz erfolgt mit enger räumlicher Begrenzung des Einzugs-
  gebiets. Dies ist z. B. für klein- und mittelständische Betriebe relevant. Für die
  Bewerbung kommen damit nur solche Medien in Betracht, die auch lokal oder
  punktuell steuerbar sind.

- Ein *regionaler* Werbeeinsatz erfolgt mit weiterer räumlicher Ausdehnung. Im
  Marketing werden hier oft die Nielsen-Gebiete zugrunde gelegt. Als Medien
  kommen sowohl solche, die regional als auch lokal und punktuell steuerbar
  sind, in Betracht.

- Ein *nationaler* Werbeeinsatz erfolgt nur innerhalb der Grenzen eines Landes.
  Dies ist allerdings angesichts zunehmender Internationalisierung der Märkte
  eher selten gegeben. Als Medien kommen solche in Betracht, die national, regional, lokal und punktuell steuerbar sind.

Ein Schwergewicht liegt jedoch auf dem *übernationalen* Werbeeinsatz. Dabei wird zumeist der ERPG-Ansatz von Perlmutter zugrunde gelegt. Danach ist nach dem Ausmaß abzustufen in stammlandorientierte/ethnozentrale Werbung, die zwar im Inland konzipiert ist, aber auch auf ausländischen Märkten eingesetzt wird, auslandsorientierte/polyzentrische Werbung, die für jeden werbebearbeiteten Markt vor Ort getrennt konzipiert und eingesetzt wird, wirtschaftsgebietsorientierte/ regiozentrische Werbung, die innerhalb relativ homogener internationaler Gebiete (z. B. EU, Nordamerika, Asien), und globalorientierte/geozentrische Werbung, die in allen bearbeiteten Ländern einheitlich konzipiert und eingesetzt wird. Ein praktizierter Kompromiss ist das *Lead Country-Konzept.* Dabei übernimmt für eine größere regionale Einheit bzw. den Weltmarkt insgesamt ein Land und damit eine Niederlassung bzw. das Stammhaus selbst die Position des Koordinators und Primus inter pares. Alle anderen Länder adaptieren dann diese Aktivitäten. Damit wird ein Kompromiss aus hinlänglicher Einheitlichkeit (Unité de Doctrine) der Vermarktung einerseits und Berücksichtigung marktspezifischer Besonderheiten andererseits angestrebt. Lead Countries werden zumeist nach deren Inlandsmarktvolumen bestimmt.

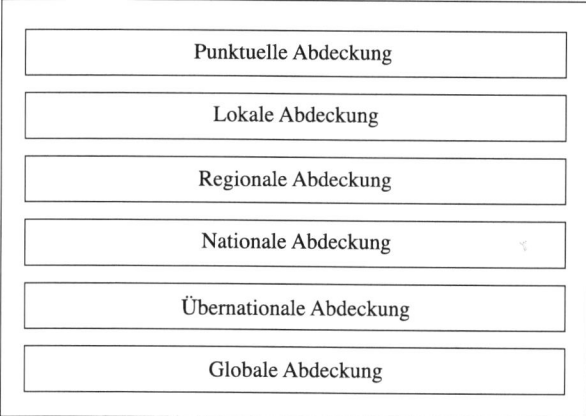

Abbildung 13: Werbeabdeckung

Für die Marktführung wird zumeist auf Unterschiede/Gemeinsamkeiten im kulturellen Vermarktungsumfeld der zu bewerbenden Länder abgehoben. *Kultur* ist als theoretisches Konstrukt nur indirekt über Indikatoren erfassbar. Es hat vielfache Bemühungen dazu gegeben, der älteste und verbreitetste Ansatz stammt von Hofstede. Er operationalisiert Kultur durch die Dimensionen Maskulinität bzw. Feminität, Unsicherheitsvermeidung bzw. Unsicherheitsakzeptanz, hohes Machtgefälle bzw. geringes Machtgefälle, kurzfristige Zeitauffassung bzw. langfristige Zeitauffassung und Individualität bzw. Kollektivismus. Unterstellt man diese Dimensionen, so kann Werbung in Ländern ähnlicher Kultur gleich erfolgen, aber muss in Ländern abweichender Kultur verschieden erfolgen. Davon ausgenommen sind nur sog. Culture-free Products, also solche, die international kulturunabhängig einheitlich zu bewerben sind. Über das Vorliegen kultureller Unterschiede ist eine kontroverse Diskussion entbrannt, die im Rahmen der Internationalen Marketingkommunikation geführt wird.

Hinsichtlich der Marktbearbeitung stellen sich die Alternativen der sukzessiven oder simultanen Marktbearbeitung. Die sog. *Wasserfall-Strategie* bedeutet, dass neue ausländische Märkte erst langsam und nach ausgiebiger Informationssuche erschlossen werden, und zwar im Zeitablauf sukzessiv Land für Land. Die sog. *Sprinkler-Strategie* liegt demgegenüber vor, wenn ein Unternehmen in kurzer Zeit möglichst viele Länder für den Auslandsabsatz erschließen will, indem es simultan in mehreren Märkten vorgeht. Einen gangbaren Kompromiss stellt die *Kombination* von Wasserfall- und Sprinkler-Strategie (abwechselnd) dar. Dies bietet sich bei Klumpungseffekten wie der Existenz von ähnlichen Zielgruppen in einigen anvisierten Ländermärkten an, bei unterschiedlichen technologischen, politischen und sozialen Rahmenbedingungen sowie divergierenden Marktstrukturen in einigen ausgewählten Ländern und bei Existenz unterschiedlich hoher Markteintrittsbarrieren.

Innerhalb des definierten Werbegebiets kann der Medieneinsatz mit unterschiedlicher Intensität erfolgen. Zu unterscheiden ist allgemein in:

- *raumkonstante* Abdeckung, d. h. das gesamte Werbegebiet wird gleichmäßig mit einem oder mehreren Medien ausgedeckt,

- *raumausgedünnte* Abdeckung, d. h. ausgehend von einer gewünschten Basisabdeckung werden Teilräume ausgelassen. Dies ist meist aus Budgetgründen erforderlich,

- *raumverdichtete* Abdeckung, d. h. ausgehend von einer gewünschten Basisabdeckung werden Teilräume mehrfach abgedeckt. Dies bezieht sich meist auf Ballungsgebiete.

# 3. Kampagnenformatierung

Die Kampagnenformatierung stellt eine entscheidende Schnittstelle im Kommunikationsmanagement dar. Denn hier wird die konzeptionelle Sichtweise verlassen, um die eigentliche Kommunique-Gestaltung vorzunehmen, d. h. zu bestimmen, wie sich die Botschaft konkret präsentiert. Notwendig ist dabei in jedem Fall eine Betrachtung aus dem Blickwinkel der intendierten Zielpersonen. Und diese sind nur daran interessiert, welche Nutzen ihnen ein Angebot verspricht, wie diese Nutzen sich in Relation zu konkurrierenden Angeboten darstellen und welche Bedürfnisse dadurch befriedigt werden.

## 3.1 Nutzenversprechen in der Werbung

Das Nutzenversprechen (Benefit) betrifft die Vorteilswirkung aus der Inanspruchnahme eines Angebots und ist von zentraler Bedeutung, weil es das Äquivalent für den einzusetzenden Geldbetrag beim Kauf ist. Die einzelnen Benefits lassen sich auf wenige Endbenefits reduzieren (*siehe dazu Abb. 14*):

- Leistungsnutzen („Da weiß man, was man hat"),
- Kennernutzen („Mehr sein als scheinen"),
- Trendnutzen („Dazugehören wollen"),
- Geltungsnutzen („Es allen zeigen wollen").

|  | Internaler Anlass | Externaler Anlass |
|---|---|---|
| Sicherheitsentscheid | Leistungsnutzen | Trendnutzen |
| Unabhängigkeitsentscheid | Kennernutzen | Geltungsnutzen |

Abbildung 14: Endbenefits

Dies basiert auf der *Means-Ends-Chain*-Theorie. Danach ergibt sich der Endbenefit aus einer aufeinander abfolgenden Kette von Zielen, die ihrerseits wiederum als Mittel zur Erreichung übergeordneter Ziele dienen. Eine Ansprache ist nunmehr umso viel versprechender, je höher innerhalb der Ziel-Mittel-Kette der Angebotsnutzen aufgehängt ist.

Ein Beispiel für die Auslobung von Telekommunikationsleitungen ist das folgende:

  a. konkreter Angebotsnutzen, schnelle Internet-Verbindung,

  b. abstrakter Angebotsnutzen, Informationsvorteil,

  c. persönlicher Angebotsnutzen, mehr Effizienz bei der Arbeit,

  d. psychosozialer Angebotsnutzen, Karrierechancen,

  e. instrumenteller Angebotsnutzen, Leistungsvorteil im Beruf,

  f. finaler Angebotsnutzen, Selbstverwirklichung.

Ein anderes, sehr prägnantes Beispiel stammt von einem amerikanischen Werbetexter. Er berichtet, dass er im Frühjahr morgens immer zu Fuß zur Arbeit ging und auf seinem Weg durch den Central Park in New York regelmäßig an einen blinden Bettler vorbeikam, der mit einem Schild „Help the Blind" um milde Gaben bat. Beiläufig schaute er auf seinem Rückweg abends ab und an in dessen Sammelbüchse und registrierte eine ausgesprochen magere Ausbeute. Eines morgens sprach der Werbetexter den blinden Bettler an und fragte, ob er denn von diesen Einnahmen eigentlich leben könne. Kaum, antwortete dieser ihm, die Menschen sind eben hartherzig. Den Werbetexter ließ dieses Schicksal nicht los. Am nächsten Morgen hatte er ein neues Schild gebastelt und überredete den blinden Bettler, dieses anstelle seines alten Schildes vorzuzeigen. Am Abend kam der Werbetexter wieder vorbei und fragte den blinden Bettler interessiert, wie die Tageseinnahmen sich denn heute entwickelt haben. Der Bettler war begeistert, in seiner Büchse sammelten sich zahllose Silbermünzen. Neugierig fragte er den Texter, was dieser denn auf das Schild geschrieben habe. Er klärte ihn auf: „It's spring, and I'm blind."

Der Benefit ist deshalb von zentraler Bedeutung, weil er das vordergründige Äquivalent für den zu opfernden Geldbetrag bei der Anschaffung eines Guts darstellt. Nachrangige Argumente haben keine Chance, wenn es bereits hier hapert. Bei der generell hochstehenden Qualität des Marktangebots kommen zudem fast nur Zusatznutzen als relevant in Betracht, also Sicherheits-, Individual-, Sozial- und Idealnutzen, denn Grundnutzen werden ohnehin als durchgängig erfüllt vorausgesetzt. Gute Werbung zeichnet sich dadurch aus, dass sie immer diesen Benefit in den Mittelpunkt der Ansprache stellt und ausdrucksstark und impressiv umsetzt, dafür aber den Angebotsanspruch in den Hintergrund treten lässt.

Beispiel Seife Fa

Fa wurde Anfang der 1950er Jahre von Henkel als Feinseife eingeführt und war 1958 schon die Nummer drei am Markt. Doch bis 1967 war der Marktanteil dramatisch auf 2,5 % geschmolzen.

Fa war als „Schönheitsseife" (Feinseife neuen Stils) positioniert und „pflegt die Haut mit Duft und Frische" (Claim). Der Reason Why war ihre rückfettende Wirkung. Mitte der 1960er Jahre war die Marke zwar nach wie vor überragend bekannt, aber wenig attraktiv, weil zwischen-zeitlich Deo- und Kosmetik-Seifen auf den Markt gekommen und an Fa vorbeigezogen waren. Henkel stand vor der Wahl, Fa sang- und klanglos vom Markt zu nehmen oder ein Durchstarten zu versuchen.

Beim Durchstarten gab es wiederum zwei Möglichkeiten, die werbliche Aktualisierung der Marke, damals mit dem anspruchsvollen Ziel einer Verdopplung des Marktanteils ver-sehen (also 5 %), oder ein Relaunch der Marke.

Henkel ist, wie alle großen Markenartikler, eher risikoscheu orientiert und entschied sich für die Aktualisierungsoption. Der Auftrag wurde an die damals sehr bekannte Werbe-agentur TC-E vergehen, welche die Kampagne auch komplett gefinished zur Verabschie-dung vorlegte

Das erfolgreiche Deo-Segment wurde von Rexona, 8 × 4 und Banner angeführt, das nicht minder erfolgreiche Kosmetik-Segment von Lux, Camay, CD und Palmolive. Dahinter standen Anbieter wie Unilever, Colgate oder Procter & Gamble.

Das Deo-Segment hatte als Nutzenargument (Benefit) neben dem Duft die desodorierende Körperpflege, das Kosmetik-Segment neben dem Duft die kosmetische Hautpflege. Das erfolglose Segment Duft und Frische war von Fa zwar allein besetzt, doch es stagnierte.

Ein Wechsel zur Deo-Seife oder zur Kosmetik-Seife schien den Entscheidern als zu risiko-reich, die bloße Aktualisierung schöpfte aber vielleicht das Potenzial der Marke nur un-zureichend aus.

Die Idee war daher, die Positionierung der Marke zu erweitern und dadurch attraktiver er-lebbar werden zu lassen. Im Kern ging es darum, den Duft mit der Frische zu kombinieren, also nicht Duft als generische Produkteigenschaft zu bieten, sondern durch den Duft die Frischekomponente gezielt zu verfestigen und wieder attraktiv werden zu lassen.

Blieb die Frage, wie dies zu bewerkstelligen ist. Die Werbeagentur kam auf die Idee, Fa als Frische-Seife mit Limonen zu positionieren. Ausgangspunkt war ein Souvenireinkauf des Creative-Directors während seines damals exotischen Karibik-Urlaubs, Royall Lyme, ein Duft- und Rasierwasser mit natürlichen Limonen-Essenzen.

Henkel brachte gegen diesen Ansatz jedoch große Bedenken vor, schließlich würde die ver-bleibende Marktposition von Fa dadurch vollends aufs Spiel gesetzt. Auch seien Limonen in Deutschland völlig unbekannt und würden allenfalls unter „unreife Zitrone" eingeord-net. Und Körperpflegeprodukte mit Zitronenduft wiederum seien nur in billigen Kern-seifen zu finden. Und, und, und. Auch das Hilfsargument, Limonen seien als exotische Bei-gabe gerade im Trend in den USA, stach nicht. Dennoch wurde die Idee weiterverfolgt und führte schließlich zur bahnbrechenden Fa-Kampagne.

Dazu wurden vor allem die Instrumente Kommunikation und Produkt aktiviert. Als Kern-zielgruppe wurden junge Frauen zwischen 19 und 39 Jahren, modern, aufgeschlossen, viel-seitig interessiert, modebewusst und sportlich definiert. Die Werbeziele lauteten:

- Eindeutige Herausstellung des Produktvorteils Limonen in Form einer klaren Botschaft. Glaubwürdige Darstellung des spezifischen Produktversprechens Frische bei Kunden. Hohe emotionale Identifikation der Zielgruppe mit der Produktbotschaft. Hohe Aufmerk-samkeits- und Erinnerungswerte für die Werbemittel durch prägnante Gestaltung. Leicht verständliche und schnell kommunizierbare Botschaften.

Die werbliche Umsetzung erfolgte durch drei visuelle Elemente (Key Visual): Mädchen, Ozean, Limone. Der Produktslogan lautete: Die neue Fa mit der wilden Frische von Limonen. Die Darstellerinnen waren junge, sonnengebräunte, blonde Mädchen, so wie im Urlaubs-Klischee, und sollten für Identifikation sorgen. Der Ozean war zunächst ein nicht näher verortbares Meer und symbolisierte die Frische. Und die Limonen bildeten die Anspruchs-begründung (Reason Why) für das Frische-Versprechen.

Als Werbemittel wurden Zeitschriftenanzeigen, Außenwerbung (18/1-Plakate) und TV-Spots eingesetzt. In Letzterem spielte das von Klaus Doldinger komponierte prägnante und dynamische Jingle eine wichtige Rolle.

Als Produktsignalisation diente eine olivgrün-sonnengelbe Marmorierung der Seifenstücke, welche die Frische auch optisch dramatisierte. Dies war produktionstechnisch nur schwer hinzubekommen, gelang aber schließlich doch.

Der Relaunch fand 1968 statt, eine Zeit des Aufbruchs, der in Eskapismus, der Flucht vor der alltäglichen Routine in attraktive Träume, mündete (dies erklärt z. B. den enormen Er-folg der damals gestarteten Zigaretten Camel und Marlboro).

1970 war Fa bereits wieder die Nummer zwei im Markt. Schrittweise wurde die Mono-marke zu einer Dachmarke für weitere Produkte wie Schaumbad, Fa Soft und Deo-Spray ausgebaut, die mit den gleichen Key Visuals beworben wurden. Mitte der 1970er Jahre folgten allerdings Konkurrenten diesem offensichtlichen Erfolgsrezept mit Marken wie Atlantik oder Irischer Frühling.

Fa setzte jedoch seine Kommunikationsstrategie unverändert fort. Die Darstellerinnen durften, außer im Bayerischen Fernsehen, auch Topless gezeigt werden. Auch dominier-ten sie stärker das Bild, und der abstrakte Ozean wurde durch das klare Karibik-Wasser der Seychellen konkretisiert. Insgesamt bis zum heutigen Tage eine der Erfolgsgeschich-ten der Werbung.

Beispiel Cetebe (GSK)

Der Markt für Vitamin C-Präparate ist der zweitgrößte innerhalb des OTC-Markts (frei-verkäufliche Arzneimittel). Als Darreichungsformen dominieren dabei Pulver und Brause-tabletten. Cetebe ist ein hoch dosiertes Vitamin C-Präparat mit Langzeitwirkung, das apothekenexklusiv angeboten wird. Die Cetebe-Kapseln enthalten „Zeitperlen", die das Vitamin C über den Tag verteilt abgeben und so den Körper von morgens bis abends gleich-mäßig mit Vitamin C versorgen. Denn überschüssiges Vitamin C wird vom Körper ansons-ten sofort über die Nieren wieder ausgeschieden. Die „Zeitperlen" haben verschieden dicke Ummantelungen, so dass die Magensäure sie zeitversetzt durchbricht und den darin ent-haltenen Wirkstoff freisetzt (retardierendes Präparat). Cetebe wurde zu einen hohen Preis eingeführt. No Name-Brausetabletten werden in vergleichbarer Menge schon für ein Zehn-tel des Preises gehandelt.

Seit Mitte der 1990er Jahre erfuhr der gesamte Markt keine Steigerung mehr, so stagnierte auch das Cetebe-Geschäft. Eine nennenswerte Steigerung der Distribution war nicht mehr möglich. Allerdings ließ die Markenbekanntheit zu wünschen übrig.

Da eine Verdrängung der Niedrigpreispräparate auszuschließen war, wurde eine Zwei-teilung des Marktes angestrebt, in (Billig-)Präparate ohne Langzeitwirkung einerseits und Cetebe mit Langzeitwirkung andererseits. Insofern lag der Argumentationsschwerpunkt

nicht auf der Zweckmäßigkeit konzentrierter Vitamin-C-Zufuhr, dies ist ohnehin hinlänglich bekannt, sondern auf der Tatsache, dass der Körper ein Vitamin-C-Sättigungsniveau
aufweist und überschüssig zugeführtes Vitamin C sofort wieder ausgeschieden wird. Nur
ein Präparat mit Langzeitwirkung, wie Cetebe, ist daher in der Lage, dem Körper eine
Höherdosierung von Vitamin C zuzuführen, indem die Dosis über den ganzen Tag verteilt in kleinen Schüben abgegeben wird. So bleibt die Zufuhr kontinuierlich unterhalb des
Sättigungsniveaus und kommt dem Körper damit tatsächlich zugute. Zugleich handelt es
sich um ein typisches Convenience-Produkt, da die Einnahme nur einmal für 24 Stunden
Wirkung erforderlich ist.

Diese Produktleistung wurde durch eine grafische Leistungskurve im Zeitablauf, Side
by Side zwischen Cetebe und einem herkömmlichen Vitamin-C-Präparat ohne Langzeitwirkung, dargestellt. Versinnbildlicht wurde dieser Produktvorteil durch die „Kapseluhr",
d.h. einer Analogie der Zeiger einer Uhr durch die Cetebe-Kapsel, die ihrerseits die „Zeitperlen" enthält, und eines umlaufenden Ziffernblatts.

Zielgruppe waren bestehende Vitamin-C-Präparate-Verwender, die von der überlegenen
Produktleistung von Cetebe gegenüber dem von ihnen seither verwendeten Präparat über-
zeugt werden sollten. Hauptwerbemittel war ein 21-Sekunden-Spot (plus 4 Sek. Pflichttext)
zu Pre Primetime- und Primetime-Zeiten auf verschiedenen TV-Sendern mit Reichweiten-
priorität.

Die Umsätze konnten dadurch signifikant gesteigert werden, der Marktanteil stieg auf über
50%, die gestützte Markenbekanntheit stieg auf annähernd 70%. Zugleich stieg die Emp-
fehlerrate durch Ärzte und Apotheker.

## 3.2 Stilkomponenten der Werbung

Die Stilkomponente betrifft die eigentliche kreative Gestaltung. Als Gestaltungs-
mittel werden folgende Elemente eingesetzt:

- *Tonalität* (Tone of Voice). Dies ist der Stil der Ansprache der Zielpersonen im
  Selbstverständnis des Kommunikators. Hier gibt es erhebliche Unterschiede.
  Manche Werbungtreibende duzen ihre Zielpersonen (z. B. bei Softdrinks, Sportswear), andere stellen sich sehr distanziert dar (z. B. bei Technikprodukten), manche argumentieren stark verklausuliert, um damit Kompetenz zu verstärken,
  besonders bei Low Interest-Produkten, andere bemühen sich, allgemein verständlich zu bleiben (besonders bei komplexen Produkten). In jedem Fall werden mit der Wahl der Tonalität eminent wichtige Signale gesetzt, deren Nutzung
  gut überlegt sein will.

- *Visualität* (Key Visual). Dies sind die Kernbilder zur Veranschaulichung der
  Leistung (Big Pictures). Solche Abbildungen sollen besonders merkfähig sein.
  Ein legendäres Key Visual ist der Apfel-Biss in der Blend-a-med-Kampagne.
  Er komprimierte die komplexe werbliche Aussage der Gesundheit von Zäh-
  nen und Zahnfleisch auf eine einzige Szene, die, allgemein vertraut, einerseits
  das Bewusstsein der Problematik und andererseits die Problemlösung durch

das Produkt selbst symbolisierte. Hinzu kommt meist eine akustische Unterstützung als Acoustic Device, hier ein überdimensional lautes Knacken beim Apfel-Biss.

- Das *Layoutraster* ist eine ebenso prägnante wie zweckmäßige Seitenaufteilung nach gestalterisch bestimmten Ordnungsprinzipien. Dies unterstützt die Wiedererkennbarkeit eines Absenders. Meist wird diese Aufteilung in umfänglichen CI-Booklets (besser CD für Corporate Design) festgeschrieben und für alle Betroffenen als verbindlich erklärt. Dazu werden sämtliche gängigen Formate und Werbemittel „durchdekliniert" und hinsichtlich bestimmter grafischer Faktoren (wie Bild-/Text-Relation) beschrieben.

- Die *Typographie* betrifft die Auswahl und Anordnung von Schriften nach Zeichensatz, Stil, Punktgröße etc. Spätestens seit Verbreitung von DTP-Programmen in Büros und Haushalten ist auch Laien bewusst, dass es eine ganze Reihe verschiedener Zeichensätze, diese zudem noch in verschiedenen Schnitten und Größen, gibt. Ebenso geht es um die Textanordnung. Beide Elemente haben bestimmenden Einfluss auf die Anmutung von Werbemitteln, sollen daher mit Bedacht und Stringenz ausgewählt und eingesetzt, d. h. einheitlich bestimmt und für alle Werbeauftritte verwendet werden.

- Die *Farbstimmung* umfasst eine als Hausfarbe definierte Anmutung, die sich auf allen Werbemitteln (auch Packungen, Messeständen etc.) wiederfindet. Diese Farbe wird zumeist nach HKS- oder Pantone-Farbskalen oder in DTP-Colour-Management-Systemen vorgegeben. Dabei ist die unterschiedliche Bedeutung der Farben zu berücksichtigen. Bereits Nuancenverschiebungen können hier zu erheblichen Irritationen führen. Im Einzelnen ist es dabei zweckmäßig, nach Schrift-, Bild-, Auszeichnungs- oder Fondteilen zu unterscheiden.

- Der *Fotostil* ist eine für einen Absender oder für ein Angebot typische Bildauffassung. Sie unterstützt die Alleinstellung des Produkts durch die optische Inszenierung. Meist werden dafür berühmte Fotografen eingesetzt, die mit ihrer Handschrift eine unverwechselbare Bildstimmung schaffen. Zu denken ist an Ben Oyne mit seinen Stills, an Annie Leibowitz (in der Amexco-Kampagne), an Peter Lindberg oder Herb Ritts (Mode-Fotografie) und Reinhard Wolf (Food-Fotografie) oder Helmut Newton (People-Fotografie). Erweitert kann es sich auch um einen bestimmten Bildduktus als Bekenntnis zu einem typischen Illustrationsstil handeln, der die Prägnanz des Auftritts fördert, oder auch einen Videostil (z. B. Regisseur Ari Kaurismäki).

- Das *Logo* fasst als merkfähiges Zeichen die Absendersignalisation des Werbungtreibenden zusammen. Es kann sich dabei um ein Wort-, Zahlen-, Bild- oder kombiniertes Zeichen handeln. Seine Verwendung hat auch konkrete rechtliche Konsequenzen (Markenschutz). Insofern darf das Logo keinesfalls ungeplant verändert werden. Meist findet es sich am rechten unteren Rand von Werbemittel-Flächen und ist räumlich mit dem Slogan zu einer Verdichtung von Werbebotschaft und Absender verbunden.

- Der *Slogan* ist die in einem Satz zusammengefasste Kernaussage an den Adressaten. Einprägsame, stimmige Slogans sind extrem schwierig zu finden, setzen sich aber, hinreichende Penetration vorausgesetzt, in den Köpfen der Menschen fest (z. B. „Da weiß man, was man hat"/Volkswagen, „Alle reden vom Wetter, wir nicht"/Deutsche Bahn, „Es gibt viel zu tun, packen wir's an"/Esso, „Nicht immer, aber immer öfter"/Clausthaler).

- *Jingles* dienen der zusätzlichen emotionalen Untermalung der Werbebotschaft. Je nach Produktart haben sie eine erhebliche werbliche Bedeutung (z. B. Intel-Prozessor). Zu denken ist etwa an die Evergreen-Serie von Levi's 501 (das Original), an die Langnese-Kinospots (Like Ice in the Sunshine), die Aral-Kampagne etc. Nicht selten sind Musikstücke aus der Werbung Hitparadenrenner (z. B. bei Coke, Bacardi), die dann im Zuge des Audio-Visual-Transfer die Bildkomponente der Werbebotschaft bei jeder Tonwiedergabe aktualisieren.

## 3.3 Anforderungen an „gute" Werbung

Angesichts der Unwägbarkeiten der werblichen Umsetzung wird immer wieder der Ruf nach Patentrezepten für Kreativität laut; jedoch „gute" Werbung ist in keiner Weise standardisierbar. Jede werbliche Aussage muss vielmehr von Neuem originär entwickelt werden, weil sie sonst nicht passt. Deshalb führen auch alle Patentrezepte für Kreativität in die Irre, denn „Regeln für gute Werbung sind Krücken für lahme Kreative". Dennoch gibt es einige Anhaltspunkte.

### 3.3.1 Grundprinzipien

Verfremdung

Gute Werbung funktioniert häufig über eine Verfremdung normaler Situationen. Denn das Alltägliche ist langweilig und eignet sich damit nicht als Eye Catcher. Erst das Überraschende schafft Aufmerksamkeit. Das Publikum ist zwischenzeitlich im Umgang mit der Werbung so geübt, dass von der Überhöhung der Werbebotschaft auf die mutmaßliche Realität heruntergeschlossen wird.

Ein schweres Gewitter in der Nacht. Das kleine Mädchen liegt ängstlich wach in seinem Bett. Die Blitze zucken gefährlich, die Donner grollen und es sucht nach Schutz. Also greift es nach seiner Puppe und macht sich auf den Weg quer durch das ganze Haus in die Garage. Der Vater schaut vorsorglich nach seiner Tochter. Als er sie nicht in ihrem Zimmer findet, macht er sich sorgenvoll auf die Suche. Endlich findet er sie im neuen Ford Mondeo, denn der gibt wirklich Sicherheit.

Die große Fernsehshow Britain's got Talents (dt.: DSDS), ein pummeliger Mann betritt die Bühne, Paul Potts, ein Autotelefonverkäufer. Er trägt einen 50 €-Anzug, der schlecht sitzt, die Jacke ist zu eng, die Ärmel sind zu lang. Er steht linkisch auf einer riesengroßen Bühne.

„What are you here for today, Paul?" ist die Frage der Peers. „I just sing an opera." seine knappe Antwort. Die drei Juroren schauen sich misstrauisch an. Der Mann schwitzt, er hat schlechte Zähne. „Okay. We're ready when you are." Gleichzeitig sieht man Bilder von Menschen, die sich die Fernsehshow auf Notebook, Desktop oder Handy anschauen. Alle sind skeptisch, ja sogar spöttisch. Dann beginnt die Musik. Nessum dorma, die Arie des Prinzen Kalaf aus der Oper Turandot. Paul Potts hebt an zu singen. Und es ist ein Gänse-haut-Moment, eine überwältigende Stimme, alle sind absolut begeistert, das Publikum tobt, einige weinen vor Rührung. Sein Kommentar: „My Dream is to spend my Life with what I feel I was born to do.". Das Leben schenkt einem einzigartige Momente. Schön, dass wir sie mit anderen teilen. Telekom. Erleben, was verbindet.

## Reduktion

Gute Werbung bedeutet meist auch Reduktion. Also soweit im Signalumfang reduziert, bis nichts mehr weggelassen werden kann, ohne dass der Botschafts-transport darunter leidet. Dem steht freilich die Absicht beinahe aller Werbung-treibender gegenüber, doch alles das mitteilen zu wollen, was ihr Produkt so zu leisten vermag. Das als gering vorauszusetzende Interesse des Publikums an Werbebotschaften und die allgemeine Informationsüberlastung stehen dem aller-dings entgegen. Deshalb kommt statt alles gar nichts mehr herüber. Stattdessen ist Single Mindedness gefragt.

Zwei kleine Jungs sitzen auf den Stufen eines Hauses. Sie spielen Autofahren, aufrecht die Hände nach vorn auf ein imaginäres Lenkrad gestreckt, imitieren sie mit ihren Stim-men das Motorengeräusch. Zwischendurch greift der eine Junge nach einem ebenfalls imaginären Schaltknüppel, unterbricht sein Geräusch und fängt mit einem tieferen Ton wieder von vorn an. Der andere Junge jedoch hält den Ton ohne Schaltpause. Es erscheint ein Textchart, das auf den neuen Golf mit stufenlosem Direktschaltgetriebe hinweist. Man sieht wieder die beiden Jungs. Der eine hat das Spiel zwischenzeitlich frustriert aufge-geben, der andere hält immer noch den Motorenton, allerdings schon sichtlich angestrengt. Es erscheint das Bild des neuen VW Golf DSG, um den es geht. Und dann sieht man wie-der die beiden Jungs. Der Junge, der sich den Golf mit stufenlosem Getriebe ausgesucht hat, wird immer angestrengter und läuft rot an. Er kann eben keine Luft holen, weil es bei seinem Auto keine Schaltpausen gibt, sondern die Kraftübertragung kontinuierlich vom Motor auf die Antriebsachse erfolgt. VW-Logo.

Man sieht eine dunkle, exklusive Bar, gedämpfte Hintergrundmusik, an der Theke sitzt eine attraktive junge Frau. Ein gutgekleideter Mann setzt sich neben sie, legt seinen Auto-schlüssel auffällig auf den Tresen und sagt beiläufig: „400 PS, 12 Zylinder, 296 Spitze – morgen abend 19 Uhr?". Sie legt einen großen Startschlüssel daneben und antwortet: „10 877 PS, 330 Spitze, morgen früh 8.43 Uhr – Gleis 7." Kippblende, man sieht die Frau als Lokführerin eines ICE am Bahnsteig entlanggehen. Das Lokschuppentor öffnet sich, der ICE rollt langsam heraus. Textchart: Lokführerin bei der Bahn: Kein Job wie jeder andere. 7500 Jobs, 500 Berufe, jetzt bewerben. Der Macho ist offensichtlich konsterniert. Die Frau fragt sicherheitshalber nach: „Alles O. K.?"

## Ergänzung

Die beste Werbung ist diejenige, die nicht alles als Botschaft vorgibt, sondern den Rezipienten die Gelegenheit lässt, fehlende Teile der Botschaft durch eigene Ergänzung zu vervollständigen. Auf diese Weise wird eine viel nachhaltigere Lern- und Gedächtnisleistung erreicht als durch bloße Vorgabe aller Informationsfacetten. Freilich ist dieser Effekt äußerst schwierig umzusetzen.

Eine Familie verlässt mit Koffern bepackt ihr Haus und geht auf ihren davor geparkten VW Passat zu. Ein kleiner, weißer Hund trottet nebenher. Die Familie lädt ihr Gepäck in das Auto ein. Der Mann öffnet die Heckklappe und erwartet ganz selbstverständlich, dass der Hund hineinspringt. Aber der Hund stutzt. Er erkennt den Passat Variant TDI und bleibt trotzig sitzen. Der Mann ruft „Rufus" und zeigt energisch auf das Auto. Doch der Hund verharrt stoisch auf seinem Platz. Der Mann holt ein kleines Quietschespielzeug heraus, um den Hund zu locken. Doch der legt sich nur abweisend hin. Es erscheint ein Textchart, das darauf hinweist, dass man mit dem Passat Variant TDI mit einer Tankfüllung 1370 km ohne Tankstopp zurücklegen kann. Das hat der Hund natürlich längst erkannt und ahnt, dass wenn er nun hinspringt, er über Tausend Kilometer nicht mehr hinaus kann. Und das gilt es nach Möglichkeit zu vermeiden.

Man sieht ein österreichisches Dorf zur vorletzten Jahrhundertwende. Die Dorfbewohner haben ein beschwerliches Leben auf dem Land. Auf der Dorfstraße fährt ein Mercedes-C-Klasse-Pkw aus einer anderen Zeit. Er hat das neueste Bremswarnsystem eingebaut, das Gefahren bereits erkennt, bevor sie entstehen. So spielen zwei Mädchen, Autos ungewohnt, arglos auf der Dorfstraße, der Mercedes nähert sich und das automatische Bremssystem spricht an, man sieht das Aufleuchten der Kontrolllampe im Armaturenbrett. Die Kinder verlassen die Straße. Etwas weiter spielt ein kleiner Junge mit schwarzen, einseitig in die Stirn gezogenen Haaren mit seinem Winddrachen. Er ist so vertieft, dass er nicht auf das herannahende Auto achtet. Man erwartet, dass das automatische Bremssystem wieder anspricht, aber im Gegenteil, der Wagen gibt Gas und überfährt den kleinen Jungen. Seine Mutter schaut erschrocken zu und ruft alarmierend „Adolf!, Adolf!". Dann sieht man das Ortsschild, Braunau am Inn, der Geburtsort von Adolf Hitler. Der neue Mercedes erkennt eben Gefahren, bevor sie entstehen. Der Junge liegt in Form eines Hakenkreuzes tot am Boden. Es folgen Logo und Claim.

(Dieser Spot ging allerdings aus politischen Gründen nicht On Air, sondern war nur ein Wettbewerbsbeitrag.)

## Trojanisches Pferd

Schließlich lehnt sich gute Werbung an die Allegorie vom Trojanischen Pferd an. Sie ist oberflächlich nett anzusehen, aber im Kern unheimlich kämpferisch. Das bedeutet vor allem, dass Unterhaltung in der Werbung keinesfalls Selbstzweck sein darf, sondern immer nur Mittel zu dem Zweck, Informationseinheiten, die ansonsten nicht wirksam zu übermitteln sind, so geschickt zu verpacken, dass man über den Spaß an dem, was man wahrnimmt, das aufnimmt, was man braucht, um über das Produkt Bescheid zu wissen.

Spätabends wartet eine junge Frau in ihrer Wohnung ungeduldig auf ihren Mann. Sie schlägt die Zeit tot. Als er endlich nach Hause kommt, bleibt er verlegen im Türrahmen stehen. Sie blickt ihn fest an. Er entschuldigt sich: „Tut mir leid, aber ich hatte eine Panne". Sie ist sichtlich skeptisch und fragt zurück: „Mit deinem Mercedes?" Er nickt bestätigend. Daraufhin gibt sie ihm eine schallende Ohrfeige. Ein Textchart erscheint („Laut ADAC-Pannenstatistik hat ein Mercedes erst nach über 1 Million Kilometer eine Panne"). Dann folgt ein zweites Textchart („Lassen Sie sich also etwas Besseres einfallen").

Ein kleines rothaariges Mädchen hüpft verspielt durch den Supermarkt. Es bleibt an einem Hühnereier-Tray stehen, schüttelt ein Ei nach dem anderen, in der Erwartung auf eine Über-raschung. Doch nichts ist zu hören. Also schaut es erwartungsvoll zum Edeka-Verkäufer im weißen Kittel hoch und fragt neugierig: „Was is' denn da drin?". Der antwortet ohne mit der Wimper zu zucken aus dem Stegreif: „13 % Eiweiß, Kalzium, Eisen und die Vitamine A, D, B1 und B2." Das Mädchen flüchtet sich ob dieser detaillierten Auskunft erschrocken hinter den Einkaufswagen seiner Mutter. Der Verkäufer bleibt erstaunt zurück. Edeka, wir lieben Lebensmittel. Logo, Jingle.

In diesem Zusammenhang wird immer wieder kontrovers diskutiert, ob eine unterhaltende Form der Werbung Voraussetzung dafür ist, dass eine Botschaft von Zielpersonen wahrgenommen wird, oder ob diese Unterhaltung nur die eigentliche Botschaft überdeckt und damit gerade kontraproduktiv wirkt. Klar scheint, dass jeder Werbungtreibende bestrebt ist, der Nachfrage die diversen erstaunlichen Fähigkeiten seines Produkts nahezubringen, ebenso klar scheint, dass dies außer ihm kaum jemanden wirklich interessiert. Insofern ist eine unterhaltende Komponente in der Werbung unverzichtbar, um die Aufmerksamkeit und das Interesse der Zielpersonen zu finden. Allerdings kommt es dabei sehr auf die Form an. Unterhaltung als Selbstzweck, so beliebt sie auch sein mag, ist in der Werbung in-effizient, weil Werbung zweckgebundene Kommunikation ist, und der Zweck der Werbung eindeutig nicht in der Unterhaltung der Rezipienten liegt. Unterhaltung aber, die hilft, die intendierte Botschaft besser anzubringen, ist hochwillkommen.

### 3.3.2 Orientierungspunkte

Weitere notwendige, wenngleich nicht hinreichende Bedingungen für erfolg-reiche Werbung sind im Folgenden genannt:

- Werbung muss *eigenständig und unverwechselbar* sein, um das eigene Angebot vom relevanten Wettbewerb positiv zu differenzieren. Jede Verwechslungs-fähigkeit der Kommunikationsmaßnahmen eines Werbungtreibenden mit denen konkurrierender Werbungtreibender muss weitestgehend ausgeschlossen wer-den. Denn sonst bedeutet Werbung bestenfalls unproduktive Mittelverwendung, schlechtestenfalls, bei Übereinstimmung innerhalb einer Produktgattung, sogar Unterstützung der Konkurrenz.

- Werbung muss *kontinuierlich angelegt* sein, da nur stete, konsistente Einwirkung Lernergebnisse zeitigt. Damit sich das Profil eines Angebots in Konkurrenz zu allen anderen täglich zu verarbeitenden und im Regelfall weitaus wichtigeren Informationen entwickeln und halten kann, müssen Werbemaßnahmen längerfristig planvoll erfolgen.

- Werbung muss *Inhalte vermitteln*, die plausibel und interpersonell argumentierbar sind. Es reicht nicht aus, nur ästhetisch Formales zu bieten. Spätestens, wenn die Zielgruppe feststellt, dass sich hinter der schönen Fassade wenig Substanzielles verbirgt oder etwas ganz anderes als vermutet, lässt die Begeisterung spürbar nach. Auf Dauer vermögen somit nur Inhalte zu fesseln.

- Werbung muss vor allem *Kaufsicherheit* als Äquivalent zum gezahlten Geldbetrag erzeugen. Und zwar umso mehr, je höher der Kaufpreis ist. Diese Sicherheit entsteht aus Vertrauen, das freilich nur gewonnen werden kann, wenn keinerlei Zweifel entstehen, dass das Produkt wirklich über die ausgelobten, besonders geschätzten und bewusst gesuchten Eigenschaften verfügt.

- Werbung muss *flexibel angelegt* sein, um zwanglos auf aktuelle Marktströmungen und Nachfragetrends einzugehen. Statt Starrheit ist Adaptation von Zeitströmungen erforderlich, ohne allerdings die Typik des Auftritts zu verlieren. Dies gelingt nur bei einem schrittweisen, überlegten, beinahe unmerklichen Vorgehen, so dass Veränderungen vollzogen werden können, ohne die Zielgruppe zu irritieren.

- Werbung muss sich auf eine *zentrale Aussage* konzentrieren, denn bei der weit verbreitet zu unterstellenden, geringen Aufmerksamkeit haben mehrere Botschaften kaum eine nennenswerte Chance, wirksam überzukommen. Diese Kernaussage ist das Konzentrat aller werblichen Bemühungen mit dem Ziel, die typprägenden Eigenschaften eines Angebots beim Publikum zu verfestigen, ein besseres Verständnis und die Erinnerbarkeit der Werbeaussage zu erzeugen.

- Werbung soll möglichst die *Kernaussage beweisen*, weil man geneigt ist, werblichen Aussagen skeptisch gegenüber zu treten. Der Beweis muss glaubhaft und stimmig geführt werden, d.h. auch wirklich der vollständigen Unterstützung dessen dienen, was behauptet wird. Hilfreich ist es zudem, wenn die Beweise umfassend und abwechslungsreich sind.

- Werbung muss eine *Begründung für die Angebotswahl* liefern, die überzeugend und nachvollziehbar ist. Also darlegt, warum und wie die besonders vorteilhaften Eigenschaften eines Angebots zustande kommen. Damit wird ein Wahlentscheid zudem interpersonell kommunizierbar, weil nunmehr rationale Argumente anstelle schwer vermittelbarer Gefühle verfügbar sind.

- Werbung muss den *Angebotsnutzen erlebbar machen*, denn nur das Nutzenversprechen reizt zur Auseinandersetzung mit dem Angebot. Dessen begehrenswerte Auslobung schafft eine hohe Anziehungskraft am Markt. Letztlich ist für das Publikum nur dieser Nutzen von Bedeutung. Je unmittelbarer und einleuchtender er dargestellt wird, desto höher sind Kaufappetenz und auch Preisbereitschaft einzustufen.

- Werbung muss die *Marke als Absender* deutlich machen, um die affektive Zuwendung auf das richtige Angebot zu kanalisieren. Alle zugeschriebenen positiven Eigenschaften müssen eindeutig auf den Namen des Absenders zurückgeführt werden können. So wie man Menschen durch Namen voneinander unterscheidbar macht und nicht durch vage, missverständliche Umschreibungen, so werden auch Produkte erst durch ihre Marke differenzierbar und bewusst wählbar. Insofern kommt der Absenderkennzeichnung zentrale Bedeutung in der Werbung zu.

- Und schließlich und vor allem muss Werbung *auffallen*, denn das ist die notwendige Voraussetzung für jedwede erfolgreiche Werbung. Um in das Bewusstsein der Zielpersonen vorzudringen und zur weiteren Beschäftigung mit den Werbeinhalten anzuregen, ist die Umsetzung so zu gestalten, dass sie zur Auseinandersetzung anreizt. Erst dann kann es zur nachhaltigen Verarbeitung der kommunikativen Kernaussage kommen.

# 4. Klassische Werbung

## 4.1 Anzeigen

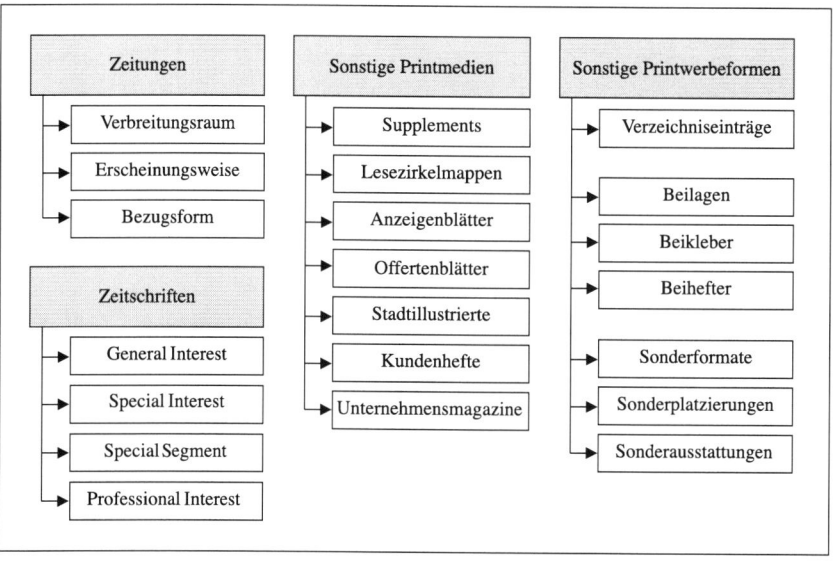

Abbildung 15: Ausprägungen der Anzeigenwerbung

Als Massenmedien werden die klassischen Werbemittel Anzeige, Spot und Plakat eingesetzt. Anzeigen wiederum finden in Zeitungen, Zeitschriften und sonstigen Printtiteln statt (*siehe Abb. 15*).

### 4.1.1 Zeitungen

Die Zeitungswerbung ist traditionell die bei weitem größte Mediagattung in Deutschland. Als Tageszeitung werden solche Printtitel bezeichnet, die lokal bis regional erscheinen, überwiegend im Abonnement bezogen werden (Ggs.: Einzelverkauf) und (regelmäßig) werktäglich erscheinen. Nach dem Inhalt handelt es sich zumeist um politisch-kulturelle Zeitungen, allerdings gibt es auch spezifische Unterformen wie Heimatzeitungen, Kirchenzeitungen etc. Man unterscheidet drei verschiedene TZ-Formate:

- Nordisches Format mit acht Textspalten (ca. 570 × 400 mm/H × B),

- Rheinisches Format mit sieben Textspalten (ca. 530 × 360 mm/H × B),

- Berliner Format mit sechs Textspalten (ca. 470 × 315 mm/H × B).

Die Spaltenbreite beträgt einheitlich 45 mm im Anzeigenteil und 52–70 mm im Textteil. Die Zeitung ist dabei zumeist in drei „Produkte" unterteilt, das 1. Produkt mit überregionaler Redaktion, das 2. Produkt mit lokaler Redaktion und das 3. Produkt mit dem Anzeigenteil, abfällig oft auch Anzeigenfriedhof genannt. Für das 1. und 2. Produkt werden für gewöhnlich Mindestformate für Anzeigen vorgegeben, außerdem sind zwei- und mehrseitig textumschlossene Anzeigen dort erheblich teurer, profitieren dafür aber auch von der höheren Aufmerksamkeit gegenüber dem Anzeigenteil. Lokale Inserenten und solche, die ohne Werbungsmittler (Werbeagentur) arbeiten, erhalten generell einen um die (AE-)Mittlerprovision ermäßigten Ortstarif gewährt.

Normalerweise ist die für den Druck nutzbare Blattfläche der Zeitung rundum durch den Satzspiegel begrenzt. Es bleibt also ein weißer Rand an allen vier Seiten stehen (Steg), der aus technischen Gründen nicht oder nur aufwändig bedruckt werden kann. Häufig kann der Mittelsteg, also der rechte Rand der linken Seite und der linke Rand der rechten Seite, dennoch in Form des Bunddurchdrucks für doppelseitige Anzeigen genutzt werden (Panoramaanzeigen).

Die Leserschaft von Tageszeitungen ist gegenüber der Wohnbevölkerung am Ort meist überaltert. Auflagen- und Reichweitenzahlen sind stark rückläufig. An die 90 % des Inhalts werden bewusst, ohne Nebenbeschäftigung gesehen, die durchschnittliche Lesedauer beträgt ca. 40 Minuten. Tageszeitungen haben eine hohe Glaubwürdigkeit und strahlen diese mit immer kleinerer Basis auf Werbungtreibende in ihrem Objekt ab.

Gesamtausgaben von Zeitungen lassen sich in ihrer Belegung zumeist auf Bezirks- oder Lokalausgaben begrenzen. Eine solche Teilbelegung ist allerdings immer überproportional teuer, so dass im Einzelfall zu prüfen ist, ob nicht eine Vollbelegung, trotz der damit verbundenen Fehlstreuung in Gebiete, die nicht zum Einzugsgebiet des Werbungtreibenden gehören, dennoch kostengünstiger ist.

### 4.1.2 Zeitschriften

Eine ganz wichtige Funktion innerhalb der Massenmedien für Werbung haben die Zeitschriften. Die Zeitschrift unterscheidet sich von der Zeitung vor allem dadurch, dass sie

- mindestens im Wochenturnus,

- in gebundener, gehefteter oder geklammerter Verarbeitung,

- mit eigenständigem Cover,

- höherer Seitenzahl,

- bei kleinerem Format, meist DIN A 4-ähnlich, als bei der Zeitung,

- mit großem Vierfarbanteil,

- auf besserem Papier,

- zumeist zu höherem Preis,

erscheint. Zeitschriften gibt es in einer beinahe unüberschaubar großen Titelvielfalt. Ein einfacher Blick in eine Bahnhofsbuchhandlung verdeutlicht die Marktvarietät, und selbst am Kiosk um die Ecke, der längst nicht alle frei verkäuflichen Titel führt, bleibt nur noch ein kleines Guckloch für den Blick- und eine kleine Durchgriffslücke für den Geld- und Warenkontakt.

Allgemein lassen sich verschiedene Typen von Zeitschriften rubrizieren, nämlich (*siehe Abb. 16*):

- *General Interest-Titel*, vor allem aktuelle Illustrierte, Programmzeitschriften und Nachrichtenmagazine, sie bieten eine große Themenvielfalt in ihrem redaktionellen Inhalt (multithematisch und multisektoral),

- *Special Segment-Titel*, also solche, die sich an demographisch abgegrenzte Lesersegmente wenden, wie Frauen, Eltern, Kinder, Jugendliche, Männer etc. (multithematisch und monosektoral),

- *Special Interest-Titel,* die eine spezielle Themenabdeckung im redaktionellen Inhalt bieten, wie Handarbeit, Mode, Sport, Auto, Garten, Gesellschaft, Gesundheit, Kunst etc. (monothematisch und multisektoral) (*siehe dazu Abb. 17*).

|  | mono-thematische Inhalte | multi-thematische Inhalte |
|---|---|---|
| mono-sektorale Inhalte | Professional Interest-Titel | Special Segment-Titel |
| multi-sektorale Inhalte | Special Interest-Titel | General Interest-Titel |

Abbildung 16: Zeitschriftengattungen

| | | | |
|---|---|---|---|
| ADAC-Motorwelt | Bild der Wissenschaft | Merian | Fotomagazin |
| Ambiente | Damals | Selber Machen | Forstwirtschaft |
| Bergsteiger | Kosmos | Zuhause-Wohnen | Imagin |
| Deutscher Alpenverein | Art | Deutsche Jagd-Zeitung | Mountainbike |
| Golf Journal | Dekoration | Jagen weltweit | Runner's World |
| Motorrad-Magazin | Eltern | Aerokurier | Auto-Bild |
| Tour - das Rad-Magazin | Essen&Trinken | Audio | Sport-Bild |
| Tours | Flora | Autohifi | Bus Tourist Int'l |
| VIF Gourmet Journal | Geo | Auto, Motor&Sport | Camp |
| Autozeitung | Häuser | Auto | Golf-Sport |
| Kochen&Genießen | Mein Kind und ich | Caravaning | Rallys Racing |
| Motorrad, Reisen&Sport | Neues Wohnen | Connect | Rute & Rolle |
| Selbst ist der Mann | Schöner Essen | Color-Foto | Ski-Magazin |
| Wohnidee | Schöner Wohnen | Flug-Revue | Sprint |
| Das Haus | Sports Life | Foto&Labor | Tennis-Magazin |
| Holiday | c't | Freizeitmobile | Tennis-Revue |
| Mein schöner Garten | Computerwoche | Modellfahrzeug | Topmobil |
| Meine Familie&ich | Mac-Welt | Mondo | Bellevue |
| DataNews | PC-Welt | Mopped | Cinema |
| PC Praxis | Blinker | MOT | Kino |
| Basket | Fliegenfischen | Motor Klassik | Fit for Fun |
| Bike | Golfmagazin | Motorrad | Video-Plus |
| Boote | Jäger | Pro mobil | Chip |
| Gute Fahrt | Reiten und Fahren | Sport-Auto | Win |
| Snow | Segeln | Fisch und Fang | Caravan |
| Surf-Magazin | Tauchen | Wild und Hund | Stander |
| Yacht | Architektur&Wohnen | Alpin Bergwelt | Life in Concert |
| Fly and Glide | Der Feinschmecker | Flieger | Stereo |

Abbildung 17: Auswahl von Special Interest-Titeln

Hinzu kommen *Professional Interest-Titel* (Fachzeitschriften, monothematisch und monosektoral), deren Nutzung berufsbedingt ist und nicht privatem Informationsinteresse, Wissensbedarf oder Hobby entspringt. Diese gibt es für praktisch jede Branche, und zwar meist nur im Abonnement. Professional Interest-Titel sind branchenorientiert (z. B. Handel), funktionsorientiert (z. B. Verkauf) oder themenorientiert (z. B. Computer). Sie können im Wechselversand nach Themenschwerpunkten, in bestimmten Intervallen, nach Kriterien (wie Berufsgruppe, PLZ) oder auch unsystematisch zugestellt werden.

Deutschland gilt international als das klassische Zeitschriftenland schlechthin. Dies hängt jedoch weniger damit zusammen, dass die Deutschen so belesen wären, sondern vielmehr damit, dass die Elektronik-Medien in Bezug auf Werbung über Jahrzehnte hinweg hoheitlich streng restringiert waren. Da jedoch vormals im Zuge unverminderten Wirtschaftswachstums immer größerer Bedarf für Werbungtreibende nach medialem Zugriff auf Zielpersonen bestand, konnte dieser sich im Wesentlichen nur in Anzeigen entfalten. Nun macht es normalerweise keinen Sinn, einen Printtitel nur mit Werbung zu füllen. Vielmehr bedarf es des redaktionellen Umfelds als Kauf- und Lesegrund. Der Anteil von Anzeigen kann in einem Printtitel kaum dauerhaft über 50 % hinaus gesteigert werden, ohne den Unwillen der Leser zu provozieren. Da andererseits auch der Umfang der Printtitel durch den Copy-Preis limitiert ist, blieb nur die Chance zur Gründung immer neuer Zeitschriftentitel, deren Redaktion dann immer mehr Anzeigenseiten vertrug. Diese Entwicklung hat erst seit Anfang der 1980er Jahre eine Umkehrung erfahren, als die ersten privaten Fernseh- und Hörfunk-Stationen auf Sendung (On Air) gehen konnten. Seither findet ein harter Verdrängungswettbewerb zwischen Elektronik- und Print-Medien statt, der das Anzeigengeschäft zunehmend schwerer macht.

Mehr noch, die Funktion der General Interest-Titel wird heute weitgehend durch die Vollprogramme im Fernsehen übernommen, die zudem aktueller und eindrucksvoller berichten. So stagnieren denn die Auflagen dieses Zeitschriftentyps nachhaltig. Dies gilt auch für die Special Segment-Titel. Hingegen sind im Bereich der Special Interest-Titel unvermindert stetig steigende Auflagen zu beobachten. Dies ist auch einleuchtend, führen doch die freiwillig oder unfreiwillig immer kürzeren Arbeitszeiten zu mehr Freizeit, die sinnvoll zu füllen ist. Diese Aufgabe übernimmt meist ein mehr oder minder intensiv betriebenes Hobby. Um sich darin aber auf dem Laufenden zu halten, bedarf es einer fundierten Informationsbasis. Und diese liefern, zumeist aufwändig gestaltete, Special Interest-Titel.

Zeitschriften bauen ihre Verbreitung eher langsam auf, bieten eine hohe Wiedergabequalität, sind zumindest als Special Interest-Titel gut steuerbar, haben allerdings lange Buchungsfristen, jedoch ist auch eine Stand by-Buchung mit Preisnachlass möglich, und eignen sich daher besonders für imageaufbauende und lernfähige Botschaftsinhalte. Der Werbemittelkontakt ist zudem durch die Eigenschaft der Zeitschrift als statuarischem Medium beliebig häufig wiederholbar.

### 4.1.3 Sonstige Printtitel

Neben Zeitungen und Zeitschriften gibt es noch vielfältige sonstige Printtitel, die für die Nutzung im Rahmen der Werbung in Betracht kommen. *Supplements* sind regelmäßig erscheinende, thematisch bestimmte, illustrierte Beilagen zu mindestens einem Trägerobjekt als Ergänzung mit zusätzlichen redaktionellen Schwerpunkten, die im Trägerobjekt nicht oder nicht ausführlich behandelt werden. Sie sind kostenlos und werden von Lesern als Bestandteil der Trägerobjekte angesehen. Ihre Einteilung erfolgt nach Trägerobjekt (Zeitschrift und Zeitung), Erscheinungsweise (wöchentlich, monatlich, quartalsweise), redaktionellen Themen, Beziehung von Supplement zu Trägerobjekt (ein oder mehrere Verlage, ein oder mehrere Trägerobjekte) und Zielgruppen (national, regional, gehoben, Experten, Alter etc.). Zumeist handelt es sich um Programm-Supplements, Entertainment-Supplements und Fachtitel-Supplement.

*Lesezirkelmappen* beliefern feste Abonnenten meist wöchentlich mit Mappen, die aus 6–10 Exemplaren von Zeitschriften nach individueller Zusammenstellung des Inhalts in einer Mappe bestehen. Der Preis bestimmt sich nach Titelselektion und Aktualitätsgrad des Inhalts. Man unterscheidet die Erstmappe, Zweitmappe, Drittmappe und Viertmappe, jeweils ein, zwei, drei Wochen gegenüber der Erscheinungswoche verzögert, die mit wachsendem zeitlichen Abstand immer preisgünstiger im Bezug werden. Die Mappe bietet zusätzliche Werbemöglichkeiten durch Aufkleber und Beileger.

*Anzeigenblätter* sind dadurch gekennzeichnet, dass bei ihnen der Anzeigenteil überwiegt. Der redaktionelle Teil hat jedoch beim Leser einen immer höheren Stellenwert. Dem entsprechen die Verlage, indem sie Umfang, Thematik und Qualität ihrer Anzeigenblätter ausweiten. Anzeigenblätter werden kostenlos an die Leser/Haushalte abgegeben, sie finanzieren sich ausschließlich aus den Einnahmen für Anzeigenaufkommen. Die Verteilergebiete sind lokal stark begrenzt, in Großstädten sogar oft auf einzelne Stadtteile. Wenn ein zuverlässiger, gebietsausdeckender Verteilerdienst vorhanden ist, wird eine besonders intensive Durchdringung des Gebiets gewährleistet, d. h., Anzeigenblätter landen praktisch in jedem Haushalt. Träger der Anzeigenblätter sind meist diejenigen Verlage, die auch die örtlichen Tageszeitungen herausgeben und ggfs. die lokalen Hörfunksender betreiben. Allerdings ist die tatsächliche Nutzung von Anzeigenblättern umstritten. Dahinter steht die Vermutung, dass kostenlos in Haushalte abgegebene Zeitungen aus diesem Grund weniger Wertschätzung erfahren und womöglich ungelesen entsorgt werden. Allerdings werden Anzeigen etwa des Handels wegen ihres Informationscharakters mutmaßlich intensiv genutzt. Problematisch könnte auch die Wertanmutung des Umfelds sein, so wird befürchtet, dass qualitativ hochstehende Angebote durch das konsumige Umfeld („Schweinebauch") in ihrem Image heruntergezogen werden.

*Offertenblätter* verzichten völlig auf einen redaktionellen Teil. Dafür bieten sie Privatpersonen die Möglichkeit zur kostenlosen Insertion. Die Finanzierung erfolgt im Wesentlichen durch den Verkaufspreis. Gewerbetreibende können diese Zeitungen ebenso als Werbeträger, allerdings gegen Entgelt, nutzen. Der Erfolg ist beträchtlich. Jedoch stellt sich auch hier die Frage des Einflusses des je nach Produktkategorie womöglich negativen Umfelds auf das Image des Werbungtreibenden.

*Stadtillustrierte* sind aus Alternativblättern der Szene oder reinen Veranstaltungskalendern hervorgegangen und haben Zeitungscharakter. Sie werden teilweise kostenlos abgegeben. Der redaktionelle Inhalt besteht vorwiegend aus lokaler Berichterstattung, Besprechung von Filmen, Büchern, Ankündigung von Veranstaltungen etc., die für junge, eher kritische Zielgruppen von Relevanz sind. Für Werbungtreibende, die entsprechende Produkte anbieten, bietet sich hier die Möglichkeit des sehr zielgenauen, authentischen Medienkontakts. Ähnlich verhält es sich mit (professionellen) Schüler- und Studentenmagazinen.

Beispiele sind:

- Prinz (10 Lokalausgaben), Tip (Berlin), Zitty (Berlin), Journal Frankfurt, Meier (Mannheim), Szene Hamburg, Stadt Revue (Köln), Oxmox (Hamburg), Lift (Stuttgart), Kölner Illustrierte, Marabo (Ruhrgebiet), Bremer, Schädelspalter (Hannover), Sax (Dresden), Plärrer (Nürnberg),

- Kultur News (9 Lokalausgaben), Coolibri (3 Lokalausgaben), Flyer (6 Lokal-ausgaben), Fritz (13 Lokalausgaben), Moritz (6 Lokalausgaben), In München, Hotline (Rhein-Ruhr-Gebiet), 030 (Berlin), Live (Großraum Köln-Bonn), Smag (Rhein-Ruhr-Gebiet), Big Bremen, Hamburg Pur, Choices (Köln), Biograph (Düsseldorf).

*Kundenhefte* werden von Absatzmittlern gegen Entgelt bezogen, aber kostenlos als Serviceleistung an ihre Kunden weitergegeben. Bei ist zu denken an Titel wie

- Apotheken-Umschau, Tag+Nacht, Family+Food, Medizine, Gesundheitsjournal, Taschenbuch Magazin, Lukullus/Fleischerpost, Schuh-Service-Magazin, Neu-form Kurier, Clivia, Baby und die ersten Lebensjahre, Bäckerblume, Diabetiker-Ratgeber, Gesundheit, Haushalts-Journal, Journal für perfektes Haushalten, Neue Apotheken-Illustrierte mit Gesundh.-J., Neue Gesundheit, Ratgeber a. I. Apotheke m. Amphora, Senioren-Ratgeber.

Diese erreichen nennenswerte Auflagen und Reichweiten haben meist Ratgeber-Funktion und erlangen somit eine enorme Verbreitung.

Bei *Unternehmensmagazinen* der Hersteller (Corporate Publishing) ist zu den-ken an

- Lufthansa-Magazin, BMW-Magazin, Future (Hoechst), direct (Consors), Agenda (RWE), Forum (MLP), Audi-Das Magazin, Mercedes-Benz-Transport-Maga-zin, Blue Sky (Mazda), Eyes (Menrad), DBmobil, Pur (Textileinzelhandel), Cine Chart (Pro 7), 28832 Berlin (Druckindustrie), Future (Hoechst), I and C World (Siemens), WOM journal, Consult (Skandia), Ü (Lührmann Immo-bilien), Changes (HypoVereinsbank), Jazz Echo (Musikfachhandel), Well (Lan-caster), E-Guide (IBM), Gazette (Swissair), Yaska (Parfümerie), CEO (PWC), Piazza (Jones Long).

Diese Titel dienen vor allem der Beziehungspflege und publizieren meist hoch-wertig aufgemachte, vertrauensbildende Informationen über den Absender und seine Produkte/Dienstleistungen. Teilweise ist es gelungen, sie auch gegen Ent-gelt anzubieten, z.B. Room/Ikea, teils werden sie an Interessengruppen verteilt. Sie dienen häufig der Verkaufsförderung, dem Cross Selling zwischen Unterneh-mensleistungen sowie zu kooperierenden Partnern.

Alle Titel werden regelmäßig, häufig in größeren Zeitabständen, aufgelegt. Die Finanzierung erfolgt durch Anzeigenschaltung und Provisionen aus Tie-in-Aktivitäten mit Partnern. Die Redaktion erfordert ein professionelles Handling. Weitere besondere Titelgruppen betreffen konfessionelle Blätter, Verbands-Blätter u. ä. mehr.

### 4.1.4 Verzeichniseinträge

Als Einträge in Verzeichnisse sind vor allem Eintragungen in Einwohner-Adressbücher, amtliche und örtliche Telefonbücher, Branchen-Telefonbücher etc. zu erwähnen, und zwar solche, die über den reinen Mindesteintrag hinausgehen und informierende Zusätze oder Anzeigen darstellen. Werbung ist dort auf den Umschlagseiten und durch Hervorhebung im Verzeichnis möglich (Fettdruck). Außerdem sind erweiterte Eintragungen als Ergänzung zum Mindestumfang des Eintrags, z. B. an Kopf- und Fußleisten, möglich. Nutzer dieser Verzeichnisse sind sowohl Gewerbetreibende als auch solche Privatpersonen, die nach konkreter Sachinformation suchen. Insofern kommt Einschaltungen hier eine hohe Aufmerksamkeitswirkung zu. Im übrigen wird aus der Augenfälligkeit des Eintrags oft auf die Marktbedeutung des dahinter stehenden Anbieters geschlossen. Vorteile liegen allgemein in der immer hohen Kontaktzahl und Reichweite, der langen Auflagedauer als ständiges Nachschlagewerk, dem günstigen Preis-Leistungs-Verhältnis und der absoluten Preisgünstigkeit. Von Nachteil sind die Begrenzung der Werbefläche und die mangelnde Aktualität, die das Medium eher unflexibel werden lässt.

### 4.1.5 Sonderformen der Printwerbung

Neben Anzeigen sind auch andere Formen der Printwerbung möglich. Die *Beilage* ist lose einem Trägerobjekt beigefügt. Dabei sind Format- und Gewichtsbegrenzungen zu beachten, die sich aus den Allgemeinen Geschäftsbedingungen der Verlage ergeben, außerdem höhere Postgebühren für den Abonnement-Auflagenanteil, die sich aus dem Tarif des Werbeträgers ergeben. Zu unterscheiden sind redaktionelle Beilagen (Supplements), die für Anzeigenwerbung zur Verfügung stehen, und Werbebeilagen, die von einem einzigen Werbungtreibenden genutzt und vom Verlag zusätzlich produziert oder ihm fertig angeliefert werden.

Der *Beikleber* ist auf eine Anzeigenseite so aufgeklebt (auch als Warenprobe), dass er von Interessenten abgelöst und, z. B. zur Anforderung von Informationen oder Produkten im Ladengeschäft oder per Postanlieferung verwendet werden kann. Tipp on-Karten sind auf eine freie Trägeranzeige punktgeklebt, gestaltete Tipp in-Karten zusätzlich passgenau in das dort unterlegte Druckmotiv integriert.

Der *Beihefter* ist fest mit dem Trägerobjekt verbunden und dem Verlag fertig anzuliefern (auch als Postkarten oder Prospekte). Wiederum gibt es Format- und Gewichtsbegrenzungen. Je nach Papierwahl (Qualität, Zusammensetzung, Oberfläche, Gewicht etc.) kann ein redaktioneller Eindruck erreicht werden, dann ist allerdings bei Verwechslungsgefahr der Zusatz „Anzeige" erforderlich.

Um eine erhöhte Aufmerksamkeit zu erlangen, sind auch Sonderwerbeformen in Print nutzbar. *Sonderformate* betreffen alle Formate, die nicht rechteckig, sondern anderweitig geometrisch sind (Flexformatanzeigen, z. B. L-förmig). Denkbar sind auch zwei oder mehr Anzeigen auf einer Seite (Schachbrettanzeigen). In beiden Fällen kann man als Werbungtreibender von der mutmaßlich erhöhten Aufmerksamkeit der Leser für solche Sonderformate profitieren. Anzeigen, die für den unvoreingenommenen Leser den Eindruck von Redaktion erwecken können (redaktionelle Werbung), müssen deutlich mit dem Hinweis „Anzeige" versehen werden. Außerdem sind Sonderformate wie Cover Gatefold (mit Aufklappseite im Heftumschlag), Inside Gatefold (innen herausklappbare Seite), Inside Rolling Gatefold (einseitig ausschlaggbar) oder French Door (halbe Seiten ausklappbar) möglich.

*Sonderplatzierungen* beziehen sich auf alle Plätze in einem Werbeträger, von denen eine herausgehobene Aufmerksamkeit zu erwarten ist. Meist betrifft dies Platzierungen auf der Frontseite (Titelkuller) oder im Titelkopf des Pressemediums. Es sind aber auch besondere Platzierungen in Relation zur Redaktion denkbar, so im Textteil einer Zeitung, dies ist vom Mindestformat abhängig, meist 1/4 Seite, oder rundum von Text umschlossen (Inselanzeigen) bzw. zweiseitig von Text umschlossen (Eckfeldanzeigen). Lohnenswert ist es, eine gleich bleibende Sonderplatzierung mit dem Verlag zu vereinbaren und regelmäßig zu besetzen.

*Sonderausstattungen* betreffen alle Farben, die nicht im Rahmen des Vierfarbsatzes erzeugt, sondern zusätzlich als 5. oder weitere Farbe gedruckt werden. Dies ist allerdings ziemlich kostenaufwändig und lohnt daher nur selten. Zu unterscheiden davon sind Zusatzfarben (ZF), die im Rahmen des Vierfarbsatzes aus einer (s/w + 1 ZF) oder zwei Farben (s/w + 2 ZF) erzeugt werden, um die Aufmerksamkeitswirkung einer Schwarzweiß-Anzeige zu steigern. Auch dies bedingt zusätzliche Kosten (ca. 30 % je Farbe gegenüber s/w). Schmuckfarben dienen der Hervorhebung von Flächen oder Elementen in Anzeigen. Weitere Sonderausstattungen stellen Duftlackierungen, aufgeklebte Warenproben (Sachets), Sonderdruckfarben, Stanzungen und Falzungen, Rubbelfelder etc. dar.

## 4.2 Spots

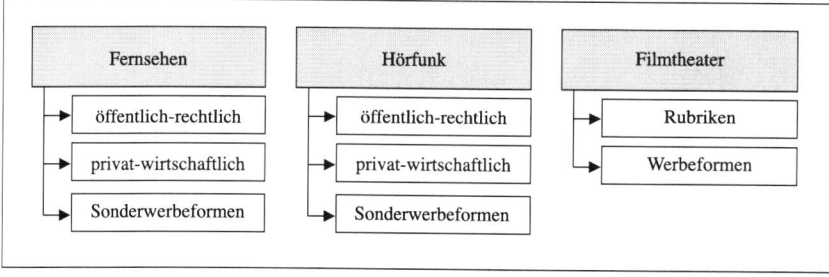

Abbildung 18: Ausprägungen der Spotwerbung

## 4.2.1 Fernsehen

### *4.2.1.1 TV-Sender-Landschaft*

Spots finden in Fernsehen, Hörfunk oder Filmtheater statt. Das Fernsehen hat aufgrund der öffentlich-rechtlichen Trägerschaft und der staatsvertraglich limitierten Werbezeit von 20 Minuten pro Werktag, nur zwischen 18.00 und 20.00 Uhr, jahrzehntelang eine vergleichsweise geringe Bedeutung gehabt. Als Folge davon ist die Kultur der Fernsehspots hierzulande hinter der benachbarter Länder zurückgeblieben, was sich z. B. im jährlichen Ranking der Cannes-Werbefilmfestspiele zeigt. Doch dies ändert sich mit dem Aufkommen privat-wirtschaftlicher Sender sukzessiv, obgleich immer wieder behauptet wird, das Manko läge weniger in mangelnder Routine als eher in der deutschen Mentalität begründet. Der erste Werbespot wurde 1956 in der ARD für das Produkt Persil (Henkel) im Bayerischen Rundfunk ausgestrahlt.

Traditionell werden bei den öffentlich-rechtlichen Rundfunkanstalten bis zum 30.9. eines Jahres alle Spots für das gesamte nächste Jahr gebucht. Rücktritt und Nachbuchung sind danach nur noch eingeschränkt möglich. Die Sender sammeln alle Anmeldungen und stellen fest, ob diese das nach oben gedeckelte Volumen der insgesamt möglichen Werbezeit überschreiten oder nicht. Ist dies der Fall, werden Sendezeiten zugeteilt (repartiert). Daraus ergibt sich eine vorgegebene Platzierung in Werbeblöcken, wobei Konkurrenzausschluss je Block zugesagt wird. Eine Umbuchung ist dann nur noch in dem Maße möglich, wie Sendeplätze frei werden. Besteht keine Überbuchung, was regelmäßig zutrifft, kann den Wünschen Werbungtreibender nach bestimmten Platzierungen (Monat, Wochentag, Tageszeit, Werbeblock, Platz) weitgehend, zumindest außerhalb der Saisons, entsprochen werden. ARD und ZDF vermelden erhebliche unverkaufte Werbezeitkontingente und auch die privat-wirtschaftlichen Sender nutzen ihre Deputate nicht aus. Zudem ist mit einem weiter stagnierenden, wenn nicht rückläufigen Volumen an TV-Spots zu rechnen, weil deren Wirkung in Zweifel gezogen wird.

Redaktion und Werbung müssen immer durch visuelle und auditive Zeichen getrennt werden, Werbung ist regelmäßig nur im Block zulässig, wobei ein Block aus mindestens zwei Spots besteht. Die Blöcke sollen mindestens 20 Minuten Abstand haben, bei Live-Übertragungen können die natürlichen Pausen für Werbung genutzt werden.

Privatstationen sind schon deshalb administrativ weitaus entgegenkommender, weil sie ganz ohne Rundfunkgebühren als staatlicher Zwangsabgabe bei Gerätebesitz im Haushalt auskommen müssen und sich allein über Werbeeinnahmen finanzieren. Im Zuge immer dichterer Netze mit Verbreitung durch Antenne, Kabel und Satellit sowie tatsächlichen Anschlusses als technische Reichweite hat eine Verlagerung von ARD/ZDF auf Privatstationen (RTL, SAT 1, Pro 7, Kabel 1 etc.) stattgefunden. Dies hat dort zu drastisch steigenden Einschaltkosten geführt. Insoweit geht auch die Kritik am redaktionellen Niveau dieser Sender fehl, denn Privatstationen haben, im Gegensatz zum öffentlich-rechtlichen Rundfunk, keinen Programm-, sondern einen Werbeauftrag, d. h. Programm ist insoweit nötig, um die staatsvertraglich vorgeschriebenen Pausen zwischen Werbeblöcken zu füllen. Der Werbeanteil ist auf 20 % der Sendezeit begrenzt, also auf 12 Minuten je Stunde. Die Platzierung der Spots kann weitgehend individuell und kurzfristig bis zu zwei Tagen vor Ausstrahlung vereinbart werden, wobei für den Zuschlag die Reihenfolge der Buchungen zugrunde gelegt wird. Die Ratingwerte der Zuschauerforschung weisen bereits am der Ausstrahlung folgenden Tag die absolute und relative Sehbeteiligung aus. Privatstationen eines Eigentümers sollen bei mehr als 30 % Marktanteil Sendezeiten vielfaltssichernd an Dritte abtreten, wobei allerdings die Berechnung der Marktanteilsbasis strittig ist. Tatsächlich ist jedoch ein Duopol entstanden, mit der Bertelsmann-Gruppe auf der einen Seite (RTL, RTL II, Super RTL, n-tv, Vox) und der im Werbevolumen etwas größeren Permira/KKR-Gruppe (ehemals Kirch) auf der anderen (SAT 1, ProSieben, N24, Kabel 1, Sixx etc.). Diese machen zusammen ca. 80 % der TV-Werbemarkts aus, ARD/ZDF spielen kaum noch eine Rolle. Derzeit sind u. a. folgende Sender in Deutschland on-Air:

- öffentlich-rechtlich: Das Erste, ZDF, 3SAT, WDR, SWR, HR, NDR, BR, RBB, Eins Plus, EinsFestival, ZDFInfo, ZDFNeo, Arte, Phoenix, Kika, ZDFKultur, BRalpha, Tagesschau 24, MDR,

- privat-wirtschaftlich: RTL, ProSieben, SAT1, RTLII, Kabel Eins, Vox, Sport1, Eurosport, ServusTV, SIXX, RTL Nitro, DMAX, Pro/Maxx, Tele5, Das Vierte, Super RTL, SAT1 Gold, N-TV, N 24, Bloomberg, CNN, BBC World, Deluxe.

Der Vorteil der ARD liegt in der Regionalisierung der elf Programme, die durch lokale Fenster der Privatsender und Ballungsraum-TV nur unvollkommen ausgeglichen werden können. Nachteilig ist jedoch der relativ hohe Anteil nachfrageinaktiver, sehr alter oder junger Zuschauer. Dies ist schon allein durch die Sendezeiten der Werbung bedingt. Spätnachmittags und frühabends, wenn bei den öffentlich-rechtlichen Anstalten Werbung erlaubt ist, sind kaufkräftige Zielgruppen in aller Regel noch mit Geldverdienen oder zumindest Geldausgeben beschäftigt, befinden sich auf der Heimfahrt vom Arbeitsplatz oder erledigen ihre Hausarbeit, weil sie gerade erst heimgekommen sind. Jedenfalls haben sie überwiegend keine Muße, animierende Werbespots zu betrachten. Dies gilt eher für Rentner, Schüler, Arbeitslose etc., denen es aber wiederum an Kaufkraft mangelt. Daher rührt auch die Forderung nach dem Fall der 20.00 Uhr-Grenze bei ARD und ZDF. Dies ist heute bereits implizit erreicht, und zwar durch Patronatsendungen im Vor- und Nachspann redaktioneller Beiträge, sogar sonn- und feiertags. Das Verbot bestimmter Unterbrecherwerbung ist ebenfalls aufgeweicht, z.B. Werbeblock zwischen „Heute" und „Wetterbericht", ebenso wie die Abtrennung der Werbung vom Programm für mind. drei Sekunden bildfüllend, z. B. „Best Minute"-Tagesschau-Uhr. Kurze Spots haben einen höheren Sekundenpreis (dysproportionale Tarifierung).

Fernsehwerbung lebt von der Kopplung bewegter Bilder mit Tonuntermalung. Dadurch steigen sowohl Anmutung als auch Erinnerung. Allerdings führt die Blockwerbung zu unerwünschten Interferenzen, d. h. impactstarke Spots überlagern zeitraumnahe, im gleichen Werbeblock ausgestrahlte impactschwache Spots. Außerdem ist Werbung im Fernsehen als transitorischem Medium zeitraumgebunden an die Ausstrahlung, eine Wiederholung oder zeitliche Verschiebung der Wahrnehmung ist daher nicht möglich.

Bereits derzeit ist die Anzahl der terrestrisch, d. h. über Antenne (T), leitungsgebunden, d. h. über Kabel (C), und orbital, d. h. über Satellit (S), empfangbaren Sender riesengroß. Da zugleich die Gesamtzeit zur Fernsehnutzung nicht nennenswert gestiegen ist, teilt diese sich auf immer mehr Sender auf, mit der Folge, dass die Betrachtungsdauer je Sender schrumpft, damit zugleich auch die Chance, durch dort eingeschaltete Spots noch nachhaltig Zielpersonen zu erreichen. Die Konkurrenz der Werbeträger steigert sich noch erheblich, da im Digital-Fernsehen gleich Dutzende neuer, großenteils allerdings werbefreier Sender angeboten werden. Die Folge ist, dass die „Werbedosen" je Sender weiter erhöht werden müssen, um überhaupt noch nennenswerte Zielgruppen zu erreichen. Die Konsequenz daraus ist, dass Zuschauer diesem Übermaß an werblicher Beeinflussung Widerstand entgegen gesetzen, indem sie flüchten. Zapping meint dabei das bewusste Wegschalten eines Kanals mit Beginn des Werbeblocks dort per Fernbedienung, Skipping das automatische Überspringen von Werbeblöcken bei Aufzeichnung von Sendungen und Flipping das schnelle Durchschalten der Kanäle auf der Pirsch nach immer spektakuläreren Programmen. Hinzu kommen zahlreiche die Aufmerksamkeit ablenkende Nebenschäftigungen (psychisches Zapping). Die bisher höchsten Werte wurde bei der Übertragung des Fußball-WM-Endspiels im Juli 2014 erreicht, mit einer Reichweite von 34,65 Mio Zuschauern, das entspricht einem Marktanteil von 86,3 %.

Daher ist in Zukunft von ratingbezogenen Einschaltkosten auszugehen, die sich auf Basis der aus der Zuschauerforschung ermittelten Reichweitenwerte errechnen. Das Preis-Leistungs-Verhältnis bleibt dabei annähernd konstant, hohe Reichweiten bedeuten hohe Tarifpreise, die aber durch viele Zuschauer auch gerechtfertigt sind, und umgekehrt. Insofern wird nur ein Mindest-Tarifpreis fest berechnet, der Rest ist erfolgsabhängig. Werden Mindest-Reichweitenwerte nicht eingehalten, erfolgt eine entsprechende Anzahl kostenloser Ausgleichsschaltungen wie das bereits derzeit praktiziert wird. Die Ratings sind dabei demographisch nach Haushaltsgröße, Geschlecht, Altersklasse, Schulbildung, Haushaltsnettoeinkommen und Beruf segmentierbar.

*4.2.1.2 Sendereinteilungen*

Die Fernsehprogramme können unter verschiedenen Aspekten rubriziert werden (*siehe Abb. 19*):

- Hinsichtlich der *Programmbreite* ergeben sich Vollprogramme, die nach dem bewährten Muster aktueller Illustrierter arbeiten, und Spartenprogramme, die nach dem Muster von Special Interest-Titeln vorgehen (z. B. Viva, n-tv, DSF).

- Nach der *Erstellung der redaktionellen Inhalte* ergeben sich Eigenprogramme, die vom Sender selbst produziert werden, Zukaufprogramme, die von Dritten mit zeitlichem Vorlauf zugekauft werden, und Mantelprogramme, die für Dritte vorproduziert und parallel mehrfach verwertet werden.

- Nach der *geographischen Abdeckung* unterscheidet man internationale Programme, die ländergrenzenüberschreitend ausgestrahlt werden und in die länderspezifische „Fenster" eingeklinkt werden können (z. B. MTV), nationale Programme, die nur innerhalb der Landesgrenzen ausgestrahlt werden, aber auch in grenznahen Auslandsgebieten zu empfangen ist, regionale Programme, die für die Einwohner eines Landesteils ausgestrahlt werden (z. B. III.-ARD-Programme) und lokale Programme, die räumlich noch enger begrenzt sind (z. B. Ballungsraum-TV).

- Nach der *Sendedauer* lassen sich Fulltime-Programme, die rund um die Uhr ausgestrahlt werden, und Parttime-Programme, die nur tagesanteilig ausgestrahlt werden, unterscheiden.

- Nach der *Eigentümerschaft* ergeben sich öffentlich-rechtliche Anstalten mit hoheitlicher Trägerschaft und Kontrolle, für die Rundfunkgebühren bei technischer Empfangbarkeit zu entrichten sind, und privat-wirtschaftliche Sender, die privaten juristischen oder natürlichen Personen gehören und einer öffentlich zu erteilenden Sendeerlaubnis und Frequenzzuteilung zum Betrieb bedürfen.

- Nach den *Werbemöglichkeiten* gibt es werbefreie Sender, die sich ausschließlich aus Gebühreneinnahmen finanzieren (Pay-TV), werbefinanzierte Sender, die sich ausschließlich aus Werbeeinnahmen finanzieren (Free-TV), sowie (duale) Mischformen, die sich sowohl aus Rundfunkgebühren als auch Werbeeinnahmen finanzieren (z. B. ARD/ZDF).

- Nach der *Einnahmeform* gibt es gebührenfinanzierte Programme, bei denen allein die Empfangsmöglichkeit zur Gebührenentrichtung verpflichtet, und beitragsfinanzierte Programme, die zeitabhängig/fix (Pay per Channel, z. B. Premiere) oder nutzungsabhängig/variabel nur mit Anmeldung fällig werden (Pay per View). Die Nutzung kann senderseitig durch ein Programmgerüst vorgegeben werden, zeitlich individuell zusammengestellt werden (Video on Demand) oder in engen Zeitintervallen wiederholt werden (Video near Demand).

- Hinsichtlich der *Übertragungstechnik* können satellitengebundene Programme, die orbital ausgestrahlt werden, antennengebundene Programme, die terrestrisch ausgestrahlt werden, und leitungsgebundene Programme, die über Kabelweg transportiert werden, unterschieden werden. Letztere können wiederum über TV-Kabel oder Telefonleitung empfangen werden.

- Nach dem *Verbreitungszugang* gibt es öffentliche Programme, die allgemein zugänglich sind, und nicht-öffentliche Programme, die sich an ein zeitlich und/oder räumlich begrenztes Auditorium richten (z. B. Bord-TV, Hotel-TV, POS-TV).

- In Bezug auf die *Übertragungsrichtung* kann schließlich in Programme mit Einwegkommunikation, wie heute noch üblich, und solche mit Zweiwegkommunikation (Interactive-TV) unterschieden werden, die ein Feedback der Zuschauer erlauben (z. B. Kameraeinstellungen, Bestellung von Produkten oder Anforderung von Werbemitteln).

Abbildung 19: Sendereinteilung

### 4.2.1.3 Sonderwerbeformen

Unter TV-Sonderwerbeformen fasst man alle Formen der Fernsehwerbung zusammen, die außerhalb der regulären, für Werbung ursprünglich reservierten Werbeblöcke stattfinden (*siehe Abb. 20*). Aufgrund der Vielzahl der Erscheinungs-

arten dieser TV-Sonderwerbeformen ist nur eine solche negative Begriffsabgren-
zung, jedoch keine positive Definition möglich.

Die Gründe für den Einsatz von TV-Sonderwerbeformen liegen im Besonderen
in den Aspekten Konkurrenz, Aufmerksamkeit und Rechtsrahmen. Die „reguläre"
Spotwerbung ist bzgl. des Rechtsrahmens durch staatsvertragliche Vorgaben restriktiv definiert. Dabei wurden allerdings zwei wichtige Vorgaben im Laufe der
Zeit aufgegeben, welche den Sendern damit erhebliche Gestaltungsspielräume eröffnet haben.

Erstens die Vorgabe, dass Werbung immer im Block zu zwei und mehr Spots
stattzufinden hat, und zweitens die Vorgabe, dass jede Werbung optisch und akustisch vom sie umgebenden Programm abzutrennen ist. Die anderen Vorgaben
bleiben jedoch erhalten, vor allem das Gebot der Trennung von Programm und
Werbung, die Pflicht zur klaren Kennzeichnung der Werbung, das Gebot der Lauterkeit (Programmart nicht irreführend) und das Verbot der Beeinflussung der
Programminhalte durch Werbungtreibende.

Von Werbeblöcken ist bekannt, dass sie bei Zielpersonen häufig zur Unterbrechung bei der oder zum Ausstieg aus der Fernsehnutzung führen. Insofern bleibt
die Aufmerksamkeit für Werbeblöcke begrenzt. Da Werbungtreibende aber zur
Durchsetzung ihrer Produkte auf die Aufmerksamkeitswirkung der Fernsehwerbung angewiesen sind und diese immer höhere Kosten impliziert, haben sie ein
starkes Interesse daran, Wege zu finden, wie die Nutzung des Programms auf die
Ausstrahlung von Werbung hinübergezogen werden kann. Dies scheint derzeit nur
außerhalb der regulären Werbeblöcke möglich.

Die Befreiung vom Zwang zu Werbeblöcken entlastet Werbungtreibende zudem von Interferenzeffekten, weil die Spots innerhalb eines Werbeblocks ansonsten nicht nur in Konkurrenz zum vorausgehenden bzw. anschließenden Programm
treten, sondern auch in Konkurrenz untereinander.

Abbildung 20: Sonderwerbeformen

Die TV-Sonderwerbeformen lassen sich in verschiedene Bereiche unterteilen, so das Programm-Sponsoring, die Bildteilung, senderindividuelle Sonderwerbeformen und spotübergreifende Sonderwerbeformen sowie On Air Promotions.

### Programm-Sponsoring

Unter Programm-Sponsoring versteht man den Beitrag einer natürlichen oder juristischen Person oder einer Personenvereinigung, die an Rundfunktätigkeiten oder der Produktion audiovisueller Werke nicht beteiligt ist, zur direkten oder indirekten Finanzierung einer Sendung, um den eigenen Namen, die eigene Marke, das Erscheinungsbild der Person/Vereinigung, ihre Tätigkeit oder ihre Leistungen zu fördern. Dabei ist danach zu unterscheiden, ob der Sponsor Einfluss auf die redaktionellen Inhalte nimmt (internes Programm-Sponsoring) oder keinen Einfluss darauf ausübt (externes Programm-Sponsoring).

Beim *internen* Programm-Sponsoring handelt es sich vor allem um die Formen des problematischen Programm-Bartering und der Gameshow. Dabei kommt es auch zur Feinjustierung von Programminhalten und -platzierungen nach den Wünschen des Sponsors. Gameshows müssen mit dem Zusatz „Dauerwerbesendung" gekennzeichnet sein.

Beim *externen* Programm-Sponsoring kann der Sponsorhinweis aus dem eingeblendeten Namen des Sponsors, dem Firmenemblem oder der Marke bestehen. Erlaubt ist auch ein bewegtes Bild. Der Sponsor-Hinweis muss kurz sein, er darf nur so lange dauern, bis die Fremdfinanzierung deutlich erkennbar wird, für gewöhnlich höchstens sieben Sekunden. Weder im Bild noch im Ton darf auf spezielle Vorzüge oder Eigenschaften des Produkts hingewiesen werden. Denn gesponsorte Sendungen dürfen nicht zum Kauf des Produkts eines Sponsors oder zur Nutzung seiner Dienstleistung anregen. Nachrichten und Sendungen zum politischen Geschehen dürfen nicht gesponsort werden, wohl aber Wetterberichte (z. B. DIT für das ZDF-Wetter). Politische, weltanschauliche oder religiöse Vereinigungen dürfen nicht sponsorn. Auch Produkte, für die ein Werbeverbot besteht, dürfen nicht als Sponsor auftreten. Somit fallen Hersteller von Zigaretten oder anderen Tabakerzeugnissen als Sponsoren völlig aus.

Programm-Sponsoring ist als Exklusiv-Sponsoring oder als Co-Sponsoring möglich, also im Verbund mit einem oder mehreren anderen Sponsoren (z. B. Champions League). Auch können mehrere Sendungen nacheinander gesponsort werden (z. B. Kulmbacher Filmnächte). Öffentlich-rechtliche Sender sind dabei privat-wirtschaftlichen juristisch gleichgestellt.

Im Übrigen ist es fraglich, ob der Begriff Programm-Sponsoring definitorisch zutrifft, denn beim Sponsoring handelt es sich um ein Tauschgeschäft Geld- bzw. Sachmittel gegen Öffentlichkeit, während die mit Programm-Sponsoring üblicherweise bezeichneten Werbeformen den normalen Einkauf von Werbung, allerdings in Sonderformen, meinen. Insofern ist der Begriff Patronat wohl einschlägiger, denn hier werden nicht Dritte, die in Medien auftreten und dadurch Öffentlichkeit herstellen, unterstützt, wie das für Sponsoring typisch ist, sondern die Medien selbst werden für die Ausstrahlung bezahlt.

Beim externen Programm-Sponsoring sind zahlreiche Formen zu unterscheiden wie Indikativ vor Beginn der Sendung, Abdikativ nach Ende der Sendung, Reminder vor und/oder nach Werbeinseln, Programmtrailer bei Programmhinweis, Tagessponsoring analog der Programm-Uhr, Themensponsoring analog der Programm-Uhr oder Themenabend.

### Bildteilungswerbung

Bei der Bildteilungswerbung wird der Bildschirm in zwei Bereiche aufgeteilt (Splitscreen), wobei zeitgleich Werbung und Programm in jeweils einem Fenster übertragen werden. Die Fenster können separat aufgezogen sein und allenfalls in einer Ecke überlappen oder ineinander gesetzt sein. Am bekanntesten sind sicherlich die Splitscreen-Werbeinseln gegen Ende der Übertragung von Formel-1-Autorennen. Dadurch kann die Aufmerksamkeit der Zuschauer besser in den Werbeblock hinüber gezogen werden.

Eine Teilbelegung des ausgestrahlten Bildes mit Werbung ist zulässig, wenn die Werbung dabei vom übrigen Programm eindeutig optisch getrennt und als Werbung gekennzeichnet ist. Die Splitscreen-Werbung ist auf die Gesamtdauer der Spotwerbung, unabhängig von der Größe der Werbeeinblendung, vollständig anzurechnen. Dies gilt auch für Laufbandwerbung. Splitscreen-Werbung ist unzulässig bei Sendungen für Kinder sowie bei der Übertragung von Gottesdiensten.

Der Vorteil wird darin gesehen, dass die parallele Übertragung der redaktionellen Inhalte ein Abwandern der Zuschauer innerhalb der Werbeblöcke vermeiden hilft. Tatsächlich ist es jedoch zweifelhaft, ob dies das Interesse der Zuschauer zu fesseln vermag. Je dominanter aber das eigentlich interessierende Programm, desto mehr muss zugleich die Werbebotschaft zurückgedrängt werden, was wiederum die Attraktivität für Werbungtreibende limitiert.

Nach der Durchführung kann man verschiedene Formen der Bildteilung unterscheiden wie Exklusivspot als einzelner Splitscreen-Spot, Werbeuhr vor den Nachrichten, Preminder vor einem Splitscreen, Diary kombiniert mit Programmhinweis, Abspann-Werbung oder Laufband-Werbung („Ticker").

Bei *senderindividueller Sonderwerbung* handelt es sich um, teilweise auch senderexklusiv angelegte, TV-Sonderwerbeformen unterschiedlicher Art. Sie werden genutzt, um Werbungtreibenden alleinstellende Werbeformen anzubieten. Die häufigsten Formen sind Werbesendung, Patronat mit Namensgebung für die Sendung, Insert-Sonderwerbung, Logo-Morphing, Spot-Premiere, Single-Spot als

Ein-Spot-Werbeblock, TV-Gewinnspiel, Hinweistafel oder virtuelle Werbung mit nachträglicher Werbeeinblendung.

Bei *spotübergreifenden Sonderwerbeformen* handelt es sich um solche, die ihren Spotcharakter verloren haben. Dazu gehören Dauerwerbesendungen und Teleshopping:

- Bei einer *Dauerwerbesendung* (Infomercial/Telepromotions/Werbelangsendung) handelt es sich um einen redaktionell aufbereiteten, eigenständigen Programmteil mit werblichem Inhalt, der als Werbung vor Beginn und während der gesamten Übertragung gekennzeichnet und mindestens 90 Sek. lang sein muss. Bei Dauerwerbesendungen muss der Werbecharakter erkennbar im Vordergrund stehen. Die Werbung muss einen wesentlichen Anteil der Sendung ausmachen. Der Sender ist verpflichtet, diese Sendung vom übrigen Programm deutlich abzugrenzen, indem er sie vor Beginn als „Dauerwerbesendung" ankündigt und sie während des gesamten Verlaufs als solche kennzeichnet. Dazu wird das Wort „Dauerwerbesendung" oder „Werbesendung" permanent am Bildrand eingeblendet. Der Schriftzug muss sich deutlich lesbar vom Hintergrund der laufenden Sendung abheben. Dauerwerbesendungen für Kinderzielgruppen sind nicht erlaubt. Dauerwerbesendungen können auch den Charakter einer regelmäßigen Sendung haben und damit einen festen Programmplatz einnehmen, z. B. im gering frequentierten Nacht- oder Vormittagsprogramm.

- *Teleshopping* kann auf eigenständigen TV-Shopping-Kanälen stattfinden (QVC, HOT) oder als Spotwerbung bei anderen Sendern. Teleshopping-Spots außerhalb der Shopping-Kanäle müssen als solche klar erkennbar sein und durch optische Mittel eindeutig von anderen Programmteilen abgegrenzt werden. Wie in der Werbung dürfen keine Techniken der unterschwelligen Beeinflussung eingesetzt werden. Teleshopping-Fenster müssen zu Beginn optisch und akustisch und während der gesamten Dauer als „Werbesendung" oder „Verkaufssendung" gekennzeichnet werden. Die Kosten, welche dem Zuschauer bei einer Bestellung entstehen, müssen deutlich ausgewiesen werden. Wie Fernsehwerbung müssen Teleshopping-Spots zwischen den einzelnen Sendungen eingefügt werden (Scharnierwerbung). Wenn der Zusammenhang und der Charakter einer Sendung nicht beeinträchtigt werden, können die Spots auch in die Sendung eingefügt werden (Unterbrecherwerbung). Voraussetzung sind auch hier die allgemeinen rechtlichen Bedingungen wie etwa die Einhaltung des Jugendschutzes und der Rechte von Rechteinhabern. Teleshopping darf Minderjährige nicht dazu anhalten, Kauf-, Miet- oder Pachtverträge für Waren oder Dienstleistungen abzuschließen. In einem Programm, das nicht ausschließlich dem Teleshopping dient, müssen Teleshopping-Fenster mindestens 15 Min. ohne Unterbrechung dauern. Es dürfen pro Tag höchstens acht solcher Teleshopping-Fenster gesendet werden, die zusammen nicht länger als drei Stunden dauern dürfen. Die Qualität der Teleshopping-Spots ist gelegentlich zweifelhaft.

## 4.2.2 Hörfunk

Durch die weitgehende Liberalisierung des Rundfunks zu Beginn der 1980er Jahre sind auch zahlreiche Hörfunksender in privater Trägerschaft entstanden, die sich durch Werbeeinnahmen finanzieren. Durch ihre technische Reichweite als Einspeisung in Kabelnetz/Antennenbeam/terrestrische Frequenz ist ihr Empfang raumgebunden. Hörfunk ist als Basismedium für Werbung eher begrenzt geeignet und genießt als Hintergrunduntermalung oft nur geringe Aufmerksamkeit. Vom Inhalt her bieten sich als Werbung einfache, appellierende Botschaften an, von der Form her stimmungs- und schwungvolle Darbietungen, vor allem Musik. Ohne Optik fehlt allerdings zumeist die nachhaltige Erinnerungswirkung.

Die Anzahl der durch Hörfunk erreichten Personen schwankt erheblich nach Tageszeit und Wochentag. So werden werktags morgens vor allem Familien beim Frühstück und Autofahrer auf dem Weg zur Arbeit intensiv erreicht. Am Vormittag läuft das Radio meist nur im Hintergrund mit. Zur Mittagszeit ist dann noch einmal ein Hoch zu verzeichnen. Am Nachmittag werden auch Schüler bei Erledigung ihrer Hausaufgaben erreicht. Spätnachmittags ist noch einmal ein intensiver Empfang im Autoradio gegeben. Abends wird der Hörfunk fast komplett durch das attraktivere Medium Fernsehen verdrängt. Dementsprechend schwanken die Tarifpreise für Spots je nach belegter Uhrzeit, nach Wochentag und Jahreszeit. Die Hörerschaftsstruktur (Soziodemographie) nach Geschlecht, Alter, Ausbildung, Beruf, Haushaltsführung, Haushaltsnettoeinkommen etc. ergibt sich zumeist aus dem Tarif des Senders nach Erhebungen in Markt-Media-Analysen.

Die Spots sind i.d.R. 15 Sekunden lang, es sind jedoch auch beliebig längere oder kürzere Spots möglich (im 5 Sek.-Takt). Werbung ist bei öffentlich-rechtlichen Sendern auf max. 90 Min./Tag im Jahresdurchschnitt begrenzt und weder nach 20 Uhr noch sonn- und feiertags erlaubt, bei privat-wirtschaftlichen Sendern auf max. 20% der täglichen Sendezeit, darunter als reine Spotwerbung 15% (= max. 288 Min./Tag). Sie muss in Blöcken ausgestrahlt werden (meist drei bis 4 Minuten lang). Da der kreative Output bei den allermeisten Hörfunkspots auf eher niedrigem Niveau verhaftet bleibt, muss hoher Einfallsreichtum für die Gestaltung gefordert werden, oder, falls dies nicht gelingt, viel Budget, um nach dem Gesetz der großen Zahl ausreichend wahrscheinlich dennoch in die Wahrnehmung einer genügend großen Zahl von Hörern vorzudringen.

Hilfreich ist dabei die Mechanik des Audio-Visual-Transfer. Darunter versteht man das Phänomen, dass bei durch TV und Kino hoch penetrierten Werbespots die Bildkomponente von Rezipienten im Kopf ergänzt wird, selbst wenn nur die Tonkomponente vorgegeben wird („Kino im Kopf"). Dies ermöglicht eine budgetschonende Streckung des Werbedrucks, weil, nach einer gewissen Anlaufzeit, kostengünstigere Hörfunkspots die visuelle Aufstockung zur Gesamtbotschaft tragen.

Man möge sich nur einmal das Logo „Intel" im Geiste vor Augen führen, schon „hört" man die dazugehörige Tonfolge. Das gleiche gilt für Slogans wie „LBS. Wir sichern Ihrer Zukunft ein Zuhause." oder „Toyota. Nichts ist unmöglich." Bereits allein das Hören der Bacardi-Musik lässt im Kopf einen Traum aus Strand, Sonne, Palmen, Ferien etc. entstehen.

Eine Steigerung der Aufmerksamkeit ist durch diverse *Sonderwerbeformen* im Hörfunk darstellbar:

- Beim *Patronat* (Programmsponsoring) handelt es sich um die erkennbare Trägerschaft einer Sendung durch einen Werbungtreibenden mit Werbehinweis zumeist zu Beginn und am Ende der Sendung, aber ohne direkte redaktionelle Einflussnahme auf Inhalte.

- Bei der *Sponsorsendung* stellt der Sender dem Werbungtreibenden Sendezeit zur eigenständigen Gestaltung von Programmen zur Verfügung, die dieser in Abstimmung mit dem redaktionellem Konzept des Senders (Programmformat) und weitgehenden rechtlichen Restriktionen für sich nutzt.

- Beim *Tandemspot* werden zwei Werbeausstrahlungen derart gekoppelt, dass ein längerer Spot (Vollversion) von einem kürzeren, der sich auf diesen bezieht (Reminder), gefolgt wird und dazwischen Werbung anderer Anbieter stattfindet. Ebenso kann ein kürzerer Spot (Teaser) von einem längeren (Vollversion) gefolgt werden, den er ankündigt.

- Der *Dialogspot* ist eine Kombination aus vorproduziertem Inhalt (Tonkonserve) und Liveansage durch SpecherIn im Studio oder vor Ort.

- Beim *anmoderierten Spot* gibt es eine einleitende Ansage zur Werbung durch SprecherIn im Studio, bevor der vorproduzierte Inhalt abläuft.

- Bei vielen Sendern ist es auch möglich, *redaktionelle Inhalte* wie die Zeitansage, den Wetterbericht, die Verkehrsnachrichten etc. mit einer Werbedurchsage zu kombinieren.

- Unter *Live-Werbung* versteht man die Moderatorendurchsage des Werbetextes live im Studio, also ohne vorproduzierte Tonkonserve.

- Weitere Möglichkeiten sind die Einbindung der Werbedurchsage, meist in verkürzter Form, in eine Telefonpromotion, d. h. ein Spiel für Zuhörer mit Anruf und Lösungsdurchsage, bzw. in ein Promotionspiel, d. h. eine Kombination von Werbung und Aktion vor Ort, meist am Handelsplatz, durch eine mobile Sendestation für Live-Schaltungen.

Die einzelnen Hörfunksender lassen sich in verschiedene *Radioformate* einteilen (nach absteigender Bedeutung in Deutschland):

- *Adult Contemporary* (AC): erfolgreichstes Radioformat in Deutschland, Orientierung am Massengeschmack, Popstandards der letzten Jahrzehnte, ergänzt durch aktuelle Hits, leichte Hörbarkeit, drei bis vier Titel ohne Unterbrechung, kurze

Moderation, Informationen in kurzen Serviceteilen, aufwändige Gewinnspiel-aktionen, Kernzielgruppe: 25–49 Jahre, mehr weibliche Hörer, Musikbeispiele: Madonna, Elton John, Britney Spears, Whitney Houston,

Subformate: Oldie-based AC, Euro-/German-based AC, Soft-AC, Current-based/Hot-AC,

- *Contemporary Hit Radio* (CHR): aktuelle, schnelle Charthits, begrenzte Playlist, Tophits bis zu achtmal täglich, lange Musikstrecken, knappe, dynamisch-witzige Moderationen, geringer Informationsanteil, häufig Gewinnspiele und Promotion-Aktivitäten, Kernzielgruppe: 14–24 Jahre, konsumfreudige junge Menschen, Musik-Beispiele: Charthits,

Subformate: Mainstream CHR, Dance-oriented CHR, Rock-oriented CHR, Euro-/German-based CHT,

- *Middle of the Road* (MOR): Vollprogramm, ausgewogener Wort-/Musikanteil, harmonisch-melodiöse Titel ohne spezielle Ausrichtung, ausführliche Nachrichten und Informationen, zum Teil anspruchsvolle redaktionelle Inhalte, Moderatoren-Persönlichkeiten, ruhige, sachliche Moderation, Kernzielgruppe: 35–55 Jahre, gesetztere Hörer, Musikbeispiele: Dire Straits, Mike Oldfield, Chris Rea,

- *Melodie*: Speziell für die Bedürfnisse des deutschen Markts entwickeltes Format, deutsche Schlager von 1955 bis heute, Evergreens, volkstümliche Musik, lockere Moderation, häufig Promotion-Aktionen, Kernzielgruppe: 40–60 Jahre, eher konservativ, Musikbeispiele: Nicki, Udo Jürgens, Andy Borg, Roland Kaiser,

- *Oldie*: Internationale und nationale Oldies seit den 1920er Jahren, häufig mit Moderatoren-Persönlichkeiten, ruhige Moderation, Kernzielgruppe: 40 + Jahre, Musikbeispiele: Frank Sinatra, Abba, Queen, Liza Minelli,

- *Album Oriented Rock* (AR): Rockmusik verschiedener Richtungen, zum Teil unbekannte Titel, wenig Information, Kernzielgruppe: 18–34 Jahre, mehr männliche Hörer, Musikbeispiele: Led Zeppelin, Scorpions, AC/DC,

Subformate: Classic Rock, Hard/Heavy/Soft Rock,

- *Klassik*: beliebte klassische Stücke, meist verkürzt auf Ausschnitte aus Konzerten, Sinfonien, Opern, Operetten, zum Teil anspruchsvolle redaktionelle Inhalte, stündliche Nachrichten, kultivierte Moderation, Kernzielgruppe: 30 + Jahre, gebildete Besserverdiener, Musikbeispiele: Bach, Beethoven, Mozart,

- *Jazz*: bekannte Jazztitel, zum Teil anspruchsvolle redaktionelle Inhalte, kultivierte Moderation, Kernzielgruppe: 30–60 Jahre, gebildete Besserverdiener, Musikbeispiele: Louis Amstrong, Miles Davis, Glenn Miller, Ella Fitzgerald,

- *Easy Listening*: Sanfte, entspannende, meist ältere internationale Titel, geringer Wortanteil, stündliche Nachrichten, unaufdringliche, ruhige Moderation, Kernzielgruppe: 40 + Jahre, Musikbeispiele: Barry Manilow, Beatles, Electric Light Orchestra.

| | Einnahmen | Formalziel | Sachziel | Sendecharakter |
|---|---|---|---|---|
| öffentlich-rechtliches Fernsehen | Misch-finanzierung (Gebühren + Werbeeinn.) | Erfüllung des Programm-auftrags | Inhalt gemäß gesamtgesell-schaftlichem Anspruch | General Interest / Special Interest |
| privat-wirtschaftliches Fernsehen | Werbe-finanzierung | Gewinn-erzielung für Anteilseigner | redaktionelles Umfeld für Werbe-einschaltungen | General Interest / Special Interest |
| Verkaufs-fernsehen | Verkaufserlöse / Provisionen | Gewinn-erzielung für Anteilseigner | Schaffung eines animierende Verkaufs-umfelds | Special Segment |
| digitales (Pay-) TV | Abonnement-gebühren | Gewinn-erzielung für Anteilseigner | Inhalte gemäß Präferenzen der Abonnenten | Special Interest |
| öffentlich-rechtlicher Hörfunk | Misch-finanzierung (Gebühren + Werbeeinn.) | Erfüllung des Programm-auftrags | Inhalt gemäß gesamtgesell-schaftlichem Anspruch | vorwiegend General Interest |
| privat-wirtschaftlicher Hörfunk | Werbe-finanzierung | Gewinn-erzielung für Anteilseigner | redaktionelles Umfeld für Werbe-einschaltungen | vorwiegend General Interest |
| digitales (Pay-) Radio | Abonnement-gebühren | Gewinn-erzielung für Anteilseigner | Inhalte gemäß Präferenzen der Abonnenten | Special Interest |

Abbildung 21: Struktur wichtiger elektronischer Medien

### 4.2.3 Filmtheater

Das Filmtheater hat als Werbemedium mit dem Wiederaufleben der Filmkultur einen neuen Aufschwung erlebt. Die Wahrnehmungsbedingungen sind hervorragend, wegen der konzentrierten, überdimensionalen Wiedergabe ohne Umgebungshelligkeit und weitgehend ohne Ablenkung. Besondere Beliebtheit besteht bei jugendlichen Personen unter 30 Jahren, die anderweitig nur schwer durch Klassische Medien zu erreichen sind.

Für die Belegung ist wichtig zu wissen, dass Kinos sich ziemlich klar in verschiedene zielgruppenspezifische *Rubriken* einteilen lassen:

- *Familienkinos* haben ein breitgefächertes Programmangebot (Middle of the Road).
- *Actionkinos* sind vorwiegend in Großstädten zu finden und werden von der männlichen Jugend bevorzugt.
- *Studiokinos* zeigen anspruchsvolle, internationale Filme (älteres Publikum).
- *Filmkunstkinos* haben Theateranspruch, sind also noch über den Studiokinos angesiedelt (älteres Publikum, besser verdienend).
- *Programmkinos* zeigen häufig wechselnde Programme und sind vorwiegend in Großstädten zu finden.
- *Sexkinos* zeigen ein nicht jugendfreies Programm.
- *Pornokinos* ein noch viel weniger jugendfreies Programm und haben oftmals eine clubähnliche Atmosphäre.

Diese Unterscheidungen verschwimmen jedoch zusehends. Denn neu hinzu kommen in Großstädten Multiplex-Kinos mit verschiedenen Vorführräumen, Gastronomie, Unterhaltung etc. Programmunabhängig gibt es außerdem:

- *Autokinos* mit Parkplatzprojektion,
- *Verzehrkinos* mit komfortabler Restaurantatmosphäre,
- *Raucherkinos* (ansonsten ist das Rauchen im Kinosaal verboten),
- *Truppenkinos* in unmittelbarer Nähe von Kasernen/Soldatenwohnheimen,
- *Wanderlichtspiele* mit mobilem, wechselndem Standort.

Als *Werbeformen* kommen im Filmtheater verschiedene in Betracht:

- Ein *Kinospot* ist mindestens 6 m (= 13 Sekunden) lang, höchstens jedoch 12 m (= 26 Sekunden). Der Einsatz erfolgt mindestens zwölf aufeinander folgende Monate lang (ein Zeitjahr).
- Ein *Werbefilm* ist mindestens 20 m lang (= 44 Sekunden), höchstens jedoch 200 m (= 7 Min. 20 Sek.). Der Einsatz erfolgt mindestens eine Spielwoche lang (Donnerstag – Mittwoch).
- Möglich sind auch *stumme Dias* (Standzeit 10 Sek.), d. h. solche mit standardisierter Musikuntermalung, also ohne Text, dafür gelegentlich noch unvermeidlich mit dem unterliegenden Brummen des Projektors.
- Anders beim *tönenden Dia* (Standzeit 20 Sek.), das eine individuelle Geräuschbegleitung vom Tonträger (Musik und/oder Text) erlaubt. Der Ton kommt von CD/DVD oder der Tonspur des Lichttonfilms. Der Einschaltzeitraum beträgt bei beiden mindestens einen Monat je Kino. Es sind auch mehrere Dias im Wechsel, je nach Technik auch mit gegenseitiger Überblendung, möglich.

- Beim *Dia auf Film* wird das Standbild abgefilmt und von der normalen 35 mm Lichttonfilmrolle projiziert. Dies kann stumm oder tönend erfolgen.

Die Kosten der Kinowerbung richten sich nach der Zuschauerzahl im betreffenden Saal und nach der gewählten Zeitzone. Ausgehend vom Basispreis ist die Einschaltung teurer in den Monaten Februar (5 %), März (15 %), April (5 %), September (10 %), Oktober (20 %) und November (15 %) sowie billiger in den Monaten Januar (10 %), Mai (20 %), Juni (30 %), Juli (30 %), August (20 %) und Dezember (10 %).

Werbefilme bedingen neben den dafür aufzuwendenden Schaltkosten auch die Deckung der Produktionskosten. Denn das Zeigen eines Werbefilms setzt immer erst einmal das Vorhandensein eines solchen Films voraus. Zu warnen ist hier vor eher belustigenden Amateurproduktionen. Man bedenke, dass man sich mit solchen Machwerken im Umfeld höchstprofessionell produzierter Filme befindet, dabei also nur verlieren kann. Dann kommt schon eher Diawerbung in Betracht.

Die Projektion erfolgt vor Ort zunehmend auf digitaler Basis (Satellit). Allerdings stellen die hohen technischen Umstellungskosten immer noch ein Hindernis dar, das durch Subventionierung überbrückt wird.

## 4.3 Plakate

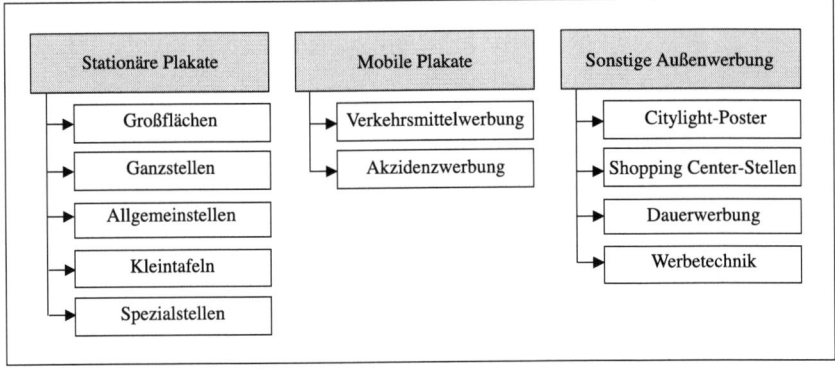

Abbildung 22: Ausprägungen der Plakatwerbung

### 4.3.1 Stationäre Außenwerbung

Plakate sind als stationäre, mobile und als Sonderformen der Außenwerbung möglich (*siehe Abb. 22*). Für die stationäre Außenwerbung gibt es mehrere Formen:

- *Großflächen* sind Plakattafeln im 18/1-Bogenformat (sprich: achtzehn-eintel, 1/1-Bogen = DIN A 1), die auf privatem Grund angebracht sind und durch Pachtunternehmen an Werbungtreibende vermittelt werden. Werbungdurchführende pachten dazu von privaten Grundstückseigentümern Plätze, um dort Plakattafeln anzubringen und zu betreiben. Beides ist von der jeweiligen Stadtverwaltung zu genehmigen. Die Anschlagdauer beträgt gewöhnlich eine Dekade (10 bzw. 11 Tage), die Dekaden laufen in drei versetzten Blöcken, und zwar A für Klebebeginn dienstags oder freitags, B drei bzw. vier Tage später, C weitere drei bzw. vier Tage später. Pro Jahr gibt es 32 Dekaden, die Dekaden zum Jahreswechsel sind 14 Tage lang.

Zu beachten ist die Ausdeckung. Als sehr gute Ausdeckung gilt eine Relation von 1 Stelle auf 3.000 Einwohner, die Mindestausdeckung sollte nicht unter 1:4.500 liegen. Die Plakatflächen sind, sofern noch nicht belegt, einzeln bei den Pächtern (DSM, Moplak, AWK etc.) zu buchen. Plakatflächen verschiedener Pächter werden untereinander getauscht, so dass nur ein Ansprechpartner zur Organisation erforderlich ist. Seit geraumer Zeit gibt es zusätzlich dazu formatproportionale 40/1-Bogenformate. Solche Superposters sind an ausgewählten Standorten mindestens drei Meter über dem Erdboden, quer zur Fahrbahn und sehr gut einsehbar angebracht.

- *Ganzstellen* befinden sich auf öffentlichem Grund und haben meist die Form von Litfaßsäulen. Sie werden rundum von einem Werbungtreibenden belegt (Format 18/1- bis 24/1-Bogen, die Höhe schwankt, durchschnittlich aber 3,6 m). Die Vermittlung der Belegung hat die Gemeinde (Stadt/Kreis) an Pächter abgetreten. Eine wirkungsvolle Gestaltung ist hier wegen der immer nur anteiligen Einsehbarkeit nicht ganz einfach. Abhilfe schafft ein 3-er Rapport eines identischen Motivs, das rundum geklebt wird.

- *Allgemeinstellen* sind Säulen oder Tafeln auf öffentlichem Grund, die von mehreren Werbungtreibenden gemeinsam belegt werden, indem jeder von ihnen Plakate in größenanteiligem Format anbringt. Dazu ist die Abnahme aller Stellen am Ort, in Großstädten ausnahmsweise auch als Halb-, Drittel- oder Viertelbelegung darstellbar, erforderlich. Allgemeinstellen eignen sich aufgrund ihrer prinzipbedingt geringen Anmutung nur sehr begrenzt für Markenartikler.

- *Kleintafeln* sind Anschlagstellen im 4/1- oder 6/1-Bogenformat. Sie stehen oft in der Nähe von Einkaufszonen, vor Häusergiebeln und an Verkehrsknotenpunkten. Gängig ist dieses Format vor allem für die Zigarettenwerbung.

- *Spezialstellen* sind weitere, nicht kategorisierbare Trägerformen an Bauzäunen, auf Messegeländen, an Aufstellreitern, auf Spannbändern und als 3-D-Stellen.

Es wird davon ausgegangen, dass 90 % der erwachsenen Bevölkerung innerhalb einer Dekade mindestens einmal Kontakt zu einer Plakatfläche haben, was davon aber wirklich an werblicher Erinnerung hängenbleibt, ist angesichts oftmals unzweckmäßiger Gestaltung höchst fraglich.

## 4.3.2 Mobile Außenwerbung

Bei mobiler Außenwerbung handelt es sich um *Verkehrsmittelwerbung* auf Straßen-, U-, S-Bahnen und Omnibussen. Dazu werden Flächen an den Außenseiten, etwa am Rumpf des Fahrzeugs, an den Stirnseiten oder auf dem Dach, sowie innen, etwa an den Seitenwänden, den Scheiben oder an der Decke, bereitgestellt, die von Werbungtreibenden belegt werden können. Ist man bereit, ein Fahrzeug nach Ende der Werbezeit außen zu renovieren, wird auch eine Ganzbemalung möglich. Verkehrsmittelwerbung wird breit akzeptiert und erreicht eher mobile, aktive, konsumorientierte Personen.

Die Belegungsmöglichkeiten sind vielfältig. Bei Rumpfflächenwerbung wird ein 40 bis 60 cm breiter Streifen unter den Fenstern des Fahrzeugs angebracht. Denkbar sind ebenso eine Ganzbemalung des Fahrzeugs oder eine Halbwagenbemalung nur auf der Fläche unterhalb der Fensterlinie. Es können auch die Heckflächen beklebt werden oder der Dachkranz. Die Laufzeit der Werbung beträgt meist ein Jahr, hinzu kommen einmalige Aufwendungen für Anbringung und Entfernung der Werbung sowie zur Erneuerung der Beklebung von Zeit zu Zeit. Empfehlenswert sind in jedem Fall längere Laufzeiten, zu Beginn auf mehreren Fahrzeugen zugleich.

Verkehrsmittelwerbung ist trotz sehr hoher Reichweite und Kontaktfrequenz sowie recht guter raum-zeitlicher Steuerbarkeit lange Zeit vernachlässigt worden. Das liegt vor allem in der schwierigen werblichen Gestaltung begründet. Weiterhin kommen Taxis und Ferntransporter privater und öffentlicher Unternehmen als *akzidentelle* Außenwerbungsträger in Betracht.

## 4.3.3 Sonderformen der Außenwerbung

Zu den Sonderformen der Außenwerbung gehören verschiedene Arten. *Abribus-Stellen* sind beleuchtete, hinter Glas geschützte Flächen an den Haltestellen der öffentlichen Nahverkehrsmittel. Sie sind aufgrund ihrer überaus guten Einsehbarkeit sowohl von der Haltestelle aus als auch vom vorüber fahrenden Straßenverkehr wahrnehmbar, vergleichsweise teuer und dennoch auf lange Sicht hinaus ausgebucht. Das Format ist 4/1-Bogen. Citylight Poster sind vergleichbar ausgestattete Stellen, die sich nicht an Haltestellen befinden, sondern an öffentlichen Plätzen, Stadtinformationsanlagen, Bahnhöfen etc.

*Shopping Center-Stellen* sind Plakatflächen auf den Parkplätzen von Einkaufszentren und Verbrauchermärkten. Hier kann potenziellen Kunden vor Betreten des Geschäfts ein letzter Werbeanstoß zugedacht werden. Dies ist vor allem für Spontankaufprodukte im Konsumgüterbereich sinnvoll.

Als *Dauerwerbung* bezeichnet man Fassaden-, Dach- und Giebelwerbung sowie sonstige Schilderwerbung. Diese Außenwerbungsformen dienen zumeist der Kennzeichnung des Geschäftsorts oder der Erinnerungswerbung an häufig frequentierten Stellen.

Als *Werbetechnik* bezeichnet man Luft- (z. B. Banner, Spruchbänder, Himmels-schreiber), Licht- (Leuchtreklame) und Laufwerbung (Textdisplays), Werbung auf Uhrensäulen, Wetteranzeigen, in Vitrinen, Videosäulen, auf Roll-over-Leinwän-den, Videoscreens etc. Sie soll Bedarfe wecken und potenzielle Kunden darüber informieren, wo und wie man sie befriedigen kann. Außerdem dient die Werbe-technik meist der Prestigeförderung und Imagepflege. Je einfacher und prägnan-ter dabei die Werbeaussage gehalten ist, desto höher ist ihre Durchsetzungschance.

Unter *Ambient Media* werden als Sammelbegriff alle Werbeformate verstanden, welche die Zielgruppe „out of Home" planbar kontaktieren. Mainstream Ambient Media ist kontinuierlich angelegt, Stunt Ambient Media einmalig. Beispiele sind folgende:

- Gastronomie: Gratispostkarten, Getränkeuntersetzer, Mediatables, Pizza-Kartons,

- Fitnesscenter: Spindwerbung, Spiegelaufkleber, Werbebanner,

- Kino: Pappaufsteller, Popcorntüten, Toilettenplakate,

- Schule/Universität: Coffee to go-Becher, Welcome Bag, Displays,

- Point of Sale: Einkaufwagenposter, Mall-TV, Bodengrafik,

- Straße: City-Scooter (Mopeds), Showtrucks (Coke), Bahnhofs-TV.

Dazu gehören auch Formen der Sonderaußenwerbung, etwa in Flughäfen, Frei-zeitparks, Telefonzellen etc., und weitere, nicht näher kategorisierbare Außen-werbung an Bauzäunen, auf Messegeländen, an Aufstellreitern, auf Spannbändern und als 3-D-Stellen. Weiterhin sind Werbeartikel zu nennen, die als Gebrauchs-gegenstände kostenlos allgemein oder gezielt verteilt werden und Werbeaufdrucke des Absenders tragen. Schließlich ist auch an Probenverteilungen zu denken, wie sie, außer am POS, auch in der übrigen Öffentlichkeit stattfinden.

In neuerer Zeit treten immer weitere, als innovativ bezeichnete Werbeformen hinzu. So. z. B.:

- Agrarposter auf landwirtschaftlich genutzten Flächen an Flughäfen, in Hang-lagen etc.,

- Bierdeckel-Fremdwerbung in der Gastronomie, also nicht für Biermarken,

- Bildwand (elektronische Zeitung), Multivision,

- Briefhüllen und Versandtaschen,

- Einkaufswagen-Werbung,

- Flughafen-Gepäckbandwerbung,

- Fußboden-Werbung im Handel,

- Handy-Designoberschalen,

- Inflight-Advertising (Videos, Bordmagazine),

- Kanaldeckelwerbung,

- Kindergarten-Taschen (Geschenktaschen),

- Ladenfunk/Instore-TV,

- Parkscheinwerbung,

- Schiffswerbung auf Außenflächen im Hafen oder bei Fähren,

- Schulwerbeträger,

- Toilettenwerbung an Wänden, Spülkästen,

- Weckruf per Telefon kostenlos, dafür mit Werbung,

- Werbebank als Sitzbank mit Werbeaufdruck,

- Zapfpistolen an Tankstellen.

| | Print-medien | Außenwerbungs-medien | Elektronik-medien | Lichtspielhaus-medien |
|---|---|---|---|---|
| Werbemittel | vorwiegend Anzeigen | Plakate | Spots | vorwiegend Spots |
| Belegeinheit | Heft | Standort | Werbeblock | Kinosaal |
| Werbeträger | Zeitungen / Zeitschriften / sonst. Printtitel | Anschlagstellen | Fernseh- / Hörfunk-Stationen | Vorführ-leinwände |
| Werbe-durchführender | Verlage | Stellen-betreiber (Pächter) | Sender | Leinwand-betreiber (Pächter) |
| Werbe-vermarkter | Vermarktungs-gesellschaften der Verlage | Plakat-verwaltungen | Vermarktungs-gesellschaften der Sender | Kino-verwaltungen |
| Werbungs-mittler | Werbeagenturen | Werbeagenturen | Werbeagenturen | Werbeagenturen |
| Werbung-treibender | Unternehmen / Organisationen | Unternehmen / Organisationen | Unternehmen / Organisationen | Unternehmen / Organisationen |

Abbildung 23: Medienprofil Klassischer Werbung

## 4.4 Profile der Klassischen Medien

Die Leistungsfähigkeit der Klassischen Medien ist ganz unterschiedlich zu bewerten. Daher werden im Folgenden die Leistungsprofile der behandelten Medien aufgezeigt:

- Bei der *Funktion für die Nutzer* ist zwischen eher unterhaltenden und eher informierenden Medien zu unterscheiden. Von Einfluss ist dabei auch die empfundene Aktualität der Botschaften.

- Bei der *Nutzungssituation* kann nach häuslicher oder außerhäuslicher Nutzung differenziert werden, aber auch danach, ob die Nutzung konzentriert oder eher beiläufig erfolgt.

- Bei der *Funktion als Werbeträger* ist hinsichtlich der von ihm erzeugten Eindrucksstärke (Impact) zu unterscheiden.

- Damit hängt wiederum eng die *Darstellungsmöglichkeit* für Ton, Bild, Bewegung, Farbe, Text, Platzierung etc. zusammen.

- Nach dem *Zielgruppenumfeld* ist die unterschiedliche Selektionsmöglichkeit der Nutzer beachtenswert, die mehr oder minder feinteilig sein kann.

- In Bezug auf den *Zeiteinsatz* gibt es flexiblere und starrere Medien.

- Verbunden damit ist meist die unbegrenzte oder nur begrenzte *Verfügbarkeit* von Werbezeiten/-flächen.

- Nach der *Reichweite* als Anzahl erreichbarer Personen bestehen enger oder breiter streuende Medien.

- Schließlich eignen sich die Medien mehr oder minder zum eigenständigen *Kampagnenaufbau*.

### Leistungsprofil der Zeitung

- Funktion für die Nutzer: Aktuelle Information, Neuigkeiten, auch Berichte aus der Region oder dem lokalen Umfeld,

- Nutzungssituation: Unterschiedlich im Tagesablauf, zu Hause, in Verkehrsmitteln, am Arbeitsplatz, vor dem Einkauf, am Feierabend etc., jeweils frei wählbar, jedoch bewusste Informationsaufnahme,

- Funktion als Werbeträger: Nutzung des aktuellen Umfelds durch aktuelle Produktangebote/-informationen, Möglichkeit zur Reaktualisierung von Produkt-/ Markennamen, lokaler Bezug durch Aktionen, glaubwürdig,

- Darstellungsmöglichkeit: Statische Darstellung von Bild und Text, vorwiegend schwarz-weiß, evtl. Zusatzfarbe, nur begrenzte Druck-/Papierqualität, daher eher für konkrete Angebote und Aktionen geeignet, weniger für Image,

- Zielgruppenumfeld: Eng abzugrenzende Gebiete durch gute Gliederung, dort breitstreuende Ansprache,

- Zeiteinsatz: Nutzung mutmaßlich einmal pro Tag, rasche Veralterung, kurzer Insertionsschluss,

- Verfügbarkeit: Beliebig zu allen Erscheinungsterminen, eher niedrige Produktions- und Einschaltkosten,

- Reichweite: Hohe Reichweite im Verbreitungsgebiet, Qualität durch Abonnenten-Anteil repräsentiert, hohe Kontaktdichte,

- Kampagnenaufbau: Durch hohe interne Überschneidungen wegen des großen Anteils regelmäßiger Leser zeitlich und regional gut steuerbar, vor allem aber schnell.


### Leistungsprofil der Zeitschrift

- Funktion für die Nutzer: Unterhaltung, allgemein interessierende und thematisch fest gebundene Informationen, Meinungsbildung in globalen Themenbereichen, hoher persönlicher und sozial verwertbarer Nutzen durch Lebenshilfe, Hintergrundinformation, Aktualität etc.,

- Nutzungssituation: Häusliche Atmosphäre, Verkehrsmittel, Lesezirkel, meist gezielte Konzentration, Vorfreude, oft vertiefte, intensive, wiederholte Nutzung, meist ohne Nebenbeschäftigung, teilweise Sammeleffekt, ungestörtes Leseverhalten,

- Funktion als Werbeträger: Auf- und Ausbau, Festigung von Bekanntheitsgrad und Image, durch Detailinformationen gezielte Ansprache der Leser als Meinungsbildner innerhalb einer kommunikativ wichtigen Gruppe möglich, Nutzung der Kompetenz der Zeitschrift für ihre Leser, Platzierungsmöglichkeit, Sympathiegewinn,

- Darstellungsmöglichkeit: Statische Darstellung von Bild und Text, Farbe in hoher Druckqualität, direkter Redaktionseinfluss möglich, thematisch orientiertes, positiv erlebtes Umfeld, für vertiefende, bildorientierte, komplexe Botschaften,

- Zielgruppenumfeld: Gute Zielgruppenselektion durch Soziodemographie über Interessenbindung und Meinungsbildung, vor allem bei Special Interest-Titeln Ansprache von Multiplikatoren möglich, teilweise regionaler Split oder Teilbelegungsmöglichkeit, allerdings teurer,

- Zeiteinsatz: Durch wöchentliche, vierzehntägliche und monatliche Erscheinungsweise kurzfristige Kampagnen mit geringer Frequenz einsetzbar, wiederholte Nutzung, meist mehrere Lesephasen,

- Verfügbarkeit: Beliebig zu allen Erscheinungsterminen, teilweise spezielle Platzierung möglich, mittlere Produktionskosten, lange Vorlaufzeiten,

- Reichweite: Hohe quantitative Reichweite bei qualitativ interessanten Zielgruppen möglich, hohe Kumulation und Kontaktdichte, bei Special Interest-Titeln allerdings begrenzte Reichweite, bei General Interest-Titeln begrenzte Zielgruppenselektion,

- Kampagnenaufbau: Möglich durch Berücksichtigung interner Überschneidungen, Einsatz als Basis- oder Ergänzungsmedium, systematischer Aufbau bei hohem Abonnementanteil, aber relativ langsam, Generierung und Pflege von Image.

## Leistungsprofil des Plakats

- Funktion für Nutzer: Kurzinformation, Outdoor (Außenwerbung),

- Nutzungssituation: Auf der Straße, im Vorübergehen/-fahren, flüchtiger Eindruck, unterschwellig, peripher aus den Augenwinkeln, eher zufällig,

- Funktion als Werbeträger: Aufbau und Festigung von Bekanntheit, Kurzinformation über das Produkt, Verstärkung und Steuerung vorhandener Kaufbereitschaft in Richtung eines konkreten Angebots, „Bigger than Life",

- Darstellungsmöglichkeit: Durch flüchtigen Eindruck ist eine Konzentration in Bild und Text erforderlich (eben plakativ), daher Schlagworte, Slogans, ganzheitliche Gestaltung notwendig, wenig Informationstransport,

- Zielgruppenumfeld: Keine soziodemographische Selektionsmöglichkeit, Ansprache auch mobiler Bevölkerungsgruppen, feinteilige lokale Steuerung möglich,

- Zeiteinsatz: Mindestlaufzeit 10/11 Tage (Dekade), Mehrfachnutzung wahrscheinlich, zumindest beliebig möglich,

- Verfügbarkeit: Durch große Nachfrage und begrenzte Stellenzahl Wartezeiten, eher hohe Produktions- und Schaltkosten,

- Reichweite: Abhängig von der Kontaktdichte durch Passantenfrequenz und Kontaktchance durch Stellenqualität, daher nicht zu verallgemeinern.

## Leistungsprofil des Fernsehens

- Funktion für die Nutzer: Unterhaltung und allgemeine, großenteils aktuelle Information,

- Nutzungssituation: In familiärer Atmosphäre, Nebenherbeschäftigung, großenteils nur begleitendes Medium,

- Funktion als Werbeträger: Durch multisensorische Ansprache ideale Möglichkeit für die Darstellung von Marke und Produkteinsatz, Identifikationsfähigkeit, Impact, emotional aufbereitbar durch Dramatisierung,

- Darstellungsmöglichkeit: Bewegtes Bild und Ton, multisensorische Ansprache, Notwendigkeit, wichtige Informationen in kurzer Zeit vorzustellen, für audio-visuelle Minibotschaften, Anwendungsdemonstrationen, wenig erklärungs-bedürftige Thematiken, Appetite Appeal, optische Attraktivität, ein Bild sagt mehr als tausend Worte,

- Zielgruppenumfeld: Recht begrenzte Selektionsmöglichkeit, hohe Streuverluste, Nutzung einzelner Sender, auch Regionalprogramme (ARD) möglich, sowohl Alters- als auch Jugendlastigkeit,

- Zeiteinsatz: Nur einmalige Betrachtung zur vorgegebenen Sendezeit, grundsätz-lich keine Wiederholbarkeit, bei ARD/ZDF wenig Platzierungseinfluss,

- Verfügbarkeit: Beinahe beliebig zu buchen, theoretische Begrenzung durch ma-ximale Werbezeit bei öffentlich-rechtlichen sowohl wie auch privat-wirtschaft-lichen Sendern, Blockung von Werbesendungen als Nachteil, hohe Produkti-onskosten,

- Reichweite: Reichweite je Einschaltung relativ niedrig, da fluktuierende Zu-schauer, aber hohe Kumulation bei hinreichender Frequenz,

- Kampagnenaufbau: Nur durch hohe Frequenz und Kontaktkumulation erreich-bar, ansonsten Reichweite vordergründig, allerdings hoher Vergessenseffekt durch Interferenzen, Einsatz als Basismedium erfordert hohe Kontaktdosis.

## Leistungsprofil des Hörfunks

- Funktion für Nutzer: Musik, Unterhaltung, aktuelle Information, evtl. Magazin/ Bildungsangebot,

- Nutzungssituation: Häusliche Freizeit- oder Arbeitsplatzatmosphäre, Autoradio, den ganzen Tag über, zeitlich nicht fixiert, aber selten bewusst,

- Funktion als Werbeträger: Nutzung der positiven Grundstimmung durch Mix aus Unterhaltung und Information, spontane Appellierung, Unterstützung vor-handener Bekanntheit und Vertrautheit, allerdings Konkurrenz zu redaktionel-lem Umfeld, allgemein hohe Vergessensgefahr für gesprochenes Wort,

- Darstellungsmöglichkeit: Nur akustische Werbewirkung, durch Nebenhernut-zung Konzentration aufs Wesentliche erforderlich, häufige Marken-/Produkt-nennung sinnvoll,

- Zielgruppenumfeld: Begrenzte Selektionsmöglichkeiten, Zielgruppenschwer-punkte im Tagesablauf durch Programmumfeld (z.B. Hausfrauen) und Nut-zungssituation (z.B. Autofahrer), sehr gute lokale Steuerbarkeit,

- Zeiteinsatz: Einmaliger Kontakt zur vorgegebenen Sendezeit, nicht durch Hörer wiederholbar,

- Verfügbarkeit: Begrenzung durch maximale Werbezeit pro Tag/Block auch bei privaten Sendern, Blockung als Nachteil, niedrige Produktions- und Schaltkosten,

- Reichweite: Je Einschaltung relativ niedrig, wegen fluktuierender Hörerschaft, hohe Kumulation nach wenigen Spots, evtl. mehrmals tägliche Einschaltung sinnvoll,

- Kampagnenaufbau: Nur durch hohe Frequenz und Kontaktkumulation erreichbar, aktuelle Kaufanstöße/Reaktivierung, Audio-Visual-Transfer, d. h. Nutzung von gelernten Bild-Ton-Elementen durch Erinnerung an das Bild-, auch wenn nur das Tonelement wiedergegeben wird.

## Leistungsprofil des Kinos

- Funktion für Nutzer: Unterhaltung, Faszination, Vermittlung und Auslösung von Emotionen,

- Nutzungssituation: weitgehend kontrollierte Umfeldbedingungen, meist in Begleitung (Partner/Clique), große zeitliche Streuung, wenngleich Tageszeit-/Wochentagsschwerpunkte (spät nachmittags/abends),

- Funktion als Werbeträger: Durch multisensorische Ansprache ideale Möglichkeit, Werbung in entspannter Atmosphäre aufzunehmen, starker Impact, hohe Konzentration, Konkurrenz durch Hauptfilm,

- Darstellungsmöglichkeiten: Bild und Ton, ideale multisensorische Ansprache, Einbettung in sehr emotionalen Rahmen möglich, vergleichsweise kostengünstig,

- Zielgruppenumfeld: „Junges" Medium, konzentrierte Ansprache einer aktiven, aufgeschlossenen Zielgruppe, sehr gute lokale Steuerung,

- Zeiteinsatz: Nur einmalige Betrachtung zur vorgegebenen Vorführzeit, Wiederholbarkeit möglich, aber wenig wahrscheinlich,

- Verfügbarkeit: weitgehend frei verfügbar, Produktionskostenproblematik, außer bei vorhandenem Artwork und Koop-Werbung,

- Reichweite: Absolut geringe, jedoch qualifizierte Reichweite, wenn junge Zielpersonen interessant sind,

- Kampagnenaufbau: Regelmäßig nur als Ergänzung zu anderen Medien sinnvoll.

## 4.5 Anforderungen bei der Medienauswahl

Zwangsläufig stellt sich die Frage, welches der genannten Medien das beste für die Einschaltung ist. Leider gibt es das „beste" in diesem Sinne nicht, sondern welches Medium das beste ist, hängt allein von der jeweiligen werblichen Aufgabenstellung ab. Und die ist so individuell wie jeder Werbungtreibende selbst. Man kann jedoch eine Checklist der Anforderungskriterien erstellen, die für die Auswahl maßgeblich sein sollten (*siehe Abb. 24*).

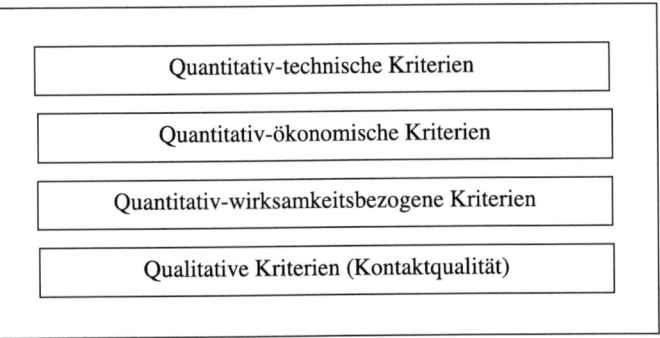

Abbildung 24: Anforderungen bei der Medienauswahl

### 4.5.1 Quantitative Kriterien

Zu den quantitativen Kriterien gehören technische, ökonomische und wirksamkeitsbezogene. *Technische* Kriterien der Medienauswahl betreffen vor allem folgende:

- *Verfügbarkeit* als Zugriff auf ein Medium, die abhängig ist von dessen Angebots- und Besitzsituation. So sind z.B. TZ-Anzeigen praktisch unbegrenzt verfügbar, Plakatflächen jedoch an freie Stellen gebunden.

- *Buchungsfrist* als Zeitabstand zwischen Buchung und Einschaltung eines Mediums. TZ-Anzeigen sind z.B. mit mind. zwei Tagen Anzeigenschluss sehr flexibel buchbar, bei Plakaten sind hingegen bis zu 90 Tage Vorlauf einzuhalten.

- *Zielung* meint die Feinsteuerung eines Mediums auf die Zielgruppe. Hier sind z.B. TZ-Anzeigen oder Plakate völlig unspezifisch, sie werden von jedermann gesehen (oder auch nicht), während man mit Kino eine Einengung auf jüngere Personen schafft.

- *Periodizität* meint die Dauer des Nutzungszeitraums bis zur Erneuerung des Werbemittels. TZ-Anzeigen sind dabei z.B. sehr kurzlebig, dafür aber auch aktuell, Verkehrsmittelwerbung ist nur mittelfristig sinnvoll einsetzbar.

- *Ortsbestimmung* betrifft die räumliche Variabilität des Mediums. Plakate sind z. B. bis auf die einzelne Stelle hinunter buchbar, bei anderen Medien müssen größere Kompromisse im Einzugsgebiet in Kauf genommen werden.

- Mit *Streugebiet* ist die räumliche Ausbreitung des Mediums gemeint. Die genannten Medien sind dabei teilweise bis hinunter in den lokalen Bereich steuerbar, teilweise hinauf bis zum globalen Bereich.

- Das Kriterium *Person* betrifft die typische Nutzerschaft eines Mediums. TZ-Anzeigen sind hier z. B. kaum kategorisierbar, anders ist die Lage hingegen bei Hörfunkspots oder Kinodias.

- Die *Darbietung* ist durch Ansprachekanäle (Bild und/oder Ton) und Reproduktionsqualität bestimmt. Die mutmaßliche Werbewirkung ist umso höher einzuschätzen, je mehr Ansprachekanäle genutzt werden (z. B. Kino) und je besser die technische Güte der Botschaftsübermittlung ist (z. B. Hörfunk).

Zu den *ökonomischen* Kriterien der Medienauswahl gehören vor allem drei:

- Die *Einschaltkosten* ergeben sich aus den Tarifpreisen der Medien. Von den angegebenen Listenpreisen sind entsprechende Rabatte abzuziehen.

- Der *Budgetrahmen* stellt den mindestens für ein Medium einzusetzenden Geldbetrag dar. Ökonomisch zumeist unsinnig ist die einmalige Schaltung von TZ-Anzeigen oder die Belegung einer einzigen Plakatstelle. Von daher macht es auch keinen Sinn, kleine Budgets auf mehrere Medien aufzusplitten. Dann fehlt jedem Werbemittel die Durchsetzungsfähigkeit im Umfeld der Massen anderer einströmender Botschaften. Vielmehr sollte ein gewisser Werbedruck durch Konzentration auf ein Medium aufgebaut werden.

- Die *Produktionskosten* sind technische Vorkosten, die vor Einschaltung eines Werbemittels entstehen. Diese sind nicht zu unterschätzen. So kostet die Druckvorlage für ein 18/1-Bogenplakat leicht 15.000 €, d. h. diese Kosten laufen auf, bevor überhaupt ein einziges Plakat ausgehängt worden ist (bei Anzeigenvorlagen analog zwischen 8.000–15.000 €, bei Hörfunkspot ca. 5.000 €).

*Wirksamkeitsbezogene* Kriterien der Medienauswahl sind vielfältig vorhanden:

- Mit *Menge* ist die Präsenz eines Werbemittels gemeint. Zum Beispiel sind Tageszeitungen und damit die darin befindlichen Anzeigen überall im Einzugsgebiet präsent, Kinowerbung ist aber nur für die Personen zugänglich, die Eintritt bezahlt haben.

- Die *Verbreitung* des Mediums ist wichtig für die Erreichbarkeit der Zielpersonen und hängt u. a. vom potenziellen Werbedruck, von der Steuerbarkeit des Einsatzes und der Ansprechbarkeit der Zielpersonen durch das Medium ab.

- Eine *Wiederholbarkeit* des Werbemittelkontakts ist ebenso wichtig. Prinzipbedingt ist diese z. B. bei Fernsehspots nicht gegeben, die Kontaktchance besteht nur zum Zeitpunkt der Ausstrahlung und ist nicht nachholbar, anders hingegen bei TZ-Anzeigen, sie sind beliebig lange und oft verfügbar.

- *Überschneidungen* zwischen Mediagattungen beeinflussen die Kontaktdichte. Zum Beispiel werden Anzeigen in mehreren lokalen Tageszeitungen sicher nicht von ein und derselben Person wahrgenommen (geringe externe Überschneidung), hingegen kann diese Person durchaus Plakat und Hörfunkspot gemeinsam wahrnehmen.

- *Mehrfachkontakte* bieten die Möglichkeit des systematischen Aufbaus von Werbedruck und sind hoch bei Medien mit hohem Anteil regelmäßiger Nutzer, z. B. Tageszeitungen, bzw. niedrig bei Medien mit hohem Anteil wechselnder Nutzer, z. B. Plakate.

- *Aufbautempo* meint schließlich die Geschwindigkeit des Kontaktaufbaus. Dieses ist hoch bei kurzlebigen Werbemitteln, z. B. TZ-Anzeigen, und niedrig bei langlebigen Werbemitteln, z. B. Verkehrsmittelwerbung (*siehe Abb. 25*).

Man wählt nun diejenigen Anforderungskriterien aus, die für die jeweilige werbliche Aufgabe die wichtigsten sind, z. B. Buchungsfrist, Zielung, Budgetrahmen, Verbreitung und Aufbautempo. Dagegen wird das präferierte Medium gestellt, z. B. Tageszeitung. Erfüllt das präferierte Medium die gewählten Kriterien bzw. entsprechen die Kriterien dem Medienprofil, stimmen Anforderungs- und Leistungsprofil überein, die Medienwahl ist stimmig. Besteht keine Übereinstimmung, sollte erstens untersucht werden, ob ein anderes als das präferierte Medium die Anforderungen besser erfüllt, dann ist sinnvollerweise dieses Medium einzusetzen, oder zweitens überprüft werden, ob Abstriche an den Anforderungen hinnehmbar sind.

| | TV | HF | Kino | Plakat | Zeitung | Zeitschrift |
|---|---|---|---|---|---|---|
| Verfügbarkeit / freie Buchung | + | - | + | - | ++ | ++ |
| Buchungsfrist | - | + | - | - - | ++ | + |
| (Personen-)Zielung / Fehlstreuung | - | - | ++ | - - | + | + |
| Periodizität / Präsenzdauer | - - | - - | - - | + | + | + |
| Ortsbestimmung / Einsatzort | - | - | ++ | ++ | ++ | - |
| Streugebiet / Abgrenzbarkeit | - | - | ++ | ++ | ++ | - - |
| typische Nutzerschaft | - | - | + | - | - | + |
| Ansprachekanäle / Reproduktionsqualität | ++ | - | ++ | - | - - | + |
| Einschaltkosten / absolut) | - | ++ | ++ | - | - - | - |
| (erforderlicher) Budgetrahmen | - | ++ | ++ | - | - - | - |
| Produktionskosten | - - | + | - | + | - | - |
| Penetration / Intensität | + | - | ++ | - | + | + |
| Erreichbarkeit / Nutzung | ++ | ++ | + | ++ | + | + |
| Wiederholbarkeit | - - | - - | - - | + | + | ++ |
| Kontaktdichte / Überschneidung | + | ++ | - | + | + | + |
| Kumulierung / Mehrfachkontakte | - | - | - | - | ++ | ++ |
| Aufbautempo | ++ | + | - | - - | ++ | + |

Abbildung 25: Intermediavergleich Klassischer Werbung

## 4.5.2 Kontaktqualität

Allerdings geben diese Kriterien noch keinen Anhaltspunkt dafür, ob die eingeschaltete Werbung tatsächlich zu Kontakt mit Zielpersonen führt. Daher liegt
dem Kriterium der Kontaktqualität der Versuch zugrunde, wenn es schon nicht
gelingt, den Werbemittelkontakt direkt zu erheben, ihn wenigstens indirekt über
Indikatoren, die Aufschluss über die Wahrscheinlichkeit des Werbemittelkontakts
geben, zu erfassen. Solche Indikatoren sind etwa folgende:

- *Nähe zum Medium* als Entbehrlichkeit des das Werbemittel tragenden Werbeträgers. Die Nutzerbindung misst sich an der Bereitschaft zum Verzicht auf das
  Medium. „Unverzichtbare" Medien weisen demnach eine höhere Autorität auf,
  die den darin eingebundenen Werbemitteln und damit auch der Werbebotschaft
  zugute kommt.

- *Wahrheitsgehalt* als Glaubwürdigkeit werblicher Aussagen. Dies gilt vor allem
  für dominante Werbeträger/Werbemittel wie Plakate. Umgekehrt kann die Kompetenz des Werbeträgers bzw. des redaktionellen Umfelds auf die Seriosität
  abstrahlen.

- *Neuigkeitscharakter* als Aktualität des Mediums. Die Hypothese ist dabei, dass
  Medien, die Neuigkeiten versprechen, sich einer höheren spekulativen Aufmerksamkeit erfreuen als andere.

- *Entspannung* als Unterhaltungswirkung. Hier kommen animierende Umfelder
  günstiger weg. Allerdings kann sich daraus auch eine unerwünschte Ablenkung
  von den Werbeinhalten ergeben.

- *Regionalbezug* als lokale Relevanz. Er korreliert in starkem Maße mit der räum-
  lichen Verbreitung eines Mediums. Das muss aber nicht zwangsläufig gleich-
  bedeutend mit einem adäquaten Werbeumfeld sein, sondern kann „große" Produkte auch „klein" machen.

- *Vertrautheit* als Hinwendung zu einem Medium. Je höher die Autorität eines
  Mediums ist, desto eher wird es wohl, was Werbeaussagen anbelangt, akzeptiert. Dieses Erlebnis kommt auch in der Bezugsart zum Ausdruck und ist höher
  bei Vertragskunden (Abonnement/Subskription).

- *Informationsgehalt* als Interpretationsfähigkeit eines Mediums. Unter Berücksichtigung der Bedeutung von Schlüsselreizen und unthematischen, atmosphä-
  rischen Informationen, die sich an den Bauch statt an den Kopf wenden, relati-
  viert sich dieses Urteil jedoch.

- *Exposition* als tatsächliche Erreichung von Zielpersonen durch ein Medium.
  Hier wird unterstellt, dass diese umso geringer ist, je höher der Werbeanteil aus-
  fällt, weil das Medium dann umso mehr gemieden wird.

- *Perzeption* als Wahrnehmbarkeit eines Werbemittels. Dabei haben statuarische
  Medien einen Vorteil, weil bei ihnen die Informationsabgabe vom Publikum

bestimmt wird (Printmedien), während bei transitorischen Medien das Medium selbst den Zeitpunkt der Informationsabgabe bestimmt (TV/HF).

- *Apperzeption* als tatsächliche Verarbeitung der Werbebotschaft des Mediums. Hierüber kann nur spekuliert werden, denn es ist nicht verlässlich nachweisbar, welche Werbung welche Auswirkungen auf Einstellung und Verhalten hat.

- *Nutzungsausmaß* als Regelmäßigkeit der Nutzung. Werbemittel, die sich an medientreue Nutzer wenden, weisen hierbei mutmaßlich eine höhere Effizienz auf. Entscheidend ist aber auch der Intervall zur Erneuerung.

- *Nutzungsintensität* als Mehrfachkontakte. Werbemittel, die mehrfache Kontaktchancen bieten, sind hier mutmaßlich im Vorteil.

- *Werbeaufgeschlossenheit* als Akzeptanz von Werbemitteln. Hier sind Medien mit hohem Anteil werbeaufgeschlossener Nutzer im Vorteil, da bei ihnen eine bessere Aufnahme der Werbebotschaften unterstellt wird.

- *Bildanteil* gemeinsam mit der Reproduktions-/Empfangsqualität. Dies ist vor allem in Anbetracht der Erkenntnisse der Imagery-Forschung von Bedeutung.

- *Redaktionsanteil* in Relation zum *Werbeanteil*. Unterstellt man eine generelle Reaktanz gegenüber Werbung, so haben diejenigen Medien eine höhere Chance der Werbemittelnutzung, bei denen als Abfallprodukt der Redaktion auch die Werbung wahrgenommen wird.

- *Ausstattung* als Kriterien von Form (z. B. Sonderwerbeformen), Länge (in Sekunden), Farbe (Mehrfarbigkeit), Format (Seitenumfang) etc. Je variabler die Ausstattung wählbar ist, desto besser kann auf die spezifischen Gegebenheiten der Kommunikation eingegangen werden.

- *Platzierung/Timing* und die Möglichkeit der Einflussnahme darauf. Ebenso können durch geschickte Steuerung der Werbung Spezifika von Mediennutzung und Absender berücksichtigt werden.

- Harmonie von *Produktcharakter* und *Mediencharakter*. Je größer dabei die konnotative Übereinstimmung, als desto besser wird die Eignung des Werbeträgers angesehen.

- *Funktion*, also akzidentell oder dominant. Hier sind akzidentelle Werbemittel im Vorteil, weil sie die Aufmerksamkeit von Redaktion und Werbung kombinieren, während dominante Werbemittel (wie Plakat) darauf angewiesen sind, diese nur aus sich selbst heraus zu stimulieren.

- *Nutzungsumfeld*, das abhängig ist von Nutzungsort, Nutzungszeitpunkt und Nutzungszeitraum. Je flexibler diese angelegt sind, desto besser.

## 4.6 Werbeträgerauswahl bei Klassischer Werbung

Mit der Werbeträgerauswahl werden mehrere Ziele angestrebt. Erstens, eine möglichst genaue Übereinstimmung der Nutzerschaft der ausgewählten Titel/Sender/ Flächen mit der definierten Zielgruppe, wobei die mediatechnische Fehlstreuung vermieden werden soll. Zweitens, eine möglichst vollständige Abdeckung der definierten Zielgruppe durch die ausgewählten Titel/Sender/Flächen. Drittens, ein möglichst häufiger Kontakt zwischen den ausgewählten Medien und der definierten Zielgruppe, d. h. die Umsetzung vielfältiger Werbeanstöße. Und viertens, eine möglichst kostengünstige Realisierung von Reichweite und Kontaktintensität mit den ausgewählten Medien in der definierten Zielgruppe, d. h. das beste Preis-Leistungs-Verhältnis.

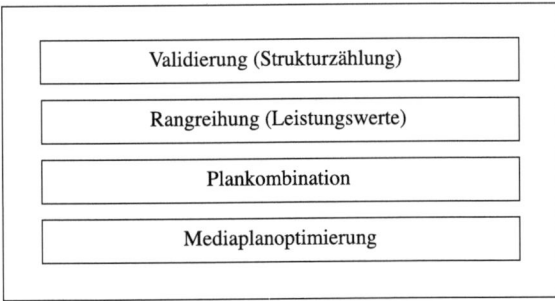

Abbildung 26: Schritte der Mediaplanung

### 4.6.1 Markt-Media-Analysen

Zur Durchführung der Werbeträgerauswahl sind Markt-Media-Analysen hervorzuheben, die umfangreiche und aussagefähige Daten zur Mediennutzung erheben (*siehe Abb. 27 und Abb. 28*). Deren größte ist die von der AG.MA (Arbeitsgemeinschaft Mediaanalyse) betreute *MA* (für Media-Analyse). Die Daten umfassen Angaben zu Medianutzung (sehr ausführlich), Konsumdaten (gering) und Demographie. Die Medianutzung wird durch die Frage nach den im jeweilig letzten Erscheinungsintervall genutzten Werbeträgern erfasst. Bei Zeitschriften wird nach wöchentlichen, vierzehntäglichen und monatlichen Titeln unterschieden, bei Fernsehen und Hörfunk nach der Nutzung am Vortag der Befragung, wobei in viertelstündlicher Unterteilung abgefragt wird. Die Demographie kategorisiert Merkmale wie Altersklasse, Geschlecht, Beruf, Einkommen, Wohnort, Haushaltsführung, Familienstand, Ausbildung, Tätigkeitsgruppe, Haushaltsgröße sowie sonstige konsumrelevante und Besitz-Merkmale.

In der VA (für Verbraucher-Analyse/Springer) werden repräsentativ Personen befragt, bei denen zusätzlich zu Demographie und Medianutzung noch Statement-

batterien zu Konsum- und Freizeitverhalten, Einstellungen, Produkt- und Markenbekanntheit bzw. -vertrautheit abgefragt werden. Bei beiden handelt es sich um
*syndikalisierte Erhebungen*, zu denen sich mehrere Initiatoren, meist Verlage und
Sender, zusammenfinden. Damit soll ausgeschlossen werden, dass die Ergebnisse
in der einen oder anderen Richtung verzerrt sind. Außerdem sind die Kosten für
jeden Initiator geringer und damit leichter tragbar. Weitere Gemeinschaftsunter-
suchungen sind:

- Jugend-MA (Media-Analyse mit 3.000 Interviews dreijährlich), 16 Zeitschriften
  im Jugendmarkt, Auftraggeber sind die beteiligten Verlage, befragt werden Jugendliche im Alter von 12–21 Jahren,

- Kinder-LA (Leser-Analyse mit 3.000 Interviews in unregelmäßigen Abständen),
  20 Zeitschriften im Kindermarkt, Auftraggeber sind die beteiligten Verlage, befragt werden Kinder im Alter von 8–14 Jahren,

- LA-Medizin (mit 1.350 Interviews zweijährlich), ca. 50 medizinische Fachzeitschriften, Auftraggeber sind die beteiligten Verlage und Werbungtreibende, befragt werden Ärzte,

- Konpress (für Konfessionsgebundene Presse mit wechselnder Fallzahl und Erhebung), ca. 30 Wochenzeitschriften der konfessionellen Presse, Auftraggeber sind
  die beteiligten Verlage, befragt wird ein Querschnitt der Gesamtbevölkerung ab
  14 Jahren,

- KLA (für Kundenzeitschriften mit 5.000 Interviews dreijährlich), ca. 15 Kundenzeitschriften aus Lebensmittelhandel, Drogerie, Apotheke und Raiffeisenbank,
  Auftraggeber sind die beteiligten Verlage, befragt wird ein Querschnitt der Gesamtbevölkerung ab 14 Jahren,

- AOL (für Landpresse mit 1.500 Interviews dreijährlich), ca. 25 landwirtschaft-
  liche Fachzeitschriften, Auftraggeber sind die Verlage der organisationsgebun-
  denen Landpresse, befragt werden repräsentative Personen, die in landwirt-
  schaftlichen Vollerwerbsbetrieben leben.

Darüber hinaus gibt es *Einzeluntersuchungen*, die hinsichtlich ihrer Themen
auf die Inhalte der jeweiligen Verlags-/Senderobjekte zielen, und zwar unter Einbeziehung der Einstellung zu Marken (vertieft), Konsumdaten und Demographie,
wie z. B.:

- EVA (für Entscheidung, Verbrauch, Anschaffung mit 5.200 Interviews/Spiegel-
  Verlag),

- KA (für Brigitte Kommunikations-Analyse mit 4.000 Interviews/Gruner & Jahr),

- Bravo Faktor Jugend B (Bauer), Kids Verbraucher-Analyse (Ehapa),

- Dialoge (mit 5.500 Interviews/Gruner & Jahr),

- Soll & Haben (mit 5.000 Interviews/Spiegel-Verlag, besonders zum Thema
  Finanzen).

MA (Media-Analyse)

Syndikalisierte Erhebungen

Einzeluntersuchungen

Typologien

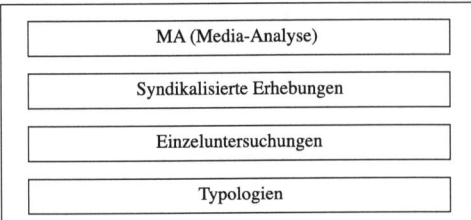

Abbildung 27: Arten von Markt-Media-Analysen

**Media-Analyse** (MA):
- Fallzahl: 38.904
- Auswahlverfahren: Zufallsstichprobe
- Erhebungsverfahren: mündliche Interviews und CASI (Computer assisted self interviewing)
- erfasste Objekte: 166 Zeitschriften/Wochenzeitungen, 3 Programm-Supplements, 1 konfessioneller Titel, 2 Stadtillustrierte, Lesezirkel
- Grundgesamtheit: Deutsche Bevölkerung in Privathaushalten am Ort der Hauptwohnung in der BRD ab 14 Jahre

**MA-Radio**:
- Fallzahl: 59.698
- Auswahlverfahren: Zufallsstichprobe, CATI (Computer assisted telephone interviewing)
- erfasste Objekte: 93 Radiosender, 105 HF-Kombinationen
- Grundgesamtheit: Deutsche Bevölkerung in Privathaushalten am Ort der Hauptwohnung in der BRD ab 14 Jahre

**AGF/GfK Fernsehpanel:**
- Fallzahl: 13.000
- Auswahlverfahren: Zufallsstichprobe
- Erhebungsverfahren: Panelbefragungen, elektronische Messung
- erfasste Objekte: alle in Deutschland empfangbaren TV-Sender
- Grundgesamtheit: Deutsche und EU-Bürger in Haushalten in der BRD (34,54 Mio. Haushalte)

**Allensbacher Werbeträger-Analyse** (AWA):
- Fallzahl: 21.257
- Auswahlverfahren: Quotenstichprobe
- Erhebungsverfahren: mündliche Interviews
- erfasste Objekte: mehr als 250 Printtitel, Fernsehnutzung von 13 Sendern, Hörfunk, Kinobesuch, Plakatnutzung, Internet
- Grundgesamtheit: Bevölkerung in Privathaushalten am Ort der Hauptwohnung in der BRD ab 14 Jahren

**Leser-Analyse Entscheidungsträger** (LAE):
- Fallzahl: 9.162
- Auswahlverfahren: Quotenstichprobe
- Erhebungsverfahren: mündliche Interviews
- erfasste Objekte: 6 überregionale Tageszeitungen, 23 Zeitschriften/Wochenzeitungen, 6 Tarifkombinationen
- Grundgesamtheit: Entscheidungsträger aus Wirtschaft und Verwaltung in der BRD (2,24 Mio.)

**Verbraucher-Analyse** (VA):
- Fallzahl: 31.783
- Auswahlverfahren: Zufallsstichprobe
- Erhebungsverfahren: Kombination aus mündlicher und schriftlicher Befragung
- erfasste Objekte: Publikumszeitschriften, Wochenzeitungen, Supplements, Tageszeitungen, Lesezirkel, Internet, Videotext, Plakate
- Grundgesamtheit: Deutsche Bevölkerung in Privathaushalten am Ort der Hauptwohnung in der BRD ab 14 Jahre

**Typologie der Wünsche Interaktiv** (TDWI):
- Fallzahl: 20.258
- Auswahlverfahren: Zufallsstichprobe
- Erhebungsverfahren: Kombination aus mündlicher und schriftlicher Befragung
- erfasste Objekte: Publikumszeitschriften, Tageszeitungen, Radio,. Fernsehen, Internet, Kino
- Grundgesamtheit: Deutsche Bevölkerung in Privathaushalten am Ort der Hauptwohnung in der BRD ab 14 Jahre

Abbildung 28: Struktur der Markt-Media-Analysen (Auswahl)

*Typologien* gehen noch einen Schritt weiter und erfassen als zusätzliches Kriterium Lebensweltmerkmale (AIO-Ansatz für Attitudes, Interests, Opinions oder VALS-Ansatz für Values und Lifestyles). Diese werden operationalisiert durch Kriterien wie Freizeitverhalten, Stilpräferenzen, Markenorientierung etc. (*als Beispiele siehe Abb. 29 und Abb. 30*). Zu nennen sind hier z. B.:

- Frauentypologie (Gruner & Jahr),
- TdW (für Typologie der Wünsche/Burda-Verlag),
- Erlebnis-Milieus (Bild-Zeitungsgruppe).

World of Women (Bauer)
Best Age (Bauer)
Bravo Jugend Faktor (Bauer)
Frauen, Job, Karriere (Bauer)
Telematik (Bauer)
Content Guide Wirtschaftsmagazine (Bauer)
OTC Typologie (Bauer)
Pkw-Fahrer Typologie (Bauer)
Aktion und Redaktion (Bauer)
Maxi - Auto Cup (Bauer)
Ein Bild von BILD (Springer)
Freizeit und Sport (Springer)
Heavy Consumer (Springer)
Outfit (Spiegel)
Online Offline (Spiegel)

Soll und Haben (Spiegel)
KommunikationsAnalyse (G&J)
Selbstmedikation (G&J)
Wohnen und Leben (G&J)
Möbelhandel/Möbelkäufer (G&J)
MarkenProfile (G&J)
Dialog (G&J)
Rund ums Haus (G&J)
Frauen-Typologie (G&J)
Frauen, Medien, Kommunikation (G&J)
Imagery (innere Markenbilder) (G&J)
Bauen und Modernisieren (G&J)
Typologie der Wünsche (Burda)
Kaufeinflüsse (Burda)

Abbildung 29: Verlags-Typologien (Auswahl)

8 % der Gesamtbevölkerung Frauen, Die **Altmodische**: ab 50 Jahre, einfache Bildung, unter 1.500 € Einkommen, kleidet sich zeitlos, zurückhaltend, dezent, konservativ

11 %, Die **Konventionelle**: ab 40 Jahre, einfache Bildung 1.000 - 2.000 € Einkommen, kleidet sich korrekt, ordentlich, gepflegt, dezent, zeitlos, seriös

17 %, Die **Anspruchsvolle**: ab 40 Jahre, kein Bildungsschwerpunkt, über 2.000 € Einkommen, kleidet sich chic, elegant, klassisch, damenhaft, dezent, zeitlos, ordentlich, korrekt, harmonisch

19 %, Die **Modebegeisterte**: 20 - 50 Jahre, mittlere bis hohe Bildung, über 1.500 € Einkommen, kleidet sich chic, eleganz, edel, exklusiv, perfekt, gestylt, raffiniert

20 %, Die **Lockere**: unter 30 Jahre, mittlere bis hohe Bildung, alle Klassen, kleidet sich locker, ungezwungen, jugendlich, flott, pfiffig, lässig, cool, bunt, hautnah

16 %, Die **Geltungsbedürftige**: 20 - 30 Jahre, zumeist einfache Bildung, 1.000 - 1.500 €, kleidet sich erotisch, sexy, gewagt, ausgefallen, extravagant, supermodern, schrill, zerfetzt

9 %, Die **Nonkonformistin**: unter 40 Jahre, gehobene Ausbildung, kein Einkommensschwerpunkt, kleidet sich locker, ungezwungen, jugendlich, cool, Gammel- und Öko-Look, abgewetzt, zerfetzt

Abbildung 30: Outfit-Typologie (Spiegel-Verlag)

Werden Markt- und Mediadaten gemeinsam erfasst und verarbeitet, spricht man von Single Source-Analysen. Werden zudem mehrere Mediagattungen bzw. alle Mediagattungen über PZ, TV, HF hinaus abgedeckt, so handelt es sich um Multi-Media- oder All-Media-Analysen.

## 4.6.2 Validierung

Ziel der Mediaplanung ist es, diejenigen Werbeträger zu selektieren, die am besten geeignet scheinen, eine definierte Zielgruppe zu erreichen. Dazu bedarf es der Bewertung von Werbeträger und Zielgruppe. Eine solche Validierung kann durch drei Ansätze erfolgen, wobei es sich dabei nur um Hilfskriterien zur formalen Abbildung der Realität handelt:

- unter Zugrundelegung demographischer Kriterien,

- durch Bezug auf Einstellung, Meinung, Interesse und Verhalten,

- auf Basis charakteristischer Persönlichkeitsmerkmale.

Die erhobene Datenbasis hilft zudem, eine vorab konzeptionell definierte Zielgruppe zu überprüfen und gibt Anhaltspunkte für Korrekturen. Dienen nicht-demographische Merkmale als Kriterien, so kann durch Computerzählungen ein Bild von der Demographie der Zielpersonen gewonnen werden, die damit für die weitere Bearbeitung an Konkretisierung gewinnen. Ebenso können mehrere Teilzielgruppen ausgewählt und untereinander verglichen sowie in Relation zur Grundgesamtheit betrachtet werden. Über die sich dabei ergebenden Ausprägungen ist eine Feinjustierung der Zielgruppendefinition möglich. Segmentierungsläufe können aber auch erst zur Abgrenzung einer Zielgruppe führen. Dazu wertet man verschiedene Fragestellungen von Analysen aus (Quellenlexikon) und stellt Schwerpunkte fest, die zu Definitionsmerkmalen erhoben werden. Schließlich ist eine Auswertung als Trendzählung im Zeitablauf möglich, um Anteilsentwicklungen nachzuvollziehen und zu nutzen. Die Ergebnisse können hinsichtlich aller Kriterien in verschiedenen Formen ausgegeben werden. Im engeren Sinne handelt es sich dabei weniger um Media- als vielmehr noch um Marketingplanung.

Um der abweichenden Bedeutung verschiedener Teilzielgruppen gerecht zu werden, kann man diese im Wege der *Gewichtung von Personen* mit unterschiedlichem Anteil in die weitere Berechnung eingehen lassen. In der Praxis erfolgt dies durch Abgewichtung der als weniger relevant angesehenen Zielpersonenmerkmale mit einem Multiplikationsfaktor < 1. Auf diese Weise kann auch nach Entscheider, Käufer, Nutzer und Beeinflusser unterschieden werden. Oft werden Männer unter diesem Gesichtspunkt als nicht-einkaufend herunter gewichtet.

Weiterhin kann der abweichenden Bedeutung verschiedener *Mediagattungen durch Gewichtung* Rechnung getragen werden. Vor allem wird dadurch versucht, die potenzielle Werbewirkung mehrerer Medien nach Format, Wiedergabequalität, Kontakttiefe, Konzeptharmonie, Content etc. auszugleichen. Dieser Versuch bleibt zwar unvollkommen, ist aber immer noch besser als die Annahme, dass jeder investierte Werbe-Euro gleich effizient ist, egal welches Medium, welche Ausstattung, welches Umfeld etc. man dafür auswählt.

Schließlich kann der Werbedruck auch mit einem Schwellenwert (*Kontaktdosis*) versehen werden, so dass Werbeträgerkontakte unterhalb einer gewissen Ansprachefrequenz nicht oder nur mit einem Abwertungsfaktor berücksichtigt werden. So besteht weit verbreitet die Ansicht, dass Frequenzen < 6 bei Printwerbung keine nachhaltige Werbewirkung zukommt. Dies ist ebenso umstritten wie die Unterstellung verschiedener Wirkungskurvenverläufe. Im Einzelnen unterscheidet man dabei folgende Wirkungsfunktionen:

- linear unterstellt eine mit der Kontaktzahl stetig steigende Werbewirkung,

- progressiv unterstellt eine Werbewirkung, die erst mit hoher Kontaktzahl merklich ansteigt,

- degressiv unterstellt eine Werbewirkung, die mit hoher Kontaktzahl kaum mehr ansteigt,

- logistisch unterstellt eine mit der Kontaktzahl zunächst progressiv, später dann degressiv verlaufende Werbewirkung,

- konkav-konvex unterstellt eine mit der Kontaktzahl zunächst degressiv, später dann progressiv verlaufende Werbewirkung,

- einstufig unterstellt eine sich mit einer bestimmten Kontaktzahl unvermittelt einstellende Werbewirkung,

- treppenförmig unterstellt eine mit der Kontaktzahl diskontinuierlich steigende Werbewirkung.

Oft wird auch ein wirksamer Bereich zwischen einer Wirkungsschwelle und einem Sättigungspunkt definiert. Dem liegt die Hypothese zugrunde, dass Kontakte in der Zielgruppe unterhalb der Wirkungsschwelle infolge Untersteuerung zu keiner Werbewirkung führen, Kontakte oberhalb des Sättigungspunkts aber Verschwendung infolge Übersteuerung darstellen. Dies ist allerdings eine sehr mechanistische Sichtweise der Dinge.

Die Verrechnung der einzelnen Zielgruppenkriterien kann additiv (Oder-Verfahren) oder multiplikativ (Und-Verfahren) erfolgen. Besonders bei Und-Verknüpfung führt die Kombination mehrerer Auswahlkriterien schnell zu einer verbleibenden Stichproben-Schnittmenge, die nicht mehr genügend aussagefähig ist. Die praktische Untergrenze wird hier bei etwa 200 Fällen absolut gesehen, eine Grenze, die allerdings bereits eine erhebliche Varianz impliziert, folglich eher Anhaltspunkte ergibt, denn valide Ergebnisse. Aber auch diese sind ungleich wertvoller, als gar keine Daten zu haben. In praktisch allen Fällen ist jedoch zumindest eine *faktorielle Gewichtung* erforderlich, um die Struktur der resultierenden Stichprobe an die der Grundgesamtheit anzupassen. Diese Verrechnung findet automatisch durch das Computer-Zählprogramm statt und wird als Fallzahl auch mit ausgewiesen. Die Ursache liegt in nicht erfüllten Quoten bei der Befragung, in Auskunftsverweigerungen, Adressausfällen, Befragungsfälschungen etc. Dieses Redressement gleicht die Struktur einer Zufallsstichprobe an diejenige der abzubildenden Grundgesamtheit durch (Zellen-)Gewichtung der Fälle an und schöpft damit, ausgehend von der tatsächlichen Stichprobe, durch Extrapolation „künstlicher" Fälle erst die Stichprobengröße voll aus und macht sie damit kompatibel zu anderen repräsentativen Erhebungen.

Die Ergebnisausgabe der Strukturzählung erfolgt in fünf Formen:

- Erstens *horizontal prozentuiert*, d. h. die Anteilsergebnisse mehrerer Teilzielgruppen addieren sich als Summe für jedes Kriterium je Zeile auf 100 %.

- Zweitens *vertikal prozentuiert*, d. h. die Strukturergebnisse jeder Teilzielgruppe addieren sich als Zusammensetzung über alle Kriterien je Spalte auf 100 %.

- Drittens *in absoluten Zahlen*, d. h. die Ergebnisse werden je Zeile/Spalte als reale Fallzahlen angegeben.

- Viertens als *Hochrechnung*, d. h. die Ergebnisse werden je Zeile/Spalte als hochgerechnete Stichprobenerhebung auf die dahinter stehende Grundgesamtheit ausgewiesen.

- Fünftens als *Index*, d. h. je Kriterium wird jede Teilzielgruppe in Relation zum Durchschnitt der Grundgesamtheit (= Index 100) ausgewiesen.

Durch diese verschiedenen Formen der Darstellung kann eine vorhandene Zielgruppe sehr aussagefähig charakterisiert werden. Nunmehr interessiert zuvörderst, welche Werbeträger in Bezug auf die in den Eingabedaten definierte Aufgabenstellung als die leistungsfähigsten gelten können. Diese Frage wird in Form einer Rangreihung beantwortet.


### 4.6.3 Rangreihung

Zur Rangreihung als Bewertung der Werbeträger stehen zahlreiche Computer-Planungsprogramme zur Verfügung. Sie bieten im Einzelnen Leistungsmerkmale wie Tarifdateien, Preispflegefunktionen (Updates), Zielgruppenbearbeitung, Strukturzählung, Rangreihenzählungen, Planevaluierungen, grafische Ausgabe sowie weitere Besonderheiten. Entsprechende Daten werden als kostenloser Service von den Werbedurchführenden bereitgestellt, die damit praktisch eine Leistung erbringen, die sich Werbungsmittler von ihren Kunden stillschweigend oder ausdrücklich honorieren lassen. Dazu werden die Datensätze, auf kopiergeschützten DVD's, Mediaplanern für deren PC zur Verfügung gestellt und in regelmäßigen Abständen aktualisiert. Beispiele für solche computergestützten Planungen sind MDS (Media Dialog System von Springer-Verlag), M (Immediate Software) oder MediMach (Comsulting).

*Eingabedaten* dieser Software sind Programmart, Auftraggeber, Datum, Datei, Werbemittelausstattung, mehrdimensionale Zielgruppenkriterien und Gewichtungen. Ausgabedaten sind Fallzahlen vor und nach Fall- bzw. Personengewichtung, Zielgruppenanteil an der Gesamtbevölkerung, Werbeträger, Einschaltkosten, Sortierkriterium und Rangplätze. Das Ergebnis ist eine Rangreihung der Werbeträger derart, dass der bestbewertete Titel bzw. Sender ganz oben auf dieser Liste erscheint und danach in absteigender Folge die jeweils nächstplatzierten Werbeträger. Auf dieser Basis ist eine klare Bestimmung der/des zu präferierenden Werbeträger(s) möglich. Nun ist der Begriff „beste" mehrdeutig auszulegen, denn es stellen sich ganz unterschiedliche Erwartungen an die Leistungsfähigkeit eines Werbeträgers. Deshalb gibt es auch verschiedene Leistungswerte zu dessen Beurteilung. Die genannten Leistungswerte sind nur statistische Anhaltspunkte. Sie können nicht die tatsächliche Leistung der Werbeträger wiedergeben. Vielmehr handelt es sich um aus repräsentativen Erhebungen ermittelte Vergangenheitsdaten. Die Leistungswerte können in mindestens vier Begriffe unterteilt werden (*siehe dazu Abb. 31*).

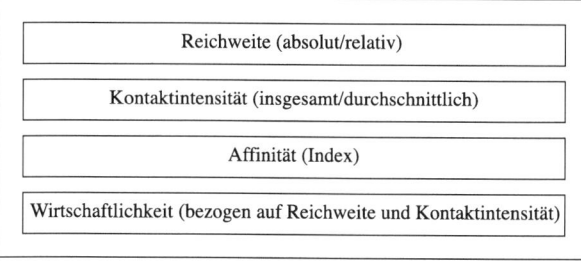

Abbildung 31: Medialeistungswerte

### 4.6.3.1 Reichweite

Reichweite ist die Anzahl der Zielpersonen, die mindestens einmal die Chance haben, mit einem Werbeträger und damit mit dem sich darin befindlichen Werbemittel, in Kontakt zu geraten (Opportunity to See/OTS, Opportunity to Hear/OTH). Diese Chance berechnet sich auf sekundärstatistischer Datenbasis der Vergangenheit. Die *wirksame* Reichweite ergibt sich nur oberhalb einer angegebenen Mindestkontaktfrequenz bzw. zwischen definierter Wirkungsschwelle als Unter- und Sättigungspunkt als Obergrenze. Die absolute Zahl wird auch als Anteil der erreichten an allen Zielpersonen prozentual ausgewiesen (= Reichweite in %). Hohe Reichweitenwerte bedeuten demnach eine große Verbreitung der Werbebotschaft in der Zielgruppe.

Der *Reichweitenzuwachs* bei Mehrfachbelegung eines Werbeträgers wird auch als K-Wert (= Kumulation) bezeichnet und ist hoch bei hohem Anteil fluktuierender und wenigen Kern-/Exklusiv-Nutzer(n) eines Werbeträgers. Außerdem gibt der Reichweitenzuwachs an, wie schnell die Nutzerschaft nach der Ersteinschaltung eingesammelt wird, bei Print z.B. schnell bei Programm-, aber langsam bei Hobbytiteln. Dazu wird nach K1-Wert bei einmaliger Einschaltung, K2-Wert bei zweimaliger Einschaltung usw. unterschieden.

Leser pro Nummer (LpN) gibt die durch Befragung ermittelte Anzahl der Leser (Print) an, die durch eine durchschnittliche Ausgabe eines Titels im letzten Erscheinungsintervall erreicht werden. Analog gibt es den Hörer/Seher pro Tag (TV/HF)-bzw. Besucher pro Woche (Kino)-Wert. Rein statistisch errechnet sich der summarische Leser pro Ausgabe-Wert (LpA = durchschnittliche Anzahl der Leser einer Ausgabe, analog durchschnittliche Hörerzahl während 1 Stunde Hörfunkprogramm bzw. Seherzahl während 1/2 Stunde Fernsehprogramm). Der Leser pro Exemplar-Wert (LpE) gibt die durchschnittliche Zahl der Personen an, die das gleiche physische Exemplar einer Zeitung/Zeitschrift lesen. Die technische Reichweite ergibt sich durch die Anschlussdichte von Empfangsgeräten (Elektronik) bzw. das Verteilungsgebiet von Exemplaren (Print).

*Interne Überschneidungen* entstehen durch Personen, die im Zeitablauf mehrere Ausgaben/Ausstrahlungen des gleichen Werbeträgers nutzen. Dies wird erst bei der Plankombination relevant, da die Rangreihung immer nur auf einer Einschaltung beruht.

*Externe Überschneidungen* kommen durch Personen zustande, die mehrere Werbeträger parallel nutzen. Dies ist bei Tarifkombinationen relevant. Das sind Kopplungen zweier oder mehrerer zum gleichen Werbungdurchführenden gehörigen Werbeträger, die bei gemeinsamer Belegung einen Kombinationsrabatt erzeugen. Durch dessen externe Überschneidungen kommt es zu Mehrfachkontakten. Personen, für die interne und/oder externe Überschneidungen zutreffen, werden in der Nettoreichweite nur einfach berücksichtigt, bei der Bruttoreichweite jedoch mehrfach. Die Bruttoreichweite ist also die Reichweite incl. aller internen und externen Überschneidungen.

### 4.6.3.2 Kontaktintensität

Kontaktintensität bedeutet die gesamte Anzahl der Werbeträgerkontakte mit Zielpersonen. Diese kann auch als durchschnittliche Kontaktfrequenz je Person oder als Summe der absolut erzielten Werbeträgerkontakte innerhalb der Zielgruppe ausgewiesen werden. Sie ist in der Rangreihung nur von begrenzter Bedeutung, nämlich bei Tarifkombinationen, die externe Überschneidungen erzeugen. Dabei liegt deren Reichweite unter ihrer Kontaktsumme, denn der Reichweitenwert versteht sich als Nettoreichweite, also nach Abzug der externen Überschneidungen zwischen den tarifkombinierten Werbeträgern, während die Kontaktsumme den Bruttowert repräsentiert, also die Summe der Kontakte jedes einzelnen der in der Tarifkombination beinhalteten Werbeträger angibt. Von großer Bedeutung ist dieser Effekt bei der Zusammenstellung mehrerer Werbeträger zu Plankombinationen.

Die *Kontaktstreuung* gibt an, innerhalb welcher Zeiträume wie viele Personen angesprochen werden. Sie ist bei Print z. B. schnell bei Programm- und langsam bei Hobbyzeitschriften.

Die *Kontaktverteilung* gibt an, wie sich die Zahl der Kontakte über alle erreichten Personen nach Häufigkeit verteilt und nach Kontaktklassen um den Durchschnittswert variiert. So kann der gleiche Wert für einen Durchschnittskontakt durch sehr verschiedenartige Verteilung der Kontaktklassen realisiert werden. Die notwendige Ergänzung dazu stellt daher die Variation der Kontaktklassen um den Durchschnitt dar.

Die *Kontaktdosis* gibt die gewünschte Mindestzahl von Kontakten mit Zielgruppenpersonen an, die für die Werbeerfüllung als Voraussetzung angesehen wird.

### 4.6.3.3 Affinität

Affinität ist der prozentuale Anteil der Reichweite bei Zielpersonen an der gesamten Reichweite eines Werbeträgers und damit ein Maß für dessen Fehlstreuung, d.h. Streuverluste durch Kontakte über belegte Werbeträger zu Personen, die nicht der definierten Zielgruppe angehören. Dieser Wert wird auch als Affinitäts-Index in Relation zum Anteil der Zielgruppe an der Gesamtbevölkerung (= Index 100) ausgewiesen. Hohe Indexwerte bedeuten überproportionale Affinität und umgekehrt, d.h. hohen Anteil definierter Zielpersonen an der tatsächlichen Nutzerschaft eines Werbeträgers et vice versa. Hierbei sind Special Interest-Titel/Sender (SI) etwa im Vorteil gegenüber General Interest-Titeln/Sendern (GI), die zwar absolut vergleichsweise mehr, relativ jedoch auch mehr „irrelevante" Nutzer erreichen. Dies ist vor allem bei kleinteiligen Zielgruppen von hoher Bedeutung. So wird die Anzahl der erreichten Zielpersonen bei Belegung eines GI-Titels/Senders sicherlich höher sein als bei einem SI-Titel/Sender. Gleichzeitig werden durch den GI-Werbeträger jedoch in großem Maße kommunikativ irrelevante Personen erreicht, während beim SI-Werbeträger die Fehlstreuung geringer ist. Ersterer hat also zwar die höhere Reichweite, aber auch die größeren Streuverluste. Diese wiederum wirken sich konkret auf das Preis-Leistungs-Verhältnis aus.

### 4.6.3.4 Wirtschaftlichkeit

Die Wirtschaftlichkeit stellt die Leistungswerte Reichweite und Kontaktintensität in Beziehung zu den Einschaltkosten. Dies geschieht durch Berechnung von *1.000 Nutzer-Preis* als Kosten je 1.000 mindestens einmal erreichter Zielpersonen als Leser, Seher, Hörer bzw. von *1.000 Kontakt-Preis* als Kosten je 1.000 potenziell realisierter Kontakte in der Zielgruppe.

Die Leistungswerte Reichweite und Kontaktintensität sind aus dem Datenbestand bekannt. Nimmt man zusätzlich die jeweiligen Tarifpreise nach Abschlussjahr und Nachlässen der Werbeträger für die gegebene Ausstattung hinzu, lässt sich die Wirtschaftlichkeit berechnen. Eine hohe Wirtschaftlichkeit ist bei kleinen Werbebudgets von ausschlaggebender Bedeutung. Werbeträger mit gleicher Reichweite bzw. Kontaktintensität führen somit bei unterschiedlichen Tarifpreisen zu unterschiedlicher Wirtschaftlichkeit. Umgekehrt führen Werbeträger mit gleichen Tarifpreisen bei unterschiedlicher Reichweite bzw. Kontaktintensität auch zu unterschiedlicher Wirtschaftlichkeit.

Zusätzlich gibt es im Printbereich den 1.000 Auflage-Preis als Kosten je 1.000 verbreiteter Exemplare eines Titels bzw. im Elektronikbereich den 1.000 Geräte-Preis als Kosten je 1.000 durch einen Sender technisch erreichbarer TV-/HF-Empfänger, wobei dort durchaus mehrere Geräte je Haushalt installiert sein können. Weitere Maßzahlen für die Wirtschaftlichkeit sind

- der Preis pro 1 % Reichweite in der Zielgruppe (möglichst niedriger Wert),

- die Kontaktzahl pro 1.000 € Werbebudget (möglichst hoher Wert),

- die Kosten pro 1.000 Nutzer bei wirksamer Reichweite (möglichst niedriger Wert).

### 4.6.4 Plankombination

Regelmäßig kann die mediatechnische Zielsetzung nicht durch Einsatz eines Werbeträgers allein realisiert werden, sondern bedarf des parallelen Einsatzes mehrerer Werbeträger. Dazu werden Plankombinationen erstellt, die neben möglicherweise obligatorischen Werbeträgern aus solchen bestehen, die sich aus der Rangreihung heraus qualifizieren. Dabei bedarf es jedoch neben der rein quantitativen Sicht immer auch der Korrektur unter Berücksichtigung qualitativer Aspekte. So platzieren sich regelmäßig Titel/Sender nach Preis-Leistungs-Gesichtspunkten weit vorn, nicht weil sie eine besondere qualitative Medialeistung erbringen, sondern weil sie durch niedrige Tarifpreise hohe Wirtschaftlichkeit provozieren, z.B. Yellow Press-Titel. Diese Werbeträger sind ggfs. ebenso auszuschließen wie solche, die aufgrund ihrer redaktionellen Ausrichtung, trotz hoher Wirtschaftlichkeit, eine ungeeignete Harmonie mit der Zielgruppe aufweisen. Umgekehrt kann gerade dieses Argument zur Einbeziehung relativ unwirtschaftlicher Titel führen, weil deren rechnerischer Nachteil durch die weitaus größere thematische Nähe überkompensiert wird. Diese Korrekturen verhindern zwar die Optimierung, sind aber aus heuristischer Sicht sehr wertvoll. Letztlich wird dadurch allerdings die aufwändige Objektivierung der Markt-Media-Analysen durch subjektive Kriterien wieder verzerrt.

Auf Basis dieser Erwägungen werden Plankombinationen im Rahmen der Budgetgrenze gebildet und wiederum hinsichtlich ihrer Leistungswerte gezählt. Jede Plankombination erhält so Werte für Reichweite, Kontaktintensität, Affinität und Wirtschaftlichkeit in Bezug auf 1.000 Nutzer/1.000 Kontakte. Per Saldo wird das beste Ergebnis im präferierten Wert ausgewählt. Dabei ergeben sich die Zielgrößen in Bezug auf die Reichweite als:

- *Einzelne Reichweite*, d. h. eine einfache Einschaltung in einem einzelnen Werbeträger,

- *Kumulierte Reichweite*, d. h.

  - zwei oder mehr Einschaltungen in einem einzelnen Werbeträger mit Ausweis der Nettoreichweite durch Eliminierung interner Überschneidungen aus der Bruttoreichweite (Kumulation),

  - je eine Einschaltung in zwei oder mehr Werbeträgern mit Ausweis der Nettoreichweite durch Eliminierung externer Überschneidungen aus der Bruttoreichweite (Quantuplikation),

- *Kombinierte Reichweite*, d. h. zwei oder mehr Einschaltungen in zwei oder mehr Werbeträgern. Die Nettoreichweite ergibt sich in diesem real häufigsten Fall durch Abzug der internen und externen Überschneidungen von der Bruttoreichweite.

Der Einfluss von *Mehrfacheinschaltungen*, d. h. Belegung eines Werbeträgers mit multiplen Einschaltungen, führt insofern hinsichtlich

- Reichweite zur Bevorzugung von Werbeträgern mit hohem Anteil fluktuierender Nutzerschaft, denn Werbeträger mit wechselnden Nutzerschaften erreichen per Saldo mehr Personen als solche mit gleich bleibenden Nutzerschaften.

- Kontaktintensität zur Bevorzugung von Werbeträgern mit hohem Anteil konstanter Nutzerschaft, denn Werbeträger mit gleich bleibender Nutzerschaft generieren in der Summe mehr Kontakte bei denselben Personen als solche mit wechselnder Nutzerschaft.

- Wirtschaftlichkeit zur Entwicklung je nach Bezugsgröße analog Reichweite als 1.000 Nutzer-Preis oder Kontakten als 1.000 Kontakt-Preis, beeinflusst durch Mal-/Mengenrabattierung der Verlage/Sender.

- Affinität zum Anstieg des Werts, sofern zuwachsende Nutzer Zielpersonen sind und vice versa.

Der Einfluss von *Mehrfachbelegungen*, d. h. Belegung multipler Werbeträger mit jeweils einer Einschaltung, führt damit bei der

- Reichweite zur Bevorzugung von Werbeträgern mit geringen externen Überschneidungen zu anderen im Plan befindlichen, d. h. hohem Anteil von Exklusivnutzern, denn die disjunkten Kernnutzerschaften mehrerer Werbeträger addieren sich in der Summe zu einer höheren Nettoreichweite hoch als wenn die Nutzerschaften einander überlappen.

- Kontaktintensität zur Bevorzugung von Werbeträgern mit hohen externen Überschneidungen zu anderen im Plan befindlichen, d. h. geringer Anteil von Exklusivnutzern, denn überlappende Nutzerschaften mehrerer Werbeträger erzielen Mehrfachkontakte, die bei disjunkten Nutzerschaften nicht gegeben sind.

- Wirtschaftlichkeit s. o., jedoch beeinflusst durch Tarifpreisunterschiede.
- Affinität s. o. (*siehe Abb. 32*)

| | Frequenz | |
|---|---|---|
| | einfach | mehrfach |
| Werbeträger — einfach | Einzelreichweite | Kumulierte Reichweite |
| Werbeträger — mehrfach | Kumulierte Reichweite | Kombinierte Reichweite |

Abbildung 32: Mehrfacheinschaltungen und Mehrfachbelegungen

Die Planalternativen können getrennt hinsichtlich aller Zielgruppenkriterien und aller Leistungswerte ausgegeben werden, so dass eine genaue Strukturanalyse der Medialeistung möglich ist. Dies betrifft z. B. Nielsengebiete zum Abgleich mit Distributionsschwerpunkten. Ebenso ist eine Einteilung in Kontaktklassen im Rahmen der Kontaktverteilung möglich.

Insofern gibt es einen unlösbaren *Zielkonflikt* zwischen der Anzahl/dem Anteil erreichter Zielpersonen und der Summe/dem Durchschnitt der Kontakte, die durch Werbeträger erzielt werden. So hat typischerweise eine Plankombination mit guten Werten in Bezug auf Reichweite und 1.000 Nutzer-Preis gleichzeitig schlechte Werte in Bezug auf Kontaktintensität und 1.000 Kontakt-Preis. Dies folgt aus dem Kumulationsgesetz, d. h., schwaches Reichweitenwachstum koindiziert mit starkem Kontaktzuwachs. Trifft dies zugleich auf mehrere Plankombinationen zu, kann kein schlüssiges Ergebnis zustande kommen. Ein gewünschter Werbeimpuls kann bei gegebenem Budget somit nur alternativ entweder durch die Belegung einer bestimmten Anzahl von Werbeträgern (Reichweite) mit einer Einschaltung, oder durch die Belegung eines Werbeträgers über eine bestimmte Anzahl von Perioden (Kontakte) realisiert werden, oder durch jede mögliche Kombination dazwischen, wobei ein Reichweitenzuwachs zwangsläufig zu Lasten der Kontaktintensität geht. Es sei denn, als einziger Ausweg würde das Werbebudget erhöht, denn nur dann sind beide Teilziele gleichzeitig realisierbar. Da derartige Steigerungsmöglichkeiten der Finanzmittel aber praxisfern sind und überdies das Budget bei der Planung als fix unterstellt wird, ist in aller Regel ein Kompromiss mit Prioritätensetzung erforderlich, zumal es Wirkschwellen für Reichweiten und Kontakte gibt. Gegebenenfalls müssen die Planungsdaten verändert, d. h. die Zielgruppe enger definiert, der Werbezeitraum gestrafft bzw. die Werbemittelausstattung reduziert werden.

Parallel zu diesem Planungsdilemma von Reichweite und Kontakt verhält sich die Variable Wirtschaftlichkeit. Entweder zeichnet sich ein Plan durch besonders günstigen 1.000 Nutzer-Preis oder durch besonders günstigen 1.000 Kontakt-Preis aus, evtl. aber auch durch einen guten Kompromiss beider Größen. Harmonie besteht hinsichtlich der Beziehung aller anderen Größen zueinander.

Die Reichweite wird gegenüber der Kontaktintensität präferiert werden, wenn es dem Werbungtreibenden um die schnelle Verbreitung einer Botschaft geht, z. B. bei Neuprodukteinführung. Umgekehrt wird die Kontaktintensität gegenüber der Reichweite präferiert werden, wenn es um das nachhaltige Erlernen der Botschaftsinhalte geht, z. B. als erklärungsbedürftiges Produkt. Steht keines dieser Ziele eindeutig im Vordergrund, kann als praktischer Kompromiss der GRP-Wert als Maßstab genutzt werden.

### 4.6.5 Gross Rating Points

Diese Gross Rating Points (Bruttokontaktsumme je 100 Zielpersonen) geben einen Anhaltspunkt, um inkonsistente Ergebnisse der Evaluierung vergleichbar zu machen. Die multiplikative Verknüpfung von Reichweite und Kontaktintensität zum GRP-Wert schafft hier Klarheit, wenn nicht ein Kriterium allein klare Priorität genießt. Die Planalternative mit dem höchsten GRP-Wert stellt die insgesamt zu bevorzugende dar. Durch Bezug auf die Budgetsumme kann zudem die Wirtschaftlichkeit errechnet werden (*siehe Abb. 33 und Abb. 34*).

$$GRP = \frac{\text{Bruttokontakte eines Mediaplans}}{\text{Anzahl der Werbezielpersonen}} * 100$$

alternativ:

GRP =    Reichweite in der Werbezielgruppe (in Prozent) *
         Kontakte in der Werbezielgruppe (im Durchschnitt)

Rechenbeispiel:

| | |
|---|---|
| - Anzahl der Zielpersonen: | 10.000.000 |
| - (Netto-)Reichweite in %: | 50 |
| - Durchschnittskontakte: | 4 |
| - Bruttokontakte: | Anzahl der Zielpersonen x proz. Reichweite x Durchschnittskontakte |
| | 10.000.000 x (50 : 100) x 4 = 20.000.000 |
| - GRP: | 200 |

Rechenbeispiel:

| | |
|---|---|
| - Anzahl Zielpersonen: | 10.000.000 |
| - Reichweite Mediaplan 1: | 50 % |
| - Reichweite Mediaplan 2: | 60 % |
| - Kontaktintensität Mediaplan 1: | 4 |
| - Kontaktintensität Mediaplan 2: | 3,6 |
| - GRP's Plan 1: | 200 (50 * 4) |
| - GRP's Plan 2: | 216 (60 * 3,6, damit zu bevorzugen) |

Abbildung 33: Berechnungsbeispiel für Gross Rating Points

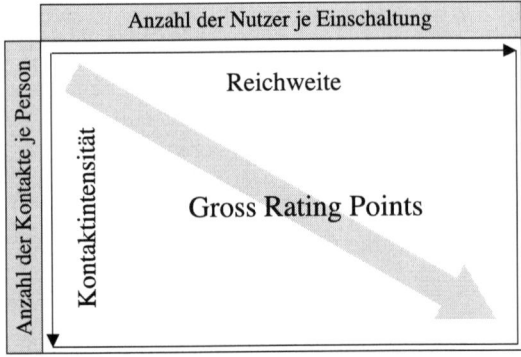

Abbildung 34: Zusammenhang der Medialeistungswerte

Werbungtreibende definieren dabei oft Benchmarks, um mit dem Werbedruck der strategischen Mitbewerber gleichzuziehen bzw. absolute Preiswürdigkeit zu gewährleisten (Preis pro GRP). Da aus der Konkurrenzbeobachtung der Mediaeinsatz des Mitbewerbs bekannt ist, können auch dessen Leistungswerte in der eigenen Zielgruppe errechnet werden. Als Maß für den Werbedruck gilt dabei wiederum der GRP-Wert. Hält man den eigenen Mediaeinsatz dagegen, kann der relative Werbedruck des Mitbewerbs bezogen auf die eigene Zielgruppe festgestellt werden. Setzt man diesen wiederum in Beziehung zum jeweiligen Marktanteil, ergeben sich Over- oder Underspendings in Bezug auf Wettbewerb und Marktanteil, die bewusst beibehalten oder verändert werden können.

Neben diesen in der Werbewirklichkeit dominanten heuristischen Verfahren gibt es auch solche der mathematischen Kalkülisierung von Plankombinationen. Dabei werden einzelne Werbeträger nicht subjektiv verplant, sondern die Planung selbst erfolgt durch Computerprogramm. Dazu können einzelne Werbeträger gesetzt und weitere Kandidatentitel nominiert werden. Nach Vorgabe des Inputs durch Prioritätskriterium, Budgetgrenze, Frequenz-, Objektrahmen, Wirkungskurve und Rabattsituation wird danach durch statistische Verrechnung die optimale Kombination der Werbeträger unter den gegebenen Voraussetzungen ermittelt. Dazu bieten sich drei im Folgenden genannte Verfahren an:

- *Konstruktionsmodelle* des Planaufbaus mit wechselseitiger Aufnahme neuer Werbeträger in die Planliste und Prüfung etwaiger Verbesserung im definierten Leistungskriterium (Grenznutzen : Grenzkosten),

- *Iterationsmodelle* der Planverbesserung mit wechselseitiger Hinzunahme neuer Werbeträger zu einem Ausgangsplan mit Prüfung auf Effizienzsteigerung (Grenzkosten : Grenznutzen),

- *Permutationsmodelle* der Umgebungsprüfung eines Ausgangsplans auf Verbesserung der Kosten-Leistungsrelation durch dessen Veränderung.

Optimierungsprogrammen kommt in der Praxis nur eine vernachlässigbare Bedeutung zu. Abgesehen von den exorbitanten Rechenzeiten führen sie zu eher schematisierten Ergebnissen. Sehr wahrscheinlich wird es nach wie vor zu subjektiven Umwertungen durch den Mediaplaner kommen. Hinzu kommen weitere *Grenzen* des Mediavergleichs. So ergibt sich vor allem das bislang ungelöste Dilemma des Wirkungsgleichs zwischen verschiedenen Mediagattungen. Um das effektivste Medium zu bestimmen, wäre es erforderlich, die Werbewirkung jedes Mediums exakt quantifizieren und untereinander vergleichen zu können. Einen Ansatzpunkt in Richtung Kontaktqualität stellt die Ausweisung von Werbemittel-/Mehrfachkontakten bei Zeitschriften dar (KQ). Dazu wird die statistische Nutzerzahl von Werbeträgern pro Intervall (Leser pro Ausgabe/LpA) in Relation zur Anzahl Personen gesetzt, die angeben, tatsächlich Werbemittelkontakt zu haben (Leser pro Seite/LpS). Ein Index steht für den Abweichungsgrad, um den die Werbemittel-(Anzeigen-) unter der Werbeträger- (Heft-)reichweite liegt, weil zwar der Werbeträger genutzt, das Werbemittel dabei aber nicht wahrgenommen wird. In gleicher Weise wird festgestellt, in welchem Maß der Werbemittel- über dem Werbeträgerkontakt liegt, weil es zu Mehrfachkontakten mit dem Werbemittel in einem Werbeträger gekommen ist.

## 4.7 Besonderheiten der Fachwerbung

Die Fachwerbung betrifft die Ansprache von Personen in ihrer Eigenschaft als Berufsverantwortliche. Damit kommt der Fachwerbung eine grundsätzlich andere Bedeutung zu als der Publikumswerbung. Werbung wird in diesem Zusammenhang eher als berufsbedingte Information aufgefasst, denn als verführerischer Schein. Dementsprechend sind Anspracheinhalt und -stil auch verschieden von dem der Publikumsansprache. Es werden primär geschäftsrelevante Argumente ausgelobt, wobei von den Stilkonstanten her nicht selten die Endabnehmerwerbung, so vorhanden, aufgegriffen wird. Die Inhalte beziehen sich jedoch auf Leistungsfähigkeit, Verkaufserfolg, Testmarktergebnis, Kostenersparnis etc. Diesen Argumenten kommt in der Fachwerbung eine nicht minder hohe Emotionalität zu, obgleich sie scheinbar rational ausgelegt sind. Dies ist auch völlig in Ordnung so, handelt es sich doch unzweifelhaft nach wie vor um Menschen, die umworben werden, die eher gefühls- denn verstandesgesteuert sind. Die Vielfalt der Mediengattungen reduziert sich dabei auf Printmedien, vor allem Zeitungen und Zeitschriften, z.B. Lebensmittelzeitung, Textilwirtschaft. Innerhalb dieser Mediagattung Print wiederum gibt es zwar eine beinahe unüberschaubare Vielzahl von Titeln. Da jedoch der Fachwerbung meist eine Branchengliederung zugrunde liegt, reduziert sich diese Auswahl tatsächlich auf wenige Titel je Branche (*zur Übersicht siehe Abb. 35*).

Computerwoche
Deutsches Ärzteblatt
Lebensmittel-Zeitung
Ärzte-Zeitung
Werben & Verkaufen
Textilwirtschaft
MM Maschinenmarkt
Horizont
Computer Reseller News
Medical Tribune
FVW International
Industrieanzeiger
ComputerPartner
Allg. Hotel- u. Gaststätten-Ztg.
Dt. Verkehrs-Zeitung DVZ
Ärztliche Praxis
Bayer. Landwirtschaftl. Wochenbl.
ElektonikPraxis
VerkehrsRundschau
Markt & Technik
Lebensmittel-Praxis
Computer-Zeitung
Top Agrar
Produktion
Touristik-Report
Elektronik
Rundschau f.d. Lebensmittelh.
Landw. Wochenbl. Westf.-Lippe
Textil-Mitteilungen TM
Pharmazeutische Zeitung
Konstruktion Elektronik Maschinenb.
Information Week
Deutsche Apotheker Zeitung DAZ
Börsenbl. d. dt. Buchhandels
Der Elektro- und Gebäudetechniker
Deutsches Architektenblatt
Deutsche Handwerks-Zeitung
NetworkWorld Germany
Lanline
Automobil-Produktion
Elektronik-Journal
Deutsche Bauzeitung DB
Scope
TravelTalk
Land & Forst
Sportswear Intern.
Zahnärztliche Mitteilungen
Kfz-Betrieb
Bau- und Möbelschreiner
Deutsche Bauzeitschrift
Konstruktionspraxis
Automatisierung + Datentechnik
Chemie-Anlagen + Verfahren
Network Computing

CYbiz
Arzt & Wirtschaft
dlz - Agrarmagazin
Allg. Fleischer-Zeitung afz
Funkschau
Process
Acquisa
Autohaus
Chemie-Technik
K-Zeitung
Absatzwirtschaft
Mensch & Büro
Automobilindustrie
DDS Der Deutsche Schreiner
Detail
MMW - Fortschritte der Medizin
Kunststoffe
Technische Revue
Beschaffung aktuell BA
Technik am Bau TAB
Elektrotechnik
Möbel Interior Design MD
Konstruktion + Engineering
Malerblatt
Personalmagazin
Elektro-Automation
Schuhmarkt
Elektronik-Industrie
Chemie-Produktion
Food-Service
GV-Praxis
Der Konstrukteur
Maschinen Anlagen Verfahren MAV
Antriebstechnik
Laborpraxis
Bauwelt
Fleischwirtschaft
Reisebüro-Bulletin
Plastverarbeiter
Elektronik-Service
Neue Verpackung
Der Hausarzt
Labo
Bauwoche
Der Augenoptiker
Fertigung
Der Hotelier NGZ
Consultant
Wirtschaft und Weiterbildung
Industrie-Service.de
Handling
Materialfluss
Design & Elektronik

Abbildung 35: Große Fachzeitschriften (Auswahl)

Fachtitel (Professional Interest-Titel) lassen sich in mehrere *Rubriken* einteilen. Es handelt sich je nach Inhalt um

- praxisorientierte, branchenübergreifende Fachtitel,

- branchengebundene Fachtitel, d.h. Objekte, deren redaktioneller Inhalt sich an den Informationswünschen eines abgegrenzten Wirtschaftsbereichs orientiert,

- branchenübergreifende, funktions- oder berufsgruppenorientierte Fachtitel, also solche, die auf Probleme von Funktionsbereichen oder Berufsgruppen eingehen und in Betrieben vieler Branchen genutzt werden, z.B. Sozialwesen, Erziehung und Bildung, Gesundheitswesen/Medizin, Wirtschaft, Handel, Verkehr/Transport, Handwerk/Industrie/sonstiges Gewerbe, Land-/Forstwirtschaft/Gartenbau/Tierhaltung/Jagd, Behörden/Militär, steuer-/wirtschafts-/rechtsberatende Berufe,

- prinzip- oder produktorientierte Fachtitel, die sich an technologischen Prinzipien, Verfahrenstechniken, Produkt- und Werkstoffanwendungen orientieren,

- wissenschaftliche Fachtitel, die sich an Zielgruppen in Forschung und Lehre richten und sich weitgehend aus Abonnements anstelle von Anzeigen finanzieren,

- Export-Fachtitel, deren Ziel es ist, das Leistungsangebot im Ausland zugänglich zu machen,

- Fachtitel mit einem Kennzifferndienst, d.h. sie versehen jede Werbung mit einer Laufnummer, unter der Interessenten, meist mit Hilfe einer Antwortkarte, Informationsanfragen an den Verlag schicken können. Dieser sammelt alle eingehenden Anfragen und ordnet sie den Werbungtreibenden zu, die dann ihrerseits direkt Kontakt mit den Interessenten aufnehmen können. Aus der Anzahl der Rückläufer kann auf die Werberesonanz geschlossen werden.

Diese Fachtitel können auch im Wechselversand nach Themenschwerpunkten, in bestimmten Intervallen, nach Adressatenkriterien oder unsystematisch zugestellt werden.

Doch das Fachwerbebudget reicht regelmäßig nicht aus, eine Belegung aller relevanten Titel zu finanzieren. Insofern ist ein Vergleich der einzelnen Werbeträger untereinander erforderlich. Anders als im Publikumsbereich liegen dafür jedoch zumeist keine aussagefähigen Markt-Media-Analysen vor. Dafür gibt es aber werbeträgereigene Daten, die, mit entsprechender Vorsicht betrachtet, dennoch aufschlussreiche Erkenntnisse geben.

Ein wichtiger Anhaltspunkt ist, mangels anderweitiger Erhebung der Reichweite, die *Auflagenhöhe*. Falls diese IVW-geprüft ist, ist sie als hinlänglich verlässlich anzusehen. IVW steht für Informationsgemeinschaft zur Feststellung der Verbreitung von Werbeträgern, deren Zeichen als eine Art Gütesiegel für die Richtigkeit der gemeldeten Auflage gilt. Verlagseigene Zahlen hingegen unterliegen großen Unwägbarkeiten.

Anhand der bekannten Auflage kann man verschiedene Werbeträger über deren 1.000 Auflagen-Preis miteinander vergleichen, d. h., man errechnet, wie viel 1.000 Exemplare eines Fachtitels kosten. Der niedrigste 1.000 Auflagen-Preis steht für das beste Preis-Leistungs-Verhältnis. Die Auflagenzahl sagt allerdings nichts über die Anzahl der Leser aus. Denn höchstwahrscheinlich wird jedes Exemplar eines Fachtitels von mehr als einer Person genutzt, z. B. über Verteiler im Unternehmen. Gerade auf die Anzahl der Nutzer (die Reichweite) käme es aber zur Beurteilung des Preis-Leistungs-Verhältnisses eigentlich an. Denn ein Fachtitel, der bei gleichem Tarifpreis von mehr Personen genutzt wird, arbeitet effizienter als ein solcher, der von weniger Personen genutzt wird. Über die Reichweite gibt es, von Ausnahmen abgesehen, nur Angaben der Verlage, die, wie jede Marktforschung, mehr oder minder großen Verzerrungen unterliegen.

Doch kommt es nicht nur darauf an, wie viele Personen durch einen Werbeträger erreicht werden, sondern vor allem auch, welche. Dazu ist eine Information über die *Nutzerschaft* erforderlich. Und zwar nach Branche, Hierarchiestufe und Funktion getrennt. Daraus ergeben sich Anhaltspunkte darüber, ob die intendierte Zielgruppe, also die Personen, die man als Empfänger der Werbung ins Auge gefasst hat, auch erreicht werden. Genauer müsste es heißen, ob sie eine Chance haben, durch Werbung in einem Fachtitel erreicht zu werden, denn die bloße Anwesenheit von Werbung in einem Werbeträger sagt mitnichten etwas darüber aus, dass diese Nutzer die Werbung auch wirklich gewahr werden, sie haben vielmehr nur die Chance dazu (OTS).

Meist gibt es je Branche einen oder mehrere *Pflichttitel*, die von praktisch allen relevanten Entscheidern gelesen werden. Dabei ergibt sich allerdings das Problem der Bestimmung von Entscheidungsträgern im Rahmen multipersonaler Kaufprozesse. Fachtitel sind wegen ihres arbeitsspezifischen Inhalts meist Pflichtlektüre für Berufsverantwortliche. Sie helfen ihnen, Markttrends zu erkennen, Neuheiten gewahr zu werden, Brancheninteressen zu erfassen, die Qualifikation zu steigern etc. Dementsprechend besitzt die Werbung darin höhere Chancen der Beachtung als im Publikum. Insofern kann vereinfachend Werbeträgerkontakt mit Werbemittelkontakt gleichgesetzt werden.

Oft verfügen Verlage über Ergebnisse aus Nutzerbefragungen. Diese erheben im Rahmen der laufenden Marktforschung zur Optimierung der redaktionellen Inhalte deren Akzeptanz. Im Rahmen dieser ohnehin stattfindenden Befragungen werden auch Fragen zur Beachtung, zum Interesse und zur Überzeugung von Werbung erhoben (Copy-Tests). Verlage veröffentlichen diese Daten gelegentlich, daraus ergeben sich Anhaltspunkte über die Werbemittelkontaktchance.

Entscheidenden Aufschluss gibt auch die Durchsicht von *Musterexemplaren* der Fachtitel. Daraus sind dann Parameter wie Papier- und Reproduktionsqualität, Seitenumfang, Anzeigenanteil, redaktioneller Stil etc. ersichtlich. Daher sollten unbedingt solche Ansichts-/Arbeitsexemplare vom Verlag angefordert werden, besser noch ist eine zeitlich begrenzte Freieinweisung, um sich aus erster Hand einen Eindruck über den Charakter des Mediums bilden zu können.

Schließlich sind die Tarifpreise zur Entscheidung über die Werbeeinschaltung bedeutsam. Dabei ist zu berücksichtigen, dass diese Einschaltkosten oft vergleichsweise gering sind in Relation zu den entstehenden Vorlagenkosten. Denn damit eine Anzeige in einer Fachzeitschrift erscheinen kann, sind umfangreiche Vorarbeiten erforderlich. Die Anzeigeninhalte sind zu konzipieren, die Gestaltung ist zu konkretisieren, die einzelnen Gestaltungselemente sind umzusetzen (z. B. Fotographie) und druckreif zu produzieren (z. B. Lithographie). Da die entstehende Anzeige neben ihrer reinen Sachbotschaft immer auch etwas über das Selbstverständnis des Absenders aussagt (Beziehungsebene), muss man sich hüten, dabei am falschen Ende zu sparen. Insofern laufen leicht Kosten von 8.000 € pro Motiv auf. Dagegen sind die Schaltkosten mancher Fachzeitschriften vergleichsweise niedrig.

- gute und kompetente Redaktion
- einwandfreie Druckwiedergabe
- klare Themenpläne
- Empfänger- und Leserstrukturanalyse
- vorhandene IVW-Prüfung
- Reichweitenanalyse
- moderne, zeitgemäße Gestaltung
- Preisflexibilität, Verhandlungsbereitschaft/Rabatte
- ausführliche, gut gestaltete Mediaunterlagen
- hoher Anteil der verkauften Auflage an der Gesamtauflage
- keine Farb- und Anschnittzuschläge
- Möglichkeit zu Sonderwerbeformen
- günstiger Tausend-Kontakt-Preis
- absolute Höhe der Auflage
- günstiger Tausend-Auflage-Preis
- Möglichkeiten des Zählservice im Verlag
- Möglichkeit zu Anzeigen-Copytests
- Anzeigen wichtiger Mitbewerber im Titel
- EDA-Empfänger-Datei-Analyse
- gute Papierqualität
- Crossmediale Angebote

Abbildung 36: Kriterien für die Auswahl von Fachzeitschriften

Aufgrund einer gewissen Abhängigkeit der Fachtitel von den Branchenwerbungtreibenden sind diese zu weitgehenden Zugeständnissen bereit. So sind oft erhebliche Nachlässe gegenüber der Preisliste vereinbar. Außerdem sind Platzierungen auf der Titelseite möglich. Auch können unternehmensbezogene Nachrichten als Gegenleistung für Anzeigen im redaktionellen Teil einer anderen Ausgabe abgedruckt werden. Hinzu kommt die Möglichkeit zu Interviews, Titelstories oder Unternehmensportraits. Fortdrucke dieser Ausgaben werden den Werbungtreibenden zur Verfügung gestellt. Gelegentlich kommt es auch zu kostenlosen Mehrfacheinschaltungen, um Anzeigenvolumen vorzuspiegeln.

Hinsichtlich des Werbetimings gibt es meist je Geschäftsbereich Saisonhöhepunkte, die allein aus Präsenzgründen („Flagge zeigen") Insertionen zu dieser

Zeit erforderlich machen. Dazu zählen nationale und internationale Messetermine. Außerdem gibt es Schwerpunktausgaben, die Themenkreise aufgreifen und sich zur Belegung anbieten. Schließlich gibt es die Orderzeit, z.B. für Süßwaren im Spätsommer für das Weihnachtsgeschäft, um etwaige Aktualisierung zu bewirken.

Dennoch kommt der Fachwerbung nicht selten Alibifunktion zu. Möglichkeiten der Direktansprache, im Persönlichen Verkauf, über Aussendungen oder Telefonansprache bieten hingegen individuellere, bessere Akquisitionschancen. Oft hält Fachwerbung nur die Kontaktbrücke als Basis zu allen Kunden, wobei A- und B-Kunden zusätzliche Aktivitäten erfahren.

## 4.8 Optimierung der Medialeistung

Die herkömmlichen Möglichkeiten der Mediaplanung stehen allen Werbungtreibenden und Werbungsmittlern gleichermaßen zur Verfügung, sie vermögen daher nicht, einen komparativen Konkurrenzvorteil herauszuarbeiten. Zudem verlangt auch das geradezu explodierende Angebot von Werbeträgern eine jeweils individuelle Profilierung. Beide Interessen führen zu einer flexibleren Handhabung der Mediadurchführung. Unter dem Begriff Mediaoptimierung räumen Werbeträger ihren Kunden Spielräume zur Erreichung von Vorsprüngen ein.

Besonders offensichtlich ist dies bei den am heißesten umkämpften Mediagattungen *Fernsehen* und Zeitschriften. Im privatwirtschaftlichen Fernsehen gibt es etwa die Möglichkeit, Spots kurzfristig nach zu buchen oder zu stornieren. Dadurch kann auf aktuelle Entwicklungen beim Werbungtreibenden, in dessen Konkurrenzfeld, bei dessen Kunden oder im Umfeld eingegangen werden. Auch können Budgeterhöhungen bzw. -kürzungen teilweise aufgefangen werden. Die größte Bedeutung hat sicherlich die Möglichkeit, Platzierungen umzubuchen. Dabei wird versucht, die optimale Platzierung in Abhängigkeit von Auditorium, Tageszeit und Redaktionsumfeld zu finden. Deshalb erfolgt bei erstmaliger Einbuchung nur eine Reservierung der Sendezeit, die fristgemäß angepasst werden kann. Da sich die Programmuhr der Sender wöchentlich, zum Teil auch täglich zu festen Uhrzeiten wiederholt, kann aus den Ratingzahlen der Zuschauerforschung bestimmt werden, wie viele Personen bestimmter demographischer Kriterien dann ferngesehen haben. Diese Werte werden sekündlich erfasst und viertelstündlich ausgewiesen. Nachteilig ist dabei, dass nur eingeschränkte Informationen über Einstellung und Verhalten der Zuschauer verfügbar sind. Dennoch kann man die Daten der Zuschauer bestimmter, anhand Datum und Uhrzeit ausgewiesener, Sendungen mit denen der definierten Zielgruppe abgleichen und Spots einbuchen, wenn zwischen beiden eine möglichst weitgehende Kongruenz gegeben ist. Das Ergebnis dieser Platzierung kann bereits an dem der Ausstrahlung folgenden Tag anhand der Ratings verfolgt werden und führt zur Beibehaltung dieser Platzierung oder aber zu deren Änderung. Diese Ergebnisse werden dann weiter verfolgt, bis eine relative Optimierung der Platzierung erreicht ist. Da auch die Tarifpreise der Einschaltungen zeitlich variieren, kommt es neben dieser Reichweitenbetrachtung auch auf die Wirtschaftlichkeitsberechnung an, d.h. die Veränderung der Leistung in Relation zu deren Kosten. Zudem verschieben sich auch Programmteile, etwa infolge aktueller Einflüsse oder kommen neu hinzu, bspw. bei Sportereignissen. Daher ist eine schnelle Reaktion erforderlich, die durch Online-Verbindung der Werbungsmittler mit den Sendern gewährleistet ist. So weiß man aus den Ratingzahlen, dass die erste und letzte Platzierung innerhalb eines Werbeblocks die größten Chancen hat, dem Zapping zu entgehen. Da dies immer mehrere Werbungtreibende zugleich anstreben, ist der Zeitfaktor entscheidend. Das dazu benötigte Knowhow erfordert ein hohes Maß an Spezialisierung, was zur Ausbildung von Mediaagenturen geführt hat, die von den Mediaabteilungen der Werbungtreibenden tatkräftig unterstützt werden.

In *Zeitschriften* ist eine solche Mediaoptimierung nur begrenzt möglich. Ein Instrument ist die heftbezogene Auflagenmeldung. Da die Anzeigenpreise während des ganzen Jahres für alle Hefte eines Titels meist konstant sind, deren Auflage aber schwankt, kann ein günstigerer 1.000-Auflage-Preis erzielt werden, wenn auflagenstarke Hefte belegt werden, also z.B. vor Weihnachten, Ostern. Gleichzeitig sind diese Hefte dann aber auch dicker, so dass die Konkurrenz der Anzeigen um die Aufmerksamkeit der Leser größer ist. Zudem sind die heftbezogenen Zahlen immer Vergangenheitswerte, deren prognostische Eignung fraglich ist. So weiß man, dass Zeitschriften sehr stark coverbezogen gekauft werden, die Heftauflage also Ausreißern unterliegt. Außerdem hilft die Optimierung nichts, wenn die günstigeren Hefte außerhalb des eigenen Werbezeitraums liegen. Falls Anzeigen einmal nach heftbezogener Auflage abgerechnet werden sollten, wäre auch diese Spekulation hinfällig. Dann kann auch die positive Wirkung von Themen-Specials in Zeitschriften, wie sie immer häufiger angeboten werden, und Print-Promotions, etwa redaktionelle Themenstrecken mit Product Placement, überprüft werden.

Wie schwierig eine solche Ausdifferenzierung im übrigen ist, zeigen schon die verschiedenen *Leserbegriffe*, die angewendet werden:

- Exklusivleser lesen nur eine Publikation einer Kategorie, Doppelleser/Mehrfachleser nutzen innerhalb einer Kategorie zwei oder mehr Werbeträger. Erstleser erwerben eine Publikation und lesen diese auch hauptsächlich (Hauptleser). Zweitleser/Drittleser lesen einen Printtitel nur, kaufen ihn aber nicht (Mitleser). Kernleser lesen regelmäßig eine Publikation, operationalisiert durch die Angabe, von den letzten zwölf Ausgaben mindestens zehn gelesen zu haben. Weitester Leserkreis impliziert alle Personen, die von den letzten zwölf Ausgaben einer Publikation angeben, mindestens eine gelesen zu haben. Zufallsleser werden durch eine Publikation nur fallweise erreicht. A-Leser beziehen einen Printtitel auf vertraglicher Basis (Abonnement). E-Leser nehmen einen Printtitel auf freier Basis (Einzelverkauf) ab. LZ-Leser erhalten einen Printtitel in der Lesezirkelmappe.

Nach der MA-Definition („Media-Währung") gilt als Leser einer Zeitschrift eine Person, die diese Zeitschrift ganz oder teilweise gelesen oder durchgeblättert hat. Dabei genügt das Betrachten des Titelblattes allein nicht, das gilt lediglich bei Tageszeitungen als „Leser". Die dieser Befragung zugrunde liegenden Zeiträume unterscheiden sich je nach Zeitschriftengattung. Dabei wird das zu erwartende Erinnerungsvermögen berücksichtigt. Bei monatlich erscheinenden Zeitschriften werden die Personen nach dem letzten Jahr befragt, bei 14-täglich erscheinenden Titeln nach dem letzten halben Jahr und bei wöchentlich erscheinenden Titeln nach den letzten drei Monaten. Es wird also jeweils die Nutzung der letzten zwölf Ausgaben einer Zeitschrift erfragt. Bei Tageszeitungen wird die Nutzung innerhalb der letzten zwei Wochen erkundet, wobei das Betrachten des Titelbildes als Kriterium herangezogen wird (Weitester Leserkreis/WLK). Alle Personen im WLK erhalten eine Lesewahrscheinlichkeit für das betreffende Pressemedium, die größer Null ist, zugeordnet.

Als Seher gilt eine Person, die mindestens 60 Sekunden (Minutenkonvention) innerhalb einer halben Stunde durchgehend das jeweilige Programm/den Sender genutzt hat. Die Reichweiten werden nicht durch Befragung, sondern durch technische Messung erhoben. Dazu gibt es das GfK-Telemeter, das sekundengenau die Fernsehaktivitäten in ca. 5.640 Panelhaushalten aufzeichnet. Als Medieneinheit gilt die halbe Stunde, innerhalb der die ausgewiesenen Sender Werbung ausstrahlen. Als Tageszeiten gelten bei ARD/ZDF 18.00/17.30–20.00 Uhr, bei Privatsendern: 15.00–24.00 Uhr. Als mediatechnisch erreicht gelten alle Personen, die im jeweiligen Zeitabschnitt einer halben Stunde das Fernsehgerät eine Minute eingeschaltet hatten, gleich ob zu dieser Zeit Werbesendungen liefen oder Redaktion.

Weitere Konventionen beziehen sich auf folgende Begriffe:

- Ein Titel ist ein Printmedium, das als Werbeträger gebucht werden kann.

- Ein Werbeträgerkontakt entsteht, wenn ein Exemplar eines Printtitels gelesen oder durchgeblättert wird.

- Eine Person, die einen Werbeträgerkontakt hatte, ist ein Nutzer.

- Eine bestimmte Ausgabe eines Printtitels wird als Ausgabe bezeichnet.

- Ein einzelnes, physisch anfassbares Exemplar eines Printtitels ist ein Exemplar.

- Ein Hörer ist eine Person, die innerhalb einer durchschnittlichen Stunde Kontakt mit einer Hörfunksendung hatte, gleich ob mit Werbung oder ohne.

- Ein Kinobesucher ist eine Person, die angibt, einen Film ganz oder teilweise gesehen zu haben, unabhängig von der Werbenutzung.

## 4.9 Mediadurchführung

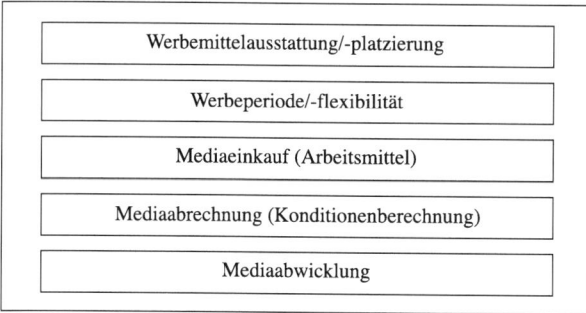

Abbildung 37: Schritte der Mediadurchführung

### 4.9.1 Werbemittelausstattung/-platzierung

Die Werbemittelausstattung kann im Printbereich nach Format und Farbigkeit, im Elektronikbereich nach Länge und Sonderformen bestimmt werden.

Für *Anzeigen* gelten die Formate 1/1 Seite (sprich: Ein-Eintel), also ganzseitig, seitenüberschreitend, also 2/1 Seite oder auch mehr Seiten als Anzeigenstrecke etc., oder seitenteilig als 1/2 Seite etc. bis zu 1/64 Seite o.ä. (*siehe Abb. 38 und Abb. 39*). In Bezug auf die Farbigkeit werden einfarbig schwarzweiß (s/w) und mehrfarbig (s/w + 1 Zusatzfarbe, s/w + 2 Zusatzfarben oder 4-farbig) unterschieden. Gelegentlich werden auch Sonderfarben eingesetzt, etwa die Hausfarbe oder Gold/Silber. Zu überprüfen ist weiterhin, inwieweit die Aufbringung von Rubbelflächen, Duftmarkierungen oder Klebepunkten für Warenproben, Antwortpostkarten etc. sinnvoll ist. Dies gilt auch für Aufklappseiten (Gatefold etc.) oder andere Falztechniken.

Bei *Plakaten* werden Bogenformate zugrunde gelegt, ausgehend von 1/1 Bogen (DIN A 1 = 59 × 84 cm). Gängige Formate sind ein Vielfaches davon, z.B. 4/1-Bogen für ÖPNV-Haltestellenplakate. Gängigstes Format ist 18/1-Bogen (Großfläche) als Plakatwand (*siehe Abb. 40*). Hier ist vor allem sicherzustellen, dass die Wahrnehmungsqualität trotz externer Einflüsse wie Witterung, Vandalismus, Ablösung etc. erhalten bleibt. Dafür gibt es entsprechende Kontrollverfahren und monetäre Wiedergutmachungen, wobei wiederum sicherzustellen ist, dass solche Möglichkeiten von den Verantwortlichen auch genutzt werden. Weiterhin kann es sinnvoll sein, ausgefallene Gestaltungen wie 3-D-Plakate oder Coupon-Plakate, die sehr aufwändig herzustellen sind, einzusetzen.

*Spots* in Fernsehen und Hörfunk werden nach Länge in Sekunden bemessen. Gängige Längen sind 7, 15, 20, 30, 60 Sekunden, geringfügige Über- oder Unter-

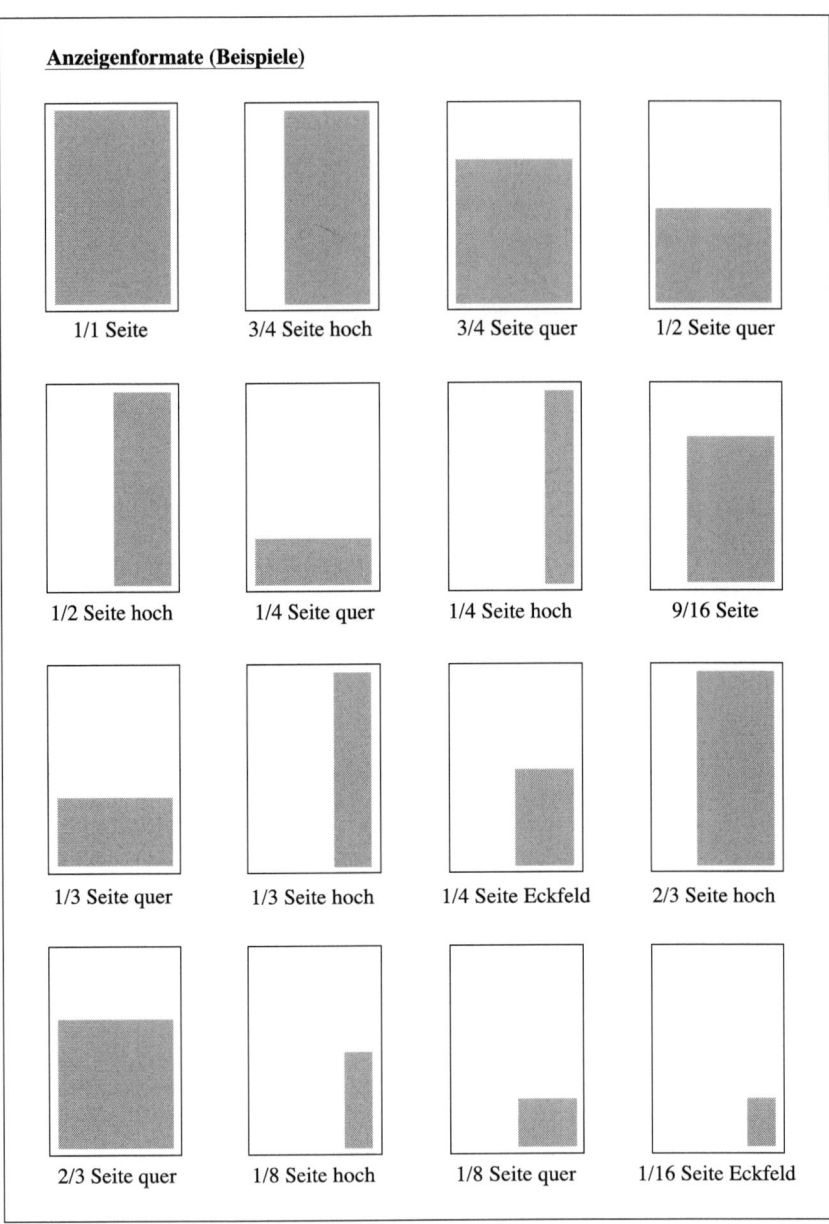

Abbildung 38: Anzeigenformate (I)

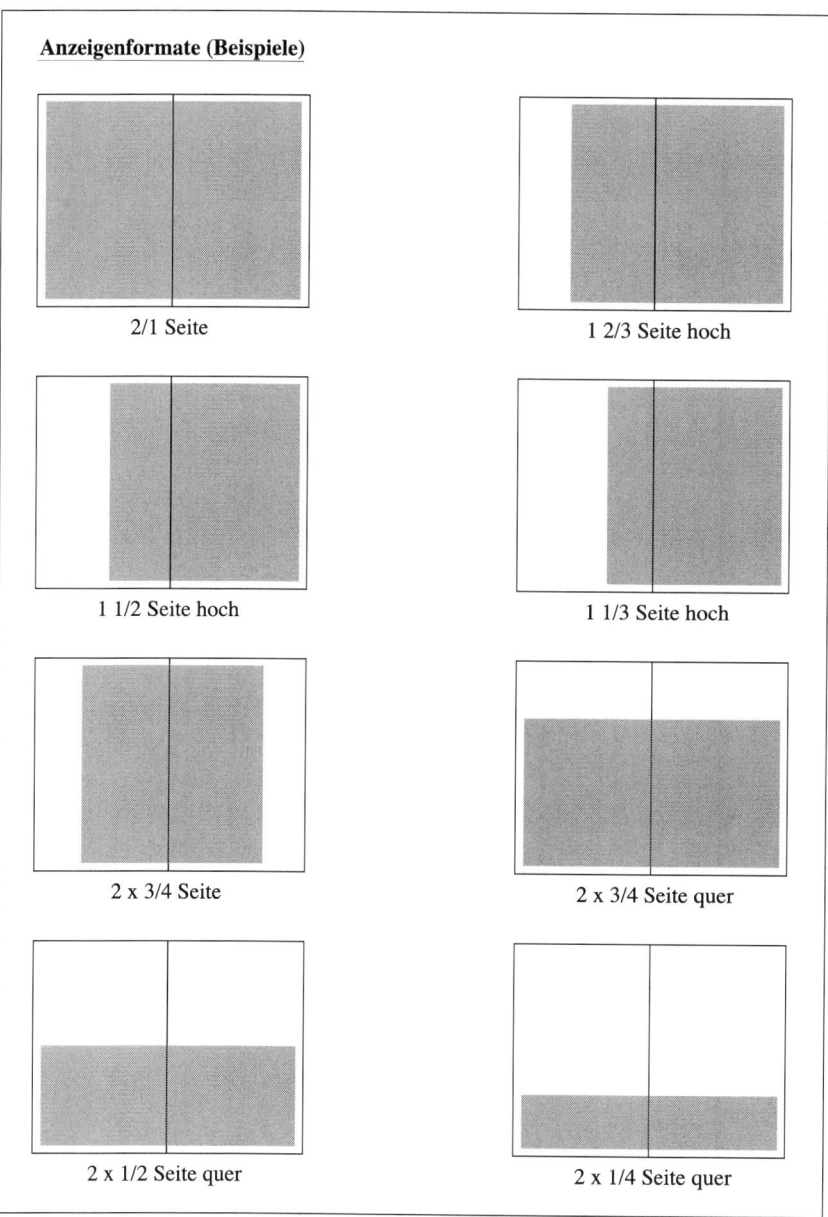

Abbildung 39: Anzeigenformate (II)

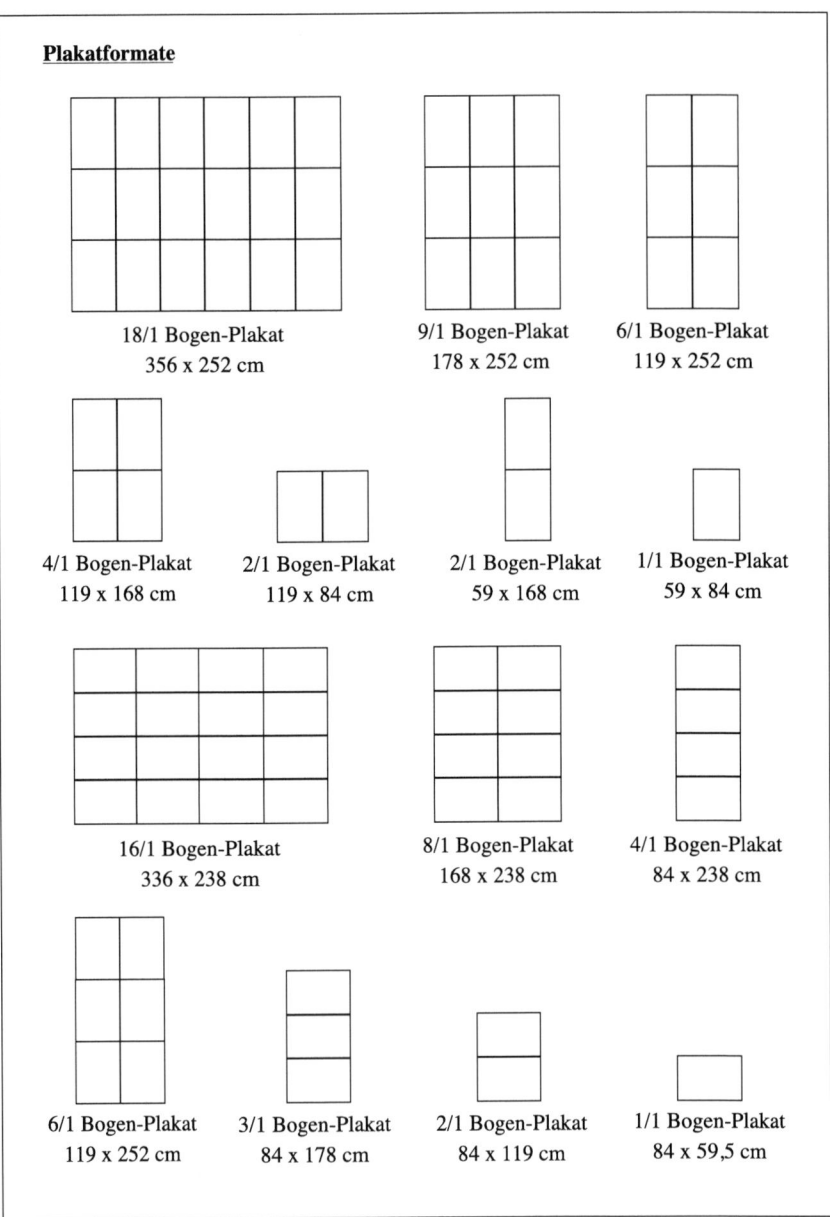

**Plakatformate**

18/1 Bogen-Plakat
356 x 252 cm

9/1 Bogen-Plakat
178 x 252 cm

6/1 Bogen-Plakat
119 x 252 cm

4/1 Bogen-Plakat
119 x 168 cm

2/1 Bogen-Plakat
119 x 84 cm

2/1 Bogen-Plakat
59 x 168 cm

1/1 Bogen-Plakat
59 x 84 cm

16/1 Bogen-Plakat
336 x 238 cm

8/1 Bogen-Plakat
168 x 238 cm

4/1 Bogen-Plakat
84 x 238 cm

6/1 Bogen-Plakat
119 x 252 cm

3/1 Bogen-Plakat
84 x 178 cm

2/1 Bogen-Plakat
84 x 119 cm

1/1 Bogen-Plakat
84 x 59,5 cm

Abbildung 40: Plakatformate

schreitungen werden von Sendern effektiv abgerechnet. Sonderformen beziehen sich auf die besondere Gestaltung und/oder Platzierung von Spots und gewinnen immer mehr an Gewicht, um der Gleichförmigkeit der gesetzlich vorgeschriebenen Werbeblöcke zu entgehen. Zu denken ist z. B. an Programm-Sponsoring, Gameshows oder Direct Response-Spots. Ein wichtiges, oft vernachlässigtes Element ist die Tonkomponente, hier vor allem als Musikuntermalung.

Bei Kinos wird die Länge traditionell nach Filmmetern Laufzeit bemessen und berechnet (1 m = ca. 2,2 Sek.).

Hinsichtlich der Werbemittelplatzierung werden bei *Pressemedien* meist, entsprechend des typischen Blickverlaufs auf den Seiten, Platzierungen am oberen oder unteren Rand der Seite sowie in den Ecken bevorzugt. Rechte Seiten sollen zudem mehr Aufmerksamkeit erzielen als linke, Platzierungen im oberen Teil der Seite größere als solche im unteren Teil. Die Wirkung von Anzeigen, die sich neben einem redaktionellen Beitrag befinden (1/1 Seite oder seitenteilige Formate), wird als höher angesehen. Anzeigen im vorderen Teil einer Ausgabe gelten als wirksamer als solche im hinteren Teil (Primacy-Effekt). Bei Zeitschriften werden oftmals Platzierungen auf den Umschlagseiten (2. US: gegenüber Inhaltsverzeichnis, 3. US: letzte Innenseite des Heftes, 4. US: Heftrückseite) wegen der mutmaßlich höheren Beachtung angestrebt. Bei Zeitungen sind vor allem Platzierungen im Titelkopf auf der Frontseite begehrt. Bei Fachtiteln ist zudem auch eine Platzierung auf der Titelseite (Cover) möglich. Sofern in einem Pressemedium Themenschwerpunkte vorgesehen sind, lohnt sich die Platzierung innerhalb dieser Schwerpunkte/Specials besonders (*siehe Abb. 41*).

Von besonderer Bedeutung ist die Platzierung naturgemäß bei *Außenwerbung*, denn sie bestimmt im Wesentlichen das Ausmaß des Kontakts zwischen Zielpersonen und Werbung. Für Plakatflächen gibt es elaborierte Stellenbewertungsverfahren, die gewährleisten, dass das Preis-Leistungs-Verhältnis zumindest a priori stimmt. Höhere Tarifpreise, zumeist wird dabei in drei Preisklassen unterschieden, bedeuten dann auch bessere Stellenqualität.

Bei *Elektronikmedien* besteht sowohl im Fernsehen und Hörfunk als auch im Kino die Notwendigkeit zur Blockwerbung. Dies ist nicht unproblematisch, da es zu Interferenzeffekten zwischen den Spots eines Blocks kommt, d. h. von mehreren zeitnah ausgestrahlten Werbebotschaften setzt sich wohl nur die impaktstärkste Botschaft im Gedächtnis der Rezipienten durch und neutralisiert die Wirkung aller anderen Botschaften. Zur Verhinderung werden zwei Auswege gesehen, möglichst hohe werbliche Penetration (Etat) oder möglichst ungewöhnliche kreative Umsetzung, beide allerdings nur schwer zu erreichen. Zumindest im wichtigen Medium Fernsehen kommt das Zapping als Umschalten auf einen anderen, vermeintlich werbefreien TV-Kanal als Erschwernis hinzu. Insofern wird empfohlen, eine Platzierung als erster oder letzter Spot im Werbeblock anzustreben. Der erste Spot hat die größten Chancen, dem Zapping zu entgehen, und der letzte Spot hat Chancen, weil sich Zuschauer in Erwartung der Fortsetzung des Pro-

- Anzeigenstrecken: mehrere aufeinander folgende Seiten, evtl. mit Streckenrabatt
- Panorama-Anzeige: über Mittelsteg des Heftes laufend
- Tunnel-Anzeige: über Mittelsteg laufend, jedoch nicht über die vollen Seiten, sondern nur seitenteilig
- L-Anzeige: nicht rechteckig, sondern L-förmig
- Insel-Anzeige: an allen vier Seiten von Redaktion umschlossen
- Satelliten-Anzeige: mehrere Anzeigen auf einer Seite (meist ist dazu ein Mindestvolumen erforderlich)
- Titelkuller: Platzierung auf der Frontseite des Werbeträgers (Kleinanzeige)
- Griffecken-Anzeige: Platzierung unten rechts auf der rechten Seite, beschränkte Formatgröße
- Flexformat-Anzeige: Text der Redaktion läuft um die Anzeige herum, bedarf der Sondervereinbarung
- Shadowprint: Anzeige ist dem Text hinterlegt
- Altarfalz: Anzeigendoppelseite, aus der links und rechts je eine weitere Seite herausklappbar sind
- Ausschlagbare Seite: Anzeigenseite kann nach oben, unten, rechts oder links ausgeschlagen werden
- China Cover: Heft ist seitenanteilig mit Werbeumschlag versehen
- French Cover/Gate Cover: Seiten lassen sich mittig aufklappen, so dass darunter eine doppelseitige Anzeige entsteht
- Gatefold-Anzeige: Ausschlagbare Titelseite nach links oder rechts
- Geschlossene Anzeige: Anzeige ist an einer Seite geschlossen (Seiten sind nicht aufgeschnitten)
- Multi Cover/Blister Cover: Einarbeitung von Warenproben etc. auf der Coverseite
- Rolling Gate: Altarfalz mit mehreren aufklappbaren Seiten
- Heft im Heft: Beihefter mit eigenständiger Klammerung (bei Abo-Zeitschriften namentlich adressiert)
- Duftlack-Anzeige: setzt durch Rubbeln eingeschlossene Duftpartikel frei
- Metallic-Anzeige: Gold, Silber, Kupfer als fünfte Sonderfarbe
- Signalfarben/Leuchtfarben: fluoreszierende Farben
- Schachbrett-Anzeige: Platzierung oben links und unten rechts
- geografischer Split: zwei Anzeigenmotive nach Nielsengebieten gesplittet
- mechanischer Split: zwei Anzeigenmotive wechselweise in der Gesamtauflage gesplittet
- Nielsen-Teilbelegung: nur Verbreitung in einem/nicht allen Nielsen-Gebieten

Abbildung 41: Sonderwerbeformen in Print

gramms wieder auf den ursprünglichen Sender aufschalten. Zunehmend synchronisieren die TV-Sender ihre Werbeblockzeiten, so dass auch eine zeitlich parallele Einschaltung bei wichtigen Werbeereignissen (Road Blocking) darstellbar ist.

### 4.9.2 Werbeperiode/-flexibilität

Bei gegebenem Werbegebiet und gegebener Werbeperiode können unterschiedliche *Intensitäten* des Einsatzes gegeben sein (*siehe Abb. 42*):

- gleich bleibende Werbeintensität bedeutet, dass der Medieneinsatz im gesamten
  Werbegebiet während der gesamten Werbeperiode auf konstantem Niveau erfolgt,

- veränderliche Werbeintensität bedeutet, dass der Medieneinsatz auf kontinuierlich
  steigendem oder fallendem Niveau erfolgt (Back Loading oder Front Loading),

- pulsierende Werbeintensität bedeutet, dass der Medieneinsatz in regelmäßig
  oder unregelmäßig wechselnden Intervallen auf regelmäßig oder unregelmäßig
  wechselndem Niveau erfolgt,

- ansteigende und wieder abfallende wellenförmige Werbeintensität bedeutet, dass
  auf einen, z. B. Hauptsaisonzeitraum, hingearbeitet wird,

- geblockte Werbeintensität bedeutet, dass einzelne Durchgänge (Flights) geschaltet werden, zwischen denen Perioden ohne werbliche Ansprache liegen,

- punktuelle Werbeintensität bedeutet, dass nur während eines zeitlich eng begrenzten Zeitraums geworben wird, z. B. einem Saisonhöhepunkt (Burst).

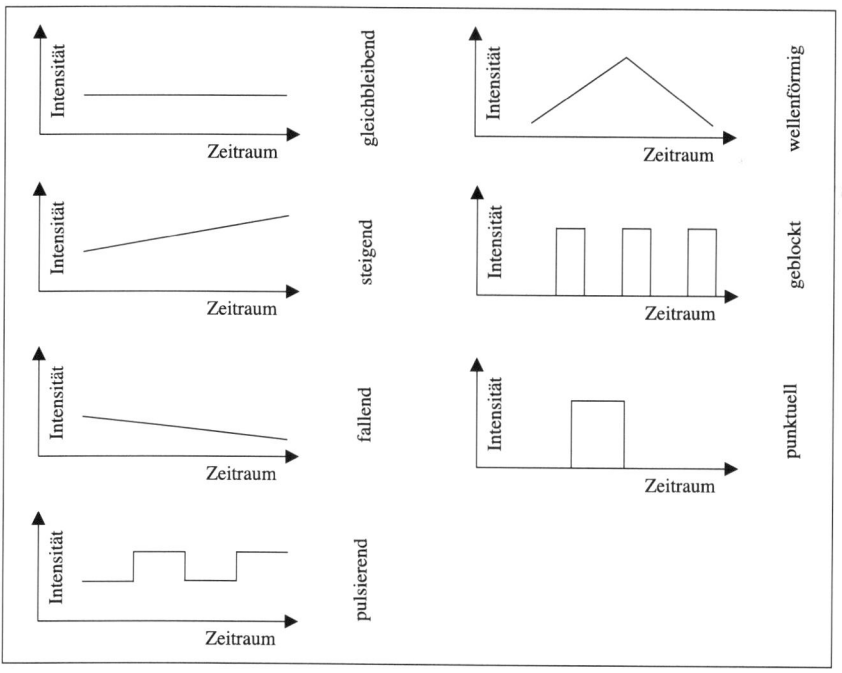

Abbildung 42: Werbeintensität

Hinsichtlich der Flexibilität sind zweckmäßigerweise folgende *Einsatzabstu-fungen* unterscheidbar:

- Tagesgenau impliziert eine extrem kurzfristige Reaktionszeit. Voraussetzung sind entsprechende Konzepte, die diesen schnellen Einsatz möglich machen.

- Wochengenau geht die Reaktionszeit über einen Tag hinaus. Dies ist darin be-gründet, dass entsprechende produktionstechnische Vorkehrungen vor dem Ein-satz erforderlich sind, z. B. bei Druckvorlagen, oder auf die Reaktionszeit von Werbedurchführenden Rücksicht genommen werden muss, z. B. bei Verlagen.

- Monatsgenau geht die Reaktionszeit über eine Woche hinaus. Dies liegt an kom-plizierteren produktionstechnischen Vorkehrungen, z. B. bei dreidimensionalen Werbemitteln, oder an längeren Einsatzintervallen der Werbemittel, z. B. bis zum Erscheinungstermin.

- Quartalsgenau ist eine eher mittelfristige Reagibilität der Medien gegeben. Da-durch wird ein Eingehen auf veränderte Umfeldbedingungen nur recht einge-schränkt möglich. Gründe dafür liegen sowohl in der Notwendigkeit zur internen organisatorischen Vorbereitung wie auch zur Anmeldung der externen Verfüg-barkeit von Maßnahmen.

- Halbjahresgenau ist die zeitliche Verfügbarkeit sehr gering. Zu dieser Reaktions-zeit kann es aber leicht kommen, wenn für Änderungen der Umfeldbedingungen keine strategischen Rahmenpläne bereitliegen, sondern diese erst zu erarbeiten sind. Dann verhilft auch eine schnelle Reaktion in der Realisation nicht zu grö-ßerer Flexibilität.

- Jahresgenau entspricht den üblichen Mediaplanungsintervallen. Er erlaubt einen konsistenten, effizienten und wohl überlegten Media-Mix. Auf veränderte Um-feldbedingungen kann dabei keine Rücksicht genommen werden. Dies bleibt den operativen Medien vorbehalten.

Das unterschiedliche Niveau wird entweder durch die Breite der Ansprache nach der Anzahl der Kommunikationsinstrumente oder die Tiefe nach der Pene-tration je Kommunikationsinstrument erzielt oder durch eine Kombination aus beidem.

### 4.9.3 Arbeitsmittel im Mediaeinkauf

Als Arbeitsmittel im Mediaeinkauf sind vor allem das Factsheet, der Werbe-träger-Tarif und die Media-Daten zu nennen.

Der Mediaeinkauf vollzieht sich je nach Mediagattung unterschiedlich. An die-ser Stelle soll beispielhaft auf Print eingegangen werden. Für Pressemedien sollte für jeden infrage kommenden Titel im Unternehmen ein Informationsblatt (elektro-nisches *Factsheet*) angelegt werden. Es enthält Angaben über (am Beispiel Print):

- Verlag (Anschrift für Werbedisposition und Produktion), Auflage (differenziert, evtl. IVW-geprüft), Erscheinungsweise, Leserschaftsstruktur (nach Branche, Hierarchiestufe, Funktion), Inhalt (redaktionelle Schwerpunkte), Nutzung durch Konkurrenten, Jahrgang (Bestand am Markt), Tarifkosten eines gängigen Formats.

Hinsichtlich des Kriteriums *Auflage* muss wie folgt unterschieden werden:

- Druckauflage als Anzahl der Exemplare, die aus der Druckmaschine kommen (abzgl. Makulatur), Abonnementauflage als Anzahl der Exemplare, die im Festbezug verkauft werden, auch als Mitgliederexemplare oder im Sammelbezug, Lesezirkelauflage als Anzahl der Exemplare, die in Lesezirkelmappen verarbeitet werden, Einzelverkaufsauflage als Anzahl der Exemplare, die über Verkaufsstellen verkauft werden, verkaufte Auflage als Anzahl der Exemplare, die tatsächlich verkauft werden (Einzelverkauf abzgl. Remittenden), tatsächlich verbreitete Auflage als Anzahl der Exemplare, die verkauft und anderweitig verteilt werden, unentgeltlich verbreitete Auflage als Anzahl der Exemplare, die als Freistücke verteilt, aber nicht verkauft werden, Rest-, Archiv-, Belegexemplare als Anzahl der Exemplare, welche die Leserschaft nicht erreichen, kontrollierte Auflage als Anzahl der Exemplare, die von der IVW als verkauft/verbreitet ausgewiesen werden, garantierte Auflage als Anzahl der Exemplare, die der Verlag im Tarif mindestens zusichert, Bindeauflage als Anzahl der Exemplare, die zur Weiterverarbeitung nach dem Druck gelangen, Leserauflage als Anzahl der Exemplare, die verkaufs-/verbreitungsfähig sind, Remittenden als Anzahl der Exemplare, die im Auflageintervall nicht verkauft werden und als Voll-(Ganzheft-), Teil-(Titelseiten-) oder Kopfremissionen (Logo-Beleg) an den Verlag zurückgehen.

Damit stehen alle wichtigen Daten auf einen Blick zur Verfügung. Wichtig ist deren stetige Aktualisierung. Dazu ist es erforderlich, die jeweils aktualisierten, gültigen Tarife, d. h. Preis- und Konditionenlisten der Verlage, auszuwerten. Daher empfiehlt es sich, immer alle Tarife in Frage kommender Verlage in aktueller Ausgabe verfügbar zu halten.

Ein *Werbeträger-Tarif* enthält im Allgemeinen folgende Angaben (am Beispiel Print):

- laufende Nummer der Preisliste und Gültigkeitsdauer, Allgemeine Geschäftsbedingungen, die man mit der Auftragsvergabe akzeptiert, Grundpreise der wichtigen Formate, diese enthalten i. d. R. 15 % AE-Provision als Entgelt für Werbungsmittler, also Agenturen, Aufschläge auf diese Grundpreise, z. B. für Anschnitt, also Nutzung der gesamten Fläche über den Satzspiegel hinaus, Schmuckfarben, d. h. solche, die nicht aus dem Vierfarbsatz erstellt werden sollen oder können, Sonderformate, z. B. nicht rechteckige Formate etc., Nachlässe als Mal- und Mengenrabatte in Staffeln, wobei der Malrabatt sich auf die Anzahl der Einschaltungen innerhalb eines Abschlussjahres, der Mengenrabatt auf die kumulierte Fläche dieser Einschaltungen bezieht und der jeweils günstigere Rabattsatz in Anspruch genommen werden kann, Preise für Mehrfarbanzeigen, praktisch alle Farben lassen sich aus den vier Grundfarben Cyan, Magenta, Gelb und Tiefe/CMYK aufbauen, Spaltenbreite und Spaltenzahl je

Seite, Höhe und Breite des angeschnittenen Heftformats sowie Format des Satz-
spiegels (Satzspiegel ist der rundum unbedruckte Rand einer Seite), außerdem
Beschnittzugabe, d. h. Motivreserve rundum, Seiteninhalt in Millimeter, dies
ist wichtig, falls nach Millimeter-Preis abgerechnet wird, Bruttopreis pro Seite,
d. h. bei Belegung mit einer 1/1 S.-Anzeige, und Preis pro Millimeter, diese Angabe bezieht sich auf einen Millimeter Höhe in der jeweiligen Spaltenbreite,
Anzeigenschluss für die Buchung einer Ausgabe (AS), Anlieferungsschluss
für die Vorlageneinreichung (Druckunterlagenschluss/DUS), Rücktrittstermin
(RT), bis zu diesem Termin kann eine bereits gebuchte Anzeige storniert werden, Themenplan der Redaktion, dies ist wichtig, um Synergieeffekte zwischen
redaktioneller Berichterstattung und eigener Werbeeinschaltung ausnutzen zu
können, Teilbelegungsangaben, denn manche Verlage bieten die Möglichkeit,
nach Bundesländern oder Nielsengebieten separat zu belegen, Expressbelegung
für Anzeigenplatzierung in letzter Minute und Ortstarife, die für ortsansässige
Werbungtreibende gelten, die ohne Werbungsmittler schalten, Preise/Auflagen/
Platzierungen für Beilagen, diese sind dem Trägermedium nur lose beigefügt,
Beikleber, diese sind auf eine Trägerseite aufgeklebt, und Beihefter, diese sind
fester Bestandteil des Trägermediums, technische Daten für Beilagen, Beikleber
und Beihefter, z. B. Höchst- und Mindestformate, Papierqualität, Papiergewicht,
Zahlungsbedingungen und Skonto, Erscheinungsort (meist der Verlagssitz), Anschrift der Anzeigenverwaltung, garantierte verkaufte Auflage, vermehrt geben Verlage eine Gutschrift, wenn diese Auflage nicht erreicht wird, Lesezirkelauflage, falls vorhanden, Einzelverkaufspreis (Copy-Preis), falls der Fachtitel
nicht nur im Abonnement erhältlich ist.

Für den Fall, dass solche Tarife nicht vorliegen oder nicht bekannt ist, welche
Werbeträger für eine Belegung in Betracht kommen, gibt es noch ein anderes
wichtiges Hilfsmittel in Form der *Media-Daten*. Dort finden sich folgende Informationen (am Beispiel Print):

• Kurzcharakteristik des Werbeträgers, Organ (Verband etc.), Herausgeber (Name,
  Anschrift), Redaktion (Name, Anschrift), Anzeigenleitung (Name, Anschrift), aktueller Jahrgang, Erscheinungsweise, Verlag (Postanschrift, Telecomanschlüsse,
  Bankverbindung), Erscheinungsplan, Redaktionsplan, Erstverkaufstag, Bezugs-
  preis (Copy-Preis), Umfangs-Analyse (Redaktion, Anzeigen), Inhalts-Analyse
  (redaktionelle Schwerpunkte), Anzeigenkontrolle (IVW), Druckauflage, tatsächlich verbreitete Auflage, verkaufte Auflage, abonnierte Auflage, Einzelverkaufsauflage, Freistücke, Rest-/Archiv-/Beleg-/Arbeitsexemplare, geographische Ver-
  breitungs-Analyse (Bundesländer/Nielsen-Gebiete), Empfänger-Analyse, soweit
  vorhanden nach Branche, Wirtschaftszweig, Fachrichtung, Berufsgruppe, Größe
  der Wirtschaftseinheiten, Stellung im Betrieb, betriebliche Funktion, Beruf,
  Schulbildung, berufliche Vorbildung, Alter, Gemeindegrößenklasse etc.

### 4.9.4 Konditionenberechnung der Medien

Ein zentrales Element im Mediaeinkauf ist naturgemäß die Preisberechnung der Medien. Bei Zeitungen sind die Anzeigenpreise von Titel zu Titel verschieden und dem jeweiligen Tarif zu entnehmen. Wichtig ist dabei, nicht von der ausgewiesenen Auflage der Zeitung auszugehen, da dasselbe Exemplar einer Zeitung immer von mehreren Personen genutzt wird, d. h. 1.000 Exemplare erreichen weitaus mehr als 1.000 Personen, weil z. B. ein und dasselbe Exemplar im Haushalt von mehreren Haushaltsangehörigen genutzt wird.

Grundlage für die Berechnung des Anzeigenpreises ist der Grundpreis, das ist der Preis für 1 mm Höhe in einer Spaltenbreite von meist 45 mm (mm-Preis) *(siehe dazu Abb. 43)*. Bei verschiedenen Rubriken und/oder Ausgaben können bei derselben Zeitung verschiedene Grundpreise gelten. Der Tarif weist gängige Anzeigenformate als Festpreise aus (z. B. 1/1-, 1/2-, 1/3-, 2/3-Seiten). Blattbreite Anzeigen laufen über die gesamte Seitenbreite, blatthohe Anzeigen analog über die gesamte Seitenhöhe als Streifenanzeigen.

Anzeigenformat:
2 sp. / 150 mm (B x H)

mm-Preis:
4 €

Anzeigenpreis:

(150 mm x 4 € je mm) x 2 Spalten =
1200 €

Abbildung 43: Berechnungsbeispiel für Zeitungsanzeige

Fließtextanzeigen, also solche, die nicht gestaltet sind, werden nach Anzahl der verwendeten Worte oder evtl. Zeilen plus Chiffre-Gebühr berechnet. Üblich ist dabei die Einteilung nach Rubriken (rubrizierte Anzeigen) wie Finanzen, Gelegenheiten, Kraftfahrzeuge, Immobilien, amtliche Bekanntmachungen, Familie, Unterricht, Fremdenverkehr etc. Gewerbliche Inserenten sind jeweils gesondert zu kennzeichnen.

Bei den Rabatten ist zwischen Mal- und Mengenrabatten zu unterscheiden. Der jeweils höhere Rabatt kann in Anspruch genommen werden. Der Malrabatt richtet sich nach der Anzahl der Einschaltungen außer Fließtextanzeigen und beträgt gestaffelt meist zwischen 5–20 %, der Mengenrabatt richtet sich nach der dabei insgesamt abgenommenen Anzeigenfläche bei gleichem Motiv. Rabattiert werden alle Anzeigen in einem Abschlussjahr, das vom Werbungtreibenden bestimmt wird. Bei geschickter Verhandlung und einem gewissen Mindestvolumen sollte zum Jahresende mit dem Verlag über einen Bonus (Gutschrift) oder Naturalrabatt (Freieinschaltungen) verhandelt werden können.

Mehrere Lokalzeitungen sind oft unter einem Dach (Anzeigenring/Tarifgemein-schaft) zusammen geschlossen. Werden zwei oder mehr Zeitungen unter einem Dach gemeinsam mit Anzeigen belegt, besteht so die Möglichkeit der Inanspruchnahme eines Kombinationsrabatts.

Als Basisformat für Zeitschriften gilt 1/1 Seite sowie ein Vielfaches davon (2/1 S. etc.) bzw. ein Bruchteil davon (3/4 S., 1/2 S. etc.). Die Anzeigenformate liegen im Satzspiegel mit unbedrucktem Steg rundum, im Anschnitt bis zum Papierrand bedruckt, gehen über Bund, d. h. der Steg rechts auf der linken Seite und der Steg links auf der rechten Seite werden mitbedruckt, haben Hoch- oder Querformate etc. Der mechanische Anzeigensplit erlaubt eine abwechselnde Schaltung von zwei oder mehr gleich ausgestatteten Motiven innerhalb einer Ausgabe. Der geografische Split erlaubt eine Aufteilung von zwei oder mehr gleich ausgestatteten Motiven auf verschiedene Verbreitungsgebiete, meist Nielsen-Gebiete.

Die Anzeigenpreise berechnen sich auf Basis der belegten Fläche linear über verschiedene Formate. Hinzu kommt bei Farbigkeit ein Zuschlag von ca. 30–35 % je Farbe, wobei dieser Farbzuschlag immer auf die gesamte Seite bezogen wird, auch wenn nur seitenteilige Formate belegt werden. Für alle Ausstattungen gelten Mal-, Mengen- und Kombinationsrabatte.

Die Buchung erfolgt durch Anzeigenauftrag, dessen Inhalte sich aus dem Tarif des Werbeträgers ergeben. Der Anzeigenschlusstermin (AS) liegt meist drei bis vier Wochen vor Erscheinungstermin, zeitgleich ist dies auch der Rücktrittstermin (RT) für bereits vorher erteilte Anzeigenaufträge. Davon zu unterscheiden ist der Druckunterlagenschlusstermin (DUS) als Termin, bis zu dem die vertraglich vereinbarten Anzeigenvorlagen spätestens beim Verlag eingegangen sein müssen.

Bei Plakatwerbung sind die Stellen in drei Tarifgruppen, je nach Qualität des Standorts, eingeteilt. Die Standortqualität ergibt sich wiederum durch Faktoren wie Lage, Passantenfrequenz, Einsehbarkeit etc. Die Berechnung erfolgt nach Bogentagpreis, d. h. Preis je 1/1-Bogen je Aushangtag. Mengenrabatte berechnen sich auf Basis von Tafel-Dekaden, d. h. Anzahl belegter Tafeln und Dekaden. Buchungs- und Rücktrittsfrist ist jeweils 90 Tage vor Anschlagbeginn. Aufträge 180 Tage vor Anschlagbeginn werden meist mit Sondernachlass abgerechnet.

Fernsehspots gewinnen immer mehr an Bedeutung. Damit wird in Deutschland eine Entwicklung nachgeholt, die in zahlreichen anderen Ländern schon erfolgt ist. Die Einschaltkosten errechnen sich auf Basis von Sekundenpreisen. Diese variieren nach Monat, Wochentag, Tageszeit und Werbeblock. Die Fernsehsender arbeiten mit einer festen Zeitschiene (Programmuhr) mit sich täglich wiederholenden Themenschwerpunkten, teilweise tagesübergreifend zu festen Uhrzeiten. Durch Abstimmung von redaktionellen und werblichen Inhalten können Synergien in der Platzierung zwischen Programm und Werbung erreicht werden. Scharnierwerbung zwischen zwei Programmen ist jederzeit möglich, Unterbrecherwerbung innerhalb eines Programms ist in ihrer Häufigkeit abhängig von der Programmdauer. Die Beauftragung erfolgt über Vermarktungsgesellschaften (IPA-RTL, Seven One etc.), die den Werbezeiteneinkauf für die ihnen zugehörigen Sender übernehmen sowie teilweise auch den Anzeigenverkauf von Printmedien.

Die Einschaltkosten für Hörfunkspots sind abhängig von der Tageszeit, am teuersten zwischen 7.30–10.00 Uhr, ebenso mittags, am billigsten nach 19.00 Uhr und am Wochenende. Die Preise sind aus dem jeweiligen Tarif ersichtlich, der neben der Preisliste auch die Geschäftsbedingungen ausweist. Darin enthalten sind auch Angaben über das Programmformat des Senders mit Klangfarben wie Klassik, Rock, Oldies etc. und die redaktionellen Zeitschienen. Diese Angaben sind entscheidend für die Beurteilung des Senders bzw. seiner Hörerschaft und die Platzierung der einzelnen Spots, da die jeweiligen Programminhalte wiederum Rückschlüsse auf die Hörerschaft zulassen.

Eine große Gefahr für die Medialeistung des Hörfunks ist das Zapping, d. h. das Durchschalten der Sender, das für eine hohe Fluktuation der Hörerschaft sorgt. Daher sind vergleichsweise viele Einschaltungen erforderlich, um dieselben Personen mehrfach mit einem Werbespot zu erreichen. Oftmals werden im Programm überregionaler Sender auch lokale Fenster ausgestrahlt, die innerhalb eines Mantelprogramms, das ansonsten identisch ist (Syndication), stundenweise individuelle Inhalte für die lokale Umgebung zulassen.

Für Filmtheaterwerbung sind verschiedene Werbeformen relevant wie Kinospot, Werbefilm, stummes/tönendes Dia oder Dia auf Film (DaF). Je Vorführung dürfen höchstens insgesamt 200 m Werbefilm und 30 Diapositive gezeigt werden. Die Vorführkosten sind abhängig von Einsatzraum und Belegungsdauer. Die Vorführung erfolgt in Blöcken vor dem Vorprogramm und zwischen Vor- und Hauptprogramm. Einschaltaufträge werden nicht mit einzelnen Kinopächtern, sondern nur mit überregionalen Werbeverwaltungen abgeschlossen. Diese können Aufträge wegen Inhalt, Herkunft oder aus technischen Gründen auch ablehnen.

In neuerer Zeit kommen einige kontrovers diskutierte Konditionen hinzu. So werden den Mediaagenturen von TV-Sendern verbreitet Naturalrabatte angeboten, d. h. Freispoteinschaltungen bei nicht erreichten TKP-Garantien. Fraglich ist allerdings, ob diese Kontingente tatsächlich an die Auftraggeber (Werbungtreibenden) weitergereicht werden, weil sie ihnen zustehen, oder von den Mediaagenturen zur Akquisition von Neukunden durch günstige Preisangebote genutzt werden, was Veruntreuung bedeutete. Ebenso sind Kickbacks der Medien (Werbedurchführenden) an die Mittler (Mediaagenturen) als Goodwill für deren Beauftragung üblich. Auch hier ist fraglich, ob und inwieweit diese an Werbungtreibende weitergeleitet werden. Ähnliches gilt für Ersteinbuchungsrabatte oder Share Deals, d. h. Rabatte auf den Budgetanteil für einen Werbedurchführenden am gesamten Budget eines Werbungtreibenden. Daher gibt es Bestrebungen, Nachlässe nur noch kundenbezogen und in Geld auszuzahlen, um mehr Transparenz zu erreichen.

### 4.9.5 Abwicklungsunterlagen

Die Mediaabwicklung erfolgt anhand von fünf Plänen: dem Mediaplan, dem Streuplan, dem Kostenplan, der Vorauszahlungsübersicht und dem Produktionsplan (*siehe dazu Abb. 44*).

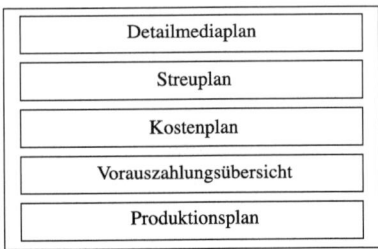

Abbildung 44: Mediaabwicklungsunterlagen

Die Mediadurchführung baut jeweils auf einem verabschiedeten *Detailmediaplan* auf, der folgende Angaben enthält:

- Titel der ausgewählten Werbeträger, Anzahl der Einschaltungen je Werbeträger, Timing der Einschaltungen je Werbeträger, jeweils geschaltete Ausstattungen nach Format, Farbigkeit, Sonderformen, jeweils geschaltete Motive, Hinweise auf Sondervereinbarungen, Kosten der Einschaltungen einzeln und insgesamt.

Der *Streuplan* gibt in optischer Form einen Überblick über die zeitliche Verteilung aller Einschaltungen in allen Werbeträgern in Form eines Kalendariums. Er hat zumeist folgenden Aufbau:

- Kopfzeile, meist nach Wochen eingeteilt und mit den Daten der Montage jeder Woche versehen, Kopfspalte mit Angabe der Werbeträger, Endspalte mit Angabe der Kosten je Werbeträger und der Summe der Kosten, Überschrift mit Angabe von Werbungtreibendem, Marke, Produkt, Budgetjahr, Einteilung für Motive, Ausstattungen, Aktionen.

Die Kennzeichnung der einzelnen Einschaltungen erfolgt durch Kreuze in der Woche des jeweiligen Erscheinungstermins bzw. Balken für die Dauer der Werbeträgerauflage.

Als nächste Unterlage des Einkaufs innerhalb der Mediadurchführung ergibt sich der *Kostenplan*. Dieser spiegelt die finanzielle Kampagnensituation wider. Er enthält im Einzelnen:

- alle belegten Werbeträger, die Ausstattungen in Format, Farbigkeit, Zeit/Dauer, Anschnitt, Art etc. der Werbemittel, die Belegungsfrequenz, die regulären Kosten laut Preisliste (= Bruttopreise), die individuellen Rabatte, diese sind abhängig von der Kombination der Schaltung in zwei oder mehr in einer Tarifkombination zusammengefassten Werbeträgern, damit setzt der Werbedurchführende einen Anreiz, anstelle konkurrierender besser weitere eigene Werbeträger zu belegen

Bauer-Verlag:
Basis Programm Kombi:                     TV Hören und Sehen, Fernsehwoche, Auf einen Blick
Bravo Kombination:                        Bravo, Bravo Girl
CC Consumer Combination:                  Das neue Blatt, Neue Post
Tina&Bella-Kombination:                   Tina, Bella
Tina, Bella, Laura-Kombination:           Tina, Bella, Laura
Yes-Combination:                          Mach mal Pause, Das Neue, Mini, Avanti, Schöne Woche

Axel Springer-Verlag:
Frauen Tandem:                            Funkuhr, Bild der Frau
Männer Connex:                            Auto-Bild, Sport-Bild
Super Tandem:                             HörZu, Funkuhr, TV Neu
Tandem:                                   HörZu, Funkuhr
Jugendkombination 3:                      Mädchen, Popcorn, Musikexpress

Gruner&Jahr:
Advance:                                  Brigitte, Brigitte Young Miss
Familienpaket:                            Eltern, Eltern for Family
Geo First Class Package:                  Geo, Geo Sainson, Geo Special
G+J Genussplus Kombi:                     Essen und Trinken, Schöner Essen
G+J Wohnenplus Kombi:                     Schöner Wohnen, Neues Wohnen
Schöner Leben-Kombi/Lifestyle:            Genussplus Kombi und Schöner Leben/Deco, Häuser,
                                          Flora, Neues Wohnen
Schöner Leben Kombi/Wohnen:               Schöner Wohnen, Neues Wohnen, Häuser, Living at Home
Schöner Leben Kombi/Deco:                 Schöner Wohnen/Deco, Schöner Wohnen, Living at Home
Schöner Leben Kombi/Food:                 Essen und Trinken, Schöner Essen, Living at Home
Schöner Leben Kombi/Garten:               Flora, Schöner Wohnen, Living at Home

Burda Verlag:
Added Value Elle/Freundin:                Elle, Freundin
Burda zwei + Zwei Kombi:                  Freizeit Revue, Glücks Revue, Super Illu, Super TV
Burda Freizeit Kombi.                     Freuzeit Revue, Glücks Revue
Burda Gourmet-Kombi I:                    Meine Familie & Ich, Lisa Kochen & Backen
Burda Interactive Kombi:                  Freizeit Revue, Glücke Revue, Neue Woche, Viel Spaß
Burda Super Kombi:                        Super Illu, Super TV
Focus Blue Chip Kombi:                    Focus, Focus Money
Flower Power Kombi III:                    Gartenspaß, Lisa, Blumen & Garten, Mein schöner Garten

Milchstraße:
Milchstraße 14:                           TV Spielfilm, Max, Tomorrow
Milchstraßen-Zielgruppe 1:                TV Spielfilm, Amica, Fit for Fun, Cinema, Max, Tomorrow
Milchstraßen-Zielgruppe 2:                Max, Tomorrow
Milchstraßen-Zielgruppe 3:                TV Spielfilm, Cinema
Milchstraßen-Zielgruppe 4:                Amica, Fit for Fun
Milchstraßen-Zielgruppe 5:                Amica, Fit for Fun, Cinema

Jahreszeiten-Verlag:
Für Sie/Petra Kombination:                Für Sie, Petra
Für Sie/Vital Kombination:                Für Sie, Vital
Image-Combination.                        Der Feinschmecker, Architektur & Wohnen
Wohnkombination:                          Selber Machen, Zuhause Wohnen

Abbildung 45: Anzeigenkombinationen der Großverlage (Auswahl)

(*siehe Abb. 45*), weiterhin vom Abschlussjahr, für das Nachlässe vereinbart werden, dabei handelt es sich jeweils um ein Zeitjahr, dessen Beginn der Auftraggeber nach eigenem Ermessen bestimmt, dann von der organrechtlichen Zugehörigkeit des Werbungtreibenden, dies ist wichtig für einen Konzernrabatt und von Einzelverhandlungen, die Nettopreise je Werbeträger nach den genannten

| Abrechnung an Werbungtreibenden: | | | | |
|---|---|---|---|---|
| Werbemittelpreis lt. Tarif (ohne MWSt.) | 100 | | | |
| - Mal-, Mengen-, Kombinationsrabatte in % | 3 | | | |
| = 1. Netto (in Hundert) | 97 →| 100 | | |
| - Skonto in % (bei Vorauszahlung) | | 2 | | |
| = 2. Netto (in Hundert) | | 98 →| 100 | |
| + MWSt. in % | | | 19 | |
| = 3. Netto (auf Hundert) | | | 119 | |
| = ausmachender Betrag 1 | | | 100 | |
| **Abrechnung an Werbungdurchführenden:** | | | | |
| Werbemittelpreis lt. Tarif (ohne MWSt.) | 100 | | | |
| - Mal-, Mengen-, Kombinationsrabatte in % | 3 | | | |
| = Kundennetto / 1. Netto (in Hundert) | 97 →| 100 | | |
| - 15 % AE-Provision (für Mittlung) | | 15 | | |
| = Agenturnetto / 2. Netto (in Hundert) | | 85 →| 100 | |
| - Skonto in % (bei Vorauszahlung) | | | 2 | |
| = 3. Netto (in Hundert) | | | 98 →| 100 |
| + MWSt. in % | | | | 19 |
| = 4. Netto (auf Hundert) | | | | 119 |
| = ausmachender Betrag 2 | | | | 100 |
| | | | | |
| ausmachender Betrag 1 | | | | |
| - ausmachender Betrag 2 | | | | |
| = 15 % AE-Provision | | | | |

Abbildung 46: Kostenabrechnung für die Werbeagentureinschaltung

Rabatten (1. Netto), die Netto-Netto-Preise nach Abzug der (AE-)Mittlerprovision für Agenturen (2. Netto), die Summe der Kostenpositionen aller Werbeträger, der bei Vorauszahlung abziehbare Skontobetrag (üblich sind 2 %) (3. Netto), die hinzu kommende Mehrwertsteuer (4. Netto) (*siehe Abb. 46*).

Daraus ergibt sich im nächsten Schritt die *Vorauszahlungsübersicht*. Diese wird nur erforderlich, wenn eine Werbeagentur eingeschaltet ist. Sie stellt sicher, dass dort die für die Schaltung jeweils erforderlichen Geldmittel termin- und betragsgenau verfügbar sind. Denn der Werbungsmittler ist gegenüber den Werbungdurchführenden Leistungsschuldner. Ist nicht sichergestellt, dass der eigentliche Auftraggeber, also das werbungtreibende Unternehmen als Kunde der Werbeagentur zahlungsfähig und -willig ist, besteht die Gefahr, dass er für Beträge herangezogen wird, die er nicht zu vertreten hat. Deshalb ist es für ihn sinnvoll zu gewährleisten, dass die benötigten Geldmittel rechtzeitig zur Verfügung stehen. Dabei gibt es die Deadline des Rücktrittstermins (RT) bei Medienhäusern. Eine Auftragsstornierung nach dieser Deadline ist nicht mehr möglich.

Die Vorauszahlungsübersicht der Werbeagentur informiert den Werbungtreibenden, meist monatlich, über die demnächst für Einschaltungen fällig werdenden

Budgetbeträge. Sie ist aufgeschlüsselt nach Werbeträger, Ausstattung, Frequenz, zahlbares Netto je Werbeträger, zahlbares Netto je Werbungdurchführendem, abgedeckter Zeitraum und Zahlungsdatum. Die Werbeagentur wird ihrem Auftraggeber per Stichtag Vorauszahlungsanforderungen für den folgenden Monat vorlegen und prüfen, ob die Vorauszahlung dafür rechtzeitig geleistet wird. Dabei begleicht der Auftraggeber für gewöhnlich alle für den folgenden Monat fällig werdenden Beträge in einer Summe. Dieser Stichtag muss in jedem Fall vor der Deadline der Werbedurchführenden liegen. Nur wenn die erforderlichen Geldmittel zur Begleichung der erteilten Aufträge auf dem Konto der Werbeagentur zur Verfügung stehen, wird sie die beabsichtigte Einschaltung belassen. Andernfalls wird sie bei ihrem Kunden nachfragen, ob ein Versehen vorliegt oder die Einschaltung storniert werden soll. Die Verfahrensweise der möglichst frühzeitigen Buchung von Einschaltungen bei Werbeträgern, um dort günstige Platzierungen zu erreichen, erfordert insofern eine lückenlose Termin- und Kostenverfolgung, um teure Pannen zu vermeiden. Zugleich stehen der Werbeagentur dadurch größere liquide Geldbeträge zur Verfügung, denn gegenüber den Medienhäusern zu zahlen ist unter Einhaltung von Skontovorteilen erst nach Einschaltung. Daraus resultieren Anlagegewinne bei Mittlern bzw. Kapitalbindungskosten bei Auftraggebern.

Der vierte Plan ist der *Produktionsplan*. Dabei handelt es sich um eine Übersicht der zu erstellenden Produktionsvorlagen. Im Einzelnen sind darin aufgeführt:

* Werbeträger, die belegt werden sollen, gewählte Ausstattung der Einschaltung in Format, Farbigkeit, Einschalttermine, Produktionsverfahren der Werbeträger, dazu erforderliche Einschaltvorlagen, einzuschaltende Motive mit zeitlicher Verteilung, Versandadresse, ggfs. mit Versandart, Deadline zur Vorlageneinreichung (DUS).

Auch im Nachhinein ergeben sich Einflussnahmemöglichkeiten, und zwar vor allem in dreierlei Hinsicht. Erstens ist die technische Qualität des Werbemittels zu kontrollieren, d. h. der Druckausfall bei der Anzeige, die Übertragungsqualität beim Fernseh- oder Hörfunkspot, die Wiedergabe bei der Kinowerbung und der Stellenzustand beim Plakat. Ist hier etwas nicht in Ordnung, kann man reklamieren. Werbungdurchführende geben sich zumeist kulant, so dass mit Preisnachlass bzw. teilweiser oder völlig kostenloser Ersatzschaltung gerechnet werden kann.

Zweitens ist die Platzierung des Werbemittels zu kontrollieren. Bei der Anzeige bucht man zwar einen bestimmten Platz. Allerdings behalten sich die Verlage vor, Platzierungen aus technischen Gründen (Umbruch) zu verändern. Beim Plakat bucht man eine bestimmte Stelle und hat ein Recht darauf, diese mit Werbung belegen zu können. Gleiches gilt für Fernseh- und Hörfunkspots bei privatwirtschaftlichen Sendern und Kinowerbung. Immer gibt es aber den Einwand der Änderung aus technischen Gründen seitens der Werbungdurchführenden, was dann allerdings von diesen nachzuweisen ist.

Und drittens ist die Abrechnung zu kontrollieren. So ist zu prüfen, ob exakt die Preise berechnet worden sind, die im aktuellen Tarif ausgewiesen und alle zustehenden Rabatte sowie einzelverhandelten Konditionen berücksichtigt worden sind.

# 5. Nicht-klassische Werbung

Das Endergebnis aller konzeptionellen Überlegungen und Ausführungen zu den Kommunikationsinstrumenten ist der Einsatz der Werbung in Medien. Dabei sind zwei große Gruppen von Medien zu unterscheiden: die Klassischen Medien (*Above the Line Advertising*) und die Nicht-klassischen Medien (*Below the Line Advertising*). Zuerst gab es nur die Klassischen Medien. Diese werden von Werbungdurchführenden, d.h. Verlagen, Sendern, Pächtern, gegen bindende Preisliste (Tarif) geschaltet und haben eine Mittlerprovision (15 % AE) im Preis eingerechnet. Deren Wirkung gerät jedoch zunehmend an Grenzen. Man denke nur an das Zapping, also Wegschalten des TV-Senders bei Beginn eines Werbeblocks, oder das bewusste Überblättern von Anzeigen als Störung im redaktionellen Ablauf. Daher ist der Einsatz weiterer Medien erforderlich, die auf anderen als den klassischen Wegen versuchen, die Zielpersonen zu erreichen. Allen ist gemein, dass ihre Preise im Einzelfall auszuhandeln sind und/oder keine AE-Provision für Werbungsmittler enthalten. Ansonsten ist diese Gruppe äußerst heterogen strukturiert und sinnvoll allenfalls negativ von der klassischen Werbung abzugrenzen.

## 5.1 Öffentlichkeitsarbeit

Die Öffentlichkeitsarbeit (auch PR für Public Relations genannt) zielt auf die Gewinnung des öffentlichen Vertrauens für einen Absender (Unternehmen/Organisation) ab und verfolgt damit psychographische anstelle ökonomischer Werbeziele. Allerdings ist Öffentlichkeitsarbeit in der Praxis nur schwer von (Produkt-/Marken-)Werbung abgrenzbar. Dies trifft vor allem zu, wenn das Unternehmen (Firma) und das Angebot (Marke) namensidentisch sind. Denn dann ist Öffentlichkeitsarbeit zugleich auch Werbung und umgekehrt (*siehe Abb. 47*).

### 5.1.1 Traditionelle Formen

Öffentlichkeitsarbeit wendet sich traditionell an Personen/Institutionen außerhalb des Betriebs, innerhalb des Betriebs und an Multiplikatoren als Interessengruppen. Zum Bereich der Öffentlichkeitsarbeit an Personen/Institutionen außerhalb des Betriebs, kurz externe PR genannt, gehören alle Maßnahmen, die sich auf solche Märkte richten, mit denen ein Anbieter in geschäftlichem Kontakt steht. Diese Märkte umfassen im Einzelnen folgende Akteure:

- Akteure auf dem Beschaffungsmarkt,

- Akteure auf dem Absatzmarkt,

- Akteure im Umfeld der Vermarktung.

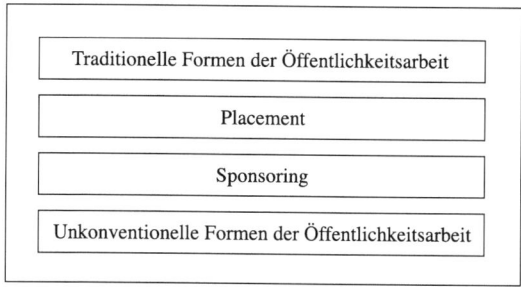

Abbildung 47: Formen der Öffentlichkeitsarbeit

### 5.1.1.1 Beschaffungsmarktakteure

Die Beschaffungsmarktakteure lassen sich wiederum in mehrere Gruppen unterteilen.

Zielgruppe Lieferanten von Roh-, Hilfs- und Betriebsstoffen,
von Halb- und Fertigerzeugnissen, Handelswaren, Anlagen etc.

Man spricht hier von *Purchase Relations*, weil es sich um Zielgruppen handelt, die in direktem warenwirtschaftlichen Zusammenhang mit dem Betrieb stehen. Dazu gehören auch Beschaffungsmittler und -helfer wie Kommissionäre, Agenten, Makler etc.

Die Öffentlichkeitsarbeit ist dabei das zentrale Instrument zum *Beziehungsmanagement* (Relationship Management). Dabei werden vom Unternehmen direkte, formale, und indirekte, informelle Beziehungen zu verschiedenen Beteiligten (Stakeholder) unterhalten, die Einfluss auf den Unternehmenserfolg nehmen können. Stakeholder verfolgen dabei spezifische, egoistische Interessen, haben Machtmittel zu deren Durchsetzung und scheuen im Zweifel auch nicht opportunistisch vor deren Einsatz zurück. Solche Beziehungen bestehen nicht nur im Absatz- und Marktumfeld, sondern auch in der Beschaffung, etwa dann, wenn ein relatives Angebotsmonopol gegeben ist. Aber auch sonst werden Lieferanten verstärkt als Wertschöpfungspartner verstanden, so dass der Aufbau, die Pflege, der Ausbau und ggfs. die Wiederherstellung konstruktiver Beziehungen zu ihnen als bedeutsam angesehen wird. Dabei kommt es im Rahmen der PR nicht auf die materielle Ebene des Leistungs- und Geldflusses an, sondern auf die immaterielle Ebene der Kommunikation. Problematisch ist dabei, dass unterschiedliche Stakeholder durchaus abweichende Interessen gegenüber dem Unternehmen haben können. Insofern kommt es zu einer Gratwanderung derart, diesen Partikularinteressen jeweils soweit entgegen zu kommen, dass jede Interessengruppe auf den Einsatz von Machtmitteln verzichtet, weil sie ihre Interessen als zumutbar durchgesetzt ansieht, und dabei zugleich und besonders die Unternehmensziele nicht aus dem Auge geraten zu lassen. Dabei sind generell zu bestimmen:

- die Auslegung der Beziehung (vertikal, horizontal, lateral), die Priorität (primär, sekundär), die Zielgruppen (Personen, Organisationen), der Inhalt (formal, informell), die Intensität (stark, schwach), die Symmetrie (gleich, ungleich) und die Ziele im Einzelnen.

Zielgruppe Kapital- und Kreditgeber,
Banken, Anlageberater etc.

Man spricht hier von *Investors Relations*, weil es sich um Zielgruppen handelt, die für Investitions- und Finanzierungsbelange von Bedeutung sind. Dabei geht es um die Finanzkommunikation zu Privatanlegern und zur Financial Community wie Analysten, Fondsmanager, institutionelle Investoren, Finanzmedien, Ratingagenturen, Wirtschaftsjournalisten, Investmentanalysten etc. Dazu gibt es gesetzlich vorgeschriebene Instrumente im Aktiengesetz in Bezug auf Struktur des Unternehmens, Rechnungslegung, Gewinnverwendung, Hauptversammlung, im Wertpapierprospektgesetz in Bezug auf Unternehmen vor Börsengang oder Kapitalerhöhung, im Wertpapierhandelsgesetz in Bezug auf Informationen über noch nicht öffentlich bekannte Umstände/Insiderinformationen, Eigengeschäfte der Vorstandsmitglieder und Verbotstatbestände, im Handelsgesetzbuch in Bezug auf Aufstellungspflicht, Konzernabschluss, Bewertungsvorschriften, im Börsengesetz/Börsenzulassungsgesetz in Bezug auf die Organisation und Tätigkeit von Börsen, Zulassungsvoraussetzungen, Zulassungsfolgepflichten und im Wertpapiererwerbs- und Übernahmegesetz in Bezug auf Mergers & Acquisitions, Kontrolle der Gesetzesbeachtung, Squeeze out-Möglichkeit, Gleichbehandlungsgebot, Regelungen zur Angebotsunterlage. Diese Gesetze werden von Kleinanlegern über deren Interessenvertreter (Schutzgemeinschaft der Kapitalanleger, Deutsche Schutzvereinigung für Wertpapierbesitz) sowie institutionelle Anleger wie Versicherungen, Pensionsfonds, Kapitalsammelstellen, Banken etc. durchgesetzt.

Ein wesentliches Instrument ist der *Geschäftsbericht*. Er wird für jedes Geschäftsjahr oder außerordentlich aufgestellt und gibt Auskunft über den Geschäftsverlauf und die Lage des Unternehmens und erläutert den Jahresabschluss. Adressaten sind die Gesellschafter des Unternehmens und die interessierte Öffentlichkeit. Er enthält die Gewinn- und Verlustrechnung, die Bilanz, den Anhang und den Lagebericht. Er ist verpflichtend für große und mittelgroße AG's, KGaA's und GmbH's, für eG's sowie alle dem Publizitätsgesetz unterliegende Unternehmen, Versicherungs- und Kreditinstitute, teilweise auch als Halbjahres-/Quartals-berichte im DAX. Als Gestaltungskriterien dienen vor allem Angemessenheit, Gesamteindruck, Layout, Typographie, Bildsprache, Informationsgrafik, Farben, Herstellung/Verarbeitung sowie Rechtschreibung, Morphologie, Syntax, Wort-wahl, Stil, Textaufbau, -gestaltung und -gliederung.

Weitere Instrumente sind Aktionärsbriefe (obligatorisch) und Adhoc-Mittei-lungen für Übernahme- und Kaufangebote, Dividendenänderungen, Veräußerung von Kerngeschäftsfeldern, Quartalsberichte etc., Produktbroschüren und Image-Reports. Hinzu kommen Analystenkonferenzen (Beauty Contests) zur Diskussion mit Finanzanalysten, Analystenparties mit Celebrities, Präsentationen des Unter-nehmens vor bestehenden und potenziellen Investoren, meist in den Finanzmetro-polen (Roadshow) und Pressekonferenzen (Factbook) oder Betriebsbesichtigun-gen sowie Einzelgespräche/Chats mit Topmanagern des Unternehmens.

Zielgruppe Gewerkschaften, Schlichter etc.

Man spricht hier von *Employee Relations*, weil es sich um Zielgruppen handelt, die Einfluss auf Einstellung und Verhalten der Mitarbeiter des Betriebs nehmen. Ein wichtiges Instrument ist die *Mitarbeiterzeitschrift*. Sie dient den Mitarbeitern als Informationsquelle, zur Kommunikation von Hintergrundinformationen und Informationen über den allgemeinen Aufbau und die Organisation des Unterneh-mens, um Entscheidungen der Unternehmensleitung transparent zu machen. Dies entspricht auch den gesetzlichen Informationspflichten und schafft „mündige" Mitarbeiter. Durch die Mitarbeiterzeitschrift sollen das Verhalten der Mitarbei-ter beeinflusst, die Arbeitszufriedenheit gewährleistet, die Identifikation mit dem Unternehmen gesteigert und die Mitarbeiter als Multiplikatoren gewonnen wer-den. Durch die Dialogförderung kommt es zum Austausch auf Mitarbeiterebene und zur Knüpfung informeller Kontakte. Probleme entstehen bei Glaubwürdig-keitsverlust und Imageschaden, bei Fehleinschätzungen der Befindlichkeit durch die Unternehmensleitung, durch Zeit- und/oder Mitarbeiterferne und individuelle Irrelevanz der Inhalte.

### 5.1.1.2 Absatzmarktakteure

Auch die Absatzmarktakteure lassen sich in mehrere Gruppen unterteilen:

- Händler, Distributoren etc. Man spricht von Trade Relations, weil es sich um Zielgruppen handelt, die als Absatzmittler im Absatzkanal erfolgsbegrenzend wirken.

- Ge- und Verbraucher von Sach- und Dienstleistungen. Man spricht von Consumer Relations, weil es sich um Zielgruppen handelt, die als Abnehmer von Waren und Diensten Voraussetzung für jeden Betriebserfolg sind.

- Interessengruppen wie Verbraucherschützer, Entscheidungsträger in Wirtschaft und Verwaltung, Hobbyisten. Man spricht von Opinion Leader Relations, weil es sich um Zielgruppen handelt, die als Meinungsbeeinflusser im geschäftlichen Bereich auftreten und bedeutsam sind.

Die *Pressekonferenz* erfolgt anlässlich von Produktneuvorstellung, wirtschaftlichem Sonderereignis, Neueröffnungen, Krise etc. Nach genauer Abgrenzung des Themas findet die Referentenwahl statt, wichtig sind dabei Kompetenz und Sprachgewandtheit. Bei der Terminwahl sollten keine Überschneidungen mit anderen Ereignissen gegeben sein. Freitage und Vormittagstermine sind bei den Medien zudem unbeliebt. Wichtig ist eine gute Erreichbarkeit des Veranstaltungsorts, eine angemessene Raumwahl und Ausstattung. Zu bedenken ist auch die Sitzordnung. Die Dauer sollte nicht über einer Stunde liegen. Fragen sollten erst im Anschluss an jeden oder aber alle Vorträge erlaubt sein. Die Statements der Referenten sollten nicht länger als zehn Minuten dauern. Es darf sich um keine langwierigen Fachvorträge handeln. Die Reihenfolge, in der Fragen gestellt werden, wird anhand der Handmeldungen festgelegt, die Journalisten melden sich mit Namen und Redaktion, je Thema sind zwei Ergänzungsfragen erlaubt. Zum Abschluss gibt es eine kurze Zusammenfassung, etwaige Interviewwünsche werden für separate Termine aufgenommen, es erfolgt eine Danksagung und Verabschiedung. Pressemappen mit Materialien wie Zeichnungen, Fotos, Textmanuskripte, Datenträger etc. werden verteilt. In der Nachbereitung werden die nicht teilnehmenden Pressevertreter informiert, auf Anforderung werden Zusatzmaterialien verschickt. Zu denken ist auch an die Aktualisierung des Webauftritts. Die Kontrolle der Presseveröffentlichungen erfolgt durch Verbreitungs- und Resonanzanalysen.

### 5.1.1.3 Marktumfeldakteure

Die Vermarktungsumfeldakteure lassen sich ebenfalls in mehrere Gruppen unterteilen:

- Lobbies bei Bund, Ländern und Gemeinden. Man spricht von Governmental Relations, weil es sich um Zielgruppen handelt, welche die Rahmenbedingungen des Betriebserfolgs bestimmen.

- Öffentliche Verwaltungen, private Institutionen, Verbände etc. Man spricht von Political Relations, weil es sich um Zielgruppen handelt, die im Rahmen politischer Willensbildung auf Anbieter Einfluss nehmen.

- Anwohner, Protestgruppen, Jugendgruppen, Betriebsrentner, Kirchen, Vereine etc. Man spricht von Social Relations, weil es sich um Zielgruppen handelt, die weniger in wirtschaftlichen als vielmehr in sozialen Beziehungen zum Anbieter stehen.

- Ausbildung, Wissenschaft, Forschung und Lehre, Studierende etc. Man spricht von Educational Relations, weil es sich um Zielgruppen handelt, die der Wissensakkumulation beim Anbieter dienlich sind.

Zum Bereich der Öffentlichkeitsarbeit an Personen/Institutionen innerhalb des Betriebs, kurz *interne PR* genannt, gehören alle Maßnahmen, die sich an unmittelbar Weisungsgebundene (Belegschaft) und interessierte Besucher richten. Dazu gehören vor allem folgende Aktivitäten:

- Für Besuchergruppen werden Publikumsveranstaltungen als Einladung, Besichtigung, Präsentation etc. vorgenommen. Handelt es sich um eine Fachöffentlichkeit, kommen Veranstaltungen wie Forum, Kongress, Tagung, Studienreise o.ä. in Betracht. Willkommene Anlässe hierfür sind auch Firmenereignisse, die zu Feier, Besucherarrangement o.ä. genutzt werden können.

- Maßnahmen an die Belegschaft umfassen Aushang bzw. Schwarzes Brett, Betriebsrat- und Vertrauensleuteinformation, Rundschreiben oder Offener Brief. Speziell an Führungskräfte wenden sich Chefbrief, Gesprächskreisangebot, bevorzugte Information etc. Formelle Gruppen wie Abteilungen, Qualitätszirkel, Teams o.ä. werden vornehmlich durch Betriebs- oder Standpunktstellungnahmen angesprochen. Informelle Gruppen sind demgegenüber nur schwer systematisch zu erfassen. Von besonderer Bedeutung sind auch Sondergruppen wie Behinderte, Ausländer, ältere Mitarbeiter etc. Beide Gruppen werden durch Betriebsversammlungen erreicht, hinzu kommen Hearings o.ä. Hinzu kommen Intranet, Online-Magazin, Mitarbeiter-Portal/GBG, e-Mail-Rundschreiben/-Informationsdienst, Business-TV/Business-Radio, Hotline, Videopräsentation etc.

Zum Bereich der Öffentlichkeitsarbeit an professionelle Meinungsbeeinflusser, kurz Multiplikatoren-PR genannt, gehören alle Maßnahmen, die sich an Journalisten, Prominente, Lehrende o.ä. wenden. Dazu gehören im Einzelnen folgende Aktivitäten:

- Zur Presse werden Kontakte mit dem Ziel von Anbahnung, Ausbau und Stabilisierung von Beziehungen sowie der Beeinflussung der Berichterstattung gepflegt. Dabei handelt es sich um Wort- und Bildbeiträge, Nachrichten- und Bilderservices, Referenzen, Pressedienste, zudem um die Verteilung von Rundbriefen, Newsletters, Literatur- oder Warenproben. Anlässe zur Kontaktierung bieten Pressekonferenz bzw. -gespräch und Redaktionsbesuch. Die Erfolgskontrolle erfolgt unmittelbar über Clippings. Die Gefahr wachsender Abhängigkeit der Redaktionen ist jedoch nicht zu leugnen.

- Zu weiteren Meinungsbildern wird durch spezielle Veranstaltungen und redaktionelle Stellungnahme und Selbstdarstellung Kontakt gehalten. Mittel dazu sind obligatorische und fakultative Veröffentlichungen, Film/Funk/Fernseh-Produktionen, Audio-Vision-Technik oder Tonbildschau, Unternehmenswerbung etc. Besondere Anlässe der Kontaktierung sind gemeinnützige Aktivitäten im positiven sowie *Krisen-PR* und Konflikt-PR im negativen Fall.

Beispiel Coppenrath & Wiese (2003):

Im Januar starb ein 11-jähriges Mädchen, das ein Stück Torte der Firma Coppenrath & Wiese verzehrt hatte. Auch weitere Familienangehörige waren erkrankt, so dass, letztlich zuunrecht, eine Lebensmittelvergiftung als Ursache angenommen wurde. Am selben Wochenende hatte auch zwei Familien nach dem Genuss der Torte Magen-Darm-Erkrankungen davongetragen. Das hessische Gesundheitsministerium warnte vor dem Verzehr der C & W-Tiefkühltorte „Feine Conditor Auswahl". Coppenrath & Wiese gab daraufhin die Chargennummer und das Haltbarkeitsdatum zusammen mit der genauen Bezeichnung der betreffenden Torte der Öffentlichkeit bekannt und rief die entsprechende Produktcharge bundesweit zurück. Kommuniziert wurde, dass der Rückruf erfolgte, um der höchstmöglichen Sorgfaltspflicht nachzukommen und Coppenrath & Wiese die einwandfreie Beschaffenheit der Erzeugnisse im eigenen Verantwortungsbereich garantiere. Nicht auszuschließen sei jedoch, dass die Ware an anderer Stelle durch unsachgemäße Behandlung beeinträchtigt (z. B. bakteriell verunreinigt) worden war. Gleichzeitig wurde eine Hotline eingerichtet, über die sich besorgte Verbraucher informieren konnten. Hier gingen in der kurzen Zeit des akuten Krisenverlaufs etwa 1.000 Anrufe ein. Auch über eine im Internet veröffentlichte Seite konnten sich Verbraucher über den aktuellen Sachstand informieren. Außerdem wurden Pressegespräche geführt.

Beispiel Lidl (2009)

Lidl wurde die Bespitzelung und Videoüberwachung von Mitarbeitern und Kunden aufgrund einer Berichterstattung in der Zeitschrift Stern vorgeworfen. Das Unternehmen reagierte mit einem offenen Brief, der in Anzeigen in regionalen und nationalen Zeitungen geschaltet wurde. Die Geschäftsleitung entschuldigte sich darin ausdrücklich bei den Mitarbeitern und klärte gleichzeitig die Ursachen des Verhaltens, nämlich Diebstahlschaden und Arbeitsplatzgefährdung, auf. Interviews in den Rundfunkmedien hatten den gleichen Tenor. Andere Discounter und Drogeriemärkte arbeiten mit ähnlichen Praktiken, hatten aber das Glück, nicht geoutet zu werden. Der offene Brief hatte folgenden Text: „Sehr geehrte Kundinnen und Kunden, sehr geehrte Mitarbeiterinnen und Mitarbeiter, Lidl wird aktuell mit Vorwürfen konfrontiert, durch den Einsatz von Detekteien Mitarbeiter überwacht zu haben. Dieser Vorwurf hat uns sehr betroffen gemacht. Der erweckte Eindruck, Lidl hätte seine Mitarbeiter systematisch „bespitzelt", entspricht in keinem Fall dem gelebten, fairen Umgang des Unternehmens mit seinen Mitarbeitern. Ein Vorgehen in dieser Form war und ist durch Lidl weder gewollt noch beabsichtigt. Wenn sich Mitarbeiter durch die dargestellten Verhaltensweisen in Misskredit gebracht und persönlich verletzt fühlen, so bedauern wir dies außerordentlich und entschuldigen uns ausdrücklich dafür. Diebstahl, Inventurverluste sind im gesamten Einzelhandel ein großes Problem. Um durch Diebstahl verursachte Inventurverluste zu vermeiden, arbeitete Lidl, wie alle anderen Handelsunternehmen auch, bisher mit Kameraanlagen und in Filialen mit einem hohen Inventurverlust zeitlich begrenzt mit Detekteien zusammen. Im Jahr 2007 war dies in acht Prozent unserer Filialen der Fall. Die Aufgabe der Detekteien war es, in diesen Filialen Informationen zur Aufklärung von Diebstählen zu gewinnen. In Einzelfällen wurden durch die Detekteien zusätzliche und teilweise auch persönliche Informationen über Mitarbeiter protokolliert, das war von uns so nicht gewollt. Aus den Vorfällen haben wir gelernt und werden zukünftig mit unseren Mitarbeitern gemeinsam die Firma vor Verlusten durch Diebstahl schützen. 48.000 Mitarbeiter sind jeden Tag für Sie da, schenken Sie uns bitte weiterhin Ihr Vertrauen. Ihre Lidl-Geschäftsführung, März 2008"

Beispiel Vattenfall (2009)

Ein Reaktorstörfall bei Vattenfall, einem der vier großen Energieversorger in Deutschland, schreckte auf. Die Öffentlichkeit ist durch Tschernobyl ohnehin gegenüber dem Thema Atomkraft enorm sensibilisiert. Atomkraftwerke kollidieren mit dem politisch gewollten Übergang zu erneuerbaren Energien. Der Reaktorunfall im Vattenfall-Kernkraftwerk Forsmark sorgte bereits 2006 für einen Vertrauensverlust. Die Deutsche Umwelthilfe dokumentierte die Mängel im AKW Brunsbüttel, das nunmehr betroffen war, seit 2001. Das Unternehmen schottete sich ab, weil nicht alle relevanten Informationen verfügbar waren. Es war wegen unklarer Kompetenzverteilung zwischen Schweden und Deutschland nicht sofort ansprechbar. Bei Erklärungen verloren sich die Pressesprecher in Erläuterungen in Fach-Chinesisch, außerdem waren die Aussagen nicht zu 100 % abgesichert. Das Unternehmen gab nur das zu, was öffentlich bereits bekannt war. Darüber hinaus leugnete es die öffentlich spekulierte, aber eindeutige Faktenlage. Die emotionale Lage der Betroffenen wurde nicht ausreichend berücksichtigt. Das Ganze endete in einem Kommunikations-GAU. Die Verantwortlichen wurden abberufen, aber das ohnehin angeschlagene Vertrauen der Bevölkerung in die ärgsten Feinde der Energiekonzerne, die Energiekonzerne selbst, ist auf Dauer erschüttert.

Die Messung der Effizienz der Öffentlichkeitsarbeit ist problematisch. Hilfsweise wird dazu die *Medienresesonanzanalyse* eingesetzt. Sie erfolgt über verschiedene Kennzahlen wie:

- Affinitätswert: Gibt die inhaltliche Nähe eines Meinungsträgers oder eines Mediums zu einer vorher definierten Position an.

- Akzeptanzquotient: Bezieht sich auf das Verhältnis positiver, neutraler oder negativer Medienbeiträge zu einem Thema.

- Durchdringungsgrad: Gibt an, wie häufig ein Thema, ein Name, ein Akteur oder ein Produkt in den Medien genannt wird.

- Initiativquotient: Gibt das Verhältnis von selbst- vs. fremdgesteuerter Berichterstattung an.

- Resonanzquotient: Gibt Aufschluss über die Anzahl und Verteilung der Berichte in den verschiedenen Medienzielgruppen.

- Text-Bild-Quotient: Gibt das Verhältnis von Texten mit Illustrationen zu Texten ohne Illustrationen an.

- Themenquotient: Gibt die Anteile einzelner Themen an der gesamten Medienresonanz an.

- Transferquote: Entspricht dem Verhältnis der Nennungen einzelner Stichworte wie Produktname, Botschaft, Unternehmen etc. zur Gesamtzahl der Veröffentlichungen bzw. der Gesamtauflage.

- Verteilungswert: Zeigt die regionale Medienpräsenz an.

### 5.1.2 Moderne Formen

#### 5.1.2.1 Placement

Zu den modernen Formen der Öffentlichkeitsarbeit gehören Placement, Sponsoring und Licensing. Beim Placement handelt es sich um die Einbindung von Produkten, oder auch nur Werbemitteln, und Themen in den redaktionellen Ablauf von Unterhaltungsprojekten. Insofern wird die zielgerichtete, werblichen Zwecken dienende Integration von Sach- und Dienstleistungen in den Handlungsablauf eines Medienprogramms angestrebt. Dabei handelt es sich meist um Kino-, Fernseh- und Videofilme, seltener auch um Hörfunk- oder Printprojekte.

Berühmte Kinofilm-Beispiele betreffen die minutenlangen Fahrszenen eines roten Alfa Cabrios quer durch Amerika im Dustin Hoffmann-Film „Die Reifeprüfung", oder die Anlockung von E. T. im gleichnamigen Stephen Spielberg-Film durch Kinder mit Hershey-Konfekt oder die Verwendung von Sony-Unterhaltungselektronik-Equipment im Tom Cruise/Dustin Hoffmann Film „Rain Man". In Fernsehserien ist vor allem die Paroli-Szene im Tatort-Streifen mit Schimanski/Götz George bekannt, aber auch die Autofahrten des Kommissars Derrick (BMW/im ZDF), des Schwarzwaldklinik-Professors Brinkmann (VW-Audi/in der ARD) oder des ehemaligen Hoteliers Berger alias Roy Black im Schlosshotel am Wörthersee (VW/RTL).

Es ist durchaus möglich, die gerade in Realisation befindlichen Film- und TV-Projekte bei den Produktionen abzufragen und auf Basis von Drehbuchauszügen die Integrierbarkeit bestimmter Produkte zu prüfen (Script Breakdown). Infolge der hohen, steigenden Produktionskosten sind Drehbuchautoren womöglich dazu bereit, Szenen auf Wunsch so umzugestalten, dass gewünschte Produkte darin wie zwangsläufig vorkommen (Product Plugging). Dies betrifft auch die Vermeidung von heiklen Szenen wie Autounfällen beim Car-Placement. Für diese Leistungen gibt es Preislisten, die sich auf Basis der ausgehandelten Sendetermine und der daraus folgenden Zuschauerzahl und -struktur oder Aufführungsrechte errechnen.

Nach der Art des Placement unterscheidet man folgende:

- *Generic Placement* heißt die Forcierung einer Warengattung bzw. eines Markenprodukts, ohne dass dessen Markierung erscheint. Denkbar ist die Einbeziehung einer Perrier-Flasche oder einer Coke-Flasche, die allein schon durch ihre typischen Formen identifizierbar sind, ohne dass das Branding gezeigt werden muss. Beispiele in Filmen sind Götterspeise in „Liebling Kreuzberg", elektronische Post in „e-Mail für Dich".

- *Corporate Placement* heißt die Forcierung einer Organisation durch die Handlung. Dies geschah etwa Anfang der 1960er Jahre, als das Nasa-Programm der US-Raumfahrtbehörde wegen seiner immensen Kosten auf Widerstand in der öffentlichen Meinung stieß, durch die Integration in die Serie „Bezaubernde Jeannie", die sich um einen Astronauten, dessen Astronautenfreund, beider Astronautenchef und einen auf dem Mond gefundenen Flaschengeist gleichen Namens drehte.

- *Product Placement* heißt die Forcierung eines identifizierbaren Produkts durch gezielte Platzierung als reales Requisit. Dies ist die häufigste Form des Placement und wird oft als Synonym für die ganze Kategorie benutzt. Das Produkt-Placement kann sich je nach Zeit auf alte Produkte (Historic Placement) oder auch zukünftige Produkte (Futuristic Placement, z.B. Lexus Coupé im Film Minority Report) beziehen. Product Replacement beabsichtigt die Verhinderung unbeabsichtigter Placements in unerwünschten Umfeldern. Beispiele für Product Placement in Filmen sind Dr. Pepper in Forrest Gump, Starbucks in Austin Powers.

- *Innovation Placement* heißt die Forcierung von Neuprodukten durch szenische Integration. Hier sind oft 007-Filme Vorreiter gewesen, man denke nur an die berühmte Digital-Uhr-Szene von James Bond, das Navigationssystem im Armaturenbrett des Aston Martin oder die Präsentation des BMW Z 3 als Bond-Auto in „Golden Eye".

- *Message Placement* heißt die Forcierung eines übergreifenden (Produktions-)Themas. Zu denken ist an die Traumschiff-Serie im ZDF, welche mit Hilfe von TUI die Lust auf Seereisen, die lange Zeit als eher antiquiert galten, wiederbelebte.

- *Country/Location Placement* heißt die Forcierung einer bestimmten Lokation innerhalb eines Unterhaltungsprojekts, z.B. Schwarzwaldklinik für Erholungsaufenthalte im Schwarzwald, Prag in „Mission Impossible" oder Neuseeland in „Herr der Ringe".

- *Music/Movie Placement* bezieht sich auf die Etablierung einer musikalischen Darbietung, z.B. Whitney Houston/Body Guard.

- *Image Placement* fördert die Einstellungen zu einem Absender, z.B. Cast Away/Fedex oder Top Gun/US Navy.

- Weitere Formen sind das Historic Placement mit alten Packungen/Logos, das Personality Placement, das Game-Placement etc.

Nach der Form des Placement unterscheidet man folgende:

- Ein *On Set Placement* erfolgt passiv durch Requisiten, die nur als Staffage dienen, also eine Szene ausschmücken sollen, z.B. Marlboro in „Otto – Der Film".

- Ein *Creative Placement* erfolgt aktiv durch Requisiten, die dabei eine Handlungsrolle übernehmen, z.B. Coke in „Die Götter müssen verrückt sein".

- Ein *Visual Placement* erfolgt durch Requisiten, die nur im Bild auftauchen, z.B. Nesquik-Dose in der Serie Lindenstraße.

- Ein *Verbal Placement* erfolgt durch Requisiten, die nur im Ton erwähnt werden, z. B. Omega im Bond-Film „Casino Royal" oder Whiskas im Bond-Film „Im Angesicht des Todes".

- Ein *Endorsed Placement* erfolgt durch den Hauptdarsteller visuell und/oder verbal unterstützt.

- Ein *Sub-Placement* erfolgt ohne Schauspielerunterstützung.

Die Zulässigkeit von Placements ist problematisch, denn sie verstoßen gegen das Verbot der Erwähnung von Produkten/Unternehmen in Programmen, gegen die Vermeidung werblicher Absichten des Programmveranstalters und gegen die Vermeidung der Irreführung der Allgemeinheit über den eigentlichen Zweck einer Sendung.

Dennoch sind Placements auf privaten Kanälen gegen Entgelt legal. Das gilt für Unterhaltungssendungen, fiktionale Programme wie Serien und Filme und für Sportsendungen. Ausgenommen sind Nachrichten, Sendungen zum politischen Zeitgeschehen (Nachrichten), Gottesdienste und Kinderfernsehprogramme. Solche Platzierungen dürfen in die Handlung eines Films oder einer Sendung aber nur aus überwiegend programmlich-dramaturgischen Gründen eingebaut werden. Die redaktionelle Verantwortung und Unabhängigkeit hinsichtlich Inhalt und Sendeplatz darf dabei nicht beeinträchtigt werden, die Sendung darf nicht unmittelbar zum Kauf, zur Miete oder zur Pacht von Waren und Diensten auffordern, insb. dürfen diese nicht durch spezielle, verkaufsfördernde Hinweise stark herausgestellt werden. Dies gilt auch für kostenlos zur Verfügung gestellte und geringwertige Güter. Die Ausstrahlungen müssen mit einem Logo zu Beginn der Sendung, an deren Ende und nach jeder Werbepause gekennzeichnet und die Zuschauer damit auf die Platzierung hingewiesen werden. Im Hörfunk muss ein gleichwertiger Hinweis erfolgen. Eine Marke oder ein Produkt werblich in einer solchen Sendung zu präsentieren, ist als Schleichwerbung verboten.

Erlaubt ist die unentgeltliche Beistellung von markierten Waren, solange sie keinen bedeutenden Wert haben. Die Grenze für eine solche Beistellung ist auf ein Prozent der Produktionskosten, max. 1.000 € begrenzt und gilt vor allem für öffentlich-rechtliche Sender. Ausländische Produktionen müssen nur gekennzeichnet werden, wenn Platzierungen mit zumutbarem Aufwand zu ermitteln sind, gleiches gilt für Nicht-Eigenproduktionen im privat-wirtschaftlichem Fernsehen. Auch bei Kinofilmen, Filmen und Serien, Sportsendungen und Sendungen der leichten Unterhaltung, die nicht vom Veranstalter selbst oder von einem mit dem Veranstalter verbundenen Unternehmen produziert oder in Auftrag gegeben wurden, entfällt die Kennzeichnungspflicht, sofern es sich nicht um Sendungen für Kinder handelt oder wenn kein Entgelt geleistet wird, sondern lediglich Produktionshilfen und Preise im Hinblick auf die Einbeziehung in einer Sendung kostenlos bereitgestellt werden. Ausgenommen davon sind Produktionen vor 2010.

Es gibt Placement-Agenturen, die als Vermittler oder Lizenzgeber für Merchandising-Produkte agieren, sowie Ausstatter, die große Warenlager zur Requisitenauswahl unterhalten und die Transportkoordination vom Hersteller an den Aufnahmeort übernehmen. Zu deren wesentlichen Aufgaben gehört es, geeignete Produktionen ausfindig zu machen, Drehbücher auf Placement-Chancen durchzusehen, die Verfügbarkeit von Placement-Produkten zu sichern und deren vorteilhafte Einsatzdramaturgie zu überwachen.

### 5.1.2.2 Sponsoring

Sponsoring umfasst die Planung, Organisation, Durchführung und Kontrolle aller Maßnahmen zur Bereitstellung von Geld- und/oder Sachmitteln durch Unternehmen für Personen und Organisationen im sportlichen, kulturellen und sozialen Bereich zur Erreichung der eigenen Marketing- und Kommunikationsziele durch Gegenleistung des Gesponsorten (Bruhn). Der Sponsor leiht sich somit fremde Leistungsvorteile durch Hingabe von Investitionsmitteln. Die Abgrenzung zum altbekannten Mäzenatentum liegt darin, dass dieses ohne vertraglich fixierte Gegenleistung des Geförderten geschieht, also eher auf ideeller Basis.

Der Sponsor kann jeweils exklusiv, also als Alleinsponsor, oder als Co-Sponsor auftreten, was nicht geringe Gefahren durch negative Transferwirkungen birgt. Die dabei verfolgten Ziele sind psychographischer Natur, bestehen also in Image, Bekanntheit, Kontakt, Goodwill, Motivation etc. Bei den Zielgruppen sind die des Sponsors und des Gesponsorten zu unterscheiden. Erstere beziehen sich auf Sponsoringsubjekte und auch -objekte, Letztere auf die durch ihn erreichten Personengruppen. Sinnvollerweise findet Sponsoring in die Publicity des Gesponsorten und des Sponsors Eingang, bei Ersterem durch Namensnennung, Danksagung, Botschaftsauslobung o. ä., bei Letzterem durch Label/Logo, Testimonial, Hervorhebung o. ä. Wichtig ist dabei die Verzahnung der Gesamtkommunikation, wobei erfahrungsgemäß erhebliche Aufwendungen für Rahmenbedingungen und Verwertung zu leisten sind. Sponsoring darf also nicht isoliert gesehen und eingesetzt werden, sonst vergibt man viele der Chancen, die darin liegen.

Voraussetzung für den Erfolg ist ein Bekenntnis zum Sponsoring. Dazu müssen Leistung und Gegenleistung, Nutzen und Aufwand in einem angemessenen Verhältnis zueinander stehen. Sponsoringthema und -bereich sollten in einem plausiblen Zusammenhang mit dem Kommunikationskonzept des Sponsors stehen. Für die nachhaltige Wirkung ist auch eine Kontinuität des Engagements erforderlich. Alle Maßnahmen müssen exakt vorbereitet und detailliert aufeinander abgestimmt sein. Dazu müssen Zuständigkeiten und Befugnisse klar abgegrenzt und formuliert werden.

Kultursponsoring:

- Art der Sponsorenleistung:          Finanzmittel, Sachmittel, Dienstleistungen
- Art der Gegenleistung:              aktiv (selbst organisiert), passiv
- Art des Geförderten:                Kulturschaffende, -einrichtungen, -projekte
- Leistungsklasse des Geförderten:    Elitekunst, Populärkunst, Massenkunst
- Initiator des Sponsoring:           eigeninitiiert, fremdinitiiert
- Anzahl der Sponsoren:               exklusiv, kooperativ

Soziosponsoring / Ökosponsoring:

- Art der Sponsorenleistung:   Finanzmittel, Sachmittel, Dienstleistung
- Anzahl der Sponsoren:        exklusiv, kooperativ
- Initiator des Sponsoring:    fremdinitiiert, eigeninitiiert
- Art der Nutzung:             isoliert, integriert
- Art der Gegenleistung:       aktiv, passiv
- Träger der Sponsorship:      Gruppen bezogene, Projekt bez., eigene Organisation
- Art der Projekte:            Veranstaltungen, Aktionen, Wettbewerbe
- Art des Prädikats:           Titelvergabe, Lizenzierung

Sportsponsoring:

- Arten des Sponsoring: Geld, Sachmittel, Dienstleistungen
- Anzahl der Sponsoren: exklusiv, Co-Sponsoring
- Art des Sponsors: Leistungssponsoren (Ausstatter), Unternehmen als Sponsoren, Stiftungen als Sponsoren
- Initiator des Sponsoring: fremdinitiiert, eigeninitiiert
- Vielfalt des Sponsoring: konzentriert (nur ein Bereich), differenziert
- Art der Nutzung: isoliert (keine Verwertung in anderen Medien), integriert
- Gegenleistung des Gesponsorten: Werbung während der Veranstaltung, Nutzung von Prädikaten (offizieller Lieferant o.ä.), Einsatz der Gesponsorten in der Unternehmenskommunikation
- Art der gesponsorten Individuen/Gruppen: Profi-Sportler, halb-professionelle Sportler, Amateure
- Leistungsklasse: Breitenebene, Leistungsebene (z.B. Nachwuchs), Spitzenebene
- Art der gesponsorten Organisation: Verbände, Vereine, Stiftungen, öffentliche/gemeinnützige Organisationen
- Art der gesponsorten Veranstaltung: offiziell, inoffiziell (z.B. Schaukämpfe), eigenkreiert

Abbildung 48: Formen des Sponsoring

## Sportsponsoring

Man unterscheidet vier Bereiche des Sponsoring (*siehe Abb. 48*). Das Sportsponsoring basiert auf der wirtschaftlichen Abhängigkeit des Sports, vor allem im Spitzensportbereich, und ist die bei weitem bedeutendste und historisch gesehen auch älteste Form des Sponsoring. Sie wurde vor allem durch die Tabakindustrie forciert, die sich in vielen Ländern verschärften Werberestriktionen gegenübersah und nach Auswegen suchte, dennoch in die Medien, dort sogar in den redaktionellen Teil, zu gelangen. Zu denken ist an die frühen Formel 1-Aktivitäten von Philip Morris (Marlboro), Reynolds Tobacco (Camel) oder Reemtsma (West). Vorteile des Sportsponsoring liegen in der Möglichkeit des Imagetransfer von der Sportart bzw. dem Sportler, in der zielgruppenspezifischen Kommunikation, die keinem Widerstand gegen Beeinflussung, wie oft bei klassischer Werbung, unterliegt, im nicht-kommerziellen Botschaftsumfeld und in der weitgehenden Umgehung von Werbeverboten.

Gegenstand des Sponsoring sind Produkte verschiedener Grade. Produkte 1. Grades nennt man solche, die einen unmittelbaren Sportbezug haben, z. B. Sportartikel wie Laufschuhe. Produkte 2. Grades nennt man solche, die immerhin sportnahe Artikel darstellen, z. B. Erfrischungsgetränke. Produkte 3. Grades nennt man solche, die im Umfeld des Sports zuhause sind, z. B. Gesundheitsnahrungsmittel. Und Produkte 4. Grades nennt man solche, die sportfremd sind.

Hinsichtlich der Art des Sponsoring sind zahlreiche Unterteilungen möglich:

- Es kann nach der gesponsorten Sportart unterschieden werden. Besonders beliebt sind hier jugendlich-dynamische Sportarten, eher im Individualsport wie Tennis, Golf, Ski.

- Weiterhin kann nach der Art der Sportveranstaltung unterschieden werden. Diese hat je nach Dimension lokale, nationale oder internationale Bedeutung. Da zwischenzeitlich alle verfügbaren Veranstaltungen hinlänglich durch Sponsoren besetzt sind, geht man dazu über, eigene Veranstaltungen für Sponsoren zu erfinden wie z. B. der Compaq Grand Prix im Tennis. Allerdings setzt hier der ohnehin enge Terminkalender der Athleten strikte Grenzen.

- Außerdem kann nach der Leistungsebene unterschieden werden. So gibt es Spitzen-(Leistungs-)Sport, der am spektakulärsten ist, Breitensport, der kostengünstiger zu fördern ist, Behindertensport etc.

Werbung kann dabei am Sportler selbst und in den Klassischen Medien mit Sportlern erfolgen. Als Kosten fallen neben dem Sponsorbetrag vor allem Personalkosten zur Organisation, Aktionskosten, Nachbereitungskosten und Provisionen für Mittler an. Wesentliche Stärken des Sportsponsoring liegen in der hohen Multiplikatorwirkung über die Medien, in der großen Vielfalt der Sportarten mit ganz unterschiedlichen Imagemerkmalen und im allgemeinen Interesse der Bevölkerung am Thema Sport. Wesentliche Schwächen liegen in der Konzentration des Medieninteresses auf relativ wenige Sportarten und Ligen, in der schon starken Besetzung dieser Disziplinen durch teilweise extrem hohe Geldbeträge und in aktuellen Imageproblemen wie Doping, Hooligans etc.

Kultursponsoring

Kultursponsoring betrifft die Bereiche der

- Bildenden Kunst wie Malerei, Plastik, Grafikdesign, Architektur, Fotografie,

- Bühnenkunst wie Schauspiel, Oper, Operette, Ballett,

- Musik in E- (für ernste) und U- (für unterhaltende) Genres,

- Literatur bei Belletristik und Sachbüchern, von Film, Funk und Fernsehen,

- Denkmalpflege etc.

Sponsoring umfasst dabei die Bereitstellung finanzieller Mittel, etwa für Tourneen, Ausstellungen, Projekte, von Sachmitteln wie Materialhilfe, der Ausschreibung von Wettbewerben, die Vergabe von Stipendien und die Übernahme organisatorischer Aufgaben wie etwa der Vermarktung etc. Nutznießer dieser Aktivitäten sind Einzelkünstler wie Autoren, Solisten, Sänger, Kulturgruppen wie Orchester, Chöre, Ensembles, Kulturorganisationen wie Museen, Galerien, Verlage und Kulturveranstaltungen wie Festivals, Kulturtage etc. Dabei kann es sich bei den Geförderten um Spitzen-, Breiten- oder Nachwuchskünstler handeln.

Wesentliche Stärken des Kultursponsoring liegen in der Breite des möglichen Einsatzspektrums, in der Erzielung attraktiver Imagewerte, in den vielfältigen Gestaltungsmöglichkeiten und im steigenden Interesse bei anspruchsvollen, kaufkräftigen Zielgruppen. Wesentliche Schwächen liegen in der geringen Breitenwirkung im Publikum, in der Zurückhaltung der Medien bei der Berichterstattung und der Kulturschaffenden gegenüber Kommerzinteressen.

Soziosponsoring

Soziosponsoring ist eine zukunftsweisende Form des Sponsoring in Sozialbereichen wie Gesundheit, Wissenschaft, Ausbildung etc. über Institutionen. Die schwierige und anspruchsvolle Aufgabenerfüllung im sozialen Bereich soll durch die Bereitstellung von Geld-/Sachmitteln oder Diensten durch Sponsoren, die damit direkt oder indirekt Wirkungen für ihre Unternehmenskultur und -kommunikation anstreben, verbessert werden. Beispiele finden sich im Philip Morris-Forschungspreis oder im Otto Beisheim-Lehrstuhl für Marketing an der WHU Koblenz. Wiederum kann es sich auch um eigeninitiierte Aktivitäten handeln, wobei die Grenze zum Spendenwesen fließend verläuft. In den USA ist dies, etwa im Ausbildungsbereich, völlig normal, wie die Kellogg-School of Business (Northwestern University) zeigt, an der Marketing-Papst Philip Kotler lehrt.

Wesentliche Stärken des Soziosponsoring liegen in den vielfältigen Ansatzpunkten, in der eigenständigen Konzeption und Darstellungsmöglichkeit, in der Vermittlung von Sympathie, der Dokumentation gesellschaftlichen Verantwortungsbewusstseins und in der vernünftigen Preis-Leistungs-Relation dieser Maßnahmen. Wesentliche Schwächen liegen in der geringen Transparenz möglicher Sponsorangebote, in der geringen Werbewirkung durch Zurückhaltung der Medien und in Glaubwürdigkeitsproblemen.

### Ökosponsoring

Ökosponsoring ist die neueste Form des Sponsoring und betrifft die Tätigkeitsbereiche Natur- und Landschafts-, Tier- und Artenschutz, ökologische Forschung, Umwelterziehung und Informationsdienste. Voraussetzungen für die Durchführung ist allerdings zwingend ein öffentliches Bekenntnis der Sponsoren zur Übernahme der Verantwortung für definierte Aufgabenstellungen, die ein entsprechend konsequentes Unternehmensverhalten im Sinne dieser Ziele bedingen. Hinzu kommen eine starke innerbetriebliche Motivation zum geförderten Thema, eine offene und glaubhafte Identifikation mit Ökologiefragen und der Wille zu einem langfristigen, nachhaltigen Engagement. Zu denken ist an die Initiative von Uhu (damals Lingner & Fischer) zur Auswilderung des Uhus in heimischen Wäldern, von Birkin (Dr. Dralle) zur Wiederaufforstung heimischer Birkenwälder oder von Krombacher zum Schutz des Regenwalds, die über einen Spendenbetrag vom Verkaufspreis der Produkte finanziert wurden. Auch hier ist die Grenze zur Spende fließend.

Wesentliche Stärken des Ökosponsoring liegen im hohen Interesse und der großen Akzeptanz dieses Themas in der Bevölkerung, in der daraus folgenden Sympathie und den wirkungsvollen Ansatzpunkten für die Unternehmenskommunikation durch Dokumentation der Umweltverpflichtung und der Verantwortung gegenüber zukünftigen Generationen. Wesentliche Schwächen liegen in der zentralen Glaubwürdigkeit des Engagements, die ein „sauberes" Unternehmen voraussetzt (Negativbeispiele Hoechst, Shell, BP) und in der Gefahr der Überstrapazierung dieses Themas.

Dem Sponsoring wurden große Hoffnungen entgegengebracht, weil es eine neue Möglichkeit der attraktiven, nicht-kommerziellen Ansprache bot, hohe Reichweiten durch den Multiplikatoreffekt der Medien erreichte, erlebnisorientiert, selektiv wirkend und flexibel einsetzbar war, in der Zielgruppe akzeptiert und damit mögliche Reaktanzen umgehend. Angesichts restriktiver Budgets lässt die Begeisterung jedoch spürbar nach. Als belastend sind vor allem die fehlenden Erfolgskontrollmöglichkeiten zu nennen, die risikoreiche Abhängigkeit von Einzelpersonen und Ereignissen, die schwierige Zielgruppenabgrenzung, der hohe Kosteneinsatz und die begrenzten Gestaltungsmöglichkeiten.

### 5.1.2.3 Unkonventionelle Formen

#### Guerilla-Marketing

Guerilla-Marketing soll überraschend, schockierend, die Regeln und Tabus brechend sein. Es kommt mit sehr kleinem Werbebudget aus und setzt auf besonders kreative Ideen. Gelegentlich werden dabei die legalen Grenzen überschritten. Es handelt sich im Wesentlichen um Einmalaktionen, so dass diese zu Markenaufbau oder -pflege ungeeignet sind. Daher bedienen sich fast ausschließlich Nicht-Markenartikler dieses kontroversen Tools. Das Guerilla-Marketing hat als Unterformen Ambush Marketing, Viral-Marketing, Ambient Media und Buzz Marketing.

#### Ambush Marketing

Ambush-Marketing weist eine gewisse Ähnlichkeit mit Sponsoring insofern auf, als es auch auf der „Leihe" von Öffentlichkeit basiert, jedoch anders als dieses, ohne dass der Ambusher dafür eine Gegenleistung zu erbringen bereit ist. Es handelt sich somit um den bewussten Versuch eines Absenders, eine öffentliche Aufmerksamkeit herzustellen, ohne offizieller Sponsor zu sein. Zugleich ist dies ein Angriff auf den offiziellen Sponsor, meist Wettbewerber der Branche. Es wird eine Irreführung des Publikums über die Rolle von Ambusher und offiziellem Sponsor geplant und eine Lenkung der Aufmerksamkeit vom Sponsor weg hin zum Ambusher. Der Sponsor vermag sich gegen Ambushes, die auf seine geliehene Öffentlichkeit zielen, nur zu schützen durch eine Vertragsgestaltung mit Exklusivitätsklausel, die Registrierung von Marken, Namen, Zeichen etc. sowie die Warnung an potenzielle Ambushers hinsichtlich rechtlicher Verfolgung und Gegenmaßnahmen vor Ort, sofern man darauf vorbereitet ist.

Bekannte Beispiele für Ambushes sind folgende:

- Kodak buchte TV-Spots vor und nach jedem Werbebreak bei den Olympischen Spielen in Los Angeles 1984, Sponsor dieser Olympiade war tatsächlich aber Konkurrent Fuji.

- Nike verteilte 1994 Baseball-Caps an die Zuschauer von Nationalmannschaftsspielen in den USA, die auf den Tribünen das Nike-Logo sichtbar machten, Sponsor der Nationalmannschaft war aber tatsächlich Konkurrent Umbro.

- Mercedes-Benz setzte während des New York-Marathons Himmelsschreiber ein, die Veranstaltung wurde aber tatsächlich von Konkurrent Toyota gesponsored.

- Linford Christie (Sprinter) kam zur Pressekonferenz der Olympischen Spiele 1996 in Atlanta mit Kontaktlinsen von Puma, Sponsor der Olympiade war aber tatsächlich Konkurrent Reebok.

Das direkte Ambushing verwendet geschützte Markenzeichen und Original-Bild-/Filmmaterial, es ist demnach wettbewerbswidrig. Indirektes Ambushing setzt auf die Präsenz im unmittelbaren Umfeld und in den Medien, erbringt Dienstleistungen im Umfeld oder wirbt mit Teilnehmern der Veranstaltung.

Viral-Marketing

Virales Marketing basiert auf der Aufforderung an Zielpersonen zur Weiterverbreitung erhaltener Nachrichten. Es betrifft damit das gezielte Auslösen und Kontrollieren von Mund-zu-Mund-Propaganda (Word of Mouth Advertising) zum Zweck der Vermarktung von Unternehmen und Leistungen. Als Mittel dazu dienen Hinweise auf Webseiten als Links zum Weiterleiten oder „diese Seite empfehlen"-Buttons. Zum Anschub sind der Eintrag in Suchlisten, Gästebüchern, Blogs sowie kostenlose Downloads oder Partnerprogramme empfehlenswert. Viral-Marketing arbeitet emotional und mit einfachen Botschaften, es geht darum, Spuren zu hinterlassen und exklusiven Zugang zu Informationen zu bieten. Mittel sind die Individualisierung der Nachricht und ein Überraschungseffekt. Teilweise werden Zusatznutzen geboten, die nicht einmal offengelegt werden. Die Vorgehensweise basiert auf Einbeziehen und Ausprobieren, sie ist unterhaltsam, kostenlos und innovativ. Als Phasen können dabei die folgenden unterschieden werden:

- Analyse der Ziele und Zielgruppen, Konzeption der Maßnahmen, Infektion (Seeding) durch Bildung einer Brutstätte mit gezielten Verbreitungswegen, Entwicklung des Virus, meist erst langsam, dann exponenziell rasch sowie Erfolgsmessung durch Response, Views/Clicks, Nutzerverteilung etc.

Vorteile von Viral-Marketing liegen in niedrigen Kosten, geringen Streuverlusten, hoher Aufmerksamkeit, der Glaubwürdigkeit sowie im innovativen Charakter und dem Spaß mit der Beschäftigung. e-Mail-Anhänge aufgrund von Empfehlungen werden im Schnitt 7–10 mal weitergeleitet. Die Mechanik erfordert ein Seeding, d. h. die Zielgruppe entdeckt das Kampagnengut selbst oder wird darauf über eine geeignete Plattform hingewiesen.

Risiken des Viral-Marketing betreffen vor allem folgende. Die Verbreitung der Botschaft erfolgt im falschen Personenkreis. Die Verbindung zum Urheber geht verloren (z. B. Mohrhuhn/Johnny Walker). Die intendierte Botschaft wird bei der Verbreitung verzerrt („Stille Post"-Prinzip). Eine unbedingt notwendige Kritische Masse wird nicht erreicht. Ein Kontrollverlust tritt ein, der eine evtl. negative Multiplikation einschließt (Shitstorm/Hatesites). Die Glaubwürdigkeit der Kampagne ist notleidend, etwa weil das Absenderunternehmen zu sehr im Vordergrund steht.

## Buzz Marketing

Dabei soll in einem Pre-Marketing die Aufmerksamkeit für ein neues Produkt bereits vor dessen Marktpräsenz erreicht werden. Dies erfolgt im Wege der Mund-zu-Mund-Propaganda mit Hilfe privater Meinungsbildner. Diese empfehlen das anstehende Produkt (Multiplikatoren) und erhalten es dazu im Vorfeld zur Nutzung (Lead User). Entscheidend für den Erfolg ist somit die Auswahl der richtigen Buzz-Agents. Buzz-Marketing kombiniert insofern verschiedene, anderweitig bereits bekannte Kommunikationsmaßnahmen. Verwandt damit ist das Sensation Marketing, das über einmalige Aktionen Aufmerksamkeit zu gewinnen sucht.

## Duftkommunikation

Düfte können originär wie bei Kaffee und Schokolade oder derivativ zum Zwecke der Duftkommunikation angelegt sein. Letztere kommt durch Maskierung, d. h. Überdeckung von Gerüchen zustande. Es wird als Produktkonzept eingesetzt, z. B. bei Duftwässern, als Dominanzsignal, z. B. bei Seifen, zur Simulation, z. B. bei Gebrauchtwagen, und zur Signalisierung, z. B. bei Obst. Am POS sind dazu häufig Duftsäulen platziert, die kontrolliert Düfte knapp unterhalb der unmittelbaren Wahrnehmungsschwelle abgeben, alternativ ist ein Anschluss an Klimaanlagen möglich. Eine gleichmäßig konzentrierte Dosis ist jedoch schwierig aussteuerbar und abhängig von der Anzahl der Personen im Raum, ihrer Verteilung in der Fläche, dem Luftstrom etc. Anwendungen finden sich in Hotels (Einschlafen fördern), Empfangshallen, auf Messeständen, Flughäfen, in Verkaufsräumen etc. Aber auch in Arztpraxen (Angst nehmen), Fastfood-Restaurants (Küchenaromen), Bäckereien (Backaromen), Produktionsstätten (zur Motivation der Mitarbeiter), Möbelgeschäften (Kaschieren von Nebengerüchen bei Furniermöbeln), Reisebüros (Urlaubsfeeling vermitteln) oder bei Seminaren (Lernprozesse unterstützen). Negativ sind allerdings ethische Bedenken infolge der Manipulationsgefahr zu werten sowie ärgerliche Nebenwirkungen bei Allergikern. Außerdem ist das subjektive Empfinden von Düften in Abhängigkeit vom individuellen Geruchsgedächtnis verschieden. Durch Überlagerung mehrerer Düfte können zudem unangenehme Gerüche entstehen.

Der Duft gelangt durch die obere Nasenhöhle an die Riechschleimhaut. Dort sind ca. 3 Mio. Sinneszellen vorhanden, jede Zelle ist auf einen bestimmten Duft spezialisiert. Die Zelle sendet nach Erkennung einen elektrischen Impuls, der Duft gelangt dann per Nervenimpuls an das Riechhirn. Dort wird das Signal bewertet und verglichen und löst Stimulanz in Körper, Geist und Seele aus. Es können bis zu 4.000 Düfte unterschieden werden, deren Wahrnehmung situationsabhängig ist.

## Cause-related Marketing

Bei Cause-related Marketing verspricht ein Unternehmen, Geld- oder Sachmittel für einen vorher definierten „guten" Zweck (Cause) zu spenden, sofern Kunden ein für das Unternehmen zielkonformes Verhalten (in aller Regel den Kauf der Produkte, indirekt aber auch Markenbekanntheits- und Imagegradsteigerungen) ausüben. Eine Spende ist die freiwillig und unentgeltlich erbrachte Leistung in Form von Geldern oder Sachen für einen als förderungswürdig anerkannten Zweck (bei Gemeinnützigkeit kann diese Spende steuermindernd geltend gemacht werden). Unternehmen verfolgen mit Cause-related Marketing ökonomische Ziele, es geht also nicht um Altruismus. Im Unterschied zum Sponsoring ist hier aber eine unmittelbare Handlung der Kunden das Ziel. Im Zuge dessen kann die gesellschaftliche, soziale und ökologische Verantwortung des Unternehmens (CSR) betont werden. Voraussetzungen sind die Relevanz der Aktivität für die Zielgruppe (z. B. Dove Aktion für mehr Selbstwertgefühl), die Glaubwürdigkeit, Transparenz und Nachhaltigkeit der Aktivität, die Ernsthaftigkeit der Aktivität (kein opportunistischer „Werbegag") und die Selbstverpflichtung (Commitment). Risiken liegen in einer ungeeigneten Wahl des Kooperationspartners und öffentlicher Kritik durch NGO's. Außerdem sind rechtliche Aspekte des psychologischen Kaufzwangs, der Mitleidswerbung und des Transparenzgebots zu beachten.

### 5.1.2.4 Networking durch Kundenclubs

Unter Networking versteht man den unmittelbaren Dialog mit Marktpartnern und dessen Institutionalisierung in Form eines Netzwerks, bei Kunden häufig durch Zusammenfassung in einem Kundenclub.

## Kundenclub-Aufbau

Kundenclubs sind allgemein von Unternehmen initiierte und geführte Vereinigungen bestehender und/oder potenzieller Kunden dieser Unternehmen, denen exklusive Leistungen sowie die Befriedigung ihrer sozialen Bedürfnisse angeboten werden, um zu einer emotionalen Bindung zum Anbieter durch dialogischen Kontakt zu gelangen und damit weitere Marketingziele zu erreichen. Sie sollen die Beziehungen zwischen Anbieter und Kunde langfristig stabilisieren. Der Club kann allen Personen oder nur ausgewählten Segmenten angeboten werden wie z. B. Heavy Users, Jugendliche.

Abzugrenzen sind Kundenclubs von:

- Clubs, die als reine Vertriebsschiene konzipiert sind, wie z. B. Buchclubs,

- Fanclubs, die nicht von Unternehmen initiiert werden, sondern von Prominenten oder deren Anhängern,

- Clubs, die reine Interessenvertretungen sind wie Verbraucherclubs oder Auto-fahrerclubs,

- Bonusprogrammen (z. B. Miles & More/Lufthansa), die rein auf Kaufvolumen, Loyalitätsdauer o. ä. ausgerichtet sind,

- Rabattprogrammen, denen die systematische Cluborganisation fehlt (z. B. Bahn-card/Deutsche Bahn),

- Kundenkarten des Handels, bei denen reine Zahlungsleistungen im Vordergrund stehen.

Kundenclubs sind nicht zwingend gewinnbringend angelegt, der Pay off besteht vielmehr in einer gesteigerten Kundenbindung. Sie bieten zielgruppenexklusive und von ihren Mitgliedern geschätzte Leistungen an. Der Zugang ist meist passiv ausgelegt, d. h., die Kunden treten dem Club bei.

Clubziele sind in erster Linie Kundenbindung durch Aufbau ökonomischer Wechselbarrieren und Schaffung eines emotionalen Mehrwerts, Neukunden-gewinnung mit Zuwanderung von Interessenten gerade oder vornehmlich we-gen der Clubvorteile, Umsatzsteigerung bei bestehenden Kunden, Schaffung einer Kommunikationsplattform vom Anbieter zu seinen Kunden/Interessenten (Kom-munikationseffizienz) und Gewinnung von Daten über diese Personen. Zumindest periphere Ziele sind Öffentlichkeitswirkung (Image), Marktforschungsunterstüt-zung und Auslösung eines Pull-Effekts am Handelsplatz.

Denkbar sind daher vor allem Service- und Beziehungsclubs (Relationship Mar-keting), Stammkundenvorteilsclubs mit bewussten Eintrittsbarrieren, Bestkunden-aktivierungsclubs, ebenfalls mit bewussten Eintrittsbarrieren, Imageclubs und Akquisitionsclubs zur Neukundengewinnung.

Als Eintrittsmotive für Kunden sind vor allem folgende zu nennen:

- Informationssuche für Produkt- und/oder Unternehmensdaten, Kommunikations-und Kontaktbedarf zu Gleichgesinnten, soziales Prestige als Heraushebung aus der Masse, bessere Nutzung der Grundleistungen durch leistungsergänzende Angebote, Schnäppchensuche als Smart Shopping und private Unterhaltung/Annehmlichkeiten für Zerstreuung, Spaß, Erlebnisse.

Die Clubleistungen bestehen vor allem aus den Elementen Clubkarte, Club-magazin und Bonussystem. Die Clubleistungen können mehr oder minder nahe an der Unternehmensleistung liegen, je näher, desto besser. Vor allem bei Low Involvement-Produkten sind jedoch auch ferner liegende Leistungen gut möglich.

Die Clubkarte hat eine Legitimations- und Ausweisfunktion und belegt die Clubmitgliedschaft. Sie ist zudem Werbeträger und berechtigt zur Inanspruch-nahme der Clubleistungen. Denkbar ist eine unternehmensbezogene Zahlungs-funktion durch Kooperation mit einem Finanzdienstleister und nach Bonitäts-prüfung. Denkbar ist auch ein Kreditrahmen etwa im Rahmen des Co-Branding mit einem Kreditunternehmen. Über die Clubkarte können vom Editor mitgliederbezogene Daten gesammelt werden. Sie kann mit einem mehr oder minder symbolischen Mitgliedsbeitrag verbunden sein oder einen Mindestorderumfang voraussetzen. Ihrer Ausstattung nach handelt es sich um Präge-, Magnetstreifen- oder Chipkarten sowie Smart Cards (aufladbar), Closed Couple Cards (berührungsfrei lesbar) oder Remote Cards (fernauslösbar).

Das Clubmagazin erfüllt die Informationsbedürfnisse der Clubmitglieder. Es ist Dialogbasis und dient auch der stetigen Erinnerung an den Club. Es greift Themen auf, von denen vorauszusetzen ist, dass sie für Clubmitglieder hochrelevant sind, sei es wegen ihres Informations- oder auch wegen ihres Unterhaltungswerts. Auf diese Weise wird die emotionale Nähe zum Verleger gestärkt.

Das Bonussystem manifestiert die konkreten Vorteile aus der Clubmitgliedschaft. Dabei sollte eine Mischung aus materiellen (Sonderpreise etc.) und immateriellen Vorteilen geboten werden (Limited Edition etc.). Der Übersichtlichkeit wegen ist eine nicht zu große Zahl von Clubleistungen empfehlenswert. Auch sollte das Clubangebot im Zeitablauf variieren, so dass es immer aktuell bleibt.

### Kundenclub-Konzepte

Für die Ausgestaltung von Kundenclubs gibt es allgemein mehrere Konzepte:

- *Offene Clubs* sind unabhängig vom Kundenstatus für jedermann frei zugänglich, ohne rechtliche oder finanzielle Zugangsbeschränkungen und ohne Erhebung von Mitgliedsbeiträgen. Eine spezielle Zielgruppe steht nicht im Fokus, vielmehr wird die Gesamtzielgruppe des Unternehmens angesprochen. Daher haben solche Clubs vergleichsweise viele Mitglieder. Da offene Clubs nur geringe Kundendeckungsbeiträge erwirtschaften, werden sie meist aus dem Marketingetat finanziert. Dadurch bleiben die Clubleistungen allerdings häufig limitiert (z. B. Camel-Club).

- Bei *geschlossenen Clubs* werden bestimmte Leistungen des Interessenten vorausgesetzt wie Aufnahmegebühr, Mitgliedsbeiträge, Abonnement eines Clubmagazins etc. Durch diese Eintrittsbarrieren wird der Zugang auf die anvisierte Kernzielgruppe begrenzt, was die Effizienz der Kundenansprache erhöht und Streuverluste mindert. Durch den Finanzierungsbeitrag der Mitglieder können eher besondere Servicevorteile angeboten werden. Diese stellen geldwerte Leistungen dar, die einen intensiven und regelmäßigen Austausch mit den Clubmitgliedern erfordern (z. B. Business Club der Deutschen Post).

- *Enthusiasten-Clubs* zeichnen sich durch eine besondere emotionale Bindung der Mitglieder an die Marke/das Unternehmen aus. Eintrittsbarrieren sind meist nicht vorhanden. Daher sind alle Kunden Zielgruppe, jedoch sind die Leistungen nur für solche von ihnen attraktiv, die individuell eine besondere Nähe zum Angebot verspüren. Das Hauptziel ist die Stützung und Verbesserung des Markenimages. Hinzu kommt der Verkauf von Produkten und Merchandising-Angeboten (z. B. Dr. Oetker-Backclub).

- Der *Lifestyle-Club* dient der Gewinnung und Bindung von Stammkunden. Dabei steht die Kernzielgruppe im Fokus, die meist einen gehobenen Lebensstil hat. Ihr werden dementsprechend exklusiv auf sie zugeschnittene und prestigeträchtige Leistungen angeboten, wie Reisen oder Veranstaltungen. Diese Clubs müssen sich den verändernden Werten in der Zielgruppe rasch anpassen. Dadurch kann sich der Stil des Clubs im Zeitablauf erheblich verändern (z. B. Davidoff-Club).

- Beim *VIP-Club* ist der Kreis der Mitglieder auf „wichtige" Personen begrenzt, sei es umsatzstarke Stammkunden oder einflussreiche Persönlichkeiten aus Öffentlichkeit und Wirtschaft (Multiplikatoren). Daraus entsteht ein elitärer Zirkel, der auch einen Informationsaustausch unter den Mitgliedern beinhaltet. Allerdings besteht die Gefahr, dass sich dieser Austausch verselbstständigt und außerhalb des Clubs und damit losgelöst vom Unternehmen erfolgt. Zu den Vorzügen gehören geldwerte Leistungen etwa in Form bevorzugter Behandlung (z. B. Airport Club Frankfurt).

- Der *Kundenvorteils-Club* richtet sich an alle Kunden und bietet ihnen finanzielle Anreize wie Rabatte, Prämien, besondere Bestell- und Lieferservices, Exklusivangebote. Die Zugangsbarrieren sind niedrig und liegen rechtlich meist bei geringen Mitgliedsbeiträgen. Im Mittelpunkt steht die Bindung der Kunden an das Unternehmen, die Erhöhung ihrer Kauffrequenz und die Erhöhung der Kauftreue. Dieser Clubtyp wird häufig vom Einzelhandel eingesetzt (z. B. IKEA-Family).

- Der *Profi-Club* hat eine Geschäftskunden-(Business to Business-)Ausrichtung. Zielgruppe sind die Handelspartner (Absatzmittler/Absatzhelfer) und Geschäftspartner des initiierenden Unternehmens. Der Zugang ist auf diese begrenzt.

- Der *Jugend-Club* wendet sich speziell an Kinder und Jugendliche als nachwachsende Kundengeneration, die rechtzeitig mit einem Anbieter/Angebot vertraut gemacht werden und dafür Präferenzen empfinden soll.

In jedem Fall stellt sich immer die Frage der Refinanzierung von Kundenclubs. Auch dafür gibt es mehrere Konzepte. Die Erhebung von Mitgliedsbeiträgen hat zugleich eine Filterfunktion, die Höhe der Leistungen richtet sich nach der Kaufkraft der Zielgruppe, den gebotenen Gegenleistungen und der Höhe der beabsichtigten Eintrittsschranken. Der Verkauf von Clubprodukten, z. B. limitierte Auflagen für produktaffine Fan-Clubmitglieder, kann den finanziellen Einsatz in Produktion, Logistik und Vertrieb begrenzen, der Vertrieb erfolgt häufig über Club-Shops, auch mit Merchandising-Artikeln.

Denkbar sind auch Provisionen für die Vermittlung von Leistungen Dritter, z. B. Reiseveranstalter, Versicherungen, Hotellerie, Verkauf von Tickets für Veranstal-

ter, Vertrieb clubfremder Produkte von Kooperationspartnern, die das Clubangebot abrunden. Der Verkauf von Eintrittskarten für Clubveranstaltungen (Events)
erhöht zugleich die subjektive Attraktivität der Veranstaltung, wenn sie denn als
angemessen empfunden werden. Da die Organisation aufwändig ist, bleibt dies
allerdings häufig ein Zuschussgeschäft.

Fremdwerbung im Clubmagazin durch Anzeigen oder Beilagen Dritter, meist
von Kooperationspartnern des Clubs oder Anbietern mit inhaltlicher Nähe
zum Angebot sowie Werbung auf Veranstaltungen generiert Einnahmen, allerdings darf dabei eine Zumutbarkeitsgrenze durch Reaktanz nicht überschritten
werden.

### Kundenclub-Inhalte

Die möglichen Kundenclub-Inhalte sind vielfältig. Wichtig ist, dass bei allen
Maßnahmen der Bezug zum Basisangebot möglichst eng ausgelegt ist, weil dies
erfahrungsgemäß die größte Anreizwirkung auf Kunden ausübt. Jede Leistung
muss einer harten Prüfung dahingehend unterzogen werden, ob sie für die Zielgruppe wirklich attraktiv ist. Nur dann kann die gewünschte Bindungswirkung
eintreten, jeder „Firlefanz" (Frills) ist hingegen eher schädlich. Die Clubidee ist
an sich intangibel und bedarf daher der Materialisierung in Werbemitteln wie Anschreiben, Shop in the Shop etc. Es reicht nicht, Vorteile einfach zu bieten, man
muss sie vor allem wirksam ausloben.

Der Club braucht ständig neue Impulse und eine hohe Kontaktfrequenz, damit
er „lebt". Erfahrungsgemäß schlafen jedoch die Aktivitäten mit der Zeit ein bzw.
es wird immer schwieriger, noch attraktive und bezahlbare Aktivitäten zu identifizieren. Ein Clubkonzept muss immer langfristig angelegt sein. Dabei entstehen
dann erhebliche Kosten, so dass vorab eine ausreichende Budgetierung erforderlich ist. Clubkonzepte bedingen immer ein One to One-Marketing, und dieses ist
sehr handlingaufwändig. Insofern sind ausreichende Ressourcen an Personal und
Ausstattung bereitzustellen. Vor allem ist eine leistungsfähige Computerunterstüt-
zung erforderlich.

Clubkonzepte bewegen sich juristisch auf den Rand des Zulässigen zu. Zahlreiche Bestimmungen sind als Rahmenbedingungen zu beachten. Daher dürfen
keinerlei Aktivitäten ohne juristische Prüfung gestartet werden. Kundenbindungs-
maßnahmen können nicht neben der „normalen" Arbeit durchgeführt werden.
Sie erfordern vielmehr eine Institutionalisierung in Stellen/Abteilungen, die sich
hauptamtlich diesen Aufgaben widmen. Denkbar ist auch ein Outsourcing an
externe Service Providers. Die Clubaktivitäten sollen so angelegt sein, dass Mit-
nahmeeffekte durch weniger ertragreiche Kunden verhindert werden. Dazu sind
Segmentierungsvoraussetzungen zu schaffen (Fencing). Das gilt auch für inaktive
Mitglieder, deren Bestand von Zeit zu Zeit bereinigt werden muss.

Spies Hecker Profi Club:

Spies Hecker ist ein weltweit führender Hersteller von Pkw-Reparatur-, LKW-Anstrich- und Industrielacken. Im Profi Club sind Autoreparatur-Betriebe mit den Ziel des gegenseitigen Informations- und Erfahrungsaustauschs zusammengeschlossen. Dafür entstehen eine einmalige Aufnahmegebühr von derzeit 350 € sowie ein laufender Jahresbeitrag von 900 €.

Aus der Mitgliedschaft resultierende Bonuspunkte können für Leistungen in den Bereichen Marketing, Technik und Management/Controlling eingesetzt werden. Im Bereich Marketing werden Mittel wie Fassadenschild, Poster/Plakate/Flyer, standardisierter Internetauftritt, Marketing-Handbuch, Kundenjournal, PR-Paket, Direct Mailing Package, individuelle telefonische Werbeberatung, Innengestaltung der Werkstatt, Partner-Integration auf der Unternehmens-Homepage oder lokale Events geboten.

Im Bereich Technik werden Mittel wie technische Hotline, technische Informationen, Arbeitsablaufbeschreibungen für die Lackierung, die Betriebs- und Werkstattplanung, EDV- und Softwarelösungen, technische Seminare oder Infos über Zubehörlieferanten geboten.

Im Bereich Management/Controlling werden Mittel wie Betriebsanalyse, Bilanzanalyse, Kostenplan, Personalführung, Betriebsplanung, Kundenzufriedenheitsanalyse, Potenzial- und Standortanalyse, Buchhaltung oder Zeiterfassung geboten.

Außerdem gehören die Zurverfügungstellung branchenspezifischer Software, die Teilnahme an Newsletter-Aussendungen, Zertifizierungen nach eigenem Standard (analog Qualität, Service, Preis-Leistungsverhältnis, Convenience) und der Informationsaustausch mit Industriebetrieben (Autoherstellern, Autoversicherern) zum vorgehaltenen Club-Programm.

1. FC Märklin (Kinderclub):

Im Kinderclub erscheint sechsmal jährlich ein Clubmagazin mit Bastelbogen für die Modellbahnausstattung. Die Mitglieder erhalten Zugang zu einer Webpräsenz mit passwordgeschütztem Zugang, dort gibt es hobbybezogene Informationsangebote. Einmal jährlich gibt es ein Jahrbuch für die Spurweite HO. Clubmitglieder haben zudem das Anrecht auf den Kauf eines exklusiven Clubwaggons, der in limitierter Auflage produziert wird und üblicherweise rasch erhebliche Wertsteigerungen erfährt. Die Clubkarte ermöglicht Preisermäßigungen beim Kauf bei verschiedenen Kooperationspartnern. Und bei Messebesuch erhält jedes Mitglied am Stand ein kleines Präsent.

Märklin Insider (Endkundenclub):

Im Endkundenclub erscheint sechsmal jährlich die Clubzeitschrift sowie in gleicher Frequenz das Märklin Magazin, beide bestückt mit Neuigkeiten von Märklin und rund um das Modelleisenbahnhobby. Clubmitglieder erhalten einmal jährlich kostenlos einen Jahreswaggon in speziell produzierter Auflage. Ebenfalls einmal jährlich gibt es eine DVD mit einem Rückblick auf Ereignisse im vergangenen Märklin-Jahr. Clubmitglieder erhalten das Anrecht zum Erwerb eines exklusiven Clubmodells pro Jahr, das rasche Wertsteigerung verspricht. Weiterhin gibt es das Jahrbuch mit interessanten Berichten rund um das Modelleisenbahnhobby. Die Clubkarte ermöglicht Preisermäßigungen beim Kauf bei Kooperationspartnern. Auf der Märklin-Website befindet sich ein passwordgeschützter Mitgliederbereich mit Zusatzinformationen. Bei einem Messebesuch gibt es für jedes Mitglied am Stand ein Präsent. Schließlich werden Preisermäßigungen auf Märklin-Reisen gewährt, die sich um die „große" Eisenbahn drehen.

## 5.2 Online-Medien

Der Online-Bereich kann folgendermaßen unterteilt werden: Informationstechniken im Tonbereich, Textbereich, Datenbereich, Grafikbereich, Festbildbereich, Bewegtbildbereich, Animationsbereich, Speichermedien sowie Übertragungsnetze (Internet mit Diensten wie WWW, e-Mail etc.), diese stehen im Folgenden im Mittelpunkt (*siehe Abb. 49*).

| | | Kommunikationskanal | |
|---|---|---|---|
| | | **Non-Internet**<br>**(offline)** | **Internet**<br>**(online)** |
| **Kommunikationsmodus** | uni-<br>direktional<br><br>(Simplex-<br>Kanal) | Print (Presse, Plakat)<br><br>Elektronik<br>(Fernsehen, Hörfunk, Kino)<br><br>schriftliche Kommunikation<br>(Aussendg./Verkaufsliteratur)<br><br>fernschriftliche<br>Kommunikation (Telefax)<br><br>Produktausstattung | *Non-WWW (5.2.1)*<br><br>- e-Mail-Nachricht<br>- Instant Messaging<br>- Newsgroup (Forum)<br>- File Transfer<br>- Archie/Gopher<br>- Telnet<br>- IP-TV |
| | bi-<br>direktional<br><br>(Duplex-<br>Kanal) | Mündliche Kommunikation<br>(Präsentation/Vortrag)<br><br>Fernmündliche Kommuni-<br>kation (Festnetz/Mobilfunk)<br><br>Schauwerbung<br>(POS, Event, Ausstellung,<br>Präsentation)<br><br>Kundenclubs (Networking) | *vertikal (Web 1.0) (5.2.2)*<br><br>- Internet Relay Chat (IRC)<br>- Internet Phone/Videophone (IP-PV)<br>- RSS-Feed<br>- WWW (Displaywerbung)<br>- Sonstige Formen<br><br>*horizontal (Social Media/Web 2.0) (5.2.7)*<br><br>- Networking<br>(Sonderform: Communities)<br><br>- Blogging (Sonderform: Microblogs)<br><br>- File Sharing<br>(Audio/Video/Photo/Chart etc.)<br>(Sonderform: Knowledge-Sharing/Wikis)<br><br>- Tagging (Sonderform: Bewertungen/<br>Preisvergleiche) |

Abbildung 49: Beispiele für Kommunikationswege

## 5.2.1 Non-WWW-Dienste

Das Internet stellt verschiedene Dienste zur Verfügung, deren Nutzung relativ einfach ist, da für jeden dieser Dienste entsprechende Programme am Computer aufgerufen werden können. Das Internet ist seit August 1991 öffentlich verfügbar. Der bekannteste Dienst ist sicherlich das World Wide Web (WWW). Daneben gibt es aber noch eine ganze Reihe weitere Internet-Dienste.

### Electronic Mail

Der am weitesten verbreitete Dienst ist sicherlich die Electronic Mail (e-Mail). Sie wird genutzt, um Nachrichten und Informationen zeitversetzt zwischen zwei oder mehreren Kommunikationspartnern zu übermitteln. Wie beim Versenden herkömmlicher Briefe ist durch den Absender eine Nachricht zu verfassen, diese ist mit der Anschrift des Empfängers (e-Mail-Adresse) zu versehen und abzuschicken. Sie gelangt zum „Postamt" (Mail-Server) des Absenders, das die elektronische Post zum Mail-Server des Empfängers versendet. Dort wird sie zwischengelagert, bis der Empfänger seine e-Mail-Software startet und damit praktisch in seinen Briefkasten schaut. Neben dem Versenden von Nachrichten an Einzelpersonen oder Gruppen ist es auch möglich, Texte, digitale Daten für Grafiken, Bilder, Sound-Dateien etc. und elektronische Newsletter per e-Mail zu verschicken.

Der Kopfteil der e-Mail enthält den Adressaten, Kopie-Empfänger und Betreff. Diese Angaben dienen dem Transport. Der Textteil der e-Mail enthält die eigentliche Nachricht. e-Mails sind extrem schnell. Die Nachrichten landen durch die Umgehung des herkömmlichen Postversands (Snail Mail) innerhalb weniger Minuten beim Empfänger, unabhängig von dessen physischem Standort. Mit gleicher Geschwindigkeit ist es möglich, eine Antwort zu erhalten. e-Mails sind kostengünstig, Gebühren fallen nicht an. Versand und Zustellung können rund um die Uhr (24/7) erfolgen. Zur Übertragung werden verschiedene Protokolle wie SMTP (Simple Mail Transfer Protocol), POP3 (Post Office Protocol), IMAP (Internet Message Access Protocol) und MIME (Multipurpose Internet Mail Extensions) verwendet.

Allerdings muss man berücksichtigen, das e-Mails regelmäßig nicht datengeschützt sind. Theoretisch kann ein Systemverwalter (Postmaster) die e-Mail an jedem Knoten, den sie während des Versands passiert, lesen. Daher sollten vertrauliche Daten verschlüsselt werden. Die genaue Zahl der e-Mail-Adressen ist nicht bekannt, da die Betreiber den Namen für Server-Adressen über Wildcards für einzelne Buchstaben/Ziffern vergeben, die es erlauben, aus sämtlichen Zahlen- und Ziffernkombinationen Adressen zu generieren. So dürften an jeder Domain zwei bis drei e-Mail-Adressen hängen, wobei jedoch nicht bekannt ist, welche der den Nutzern zugewiesenen Adressen wirklich genutzt werden und welche stillliegen.

Newsgroups

Diskussionsgruppen (Newsgroups) sind automatische Verzeichnissysteme für
Diskussionsbeiträge. In diesen Gruppen kann man mit Personen kommunizieren,
die sich gerade mit bestimmten Themen welcher Art auch immer beschäftigen,
um dadurch an Informationen zu gelangen bzw. Informationen mit Gleichgesinnten auszutauschen. Häufig unterhalten diese Listen auch ein Archiv, in dem man
ältere Diskussionsbeiträge nachverfolgen kann. Die Kommunikation erfolgt über
das Usenet via NNTP (Network News Transfer Protocol) und zwar asynchron,
also zeitversetzt.

Bei offenen Listen ist es jedermann möglich, an der Diskussion teilzunehmen.
Um als Teilnehmer aufgenommen zu werden, schickt man eine e-Mail an die List-
server-Adresse und bezieht sich auf eine bestimmte Diskussionsgruppe. Damit ist
man dort angemeldet. Um einen Beitrag zur Diskussionsgruppe zu leisten, sendet
man eine e-Mail mit seinem Beitrag an die Listenadresse. Alle in einer Diskussionsliste angemeldeten Teilnehmer erhalten nun diese e-Mail durch Weiterleitung
über diese Listenadressen.

Bei moderieren Listen werden die Diskussionsbeiträge zuerst an einen Mode-
rator geschickt, der sie im Hinblick auf bestimmte Grundsätze der Diskussionsliste und auf ihre inhaltliche Eignung zum relevanten Thema hin prüft. Fachlich
ungeeignete oder uninteressante e-Mails werden nicht weitergeleitet. Dadurch ist
eine höhere Qualität der veröffentlichten Beiträge zu vermuten, zugleich besteht
aber auch die Gefahr einer gewissen, wenn auch nur unbewussten, Zensur.

Bei nicht-öffentlichen Listen werden Teilnehmer nicht ohne weiteres in die Diskussionsgruppe aufgenommen. Vielmehr ist an den Listenverwalter ein Aufnah-
meschreiben zu richten. Dieser bestimmt dann über die Aufnahme, wodurch die
Anzahl der Diskussionsmitglieder kleiner und das mutmaßliche Niveau deren
Beiträge höher gehalten werden kann.

File Transfer Protocol

Das File Transfer Protocol (FTP) ist ein betriebssystemübergreifendes Protokoll
zur Übertragung von Text- und Binärdaten zwischen verschiedenen Rechnern,
die an das Internet angeschlossen sind (Peer to Peer-System). Durch die Nutzung
dieses Protokolls ist es möglich, Dateien und Programme über das Internet auf den
eigenen Computer herunter zu laden oder auf fremden Computern abzuspielen. Jeder Rechner kann dabei zugleich als Client und Server fungieren. FTP steht damit
in Konkurrenz zum WWW, das sich ebenso zur Verbreitung von Informationen
geeignet, diesem aber hinsichtlich seiner multimedialen Fähigkeiten überlegen ist.
Dateien oder Software werden über FTP-Server, die ein immenses Archiv verwal-
ten, herunter geladen. Teilweise ist vorher die Eingabe eines Password erforder-

lich. Dann muss der Nutzer nur noch die gewünschte Datei/Software anklicken und das Verzeichnis angeben, in das er diese zu kopieren wünscht.

### Archie/Gopher

Um die gewünschten Dateien/Software zu finden, dient Archie als Suchdienst. Dieser Server verfügt über ein Archiv aller FTP-Server und deren jeweiliger Inhalte, so dass man über Archie Auskunft darüber erhalten kann, wo sich eine gewünschte Quelle befindet. Gopher unterstützt den Nutzer dabei, auf die verschiedenen Ressourcen des Internet zuzugreifen. Die Suche nach diesen Informationen beginnt dabei an einem Einstiegspunkt im Suchraum (Gopherspace), von dort aus geht es über Links zu weiteren Gopher-Servers, die potenzielle Informationen bereithalten. Dieser Dienst wird allerdings durch das WWW verdrängt.

### Telnet

Terminalemulationen (Telnet) erlauben dem Anwender die Anmeldung und Nutzung von entfernten Rechnern (Hosts), deren Programme gestartet und genutzt werden können. Der eigene Rechner arbeitet dabei als Terminal am entfernten Rechner, ohne dass dieser dort als dessen Server installiert wäre. Der Bildschirminhalt des entfernten Rechners wird vielmehr auf den eigenen Rechner geschickt, dort verarbeitet und dargestellt. Zur Nutzung ist eine entsprechende Software sowohl am eigenen als auch am entfernten Rechner erforderlich. Teilweise wird für den Zugriff ein Passwort verlangt. Telnet eröffnet große Möglichkeiten für Teleworking, allerdings ist die Nutzung rein befehlsorientiert und damit wenig benutzerfreundlich. Insofern kommt es zu einer Verdrängung durch das WWW.

### IP-TV

Hierbei erfolgt der Rundfunkempfang per freischaltbarer Set Top Box nach Internet-Protocol über offene und geschlossene Netze. Dabei wird einem geschlossenen Nutzerkreis (Abonnenten) ein festes Programmangebot mit hoher technischer Qualität per Breitbandnetz gegen Bezahlung zur Verfügung gestellt, beim I-TV werden beliebige Programminhalte frei verfügbar (offen) im Netz zugänglich gemacht. Die Verbreitung kann von einem zentralen Server oder im Peer to Peer-Prinzip erfolgen. Die Nutzung ist dabei on Demand (individuell/Unicast) oder near Demand (multicast bzw. zyklisch) möglich. Das Geschäftsmodell beruht auf Abonnement-Gebühren oder Einnahmen aus kombinierten Werbeeinschaltungen. Als Endgeräte kommen zunehmend auch Mobile Devices in Betracht.

### 5.2.2 Gestaltung der e-Mail-Werbung

e-Mail-Werbung nutzt den Internet-Dienst e-Mail als Transportweg für direkte Werbebotschaften. Abgesehen davon, dass die massenweise Verteilung von e-Mails gegen die Netiquette verstößt, ist dies auch rechtlich zumindest im B-t-C-Bereich und bei anderweitig nicht bestehenden Geschäftsbeziehungen nicht zulässig, denn der Abruf von e-Mails kostet den Empfänger Zeit und Mühe zum Download vom e-Mail-Server. Dennoch ist e-Mail-Werbung als hochinteressant anzusehen, da damit in der Streuung sehr genau gezielt werden kann. Praktisch setzt man Permission Marketing ein, d. h., man fragt bei Interessenten die Bereitschaft ab, in einen e-Mail-Verteilung aufgenommen zu werden. Dadurch umgeht man nicht nur die rechtliche Unzulässigkeit, sondern verhindert auch ansonsten womöglich unerkannt bleibende Fehlstreuungen. Newsletters werden regelmäßig verschickt und enthalten im Wesentlichen redaktionelle Informationen, auf die Werbebotschaften aufgesetzt sind. Das Abonnement erfolgt durch Ausfüllen eines Anmeldeformulars auf der Website des Newsletter-Editors (Permission). Insofern ist eine hohe Zielgruppengenauigkeit für die Werbung erreichbar. Zugleich werden die engen rechtlichen Rahmenbedingungen eingehalten.

e-Mail-Kampagnenmanagement bezieht sich auf solche Newsletters, e-Kataloge, e-Mailings und Stand alone-Mails (Trigger). Newsletters sind regelmäßige Zusendungen an einen im Voraus bestimmten Personenkreis. e-Kataloge bestehen aus Produktangeboten analog zu Printkatalogen. e-Mailings sind ebenso analog zu Print-Direktaussendungen zu sehen, Stand alone-Mails bestehen dabei nur aus dem Anschreiben.

e-Mails dürfen nur bei vorhandener Erlaubnis des Empfängers verschickt werden, die Einwilligung muss jederzeit widerrufen werden können. Als Spam bezeichnet man unverlangt zugesandte unpersönliche und kommerzielle e-Mails. Zur Abwehr gelten die Anforderungen der Datensparsamkeit, der jederzeitigen Widerrufbarkeit (Opt out) und der Anbieterkennzeichnung, wie sie im Permission Marketing verwirklicht sind. Ziel ist die Realisierung einer Permission-Leiter im Zeitablauf von anonymer e-Mail-Adresse zu Interessenprofil, persönlicher e-Mail-Adresse, Name und Postadresse. Mit wachsendem Vertrauen ist ein solches schrittweises Vorgehen möglich.

In Diskussionslisten erhalten alle Abonnenten der Diskussionsliste jede an ihre e-Mail-Adresse gerichtete Nachricht zugesandt. Dies dient häufig dem Aufbau einer Community.

Unter Link Tracking versteht man eine Prüfung dahingehend, welche Inhalte auf das größte Interesse stoßen. Als Basis dienen Klicks auf Hyperlinks, die in den Newsletter integriert sind und auf eine Website mit weiter führenden Informationen verweisen. Dies kann anonymisiert oder personenbezogen erhoben, gespeichert und weiter verarbeitet werden. Profildaten dienen zur Individualisierung des Newsletter durch dynamischen Content, zusammengesetzt aus unterschiedlichen Textbausteinen, oder für Sonder-Mailings. Dabei ist eine automatische Anpassung des dynamischen Content an das Klickverhalten der Nutzer möglich.

Für das Kampagnenmanagement ist zunächst die Bestimmung der e-Mail-Frequenz erforderlich, meist wird diese wöchentlich oder vierzehntäglich gewählt. Dann braucht man Adressen, an welche die e-Mails verschickt werden sollen. Die Generierung solcher e-Mail-Adressen kann durch Kauf, Miete oder Tausch erfolgen. Kauf setzt voraus, dass die Adressaten ihre Einwilligung dazu gegeben haben. Miete setzt voraus, dass ein jederzeitiger Ausstieg aus dem Verteiler möglich ist. Und Tausch setzt voraus, dass die eigenen Abonnenten dem zugestimmt haben. Als Adressquellen dienen aber auch Freemailers (wie GMX) oder Gewinnspielportale (dann allerdings unselektiert) sowie Permission-Adressen (von Adressverlagen).

Der Aufbau eines eigenen e-Mail-Verteilers erfolgt über die eigene Homepage zu Anmeldeseiten (z. B. Pop up-Fenster), verstärkend können Incentives oder Muster-Mailings eingesetzt werden. Die Adresseingabe setzt die Überprüfung der Korrektheit der Eingabe voraus, also nur gültige Zeichen, mind. acht Zeichen lang, nach dem @-Zeichen müssen mindestens fünf Zeichen folgen. Die Anmeldebestätigung kann durch Single Opt-in, also einfache Anmeldung des Interessenten, durch Confirmed Opt-in, also Anmeldung des Interessenten mit Bestätigung an diese Adresse oder, zumeist, durch Double Opt-in, also Anmeldung des Interessenten mit Bestätigung an diese Adresse und anschließende Bestätigung zur Freischaltung, erfolgen. In allen Fällen erhält der Interessent im Anschluss regelmäßige Informationen.

Die Bekanntmachung des Newsletter erfolgt online sowohl als auch offline aus e-Mail-Adressen von Kunden, Hinweis auf den Newsletter in Korrespondenz, über klassische Medien, Packung, Events etc. Dazu ist eine genaue Zielgruppenbestimmung über Profildaten aus der Registrierung und Response-Daten aus dem Interaktionsverhalten erforderlich. Dies ermöglicht auch eine Individualisierung der Nachricht. Die Forcierung des Abonnements kann durch Anreize erfolgen wie Informationsvorteil, Preisvorteil, Privilegierung etc.

Der Versand erfolgt über einen Application Service Provider (ASP). Nutzer können zur Weiterempfehlung aufgefordert werden. Bei Rückläufern (Bounces) ist die Adresse zu überprüfen bzw. zu löschen. Ein Autoresponder kann unter einer gegebenen e-Mail-Adresse automatisiert Antwort-e-Mails mit standardisiertem Inhalt generieren. Die anbieterseitige Software kann individuell programmiert oder als Komplettlösung eingesetzt werden. Dabei ist auch die Anbindung an bestehende, meist CRM- oder ERP-Systeme, wichtig.

Für die Erstellung des Newsletter ist zunächst die Bestimmung des Formats erforderlich, und zwar als reines Textformat, als HTML-Format, als PDF-Format oder als Flash für Animation, Sound etc.

Die Nennung des Absenders ist obligatorisch, die Betreffzeile sollte wegen der Öffnungswahrscheinlichkeit möglichst aussagefähig gehalten sein. Die Absender-

kennzeichnung erfolgt im Impressum mit Name, Anschrift, Vertretungsberechtig-
ten, Telefonnummer, e-Mail-Adresse, Handelsregister- und Umsatzsteueridentifi-
kationsnummer. Sinnvoll ist ein Datenschutzhinweis sowie ein Abmeldehinweis.

Der Newsletter besteht aus Kopf-, Text- und Fußteil. Er sollte übersichtlich gegliedert sein. Als Schriftgröße ist mind. 11 Pkt. vorzusehen. Kurze Texte sind zu
bevorzugen, die Farben rot und blau hingegen zu vermeiden. Links dürfen nicht
abgekürzt sein, auch sollten keine Ausrufe- und Prozentzeichen verwendet werden, da ansonsten Spam-Verdacht zur Unterdrückung führen kann. Hilfreich ist
eine Plausibilitätskontrolle der Eingaben, z. B. nur gültige Zeichen, mit entspre-
chendem Korrekturhinweis.

Bei e-Mail-Werbung sollten Attachments vermieden werden, sie erhöhen das
Datenvolumen und sind bei Öffnung virenverdächtig. Auch sollte kein CC-
Versand erfolgen, da dadurch der Eindruck von Massen-Mailings entsteht. Hilf-
reich sind Verlinkungen unmittelbar auf spezifische Seiten (Landing Pages). Diese
Websites bieten sich für eine Personalisierung der Nachricht an. Ein Callback
Button ermöglicht die Kontaktaufnahme mit dem Absender.

Zur Überprüfung der Funktionalitäten bietet sich der Testversand an eigene
Adressen an. Testelemente sind Absenderadresse, Betreffzeile, Format, Über-
schriften, Versandzeitpunkt etc. Als Versandtermin bietet sich die Wochenmitte,
als Uhrzeit der späte Nachmittag an. Die Versanddauer beträgt je nach e-Mail-
Aufkommen bis zu drei Stunden. Hilfreich sind Vorschau-, Inhaltsangabe- und
Archiv-Funktionen.

Zum Responsemanagement gehören Hilfen für vergessene Passwords, die Möglichkeit zur Abmeldung sowie die Identifizierung von Stichwörtern für Autoresponder. Autoresponder werden z. B. für Auftragsbestätigung, allgemeine Geschäftsbedingungen, Preislisten, FAQ's, Bestellformulare und Bedienungsanleitungen
eingesetzt. Die Erfolgskontrolle erfolgt über Responsequoten verschiedener Art, so
Bounce Rates, d. h. nicht zustellbare e-Mails, Öffnungsraten, Click through Rates
und Conversion Rates, d. h. Umwandlung in Informationsanforderung/Bestellung.
Weitere Größen sind Costs per Thousand (alle Empfänger) und Costs per Click (alle
Empfänger, die einen Link angeklickt haben) sowie Costs per Order.

Qualitative Daten werden durch Befragungen zur Empfängerzufriedenheit,
durch Abfrage zu Gründen der Abmeldung, durch Analyse des Klickverhaltens
sowie durch Kundenprofile und -bewertungen gewonnen.

### 5.2.3 Web 1.0-Dienste

Das WWW in der Ausformung als Web 1.0 ist durch eine bidirektionale (Voll-duplex-)Struktur gekennzeichnet. Die Kommunikation erfolgt entweder mit einem von einem Anbieter vorgegebenen Content oder ohne vorgegebenen Content über verschiedene Dienste.

#### Internet Relay Chat

Die zeitgleiche Kommunikation im Internet (realtime) ist durch den Internet Relay Chat (IRC) möglich. Dazu loggen sich Nutzer mittels eines Client unter einem Pseudonym oder auch unter ihrem richtigen Namen in einen IRC-Server ein, eröffnen dort ein neues Gespräch oder klinken sich in ein gerade laufendes Gespräch ein. Dieser synchrone Dialog findet rund um die Uhr statt, weil Menschen aller Zeitzonen daran teilnehmen können. Dabei kann man sich auch Dateien zusenden. Chats laufen heute meist WWW-basiert ab.

#### Internet Phone & Video

Internet Phone & Video (IP & PV) ermöglicht das gleichzeitige Sprechen, Hören und Sehen der Kommunikationspartner. Dazu loggen sich Nutzer bei einem Internet-Phone-Server ein und erhalten alle ebenfalls präsenten Benutzer auf ihrem Bildschirm angezeigt (z. B. Skype). Die Kommunikation wird gestartet, indem der gewünschte Teilnehmer angeklickt wird. Zur Übertragung wird ein Datenkompressionsverfahren benutzt, um Sprache und Videobild digitalisiert durch das Internet zu schicken. Neben der Sichtbarkeit des Partners liegt der Vorteil auch in den vergleichsweise niedrigen Kosten, da sich der Internetzugang meist im Ortsbereich der Nutzer befindet, man also zur Flatrate internationale Ferngespräche führen kann. Allerdings ist die Verbindungsqualität begrenzt. Beim Teleconferencing/Teleteaching können mehr als zwei Teilnehmer miteinander kommunizieren. Alle Konferenzteilnehmer sind durch Videobild präsent, der Dialog folgt wahlweise über eine Textbox oder über Audio.

#### RSS-Feeds

RSS steht für Really Simple Syndication und dient der einfachen, XML-strukturierten Veröffentlichung von Änderungen auf Websites. Anbieter sind RSS-Channels, die Schlagzeilen und Links zu indexierten Seiten an Abonnenten schicken, dies wird Feed genannt. Die Nachrichten sind dann im Feedreader einsehbar, teilweise auch als Volltext. Im Unterschied zu e-Mails handelt es sich um einen Push-Dienst, der nicht extra abgerufen werden muss. Dadurch können auch verdeckt große Mengen an Quellen, z. B. auch Weblogs, gesichtet werden. Die Nachrichten lassen sich durch RSS-Parsers in eigene Websites integrieren (dies wird Syndication genannt). Es werden nur Inhalte, vor allem Texte, aber auch Audio- und Videodateien, übertragen, jedoch keine Navigation oder Funktionalitäten. Werbetragende Seiten mit RSS-Feed erhalten somit im Abonnentenkreis eine große Verbreitung.

World Wide Web

Das World Wide Web (WWW) ist eine grafikfähige, multimediale und diensteintegrierende Oberfläche des Internet. Es ermöglicht über seine universelle Benutzeroberfläche den Zugriff auf das gesamte Informationsangebot des Internet. Unterschiedliche Informationen in Texten, Grafiken, Bildern, Videos, Datenbanken etc. werden zu einem Ganzen verbunden. Das Hypertext Transfer Protocol (HTTP) des WWW regelt die Kommunikation zwischen den Programmen, die Hypertext-Dokumente darstellen können (Browsers), und den Webservers. Per Hypertext können Informationen strukturiert im Internet angeboten werden, um die Fülle an Informationen übersichtlich zu gestalten. Dabei können einzelne Worte im Text unterstrichen oder andere Bildelemente als Wegweiser (Links innerhalb der Website bzw. Hyperlinks zu anderen Websites) unterlegt werden. Über einen Mausklick wird eine Verbindung zum Rechner hergestellt, auf den die Adresse des Link (Uniform Resource Locator/URL) hinweist. Jedes Objekt im Internet ist durch seine URL eineindeutig bestimmt. Dies vereinfacht die Navigation im Internet und lässt das WWW sehr benutzerfreundlich werden. Als weiterer Vorteil kommt die Fähigkeit zur Gestaltung einer grafischen Benutzeroberfläche hinzu. Die überwältigende Popularität des WWW führt dazu, dass es häufig mit dem Internet schlechthin gleichgesetzt und nicht tatsächlich als Dienst neben anderen gesehen wird.

Die Seitenbeschreibungssprache des WWW ist die Hypertext Markup Language (HTML). Damit werden die logischen Strukturelemente einer Seite wie Überschrift, Absätze etc. festgelegt und die Integration von Grafiken, Bildern, Tabellen etc. bestimmt. Das Seitenlayout entsteht daraus durch Interpretation auf der Client-Seite mittels eines Web-Browser.

### 5.2.4 Gestaltung der Website-Werbung

#### 5.2.4.1 Dimensionen des Webauftritts

Die Dimensionen des Webauftritts betreffen im Einzelnen den Domainnamen, den Inhalt, die Gestaltung und die Nutzerführung.

## Domainname

Die Wahl eines passenden Domainnamens ist sehr entscheidend. Eine komplette URL besteht aus Dienst (z. B. www), Protokoll (z. B. http), der eigentlichen Domainadresse und Level Domain (z. B. de). Der Dienst zeigt an, welchen Online-Service man gerade nutzt, das Protokoll zeigt die technischen Verbindungsbasis an, die Level Domain gibt Auskunft über die Herkunft bzw. den Inhalt der Website (z. B. com, biz, net, org). Jeder kann beliebig viele Domains registrieren lassen, die Registrierung erfolgt über einen Internet-Provider. Dabei gilt grundsätzlich das Prinzip der zeitlichen Priorität. Um die Anzahl möglicher URL's zu erhöhen, sind zahlreiche neue Top Level-Domains eingeführt worden, auch die Domainadressen sind flexibilisiert (z. B. nur zwei Buchstaben). Besteht keine zeitliche Priorität, kann evtl. dennoch eine Domain gerichtlich erstritten werden. Ein Unternehmen kann etwa die Herausgabe seines Namens als Domain verlangen, wenn die überwiegende Mehrzahl der Nutzer das Unternehmen unter dieser Adresse erwartet und nicht den tatsächlichen Halter mit zeitlicher Priorität. Auch die Verwechslung mit Markennamen ist zu vermeiden, dazu ist ein zeichenrechtlicher Kurzcheck beim DPMA möglich.

Die Prüfung freier Domainnamen erfolgt unter denic.de für .de-Domains oder bei einem Webhoster. Bereits vergebene Domains können evtl. gekauft werden (z. B. sedo.de). Bei besonders gesuchten, generischen Domains stimmen Suchbegriff und Domainname überein (z. B. Marketing), möglich sind auch Zwei-Wort-Domains, meist mit Bindestrich verbunden (z. B. Marketing-Domain). Bei mehr als zwei Worten besteht die Gefahr der Verwechslung mit Suchmaschinen-Spammers. Second Level-Domains tragen den Hostnamen, Third Level-Domains sind zusammengesetzt, z. B. de.tt für Audi tt)

## Inhalte

Eine Website wird durch inhaltliche (Text, Bilder), emotionale (persönliche Ansprache, Farben) und interaktive Elemente (Hyperlinks, Kontaktmöglichkeiten, Konfigurator) gekennzeichnet. Die Texte sind jeweils mit kurzer Zusammenfassung am Anfang zu versehen. Aufzählungen und Zwischenüberschriften helfen bei der notwendigen Strukturierung. Wichtig sind eine leichte Lesbarkeit und die Vermeidung unnötiger Anglizismen/Fremdwörter.

Wichtige Textelemente sind die Headline mit max. sechs Wörtern und im übrigen selbsterklärend, die Subline/Skyline zur Erläuterung der Headline, ein Teaser als Vorspann, der eigentliche Fließtext, zunächst mit den wichtigen Fakten, dann mit Einzelheiten, dann in Vertiefung und die Formulierung, aktiv, d. h. Verben anstelle von Substantiven, in der Sprache der Zielgruppe, ohne Füllwörter, ohne Schachtelsätze, mit kurzen Wörtern und Absätzen bei jedem neuen Gedanken. Bilder sollen authentisch und mit einer Unterzeile versehen sein, Bild und Text sollen sich nicht doppeln, sondern ergänzen. Die Lesegeschwindigkeit am Bildschirm ist weitaus geringer als bei Print, auch die Auflösung ist deutlich geringer, sodass Schlüsselwörter verwendet werden sollten. Inhalte werden meist zuerst grob überflogen und auf relevante Informationen durchsucht, die Verarbeitungstiefe ist dabei gering (Scanning). Danach werden Kernlemente des Textes erfasst, die Lesegeschwindigkeit sinkt (Skimming). Die wichtigsten Inhalte werden dann in vergleichsweise niedriger Geschwindigkeit gelesen und vollständig erfasst.

Die Typographie sollte bekannte Schriften einsetzen, häufig wird „Verdana" verwendet, die Schriftgröße sollte 9–11 Pkt. betragen, Versalien sind zu vermeiden. Der Zeilenabstand sollte 120 % der Textgröße betragen. Die Zeilenlänge ist auf 45–55 Zeichen oder elf Wörter einzustellen. Zeilenumbrüche sollten fest programmiert werden (harte Trennung). Als Schriftfarbe haben sich schwarz auf weiß oder blau auf weiss bewährt.

### Grafik

Für den grafischen Webauftritt sind Screenlayout mit Gestaltungsraster, Typographie und technische Elemente wie Ladezeit, technische Darstellung kennzeichnend. Webdesign ist dabei die Gestaltung von Webseiten nach den Kriterien Information und Funktionalität sowie Ästhetik und Unterhaltung. Texte werden im HTML- bzw. xHTML-Format eingegeben. Cascading Style Sheets (CSS) gelten für die Gestaltung von Farbe, Form, Anordnung und Gruppierung. Die Farbauswahl hat anhand eines kalibrierten Monitors (RGB) zu erfolgen, um Farbverfälschungen zu vermeiden. Höchstens drei Farben plus schwarz und weiß sind auf einer Seite zumutbar. Dabei sollen Komplementärfarben, also solche, die sich zu Grundfarben ergänzen und im Farbkreis gegenüber liegen, gemieden werden. Die Schriftgröße darf nicht zu klein eingestellt werden, Texte sind immer linksbündig zu setzen. Dabei sind kurze Zeilen und Absätze einzuhalten, da man am Bildschirm anders „sieht" als im Druck. Es soll eine serifenlose Schrift verwendet werden.

Das Seitendesign wird sinnvollerweise in einer Minimalauflösung gestaltet (800 × 600 Pixels), was für Endgeräte mit kleinem Bildschirm (PDA's, Netbooks etc.) bedeutsam ist. Technisch möglich ist auch ein flexibles Seitendesign, das sich dem Bildschirmformat anpasst. Für die Wiedergabe von Animationen (Flash) muss der Browser um Plugins ergänzt werden, diese sind, wenn ansonsten unvermeidlich, als Download-Angebot auf der Site zu implementieren.

Die Website gilt als Plattform zur direkten Ansprache der Zielgruppen durch Ausweis produkt- und/oder unternehmensspezifischer Informationen in Form von Texten, Grafiken, Videos etc. Die Gestaltung der Website hängt von der Zielgruppe und der intendierten Botschaft ab. Neben der Grafik kommt es besonders auf die Funktionalitäten an, so z.B. die Einbindung einer e-Mail-Verbindung. Die Einstiegsseite, die zugleich einen Überblick über das gesamte Website-Angebot gibt, nennt man Homepage. Sie ist häufig entscheidend für den Verbleib in der Website

oder das Weiterwandern (Surfen) zu anderen Sites. Die Website gliedert sich zumeist in verschiedene Teilbereiche, die auf der Homepage angezeigt werden.

Nur noch wenige Websites sind statisch aufgebaut, d. h. mit HTM-Programmie-
rung. Änderungen erfordern dann eine Änderung im Quelltext, dies setzt wiederum Programmierkenntnisse voraus. Auch muss die komplette Navigation jeweils
angepasst werden. Eine Erleichterung bieten hier Wysiwig-Editoren (z. B. Macro-
media), bei denen statt im Quelltext im angezeigten Seitentext gearbeitet wird,
allerdings kann es dabei zu Fehlerdarstellungen kommen. Häufiger sind Content
Management Systeme (CMS). Diese arbeiten auf Basis von Templates (Webseiten-
Rahmen), in denen die Inhalte eingestellt werden. Die Verlinkung und die Übersetzung in Quelltext erfolgen automatisch. Erweiterungen erlauben darüber hinaus
z. B. die Suchmaschinenoptimierung oder multimediale Inhalte.

Wichtig ist der Aufbau der Website und der einzelnen Webseiten. Die Webseite
ist meist nach Header als Kopfbereich, z. B. Logo, eigentlichem Inhalt und Footer
mit z. B. Kontaktangaben, AGB's, Partner gegliedert. Die Startseite ist dabei die
wichtigste. Da sie meist wenig Inhalte trägt, wird sie durch Suchmaschinen nur
unzureichend gefunden. Außerdem sind häufig dort anzutreffende Flash-Anima-
tionen nicht von allen Nutzern einsehbar und verlängern die Ladezeit. Sinnvolle
Inhalte einer Startseite sind ein Überblick über den Site-Inhalt, die Verlinkung zu
Unterseiten und die Erfassung der e-Mail-Adresse. Der Aufbau der Unterseiten
sollte einer gängigen Struktur folgen, die beim Nutzer durch den Besuch tausen-
der anderer Seiten geprägt ist.

Bei der Gestaltung von grafischen Benutzeroberflächen sollen sich Entwickler
an vorgegebenen Standards (Styleguide) orientieren. Dies gilt etwa in Bezug auf
die Anordnung und Reihenfolge von Menü-Punkten. Die technischen Rahmenbedingungen des Nutzers, wie Browser, Bildschirmauflösung, Übertragungskapazität etc. sollen auf allgemeine Standards, im Zweifel eher am unteren Level, einjustiert werden. Bei der Verwendung von Farben, der Einteilung des Bildschirms
sowie der Verknüpfung und beim Einsatz multimedialer Elemente wie Audio oder
Video herrscht weitgehende Gestaltungsfreiheit. Generell gilt, dass auf Frameseiten möglichst verzichtet werden soll. Ebenso sollte horizontales Scrollen vermieden werden. Der Kontrast zwischen Vorder- und Hintergrund ist wichtig
(Figur-Grund-Differenzierung).

Die Terminologie soll zielgruppengerecht sein und Überschriften, Schlagwörter etc. sollen hervorgehoben werden. Längere Texte sind zu vermeiden, alternativ können sie zum Ausdruck angeboten werden. Hinweise auf Autoren und
Verantwortliche der Website sind obligatorisch (Impressumspflicht). Außerdem
sind Linksammlungen, Über Uns-Seiten und FAQ's wünschenswert. Für Dateien
sind kurze Ladezeiten empfehlenswert. Die Bildschirmauflösung soll angegeben
werden. Hinweise für unvermeidliche Plug-ins und Systemeinstellungen müssen
gegeben werden. Gehen Inhalte über mehrere Webseiten, sollen diese mit einer
Übersicht versehen sein.

Besucher sollen auch über die weitergehende Verwendung von Eingabedaten und die Wirkung von Cookies informiert werden. Bei sicherheitskritischen Eingaben soll ein Hinweis auf gesicherte Übertragung (https) erfolgen. Führungstexte sollen links von kurzen Eingabefeldern bzw. oberhalb von längeren Eingabefeldern platziert werden. Zusammengehörige Eingabefelder sollen gruppiert werden und jedes Eingabefeld soll eine angemessene Größe haben. Bei Standardeingabefeldern sollen häufig vorkommende Werte vorbesetzt werden (z. B. Herr/Frau). Muss- und Kann-Eingaben sollen optisch abgesetzt sein. Kontrollkästchen und Optionsfelder sollen in Spalten angeordnet werden. Bei mehreren Optionsfeldern sollen stattdessen Listfelder verwendet werden (pulldown). Schaltflächen und Eingabefelder sollen aussagefähig bezeichnet, zusammengehörige Schaltflächen identisch in ihren Abmessungen und bündig platziert werden. Hilfreich sind Plausibilitätsprüfungen zur Vermeidung von Eingabefehlern. Ebenso soll auf Falscheingaben hingewiesen werden. Bereits getätigte Eingaben sollen problemlos wieder geändert werden können. Alle Eingabedaten und Übersichten sollen ausdruckbar sein, evtl. auch in zusammenfassender Darstellung. Formulare müssen dabei nutzerorientiert gestaltet werden.

### Nutzerführung

Damit die Nutzer sich nicht in der Angebotsvielfalt verlieren, sind eine Führung durch die Website durch Navigationselemente wie Orientierung, Scrolling, Paging und Orientierungselemente wie Sitemap, Icons erforderlich. Dazu dient etwa eine Navigationsleiste mit Steuerbefehlen. Auch ist eine vorgegebene Verkettung der Seiten zweckmäßig, um didaktische Aspekte bei der Nutzung zu berücksichtigen. Die Bekanntmachung der eigenen URL erfolgt in klassischen Medien, in Werbemitteln des Unternehmens und in der Geschäftsausstattung (Stationary).

Pro Webseite werden von Nutzern nicht mehr als sieben Ankerpunkte erfasst. Die Positionierung einzelner Elemente muss sich daher an Standards orientieren. Die höchste Aufmerksamkeit ist links oben auf der Seite, die geringste rechts unten. Wichtige Elemente sind der Seitennamen, das Home-Logo, um zurück zur Startseite zu gelangen und die Kennzeichnung der bereits besuchten, der noch nicht besuchten und der insgesamt besuchbaren Links (meist farbig unterlegt). Hinzu kommt eine fehlertolerante Volltextsuche, die Groß-Kleinschreibung, Buchstabendreher u. ä. ignoriert, üblich sind bis zu 27 Zeichen Suchwortumfang. Die Suche sollte sich nur auf den internen Bereich beziehen, nicht auf das WWW insgesamt, da der Nutzer dann „verlorengeht". Sie macht nur bei größeren Präsenzen Sinn.

Häufig liegt nur ein Teil der gesamten Seite im sichtbaren Bereich. Da Scrollen möglichst vermieden wird, wird somit ein Teil der Seite nicht wahrgenommen (Eisberg-Effekt). Dem kann durch Paging entgegengewirkt werden, d.h. eine Seitengestaltung derart, dass Scrollen nicht erforderlich ist. Hilfreich ist auch die Verwendung von Metaphern, d.h. die Nutzung vertrauter Umgebungen auf der

Website, wie Pinnwand, Icons etc. Das Website-Logo soll links oder rechts oben platziert werden, es soll einen Link zur Startseite haben. Die Positionierung der Navigationselemente soll auf allen Seiten identisch bleiben. Dabei kann in primäre und sekundäre Navigation unterschieden werden. Eine Sitemap soll einen Überblick über die gesamte Webpräsenz bieten.

Die Navigationsleiste erscheint am linken oder rechten Rand oder oben, mit nicht mehr als zehn Punkten. Der Aufruf von Unterpunkten zur Verfeinerung erfolgt durch Pull Down-Menüs. Die Suche erfolgt immer über Worte. Nach Möglichkeit ist ein Test mit Probanden in Bezug auf die Usability durchzuführen. Möglichst führen nicht mehr als drei Clicks bis zur Zielseite, also kurze Navigationswege und flache Site-Strukturen. Hilfreich ist außerdem eine Navigationsübersicht, um zu zeigen, wo man sich gerade befindet oder Breadcrumbs, d.h. die Anzeige des Pfads bis zur aufgerufenen Seite, so dass man direkt zurückspringen kann. Die Kontaktseite sollte unterschiedliche Kontaktwege zur Auswahl bieten. Teilweise wird eine Rückruf-Möglichkeit (Callback) oder eine Toll Free-Nummer geboten.

Wichtig ist die korrekte Darstellung bei verschiedenen Browsers und in verschiedenen Auflösungen, am häufigsten sind $1.024 \times 768$ Pixels. Nur wenige Nutzer haben verschiedene Browser installiert, so dass sie unterschiedliche Auflösungen und Funktionalitäten nutzen können. Daher sind die Browserdarstellungen vorab zu testen, wichtig ist ebenso die Ladezeit, die immer unter max. zehn Sekunden betragen sollte. Dazu können Datenkomprimierungsverfahren genutzt werden. Die Bandbreite des Internetzugangs ist heutzutage kein Problem mehr. Hilfreich sind Angebote zum Download auf der Seite, z.B. Gebrauchsanleitungen, Handbücher, Software, Spiele, Bildschirmschoner, Videos, Rezepte, Fallstudien, White Papers, virtuelle Fabrikführungen, Foren, Bildergalerien, Experteninterviews (Podcast), Glossare, Testergebnisse etc. Auch Bilder der Kontaktpersonen wirken gut.

Die Software-Ergonomie stellt in Bezug auf Dialogsysteme allgemein zahlreiche Anforderungen, so die

- Angemessenheit, d.h. der Anwender soll in die Lage versetzt werden, seine Aufgabe vollständig, richtig und mit überschaubarem zeitlichen Aufwand zu erfüllen,

- Selbstbeschreibung, d.h. die Antworten und Rückmeldungen sollten entweder unmittelbar oder auf Nachfrage nachvollziehbar sein,

- Erwartungskonformität, d.h. ein interaktives System sollte den Erwartungen des Nutzers entsprechen, d.h. einheitlich gestaltet sein, allgemein gültige Konventionen befolgen, den Kenntnissen aus dem jeweiligen Anwendungsgebiet entsprechen etc.,

- Fehlertoleranz, d.h. einfache Fehler bei der Bedienung sollen vermieden bzw. vom Programm abgefangen und dem Benutzer Hinweise gegeben werden, wie sich Bedienungsfehler vermeiden lassen,

- Steuerbarkeit, d. h. dem Benutzer obliegt die Steuerung des Systems, dazu gehört auch, dass er Arbeitsschritte rückgängig machen kann,

- Individualisierbarkeit, d. h. ein System soll sich in bestimmten Grenzen an die Vorlieben und Eigenheiten des Benutzers anpassen lassen,

- Lernförderung, d. h. der Anwender soll bei der Nutzung des Systems angeleitet und unterstützt werden.

### 5.2.4.2 Website als Werbeträger

Ein Webauftritt (Website) besteht aus mehreren Webseiten bzw. Dokumenten (Dateien, Ressourcen), die durch eine einheitliche Navigation im Hypertext-Verfahren verbunden sind. Er beginnt mit der Homepage oder, vorgeschaltet, der Welcomepage. Hyperlinks erlauben einen Wechsel zwischen den Dokumenten und zwischen unterschiedlichen Webseiten oder auch Websites per Mausklick.

Webauftritte werden meist in der plattformunabhängigen Seitenbeschreibungs-sprache HTML programmiert (Hypertext Markup Language). Dabei werden häufig serverseitige Skriptsprachen (Perl, PHP, VBSkript) oder Programmiersprachen (Java) benutzt. Daneben gibt es clientseitige Skriptsprachen (Java Script). Server-seitige Skripte/Programme erzeugen als Ausgabe vorzugsweise HTML-Text, der vom clientseitigen Browser (Anzeigeprogramm) gerendert (bearbeitet) wird. Der Webauftritt kann dann am Bildschirm aufgerufen werden.

Die Adressierung eines Webauftritts erfolgt über eine URL (Uniform Resource Locator), die für jede Site eineindeutig ist. Die Daten des Webauftritts werden auf einem Webserver abgelegt, der häufig von einem Rechenzentrum (Webhost) be-trieben und als Webspace an Nutzer vermietet wird.

Basis für die Gestaltung eines WWW-Auftritts ist die Zugrundelegung eines geeigneten Nutzermodells, also eines Profils der mutmaßlichen Besucher der Präsenz. Die Besucher sind allgemein anonym, allerdings besteht über *Cookies* („elektronische Post it-Zettel") die Möglichkeit der sukzessiven Profilierung jedes einzelnen Nutzers. Dazu werden Informationen über den jeweiligen Besuch auf der Festplatte des Nutzercomputers abgelegt und bei einem erneuten Zugriff auf dieselbe Präsenz durch den Browser wieder aktiviert. Auf diese Weise werden Informationen kumuliert, die einen immer besseren Eindruck vom Nutzer-profil erlauben. Ab einer gewissen Schwelle sind auf dieser Basis individualisierte Informationsangebote generierbar, welche den manifestierten Interessen aus dem jeweiligen Nutzerprofil entsprechen.

Bei der Internet-Präsenz handelt es sich um einen typischen Pull-Kanal der Kommunikation, d. h., es sind nur Teilnehmer erreichbar, die sich schon irgendwo im Netz befinden. Daher muss ein Anbieter konstitutiv zunächst die *Aufmerksamkeit* der Teilnehmer wecken und auf seine eigene Präsenz lenken.

Dafür gibt es mehrere Möglichkeiten. Erstens kann über andere Kommunikationskanäle (offline) auf die Präsenz hingewiesen werden (etwa Anzeigen, TV-Spots, Prospekte, Geschäftspapiere etc.). Zweitens kann in anderen Präsenzen auf die eigene Präsenz hingewiesen werden (meist geschieht dies im Tausch gegenseitiger Crossverlinkung). Damit erreicht man umso mehr Nutzer, je häufiger diese Sites frequentiert werden. Daraus bezieht sich die Stärke der sog. Portals, der häufigst genutzten Eingangsseiten in das Internet. Denn diese schaffen durch hohen Traffic vielfache Kontakte. Und drittens muss man für eine ordentliche Vertretung in den Suchmaschinen sorgen, dies durch entsprechend indexierte Stichwörter.

Nun ist der einmalige Besuch einer Internet-Präsenz zwar schon ganz gut, aber wirklich nutzbringend ist erst der wiederholte Besuch durch ein und denselben Nutzer. Dafür kann man im Browser Adressen, zu denen man wiederkehren will, als Lesezeichen (*Bookmarks*) kennzeichnen. Dazu bedarf es aber einer Motivation zur Wiederkehr. Diese wird vor allem durch Serviceangebote erreicht, auf die ein mehrfacher Zugriff lohnend erscheint. Denkbar ist aber auch die Verteilung von Mitteilungen an identifizierte Nutzer per e-Mail, das undifferenzierte Versenden von Nachrichten als Spamming ist jedoch, zumindest gegenüber Privatpersonen, verboten und verstößt auch gegen die selbst gesetzten Verhaltensregeln im Internet, die Netiquette.

Die anfänglich verbreitete, pure Faszination an der modernen Technik, also das ziellose, zufällige Surfen, ist längst von der zielgerichteten Suche nach bestimmten Sites abgelöst worden. Insofern steht das Vertrauen auf Zufallskontakte mit der eigenen Präsenz auf immer schwächeren Füßen. Vielmehr ist eine bewusste Kanalisierung des Zugriffs erforderlich.

Eine der wichtigsten Entscheidungen betrifft dabei die Wahl der richtigen *Domain*. Diese muss nicht notwendigerweise mit der Firma übereinstimmen, aber einprägsam, positiv assoziierend und eindeutig schreibbar sein. Bei der Registrierung sollte man evtl. variierende Schreibweisen mit reservieren lassen und dann eine Umleitung zur richtigen URL einrichten. Dies gilt auch für verschiedene Enddomains (.de, .com).

Für die Gestaltung der Online-Werbung sind wichtige Do's und Dont's zu beachten. Zunächst zu den Do's:

- Prägnante URL, kurz und merkfähig,

- einwandfreie Funktionalitäten, keine Fehlermeldungen, insb. nicht bei Tippfehlern,

- schnelle Ladezeiten, vor allem aus Bequemlichkeitsgründen, wenige Bilder,

- einfache Bedienung mit nicht mehr als drei Klick-Ebenen, um zur gewünschten Seite zu gelangen,

- informative Inhalte, nicht „Kunst",

- kompetente Reaktion auf Anfragen, kurze Reaktionszeit.

Folgende Dont's sind tunlichst zu vermeiden:

- erforderliche Plug ins, um eine Website darstellen zu können,

- lange Intros ohne Nutzwert,

- Foren und Gästebücher, meist nutzlos, da anonym,

- externe Links, der Nutzer ist weg aus der eigenen Präsenz und kommt womöglich nicht wieder zurück,

- Zählwerke ohne Nutzwert, außer für die Konkurrenz,

- Baustellenschilder (Under Construction),

- Newsticker, lenken von wichtigen Inhalten ab,

- Formulare, wenn sie schwierig verständlich und kompliziert aufgemacht sind.

### 5.2.4.3 Funktion der Suchmaschinen

Damit eine Website gefunden werden kann, ist ihr Eintrag in Suchmaschinen unerlässlich. Diese werden intensiv genutzt, um sich im unübersichtlichen Geflecht des Internet diejenigen Informationen heraus zu fischen, die man gerade benötigt. Nutzer geben dazu den oder die Suchbegriff(e) in eine Datenbank ein, die daraufhin alle Eintragungen durchsucht und die Adressen ausweist, in denen der/die Suchbegriff(e) vorkommt oder die damit in Verbindung stehen. Es können drei Typen von Suchmaschinen unterschieden werden:

- *Volltextsuchmaschinen* durchwühlen automatisch 24 Stunden am Tag 7 Tage die Woche alle erreichbaren Websites und speichern deren Überschriften und Teile der dort jeweils abgelegten Texte Wort für Wort und legen diese auf einem Server ab. Bei einem Suchauftrag durchforstet die Suchmaschine diesen Server-Vorrat und weist die entsprechenden Treffer aus. Dies erfordert eine möglichst exakte Definition des Suchfeldes, weil ansonsten unübersichtlich viele Treffer zustande kommen. Daher ist es zweckmäßig, bei der Suche eingrenzende Formulierungen (z. B. durch AND-Operatoren) vorzunehmen. Besonders geeignet sind Volltextsuchmaschinen für die Detailsuche nach speziellen Informationen, sofern die Eingrenzungen und Spezifizierungen zweckmäßig gewählt werden. Beispiele sind Google, Altavista, MSN, Ask etc.

- *Web-Kataloge* werden von Redakteuren zusammengestellt, die Webseiten indizieren, also den Inhalten Stichwörter zuordnen, die sie in einen Katalog einstellen. Dieser Katalog ist hierarchisch aufgebaut. Bei einem Suchauftrag wird dieser Web-Katalog von Stichwörtern durchsucht. Entsprechend kann die Suche sehr effizient gestaltet werden. Es gibt kaum irrelevante Treffer, dafür sind aber auch längst nicht alle Schlagwörter erfasst, so dass nicht alle relevanten Websites wirklich ausgewertet werden können. Dennoch ist dies die beste Wahl, um sich an ein Sachgebiet heranzutasten. Gängige Web-Kataloge sind WEB, DINO, Yahoo etc.

- *Meta-Suchmaschinen* führen keinen eigenen Datenbestand, sondern durchsuchen parallel mehrere Volltextsuchmaschinen, Web-Kataloge und andere Spezialdatenbanken. Dadurch kann auf einen riesigen Informationsbestand zugegriffen werden, allerdings hängt die Nutzbarkeit der Angaben von der zweckmäßigen Eingrenzung des Suchbegriffs ab. Um einen ersten Überblick über ein Sachgebiet zu erhalten, sind diese Dienste aber sehr gut geeignet. Gebräuchliche Meta-Suchmaschinen sind Metaspinner, Apollo, Metager etc.

- *Spezialsuchmaschinen* betreffen vor allem den Einkauf. Beispiele sind hier Preisauskunft (Idealo u. a.), Shopping (Kelko u. a.) etc.

Beim Indizieren des Textes durch Suchmaschinen wird zunächst der Titel einer Seite durch die Suchmaschine erfasst und ausgewertet. Dieser bildet das wichtigste Kriterium bei der Bestimmung der Relevanz eines Suchergebnisses für die Anfrage des Nutzers und entscheidet darüber, ob man mit seiner Adresse oben oder unten in einer Suchliste ausgewiesen wird. Auch die folgenden Abschnitte des Textes werden durch die Suchmaschine erfasst. Dabei wird die Inhaltsangabe, die bei der Ausgabe der Adressenliste mitgeliefert wird, automatisch erstellt. Somit ist die Formulierung des ersten Absatzes einer Seite wichtig, dabei muss diese Formulierung nicht unbedingt auf dem Bildschirm sichtbar sein. Durch Meta-Tags, die eine Seite inhaltlich beschreiben, aber durch den Browser nicht sichtbar gemacht werden, können Schlüsselwörter als relevanter als vielleicht tatsächlich im Text gegeben ausgewiesen werden.

Verzeichnisse erlauben den Eintrag von Website-Inhabern in entsprechenden Kategorien. Dazu gibt es meist ein Anmeldeformular, das neben den Inhalten auch eine Charakterisierung der Seite erlaubt. Dazu sollten Anmelder eine kurze Beschreibung des Seiteninhalts hinterlegen, die zusammen mit der Adresse nach Anfrage in einer Ergebnisliste des Verzeichnisnutzers ausgegeben wird. Um möglichst weit oben auf der Ergebnisliste platziert zu sein, ist es hilfreich, wenn der Titel einer Website das vom User vorgegebene Suchwort enthält. Eine Platzierung weit oben auf der Ergebnisliste macht die tatsächliche Nutzung wahrscheinlicher, da Nutzer die Liste für gewöhnlich von oben beginnend anwählen und ihre Suche einstellen, wenn sie die ihnen geeignet erscheinende Information gefunden haben. Je weiter unten ein Eintrag daher auf der Liste platziert ist, desto wahrscheinlicher ist es, dass er nicht mehr aufgerufen wird, weil das zugrunde liegende Informationsproblem bereits gelöst ist. Die Anmeldung wird durch die Mitarbeiter des Verzeichnisanbieters geprüft und dann in das Verzeichnis aufgenommen.

Hybride Suchmaschinen bieten zusätzliche Verzeichnisse mit den Seiten aus dem Hauptindex an. So wird vermieden, dass Inhalte deshalb nicht gefunden werden, weil sie dem falschen Index zugewiesen worden sind. In hybriden Suchmaschinen kann man daher zwischen Verzeichnissen wechseln und dort jeweils erneut suchen.

Der Eintrag in die diversen Verzeichnisse ist zeitaufwändig. So bieten Dienstleister die Übernahme des Eintrags in die gängigen Suchmaschinen an. Möglich ist auch die automatische Anmeldung durch entsprechende Registrierungs-Software, dabei ist allerdings kein Feintuning des Eintrags möglich, so dass erhebliche Chancen vergeben werden. Dafür können Zeit und Geld eingespart werden. Website-Optimierer verbessern die Platzierung durch Website-Analyse über Sichtbarkeit der Inhalte, Logfile, technische Analyse, durch Optimierung der Website, durch Anmeldung zur Indexierung und Beobachtung der Ranking-Regeln bei Veränderung.

Suchmaschinen-Marketing

Unter Suchmaschinen-Marketing versteht man die regelkonforme Gewinnung relevanter Kontakte über Platzierungen auf den Suchergebnisseiten der Such-maschinen. Suchmaschinen erfassen mittels Suchrobotern (Crawlers) alle bei der Suchmaschine verfügbaren URL's und folgen dort den Links bis zu einer bestimmten Tiefe, meist bis zur dritten Click-Ebene, um zu weiteren Seiten zu gelangen. Alle gesammelten Seiten werden analysiert und indexiert. Horizon-tale Suchmaschinen suchen alle Websites, z. B. eines Landes oder einer Sprache, ab. Vertikale Suchmaschinen suchen nur in einem Themenbereich. Meta-Such-maschinen suchen in den Ergebnissen von Suchmaschinen und geben sie nach eigenen Ordnungskriterien wieder.

Die vom Crawler gefundenen Seiten werden regelmäßig an einen zentralen Indexer übertragen und dort zu einem durchsuchbaren Index verarbeitet. Aus die-sem Index werden Nutzeranfragen entsprechend den Ranking-Kriterien der Such-maschine mit einer geordneten Liste von URL's und deren Beschreibungen be-antwortet. Die Indexierungstiefe gibt an, wie weit die Linkverfolgung ausgehend von den Websites der oberen Hierarchieebene geht. Die Indexierungshäufigkeit gibt die Aktualität der Inhalte der Website an. Dynamische Inhalte werden aller-dings meist nicht gefunden.

Angestrebt wird für eine Webpräsenz eine möglichst gute Platzierung in den Suchergebnislisten. Die Kriterien zur Bewertung der Relevanz von Ergebnissen sind jedoch von Suchmaschine zu Suchmaschine verschieden. Diese Kriterien bleiben geheim, um Index-Spamming zu erschweren, das versucht, durch mani-pulierte Angaben Topplatzierungen zu erreichen. Für die Qualität der Ergebnisse sind die Menge der ausgelieferten Suchergebnisseiten bzw. die Nutzungsreichweite der Suche ausschlaggebend. Die Zahl der Suchergebnisseiten gibt die Kapazität der Suchmaschine an, die Nutzungsreichweite die Anzahl der Nutzer innerhalb eines bestimmten Zeitraums.

## Suchmaschinen-Optimierung

Suchmaschinen-Optimierung befasst sich mit der technischen Optimierung der Auffindbarkeit und Zuordnenbarkeit von Webseiten. Diese Optimierung kann *onsite* erfolgen, d. h. durch Maßnahmen auf der Site selbst zur Verbesserung der Position von Suchergebnissen bei Anfragen (z. B. höhere Stichwortdichte), oder *offsite*, d. h. durch Verlinkung/Referenzierung von Webseiten auf/von dritten Sites, um dadurch zu mehr Relevanz zu gelangen (z. B. Google Pagerank 0–10) zu kommen. Ein suchmaschinen-freundliches Webdesign erhöht die Wahrscheinlichkeit guter Platzierungen. Dazu gehören folgende Elemente:

- die Fokussierung auf die Top-Web-Crawler Google, Inktomi, Fast Search & Transfer, Alta Vista, Verlinkungen innerhalb der Site, da nur die zur Homepage verlinkten Seiten gefunden werden können, der Title Tag als in der Browser-Leiste angezeigter Titel der Website, dieser sollte bereits die wichtigsten Begriffe der Site beinhalten, für alle Hauptseiten sollten spezifische Title Tags verwendet werden, der Einbau der Suchbegriffe in den Text, eine hohe Linkpopularität durch viele Querverweise und eine lange Laufzeit der Domain (Alter), eine flache Hierarchie der Site-Struktur, da die Links nur bis zu einer bestimmten Tiefe verfolgt werden (das sog. Deep Web wird nicht erreicht).

Abträglich sind hingegen

- eine hohe Downtime des Servers als Zeit, während der ein Server technisch nicht erreichbar ist, kopierter Content auf mehreren Seiten, Links von Low Quality-Seiten ausgehend, identische Metatags auf vielen Unterseiten und die Teilnahme an Linknetzwerken.

Bei Google werden Quellen nach ca. 200 verschiedenen Kriterien, die im Einzelnen geheim sind, durchsucht. Der Marktanteil von Google liegt in Deutschland bei knapp 90 %, europaweit bei ca. 60 %.

Das Deep Web entsteht infolge des Aussperrens von Crawlers durch Website-Betreiber, durch nicht-aussagefähige Metatags, Passwort-Schutz für die Seiten, dynamische Programmierungen (Datenbanken), Echtzeit-Seiteninhalte, fehlende Verlinkung von und zu anderen Seiten, zahlungspflichtigen Zugang, Campuslizenzen etc. Diese wichtigen Inhalte bleiben damit „verborgen“.

## Suchmaschinen-Werbung

Beim Keyword Advertising erfolgt der Kauf von Werbeplatzierungen, die bei Eingabe definierter Suchbegriffe außerhalb der Suchergebnisse (organische Ergebnisse) im bezahlten Bereich der Suchmaschine (gekaufte Ergebnisse) erscheinen. Die Bezahlung erfolgt durch Pay per Click, d. h. jeder Werbungtreibende bietet einen bestimmten Geldbetrag für eine Platzierung in den bezahlten Rankings und definiert eine Budgetgrenze für einen Zeitraum. Die relative Höhe des

Gebots entscheidet über den Rangplatz, die Adresse wird solange ausgewiesen, bis durch Clicks auf den Link das Budget aufgebraucht ist. Der Werbungtreibende kann dann entscheiden, sein Budget zu erhöhen oder auf eine weitere Platzierung verzichten. Meist werden zwei bis fünf zugehörige Suchwörter definiert. Die Bedeutung ist sehr hoch, da die meisten Deutschen Suchmaschinen zur Übersicht im Internet nutzen, insb. vor Kaufentscheiden. Die meisten Nutzer beachten zudem nur die Links auf der ersten Seite.

Allerdings gibt es hier auch Click-Betrug durch Konkurrenten. Hinweise darauf sind eine hohe Zahl von Seitenaufrufen aus dem Ausland, Seiten, die über wechselnde IP-Adressen aufgerufen und dabei nicht identifiziert werden können, vermehrte Seitenzugriffe, bei denen die Besucher der Site diese nach Aufruf unmittelbar wieder verlassen sowie Clicks, die zu unüblichen Uhrzeiten ausgeführt werden. Weitere Indikatoren sind ausgesprochen niedrige Konversionsraten. d. h. Umwandlung des Click in eine gewünschte Aktivität, Besuche von Seiten, die nicht mit eigenen Werbemitteln versehen sind, häufige Stornos von getätigten Käufen sowie technische Rahmenbedingungen, die auffällig vom Üblichen abweichen.

### 5.2.4.4 Usability von Webseiten

Bei der Gestaltung von grafischen Benutzeroberflächen sollen sich Entwickler an vorgegebenen Standards (Styleguide) orientieren, z. B. in Bezug auf die Anordnung und Reihenfolge von Menü-Punkten. Die technischen Rahmenbedingungen des Nutzers wie Browser, Bildschirmauflösung, Übertragungskapazität etc. sollten auf allgemeine Standards, im Zweifel eher am unteren Level, einjustiert werden. Bei der Verwendung von Farben, der Einteilung des Bildschirms sowie bei der Verknüpfung und beim Einsatz multimedialer Elemente wie Audio oder Video herrscht zwar weitgehende Gestaltungsfreiheit. Dennoch gibt es eine Reihe von Empfehlungen zur Gestaltung von Webseiten. So sollte auf Frameseiten, also getrennte Bildschirmrahmen, möglichst verzichtet werden. Die Textterminologie sollte zielgruppengerecht ausgelegt werden. Überschriften, Schlagwörter etc. sollten hervorgehoben sein. Längere Texte sollten vermieden werden, alternativ können sie zum Ausdruck angeboten werden. Außerdem sind Linksammlungen, Über Uns-Seiten, FAQ's etc. wünschenswert. Kurze Ladezeiten der Dateien sind ebenso wichtig wie ein barrierefreier Zugang. Die Bildschirmauflösung sollte angegeben werden. Hinweise für erforderliche Plugins und Systemeinstellungen sollten gegeben werden.

Usability-Tests sichern die Einhaltung der Funktionalität. Dazu eingesetzte Methoden sind Logfile-Analysen, die protokollieren, welche Navigationselemente und Seiten in welcher Reihenfolge aufgerufen wurden und wie lang die Verweilzeiten auf den einzelnen Seiten sind. *Logfiles* enthalten alle Informationen, die während eines Nutzungsvorgangs vom Browser des Nutzers im http-Header an den Server übermittelt werden, wie URL, Datei, Zeit, IP-Nummer, Betriebssystem,

Browsertyp etc. Die Daten werden um Hits irrelevanter Einträge (Frames), von Suchagenten, interne Zugriffe etc. bereinigt. Dann erfolgen eine Datenverdichtung mit Zuordnung der Nutzer zu IP-Adressen (Besucheridentifikation) und die Pfad-vervollständigung (Cache).

Darüber hinaus können weitere Informationen über den Nutzer/die Nutzung gewonnen werden. Session-ID's stellen dazu eine vorübergehende Markierung des Browser beim WWW-Server dar. Cookies sind kleine Textdateien im ASCII-Format, die vom Server auf die Festplatte des Nutzer-PC geschrieben werden und den Browser dauerhaft markieren. Unter Login versteht man Eingabedaten zur personalisierten Anmeldung, wodurch die Nutzungsvorgänge dem Nutzer zur Erstellung eines Nutzerprofils zugeordnet werden können. Bei e-Mails werden Metadaten mit Angaben zu e-Mail-Programm, Betriebssystem, Betreffzeile der e-Mails, e-Mail-Adresse etc. erfasst. Bei Formulareinträgen werden die Trans-aktionsdaten erfasst.

Hinzu kommen Primärstudien durch Videoanalysen, die bei ausgewählten Nut-zern eingesetzt werden können, z. B. als Blickverlaufsmessung. Dadurch können auch Mimik und Gestik des Nutzers beobachtet werden. Allerdings ist dafür ein relativ hoher technischer Aufwand notwendig. Einzel- und Gruppeninterviews geben Aufschluss über die Beurteilung einer Website. Frage- und Bewertungsbogen erlauben eine metrische Messung, evtl. auch als Online-Fragebogen. Laborunter-suchungen sind hingegen problematisch, sie führen etwa mittels Eye Eracking zu sog. Heatmaps *(siehe Abb. 50)*.

Eine zentrale Anforderung an jede Website-Usability ist die *Barrierefreiheit*. Dafür gibt es eine Reihe von Bedingungen. So müssen für Bilder, Töne und Videos äquivalente Alternativen anderer Modalität zur Verfügung stehen. Texte, Bilder und Grafiken müssen für Fehlsichtige deutlich, auch ohne Farben, erkennbar sein. Die HTML-Seitenbeschreibung und die CSS-Seitengestaltung sind gemäß ih-rer Spezifikationen zu verwenden. Sprachliche Besonderheiten wie Abkürzungen oder Sprachwechsel müssen kenntlich gemacht werden. Tabellen dürfen tatsäch-lich nur zur Darstellung tabellarischer Daten verwendet werden. Internetangebote müssen weitgehend browserunabhängig nutzbar sein. Zeitgesteuerte Inhalte müs-sen durch den Nutzer kontrollierbar sein. Automatische Aktualisierungen oder Weiterleitungen dürfen nicht erfolgen. Der Zugriff auf Benutzerschnittstellen z. B. durch Datenbankanbindung, muss behinderungsfrei möglich sein. Der gesamte Funktionsumfang eines Internetauftritts muss unabhängig vom Ein- oder Aus-gabegerät genutzt werden können, z. B. durch Navigation ohne angeschlossene Maus. Das Internetangebot muss auch mit älterer Software nutzbar sein, evtl. un-ter Verzicht auf Funktionalitäten. Alle zur Erstellung der Webseiten verwendeten Technologien müssen vollständig dokumentiert sein. Dem Nutzer müssen Orien-tierungshilfen zur Verfügung gestellt werden. Die Navigation muss übersichtlich und nachvollziehbar sein, z. B. durch Angabe von Hyperlink-Zielen, Sitemaps, Suchfunktionen.

**Communication**:

- Leichtigkeit, die e-Mail-Adresse von konkreten An-
  sprechpartnern zu finden
- Leichtigkeit, die Telefonnummern von konkreten An-
  sprechpartnern zu finden
- Leichtigkeit, die Postanschrift des Unternehmens zu
  finden
- Kontaktformular vorhanden
- Telefonrückrufbutton vorhanden
- Beschwerdemöglichkeit vorhanden
- Newsletter wird angeboten
- RSS Newsfeed möglich

**Challenge**:

- Fähigkeit der Homepage zu fesseln
- Fähigkeit der Homepage, dass die Zeit wie im Flug
  vergeht, wenn man surft
- Fähigkeit der Homepage, beim Surfen Vergnügen zu
  bereiten
- Anpassung der Homepage an Geschäftskundenbe-
  dürfnisse
- Stimmigkeit der Homepage mit anderen kommunika-
  tionspolitischen Instrumenten
- angebotene Unterhaltung

**Content**:

- Breite des Informationsangebots
- Tiefe des Informationsangebots
- Qualität des Informationsangebots
- Verständlichkeit der Informationen
- Strukturiertheit der Informationen
- Aktualität der Informationen
- Möglichkeit, Informationen herunterzuladen
- Newsboard-Anzeige
- Angaben über das Unternehmen
- Informationen über Stellenangebote
- Verlinkung zu Partnerunternehmen

**Configuration**:

- Übersichtlichkeit des Layouts
- Überschaubarkeit der Menüpunkte
- Menüleiste vorhanden
- harmonische Farbgestaltung
- einheitliches Design
- kontrastreiche Schrift
- verständliche Links
- Navigationsunterstützung
- Home-Button vorhanden
- Sitemaß
- Suchfunktion (Volltext?)
- Möglichkeit, verschiedene Sprachen zu wählen
- schneller Aufbau der Seiten

Abbildung 50: Kriterien für den Webauftritt

War dieser Anspruch ursprünglich auf den Zugang Behinderter zu Internet-inhalten abgestellt, hat sich zwischenzeitlich erwiesen, dass alle Maßnahmen, die Behinderten helfen, auch für die Nutzung von Internetinhalten durch alle anderen hilfreich sind.

## 5.2.5 Banner-Werbung

Die verbreitetste Form der Werbung im WWW sind Banner (Displaywerbung). Nach ihrer Anlage unterscheidet man verschiedene Banner-Arten.

Integrated Banner

Integrated-Banner sind solche, die den Nutzer mit einem Click auf den Banner aus der Website heraus zum Onlineangebot eines werbungtreibenden Unternehmens leiten. Dazu gehören folgende:

- *Statische Banner* erlauben nur ein Anklicken durch den User, worauf sich die verlinkte Webseite des Werbungtreibenden öffnet. Da Banner, wie andere Werbemittel auch, häufig als Störung in der eigentlichen Mediennutzung angesehen werden, treten sie teilweise getarnt auf. Die Größen sind auf Halfsize-Banner (234 × 60 Pixels), Full-Banner (468 × 60 Pixels) und Super-Banner (728 × 90 Pixels) standardisiert.

- *Skyscrapers* sind nicht scrollbar, nutzen aber die gesamte rechte Seitenhöhe für einen vertikalen Werbebalken (120 × 600 Pixels), denkbar auch als breiter Skyscraper (160 × 600 Pixels).

- *Super Banner Ads* nutzen die gesamte Seitenbreite am Bildschirm oder zumindest die halbe Bildschirmbreite.

- *Hockey Sticks* sind L-förmig am oberen und rechten Rand der Webseite angelegt.

- *Scroll Ads* stellen eine mitscrollende, anklickbare Werbefläche am Bildschirmrand dar, die nicht zu schließen ist.

- *Rectangle/Midpage Ads* sind direkt im redaktionellen Content des Werbeträgers integriert und können nicht aus Versehen oder mit Absicht weggeklickt werden. Durch ihre Größe bieten sie erweiterte kreative Möglichkeiten in der Gestaltung, vergleichbar mit Inselanzeigen im Printbereich. Größen sind 180 × 150 Pixels, 300 × 250 Pixels, 336 × 280 Pixels und 240 × 240 Pixels.

- *Fake Banners* simulieren eine Computermeldung, z. B. einen Betriebssystemfehler, um Aufmerksamkeit für ihre Botschaft zu erreichen. Ob dies hilfreich ist, darf bezweifelt werden.

Elaborierte integrierte Banner ermöglichen zusätzliche Funktionen innerhalb des Banner-Felds:

- *Animierte Banner* bestehen aus sich wiederholenden Einzelbildsequenzen (filmähnlich), die ohne weitere softwaretechnische Voraussetzungen kleinere Animationen erlauben. Dadurch kann eine hohe Aufmerksamkeit beim Nutzer erreicht werden. Sie funktionieren ebenfalls per Anklicken, benötigen allerdings hohe Speicher- und Übertragungskapazitäten. Die Begrenzung der Dateigröße führt daher oft zu unzulänglichen Lösungen. Content Ads sind in den Content-Bereich einer Webseite integriert analog zur Inselanzeige im Print.

- *HTML-Banner* erlauben den Einsatz von, aus der Software bekannten, Auswahl-boxes oder Pull Down-Menüs. Dadurch können einzelne Informationsangebote, z. B. Programme wie kleine Spiele, Datenbestände, die vom Werbungtreiben-dem vorrätig gehalten werden, direkt aus dem Banner heraus angewählt werden. Er besteht dazu aus mehreren Bildern, Formularelementen und Texten, die im Quellcode der Seite des Werbeträgers eingefügt werden. Dazu sind keine Plugs-ins erforderlich.

- *Nanosite-Banner* sind komplett funktionsfähige Webseiten im Miniformat. Sie enthalten interaktive Elemente mit Funktionalitäten. Alle Inhalte werden im Bannerfenster, und nicht in einem neuen Fenster, angezeigt. Die einzelnen Elemente sind durch beliebige Links miteinander verknüpft. Allerdings ist die Programmierung recht aufwändig. Sie basieren auf Java oder anderen Sprachen, so dass womöglich nicht alle potenziellen Nutzer tatsächlich erreicht werden. Sie erlauben Datenbankabfragen und Transaktionsvorgänge ohne Verlassen des Werbeträgers (z. B. Mini-Shops).

- *Transactive-Banner* erlauben die Nutzung der Inhalte des Banner, ohne dass Nutzer dabei die eigentlich aufgerufene Website verlassen müssen. Deshalb sind umfangreiche Funktionalitäten in den Banner eingebaut, bis hin zu Trans-aktionsmöglichkeiten.

- *Richmedia-Banner* erlauben die Einbeziehung multimedialer Elemente, wie 3-D-Animationen, Videoclips, Audiosequenzen, Interaktionsmöglichkeiten etc. Dabei setzt die Datenübertragungskapazität immer noch Grenzen durch rucke-lige Bilder, geringe Auflösung etc. Teilweise werden Plug-ins benötigt.

- *Microsites* sind in sich geschlossene, mehrseitige Werbeauftritte auf hoch-frequentierten Websites. Damit lässt sich ausreichend Information transportie-ren, ohne dass der Nutzer eine neue Website aufrufen müsste. Es ist also kein Wechsel zur Homepage des Werbungtreibenden erforderlich.

New Window Ads

New Window Ads erscheinen automatisch in einem sich öffnenden Browser-fenster und umfassen verschiedene Formen:

- *Popup Ads* öffnen beim Ladevorgang automatisch ein eigenes, neues Browser-fenster beliebiger Größe über der gerade betrachteten Webseite, unterbrechen also nicht die eigentlich beabsichtigte Navigation auf der Webseite. Sie stellen insofern eine „sanftere" Form der Unterbrecherwerbung dar, allerdings können Nutzer das Fenster bereits weggeklickt haben, bevor dessen Inhalt fertig auf-gebaut ist, so dass es für den Erfolg auf kurze Ladezeiten und inhaltlich wie gestalterisch attraktive Aufmachung ankommt. Häufig ist ein Zusatznutzen damit verbunden.

- *Blowup Ads* sind eine Variante der Popups. Sie blasen sich beim Seitenaufruf erst allmählich auf ihr Endformat auf.

- *Interstitials* werden zwischen zwei aufgerufenen Seiten während des üblichen Seitenaufbaus auf dem Bildschirm eingeblendet und nehmen vorübergehend das gesamte Format in Anspruch (ähnlich TV-Werbung). Sie können nicht weggeklickt werden, weil sie kein eigenes Browser-Fenster benötigen. Die Einblendung verschwindet nach einer gewissen Standzeit von selbst, es sei denn, der Nutzer aktiviert das Interstitial, um zu einer angehängten Website zu gelangen. Durch die Übertragung verlängert sich die Ladezeit, es kommt zu einer Unterbrechung der Nutzung.

- *Superstitials* laden sich im Hintergrund, während der User ungestört weiter auf der Site navigiert, sobald sie vollständig geladen sind, erscheint die Werbebotschaft großformatig. Möglich ist auch die Einbindung von Multimedia-Elementen wie animierten Flash-Spots, Grafiken und Sound (Microsites).


Layer Ads

Layer Ads liegen eine Ebene über oder unter der Content-Seite und erscheinen nicht in einem sich öffnenden Fenster. Dazu zählen:

- *Floating Ads* schweben scheinbar über der betrachteten Website und können ausgeblendet werden.

- *Expanding Ads* vergrößern ihr Format, sobald der Nutzer das Banner berührt, wenn der Mauszeiger die Fläche wieder verlässt, zieht es sich auf seine Ursprungsgröße zurück

- Beim *Mouse Move Banner* erscheint direkt neben der Mausposition ein Werbebanner, der sich mit der Bewegung des Mauszeigers bewegt.

- *Comet Cursors* sind Cursor, die ihre Form verändern, während sie über Webseiten und Banners bewegt werden. Die Veränderung kann z. B. die Form des Logos des beworbenen Produkts annehmen. Dadurch kann eine hohe Erinnerungswirkung erreicht werden, allerdings muss der Nutzer sich das entsprechende Installationsprogramm zuvor aus dem Internet herunterladen.

- *Pop under Ads* werden erst beim Schließen der Browserfenster als letztes Bild auf dem Bildschirm sichtbar, weil sie unter den anderen Fenstern liegen (640 × 480 Pixels).

- *Sticky Ads* bestehen aus Buttons, die, unabhängig vom Scrolling, optisch immer an derselben Stelle auf dem Bildschirm, meist am rechten Rand, stehen bleiben.

- *Tandem Ads* stellen eine Kombination aus Standardformat und Flash Layer dar, nach Ablauf des Flash Layer bleibt die Botschaft im Standardformat erhalten.

Die Schaltung der Banner-Werbung erfolgt auf Common Interest Sites wie Portalen mit hoher Reichweite, aber auch hohen Streuverlusten, oder auf Special Interest Sites mit dementsprechend weniger Verbreitung, aber höherer Zielgenauigkeit. Die Auslieferung von Werbung erfolgt durch

- Rotation verschiedener Werbemittel auf demselben Werbeplatz,

- Rotation innerhalb eines Web-Auftritts auf verschiedenen Seiten,

- Netzwerkrotation innerhalb einer Gruppe mehrerer Anbieter,

- zeitabhängige Werbemittelauslieferung.

Statt dieser undifferenzierten Schaltung kann nach definierten Kriterien im Rahmen des *Targeting* vorgegangen werden:

- Behavioral Targeting basiert auf dem bisherigen Surfverhalten der Nutzer und segmentiert diese nach Interessensgebieten (meist auf Basis von Cookies, Netzwerkbeobachtung oder Log in-Daten), allerdings sind Interessensfelder oft eng begrenzt,

- Contextual Targeting geht vom thematischen Umfeld einer Website (Affinität) aus, das besonders gut zur Werbebotschaft passt, Basis sind Suchanfragen und e-Mails,

- Semantic Targeting basiert auf Suchworteingaben und ordnet Einzelwörtern, Wortkombinationen, Satzteilen und Texten Inhalte zu (allerdings gibt es hier semantische Grenzen, z. B. Essen als Stadt oder als Nahrungsaufnahme),

- Predictive Targeting basiert auf statistischen Algorithmen aus Erhebungsdaten über die hochgerechneten Web-Eigenschaften von Nutzern (meist nach Nutzerprofil, Soziodemographie, Lebenswelt o. ä.), dadurch lassen sich Streuverluste minimieren,

- Regional Targeting konzentriert sich auf bestimmte Gebiete, Städte, Postleitzahlzonen etc., speziell als Geo-Targeting (anhand der IP-Adresse kann abgeschätzt werden, aus welcher Gegend ein Nutzer stammt bzw. wo er sich gerade aufhält),

- Re-Targeting adressiert Nutzer, die eine Interaktion auf einer Website abgebrochen haben, nach Verlassen dieser Website auf einer anderen Website (meist in einem Werbenetzwerk), Ziel ist der Abschluss der Interaktion, Voraussetzung zur Wiedererkennung sind Cookies beim Nutzer,

- Technological Targeting liefert auf die jeweilige Hard- und Software-Umgebung zugeschnittene Werbemittel aus (Parameter sind Browsertyp, Netzbandbreite, Nutzungszeiten etc.), evtl. mit Begrenzung der Kontaktfrequenz.

Messbasis sind Logfile-Analysen, Cookie-Meldungen, Registrierungs-/Login-Daten, Webbugs (1 × 1 Pixel) etc. Allerdings liegen darin auch die Grenzen (Cookie-Löschung/-Abschaltung, unvollständige Nutzerprofile, geringe Datenbasis/Clickraten, Datenschutz etc.).

Für die Abrechnung kommen verschiedene Modelle in Betracht wie Pay per View, Pay per Click, Pay per Action etc.

Sonderwerbeformen

Da diese herkömmlichen Formen der Banner-Werbung an Wirksamkeitsgrenzen durch Reaktanz analog zur klassischen Offline-Werbung stoßen (Banner Blindness), werden zunehmend Sonderwerbeformen eingesetzt:

- *Breaking News* sind klickbare Werbeformen, die zumeist in Inhaltsverzeichnisse, Navigationsleisten oder anderen Content integriert sind und kurze Nachrichten enthalten. Denkbar ist auch die Integration dieser aktuellen Informationen im Banner, wo sie, ähnlich einem Tickertext, durch das Format laufen.

- *E-Mercials* sind Fullscreen-Werbespots auf Basis der Flash-Technologie, die meist mit interaktiven Logos der Werbekunden gekoppelt sind.

- *Streaming Ads* ermöglichen auch Bewegtbild-Werbung (TV- und Kinospots) und sind interaktiv. Sie werden über einen Ad Server ausgeliefert und sind in den üblichen Werbeformaten anklickbar.

- Bei *DHTML-Bannern* bewegt sich ein freies Objekt über die Web-Seite, am Rand des Contents oder über ihn hinweg. Dabei ist auch eine Erweiterung um Inhalte, z. B. Gewinnspiele, möglich, die einen hohen Spaßfaktor mit Produkt-, Marken- und Unternehmensinformationen verbinden. Der Werbungtreibende erhält zudem, etwa durch Highscore-Listen, Nutzerdaten.

Darüber hinaus gibt es einige Werbeformen, die weiter gehende Ansätze als den reinen Werbemitteleinsatz verfolgen:

- *Crossmedia-Applikationen* betreffen die Nutzung klassischer oder anderer nicht-klassischer Mediagattungen parallel zur Online-Werbung. So können Werbebotschaften über TV-Spots oder Presseanzeigen gleichzeitig zur Präsenz auf einer Website verbreitet werden. Dadurch ist eine bessere Erreichbarkeit der Zielpersonen gegeben, Werbeträger, die über mehrere Offline- und Online-Angebote verfügen, können zudem Crossmedia-Angebote für Werbungtreibende zum Paketpreis zusammenstellen.

- Bei *Web-Promotions* gibt ein Website-Betreiber Inhalte seiner Website an andere Website-Betreiber weiter. Dabei handelt es sich zumeist um Datenbanken als Gästebücher, um Diskussionsgruppen oder Veranstaltungskalender, die mit Werbung durchsetzt sind. Der Übernehmende setzt dazu einen Link auf den entsprechenden Content des Anbieters, die Aufmachung des übernommenen Inhalts kann dabei jeweils dem Auftritt des Übernehmenden angeglichen werden. Der Übernehmende zahlt eine Gebühr für die Übernahme an den Anbieter.

- Beim *Web-Sponsoring* wird auf einer Website der Hinweis auf das Sponsoring einer anderen Website, eines Services, z. B. Themen-Websites mit nur impliziter Absendernennung, eines abgegrenzten Themenangebots oder eines Web-Events gegeben. Dazu gehört auch die Nennung des Markennamens und/oder -logos in einem geeigneten Themenumfeld (Placement).

- Bei *Affiliate-Programmen* platziert ein Programmbetreiber (Merchant) den Banner eines Partners (Affiliate) auf seiner Website. Die Bezahlung erfolgt durch Provisionen für die über diesen Banner weiter geleiteten Aufträge. Dadurch sind weitaus höhere Einnahmen als durch Verkauf des Platzes für Banner möglich. Allerdings muss man auf die Seriosität der Partner bei der Auswahl achten, da es ansonsten zu negativen Überstrahlungseffekten kommt.

### 5.2.6 Erfolgsmessung im WWW

Die Erfolgsmessung der Online-Werbung ist, wie jede Werbeeffizienzmessung, nicht unproblematisch. Man kann Site-bezogene, werbeelementbezogene und benutzerbezogene Kennzahlen unterscheiden. Site-bezogene Messwerte sind vor allem:

- *Hits*: Sie geben an, wie viele Einzeldaten einer Site abgefragt worden sind, sei es als HTML-Seiten, Grafiken o. ä., ablesbar an der Zeilenzahl im Logfile.

- *Page Views/Page Impressions*: Dies ist die Anzahl der abgerufenen Einzelseiten, wobei nur Content-Seiten gezählt werden. Sie ist ein Maß für den Sichtkontakt mit einzelnen Seiten.

- *Visits*: Dies sind zusammenhängende Besuche einzelner Benutzer auf einer Website unter Aufruf einer oder mehrerer Webseiten des Angebots einer Site. Ein Nutzungsvorgang ist ein technisch erfolgreicher Seitenzugriff eines Internet-Browser auf das aktuelle Angebot.

- *Fehlerlogs*: Dies ist eine Auswertung der Fehlercodes beim Zugriff zur Optimierung der Website.

- *Abandonment Rate*: Darunter werden Seiten ausgewiesen, von denen aus eine Website verlassen wird.

Werbeelementbezogene Messwerte sind vor allem:

- *Adclicks*: Dies ist die Anzahl der Nutzungen von Werbung tragenden Hyperlinks, die zur Website oder zu anderen Informationen des Werbungtreibenden führen.

- *AdImpression*: Dies ist die Anzahl der Sichtkontakte mit Werbemitteln im Internet,

- *Click through Rate*: Dies ist der Anteil angeklickter Werbemittel an allen besuchten Webseiten.

- *Exposure Duplications*: Dies ist der Anteil der Besucher, der einen Werbebanner mehrmals sieht.

- *Banner Reach*: Dies ist die Anzahl der Nutzer mit mindestens einem Sichtkontakt zum Werbemittel analog der Reichweite.

- *Banner Frequency*: Dies ist die Anzahl der Sichtkontakte je Nutzer analog der Kontaktintensität.

- *Viewtime*, d.h. die Zeitspanne, während der ein potenziell werbeführender Teil eines Internet-Angebots sichtbar ist.

- *Stickiness*, d.h. die Verweilzeit auf einer Website ermittelt aus Frequenz, Dauer und Reichweite.

Benutzerbezogene Messwerte sind vor allem:

- *Referring Pages*: Hier wird festgestellt, von welcher Website der User kam und wohin er von der Site ging.

- *Entry Pages/Exit Pages*: Dies sind die Einstiegs- und Ausstiegsseiten einer Website, z.B. über Suchmaschinen indexiert.

- *Navigationsmuster*: Dies zielt auf die Erkennung von Bewegungsschemata innerhalb einer Website ab.

- *Visit Length*, d.h. Verweildauer vom ersten bis zum letzten Seitenabruf innerhalb einer Visit.

- *Unique Users*, d.h. Anzahl unterschiedlicher Besucher einer Website.

- *Conversion Rate*, d.h. Anteil der Käufe eines Angebots (Transaktionen) an allen Besuchen der Site.

Die Aussagefähigkeit dieser Messwerte ist jedoch mehrfach eingeschränkt. So erfolgen Zugriffe auf Internet-Angebote statt über den Server des Anbieters über dezentrale Proxy Servers, wenn es sich um häufig aufgerufene Webseiten handelt. Diese Zugriffe können nicht gemessen werden, da sie im Logfile des Anbieter-Server nicht eingetragen sind. Ähnlich verhält es sich bei Einsatz von Cache-Speichern, die im Nutzer-PC reserviert sind und Inhalte lokal bereitstellen, ohne bei erneutem Aufruf den Anbieter-Server zu kontaktieren. Ebenso wirken Firewalls, wie sie zur Standardausstattung im B-t-B-Bereich gehören, verzerrend, weil statt der eigentlich datenabrufenden internen IP-Adresse nur die Firewall-IP-Adresse im Logfile erscheint. Weiterhin werden von vielen Providers Vorrats-IP-Adressen verwaltet, die fallweise verschiedenen Nutzern nach jeweiliger Verfügbarkeit zugewiesen werden (dynamische IP-Adressen). Damit ist ein korrekter Ausweis der Nutzer nicht mehr möglich. Zudem bieten Offline Reader-Funktionen die Möglichkeit, Webseiten- und damit auch dort befindliche Werbeinhalte, zu betrachten, ohne online zu sein, d. h., der zeitbezogene Ausweis der Werbung ist verfälscht. Wählen sich Nutzer unmittelbar auf die werbetragende Seite ein, ohne sich über Links dorthin verbinden zu lassen, sind die Messwerte ebenfalls unrichtig. Besteht eine Webseite aus mehreren unabhängigen Elementen (Frames), wird der Aufbau einer Seite als mehrfacher Abruf (Hit) je Frame gewertet.

Zur Schaffung einer „harten Online-Währung" hat die IVW (Informationsgemeinschaft zur Feststellung der Verbreitung von Werbeträgern) ein Messverfahren standardisiert, das zumindest eine Vergleichbarkeit der somit erhobenen kommunikativen Daten gewährleistet. Es basiert im Wesentlichen auf den Messkriterien PageImpressions und Visits.

### 5.2.7 Web 2.0-Anwendungen

Das WWW in Form der Web 2.0-Anwendungen beinhaltet den Trend von der Massenkommunikation zur individualisierten Kommunikation (Personalisierung), von der Push- zur Pull-Kommunikation (eigener Content/UGC) und von der Einweg- zur Dialogkommunikation (interaktiv). Der User stellt zugleich Content für andere zur Verfügung und nutzt Content dieser anderen. Dies erfolgt durch

- Networking zur Selbstpräsentation der Nutzer, deren Vernetzung untereinander in Gruppen und von Inhalten und Nutzern über Internet-Plattformen (z.B Facebook, Xing, LinkedIn),

- Blogging über die Bereitstellung von Authoring Tools zur Erstellung von Weblogs, zum Hosting von Blogs und zu deren Kategorisierung, auch als RSS-Feeds und Microblogs (z. B. Twitter),

- File Sharing durch die Bereitstellung von Online-Speicherplatz zur Systematisierung von Inhalten sowie zur Suche und Darstellung von Informationen (z. B. Youtube, Flickr), auch als Wikis,

- Tagging zur zentralen Archivierung und ubiquitären Verfügbarmachung von Bookmarks und deren Verschlagwortung (z. B. MisterWong), auch zur Aggregation User-generierter Bewertungen (Preisvergleich).

Die häufigsten von ihnen werden im Folgenden kurz vorgestellt. Alle basieren auf folgenden Prinzipien. Das Internet dient als Plattform, es geht um die Nutzbarmachung kollektiver Intelligenz, es herrschen nutzergenerierte Inhalte vor, leichtgewichtige Programmmiermodule (z. B. Apps) sind gegeben, die Anwendungen sind endgeräteneutral und es besteht eine ausgebaute Benutzerführung.

Vereinfachend wird häufig zwischen drei Arten von internetbasierten Medien unterschieden:

- Owned Media wie z. B. die eigene Website, die Facebook-Fanpage, ein Youtube-Kanal, ein Twitter-Kanal oder ein Weblog,

- Paid Media wie Suchmaschinenwerbung, Bannerwerbung, Sponsoring etc.,

- Earned Media wie Fans/Follower in Sozialen Netzwerken, positive Produkt-
  bewertungen, positive Nutzerbeiträge etc.


### Soziale Netzwerke

Dabei handelt es sich um Nutzergemeinschaften von Webdiensten, die entweder nur auf bestimmte Personenkreise begrenzt bleiben oder jedermann einbeziehen (Beispiele sind Facebook, Google+, Path, Stayfriends, Foursquare etc.). Jedes Mitglied kann sich dazu eine persönliche Seite einrichten (Profil), um sich anderen Mitgliedern mit diversen Sichtbarkeitseinstellungen zu präsentieren. Ein leichter Empfang und Versand von Nachrichten ist über Kontaktlisten/Adressbücher nach bestimmten persönlichen Merkmalen möglich. Dabei werden der Versand interner Nachrichten und die Bildung von Interessengemeinschaften angestrebt. Gleichgesinnte können gemeinsame Aktivitäten in Blogs planen. Soziale Netzwerke finanzieren sich neben Mitgliedsbeiträgen primär durch Werbung/Sponsoring. Unternehmen können dort Fanseiten unterhalten, um Markenbotschaften zu verbreiten und durch Verlinkung den Traffic auf ihrer Site zu erhöhen. Dies ist für Werbungtreibende vor allem lohnend, weil sehr aussagefähige Nutzerprofile vorliegen und die Nutzer eng vermascht und intensiv kommunizieren. Gerade diese kommerzielle Nutzung von Mitgliederdaten gerät, vor allem unter datenschutzrechtlichen Gesichtspunkten, immer stärker in die Kritik. Eine Erfolgsmessung ist schwierig, aber durch „Zuhören" anhand der Erfassung von Schlüsselwörtern wie Fachtermini, Marke/Firma oder Trendthemen möglich. Wichtig ist dabei eine Sentiment-Analyse (Tonalität), diese ist wiederum schwierig bei Ironie, Redewendungen, Abkürzungen, Slang, verbreiteten Rechtschreibfehlern, Negationen, Mehrdeutigkeiten etc. Besonders wichtig ist dabei eine Meinungsführeridentifizierung. Messwerte sind bei Facebook durch Minilytics möglich, z. B. nach „Gefällt mir" (Fans bzw. Freunde von Fans in absoluten und relativen Werten), Reichweite (Anzahl der Personen, die mit der Seite verknüpft sind bzw. diese abonnieren), Personen, die darüber posten etc.

Innerhalb der professionellen Sphäre haben sich Karrierenetzwerke (wie XING, LinkedIn) etabliert. Hier geht es um berufliche Kontakte und das Kennenlernen „interessanter" Personen, um die Kontaktpflege zu Kollegen, Geschäftspartnern, potenziellen Kunden etc.


### Communities

Online-Communities sind organisierte Gruppen, die im Internet miteinander kommunizieren und interagieren. Als Basis dient eine Soziale Plattform, der Austausch erfolgt im Einzelnen über e-Mails, Foren, Chatsystems, Instant Messaging,

Blackboards oder Tauschbörsen. Voraussetzung dazu sind die Registrierung und Einrichtung eines Nutzerkontos. Meist werden dazu Pseudonyme verwendet, teils sind auch Gastzugänge möglich. Kommerzielle (proprietäre) Communities übernehmen den Aufbau und die Administration der Struktur, teilweise auch die Moderation. Offene Systeme erlauben die Kommunikation aus und in verschiedene Netzwerke. Die Inhalte sind themenorientiert (z. B. Spiele, Reisen, Sport), oft werden auch Knowledgemanagement (Wiki) und Voting/Rating einbezogen. Verbreitet sind auch Entwickler-Communities (e-Collaboration/Open Source).

Weblogs

Weblogs (Blogs) sind häufig aktualisierte Webseiten, auf denen Inhalte jeglicher Art in chronologisch absteigender Reihenfolge angezeigt werden. Alle Inhalte sind meist durch Links mit anderen Webseiten verbunden und können unmittelbar durch den Nutzer kommentiert werden. Weblogs können thematisch organisiert sein und dabei Kategorien zugeordnet werden. Autor ist entweder eine einzelne Person oder eine Gruppe. Der Begriff Weblog ist zusammengesetzt aus World Wide Web und Logbook. Eine eigene Software zum Erstellen von Posts (Blogware) sorgt dafür, dass jeder ohne Webspace oder Programmierkenntnisse, eine Internetpräsenz in Form eines elektronischen Tagebuchs als Autor (Blogger) erstellen kann. Die Publikation ist kostenlos, inhaltlich nicht begrenzt, jedoch nach Rubriken strukturiert, frei zugänglich, dialogisch angelegt und im globalen Maßstab möglich. Innerhalb der Blogosphäre ist eine starke Vernetzung untereinander gegeben, die Kommunikation ist direkt und persönlich.

Elemente eines Weblogs sind der Beitrag selbst (Blogpost), Kommentare dazu, dauerhafte, unveränderliche Links (Permalinks), ein Trackback, d. h. Rückverweis an die Ursprungsadresse darüber, wie der Content weitergenutzt wurde, eine Blogroll, d. h. eine Linksammlung mit angebotenen Verweisen zu Kategorien, Tags, d. h. häufig verwendete Schlagwörter sowie der Verwaltungsbereich und die RSS-Newsfeed-Funktion. Tag Clouds stellen die vorkommenden Begriffe automatisch grafisch so dar, dass die häufiger vorkommenden Begriffe in größerer Schrift erscheinen. So kann rasch und einfach die Relevanz von Blogs erkannt werden. Man unterscheidet Textblogs, Photoblogs, Audioblogs, Videoblogs, aber auch Linkblogs, Wahlblogs, Sportblogs, Watchblogs etc.

Es gibt Privat- und Unternehmens-Blogs. Hier sind Corporate Blogs relevant. Sie steigern die Präsenz im Internet bei Suchmaschinen, erlauben einen besseren Kundendialog, differenzieren vom Mitbewerb, solange nicht viele Unternehmen einer Branche Blogs einsetzen, ermöglichen ein Beziehungsmarketing, steigern die Reputation eines Anbieters, verbessern die interne Kommunikation und positionieren den Absender als Experten. Passive Corporate Blogs beobachten die Blogosphäre für Marktforschungszwecke. Man gewinnt auf diese Weise Einblicke in die Kundendenkweise, erkennt Trends und Entwicklungen und gewinnt Konkurrenzdaten. Aktive Corporate Blogs erlauben das offene Kommentieren von Produkten und die Schaltung von Werbung.

Selbstständige Blogs werden von Initiatoren außerhalb des Unternehmens betrieben. Dies bedeutet für das Unternehmen geringe Kosten, hohe Reichweite und besondere Aufmerksamkeit, verbunden aber auch mit dem Risiko freier, weithin unkontrollierbarer Einträge. Alternativ können moderierte Blogs eingesetzt werden, die allerdings unbedingt den Eindruck einer Zensur vermeiden müssen, etwa durch Löschen kritischer Kommentare, sondern Verstöße gegen die Blogoquette unterbinden, wie üble Nachrede, Verleumdung, Beleidigung etc. Unternehmenseigene Blogs können für die Mitarbeiterkommunikation, z.B. im Projektmanagement, oder den Dialog mit Kunden genutzt werden.

Dabei können verschiedene Arten von Weblogs unterschieden werden:

- *Knowledge*-Blogs wandeln implizites Mitarbeiterwissen in explizites Allgemeinwissen um. Mitarbeiter stellen dabei für das Unternehmen wichtiges Wissen KollegenInnen zur Verfügung. Diese können den Beitrag kommentieren und ergänzen. Damit bleibt das Wissen der Mitarbeiter auch bei deren Abwesenheit erhalten. Außerdem kann ortsunabhängig darauf zugegriffen werden. Allerdings sind viele Mitarbeiter unwillig, Beiträge zu liefern, weil sie sich damit ersetzbar fühlen. Der Unterschied zu Wikis liegt darin, dass das Wissen chronologisch, nicht lexikographisch geordnet ist.

- *Abteilungs*-Blogs dienen der Optimierung der Schnittstellen zwischen Abteilungen sowie zum Erfahrungsaustausch und für Verbesserungsvorschläge. Dies reduziert den e-Mail-Verkehr und erleichtert z.B. die Einarbeitung neuer Mitarbeiter. Allerdings darf der Blog nicht Selbstzweck werden (teureres Spielzeug).

- *Themen*-Blogs stellen die Unternehmenstätigkeit in der Öffentlichkeit dar. Dies verbessert die Reputation von Unternehmen. Allerdings sind die Inhalte bei selbstständigen Blogs nur schwer steuerbar und implizieren somit ein Risiko.

- *Service*-Blogs dienen der dialogorientierten Kundenkommunikation, etwa zur Vorstellung neuer Produkte oder Kundendienste, zur Aufdeckung von Schwachstellen im Produkt oder für Anregungen zu Produktverbesserungen. Womöglich müssen Kunden aber erst motiviert werden, sich an solchen Blogs zu beteiligen.

- *CEO*-Blogs schaffen eine schnelle Kommunikation auf der Geschäftsleitungsebene, vor allem in Großunternehmen, zu Anteilseignern und anderen Interessengruppen. Dies gilt vor allem für Ad hoc-Mitteilungen. Allerdings besteht dabei ein Geheimhaltungsproblem, das durch Password-Zugang gelöst werden kann.

- *Kampagnen*-Blogs unterstützen eine Werbekampagne crossmedial oder eine Produktneueinführung in Offline-Medien, indem sie zielgruppenspezifische Informationen anbieten. Marken-Blogs dienen der Präsentation von Marken oder bestehenden Produkten zur Steigerung des Marktwerts. Sales-Blogs unterstützen die Nachfrage durch Produktinformationen. Dadurch ist insbesondere die Vermarktung von Nischenprodukten möglich.

- *Krisen*-Blogs schaffen im Notfall eine schnelle Kommunikation zu relevanten Zielgruppen und von diesen wieder zurück.

Weitere Blogformen betreffen CSR-Blogs, Collaboration-Blogs, Personality-Blogs (Prominente), Aktivisten-Blogs, Watch-Blogs (NGO's), Amateur-Journalisten-Blogs oder Gewerkschafts-Blogs.

Alle Weblogs erfordern einen Impressums-Hinweis, außerdem sind die Urheber- und Nutzungsrechte zu beachten. Ein wesentliches Problem ist das „Am-Leben-erhalten" der Weblogs. Denn diese leben von aktuellen Einträgen und Kommentaren. Wenn zu wenig Aktivität auf dem Weblog erfolgt, werden sie rasch uninteressant. Außerdem erfordert die Auswertung der Weblogs viel Zeitaufwand, daher ist eine Auslagerung an Dritte dafür ratsam. Sofern eine Moderation des Weblog vorgenommen wird, ist auch dieser als arbeitsaufwändig zu betrachten. Ansonsten sind Weblogs kostengünstig, ortsunabhängig nutzbar, einfach bedienbar und interaktiv, sie sind schnell, unzensiert und vielfältig in ihren Inhalten sowie plattformunabhängig einsetzbar. Allerdings ist auch viel Datenmüll vorhanden, es gibt reichlich Urheberrechtsverletzungen und verzerrte bzw. verfälschte Inhalte. Blogs erfordern einen hohen Pflegeaufwand und spiegeln eine Trivialisierung der deutschen Sprache wider.

## Microblogging

Dabei handelt es sich um eine Form eines öffentlich einsehbaren Tagebuchs. Der Abruf ist stationär oder mobil im Internet möglich. Das Besondere ist, dass die Textnachrichten max. 140 Zeichen lang sein dürfen, darüber hinaus sind auch Bildnachrichten einbindbar (z. B. Twitter, Jaiku). Es handelt sich um ein Echtzeitmedium, das Schreiben von Texten wird dabei twittern genannt. Tweeds sind dann die Nachrichten. Benutzer können Nachrichten auch abonnieren, das referenzierte Wiederholen solcher Nachrichten wird Retweet genannt. Die Abonnenten sind Followers. Die Autoren sind Twitterer. Sie können entscheiden, welchem Follower-Kreis sie die Nachrichten zur Verfügung stellen. Die Suchfunktion kann durch Hashtags (#) im Text unterstützt werden. Dadurch kann die Popularität von Beiträgen verfolgt werden. Hashtags dienen auch zur Kommentierung von Texten durch Querverweis.

Die Darstellung erfolgt chronologisch abwärts geordnet in einem Log als Tagebuch ähnlich Weblogs. Twitter sammelt personenbezogene Daten durch die Registrierung jedes Teilnehmers. Durch Verkauf dieser Daten werden Einnahmen generiert. Dadurch können Unternehmen gezielt Kontakt zu Nutzer-Communities aufbauen und pflegen. Messwerte sind bei Twitter Twazzup die Anzahl der Followers bzw. der Followers von Followers (Diskussionsteilnehmer), @-Mentions (Erwähnungen), Favorisierungen (Befürworter), Häufigkeit von Hashtags (#) etc.

## Mediasharing-Plattformen

Hier kann jeder Nutzer Videos/Fotos/Audios/Charts hochladen und andere Videos/Fotos/Audios/Charts kommentieren (z. B. Flickr, Youtube, Myvideo, Picasa, Pinterest). Die Mediadateien können auch heruntergeladen und in andere Websites integriert oder per e-Mail versendet werden. Damit ist der Einbau in Unternehmenspräsentationen, Produktinformationen etc. machbar. Es ist auch möglich, Mediadateien bestimmter anderer Nutzer zu abonnieren. Für Marketingzwecke sind vor allem Videos hilfreich. Diese wiederum werden vor allem als Tutorials etwa in Form von Gebrauchsanleitungen oder Schnellkursen offeriert. Über ein Partner-Programm werden Urheber von den Downloads ihrer Dateien provisioniert. Werbespots werden häufig der Anzeige von Videos vorgeschaltet, sie sind nur mit Werbeblockern abschaltbar. Digitale Fotos eignen sich u. a. für Fotoblogs oder als Vorlagen für Printing on Demand. Sie können mit Bildverwaltungs-Software erfasst, geordnet und aufgerufen werden. Häufig ist auch Bildbearbeitungs-Software eingebettet. Verbreitet sind auch virtuelle Pinnwände für favorisierte Fotos, die öffentlich einsehbar sind. Chart-Präsentationen dienen vor allem der Nutzung für berufliche oder studentische Zwecke. Audios hingegen dienen überwiegend unterhaltenden Zwecken.

## Wikis

Ein Wiki ist allgemein ein Hypertext-System von Webseiten, dessen Inhalte von Benutzern nicht nur gelesen, sondern auch online neu eingegeben oder verändert werden können. Dem liegt die „Weisheit der Vielen" als Wissensmanagement zugrunde. Meist erfolgt eine themenorientierte Ausformung auf allgemeine oder spezielle Interessen ausgerichtet. Die Software für Wikis, ein vereinfachtes Content Management System, die Wiki-Engine, ist frei verfügbar, so dass jeder Website-Betreiber sein eigenes Wiki einrichten kann. Wikis werden auch unternehmensintern betrieben, etwa im Innovationsmanagement. Sie erlauben das gemeinschaftliche Arbeiten an Texten und nutzen die kollaborative Intelligenz in Unternehmen, Abteilungen oder bei Projekten. Sie lassen sich auf Arbeitsplatzrechnern, in lokalen Netzwerken oder Extranets installieren. Von zentraler Bedeutung ist dabei das Versionsmanagement. Erforderlich ist eine Kritische Masse an Nutzern und Beiträgen. Offene Wikis sind im Regelfall werbefrei und finanzieren sich durch Spenden. Geschlossene Wikis sind ein zunehmend wichtiges Mittel der internen Kommunikation. In Unterscheidung zu Blogs sind die Einträge thematisch organisiert, nicht zeitlich.

Eine Abwandlung ist die Nutzung für *Crowdsourcing*, d. h., die bewusste Auslagerung von Verbesserungsaktivitäten an das Online-Publikum.

Die Problematik zeigt die Pril-Aktion von Henkel. Henkel forderte darin User auf, eine neue Pril-Flaschengestaltung zu erfinden und zum Voting bei Facebook einzustellen. Henkel versprach, auf jeden Fall die beiden am besten bewerteten Packungsvorschläge tatsächlich als Sonderserie auf den Markt zu bringen. Einige User entwickelten daraufhin wahre Horrorpackungen mit Vampir-Darstellungen u. ä., die in der Facebook Community rege Zustimmung fanden und daher im Ranking ganz oben landeten. Henkel erkannte den Fehler in der Mechanik und änderte im Nachhinein die Spielregeln derart, dass eine Design-Jury aus den zehn am besten bewerteten Vorschlägen die zwei zur Realisierung vorgesehenen auswählt. Daraufhin entbrannte eine kontroverse Diskussion (Shitstorm) mit Entrüstung, Beschimpfungen des Herstellers bis hin zum Boykott seiner Produkte. Ähnliches erlebten die Stadt Schwäbisch-Gmünd (Bud Spencer-Tunnel) oder der englische Fußballverband (Didi Hamann-Brücke zum neuen Wembley-Stadion). Produktive Anwendungen stammen von McDonald's (maßgeschneiderter Hamburger), BMW (Co-Creation-Lab), Lego (neue Baukästen), Tchibo (Ideas), Swarovski (Schmuck, Uhren, Anhänger), P & G (Kosmetika), Unilever (Kosmetika), Apple (Apps) etc.

## Social Bookmarking

Auf als persönliche Favoriten gespeicherte Webseiten kann man normalerweise nur vom eigenen PC aus zugreifen. Jedoch können diese Favoriten mit Tags (Internet-Lesezeichen) versehen und von anderen Nutzern übernommen bzw. mit anderen Nutzern über Server im Extranet oder Intranet ausgetauscht werden, so dass sich Nutzer gegenseitig auf interessante Webseiten hinweisen können. Dazu werden solche Links als „öffentlich" markiert. Beispiele sind MisterWong, Technokrati etc. Diese gemeinschaftlichen Indexierungen werden von Suchmaschinen registriert und verbessern damit das Ranking der verwiesenen Seiten (Backlinks). Darin liegt zugleich eine Missbrauchsmöglichkeit, so dass Bewertungen von Lesezeichen eingeführt worden sind. Die Gliederung kann nach Schlagwörtern, Kategorien oder Nutzern vorgenommen werden. Außerdem gibt es Favoriten-Rankings. Die Listen können mittels RSS-Feed verfolgt werden. Bookmarks sind damit ein probates Mittel zur Steigerung der Popularität der eigenen Website.

## Bewertungsportale

Hier werden von Nutzern online Produkte (z. B. Ciao), Dienste, Unternehmen und Organisationen bewertet. Weitere Objekte der Bewertung sind Lehrer, Hochschullehrer, Arbeitgeber (z. B. Kununu), Ärzte, Rechtsanwälte etc. Weiterhin gibt es branchenspezifische Portale, wie Holidaycheck, HRS, Trivago etc. Üblich ist die Zusammenführung von Kartendiensten und Bewertungsinhalten (z. B. Qype). Online-Bewertungen gewinnen ständig an Bedeutung, von einer Vielzahl von Nutzern werden sie vor Kaufentscheidungen zurate gezogen. Aber auch Anbieter nutzen sie als Basis für Angebotsverbesserungen. Empfehlungsportale veröffentlichen nur positive Bewertungen, Feedbackportale leiten Bewertungen ohne Veröffentlichung an Betroffene zur Auswertung weiter. Bei Schmähkritiken und unwahrer Kritik von Mitbewerbern besteht ein Anspruch auf Löschung des Eintrags.

Häufig finden sich Gateways zu Preisvergleichsportalen. Diese greifen auf Informationen von Metasuchmaschinen zurück, um einem Produkt die Preise verschiedener Anbieter zuzuordnen. Darüber hinaus gibt es Informationen zu Lieferfähigkeit, Testberichten, Ökologie, Sicherheit etc. Häufig sind die Angaben allerdings veraltet oder nicht vergleichbar. Auch besteht eine Abhängigkeit von den gelisteten Anbietern. *Sonderformen* betreffen u. a. folgende.

## Ingame Advertising

Darunter versteht man die Einblendung von Werbebotschaften in Computerspielen. Beim statischen Ingame Advertising sind Product Placements fest in die Spieledramaturgie handlungsführend einprogrammiert. Oder bleiben als Begleitung dauerhaft Bestandteil des jeweiligen Spiels. Dabei entstehen werberechtliche Problematiken. Beim dynamischen Ingame Advertising erfolgen darüber hinaus geo- oder zeitcodierte Schaltungen von Werbemitteln, was bei Online-Spielen einen Rückkanal erforderlich macht. Die Werbebotschaften werden dann in Abhängigkeit vom Werbebudget im Spiel ein- oder ausgeblendet und sind damit kampagnenfähig. Variable sind die Dauer der Einblendung, die relative Größe auf dem Monitor und der Betrachtungswinkel, insofern entstehen verschiedene Wertigkeiten mit messbaren Effizienzgrößen. Bei Adgames handelt es sich um Spiele, die im Auftrag von Markenartiklern entwickelt worden und exklusiv mit Werbung gespickt sind, und zwar meist in der Spieleumgebung (z. B. Moorhuhn/Johnny Walker). Denkbar, wenngleich wenig akzeptiert, sind auch Einblendungen in Spielepausen. Spieleformen sind dabei Ego-Shooter, Adventures, Strategiespiele, Rollenspiele, Jump 'n' Run-Spiele, Flugsimulationen, Wirtschaftssimulationen, Sportspiele etc. Diese können durch Einzelspieler, auch gegen den Computer, durch mehrere Spiele am selben Computer oder im Netzwerk sowie durch Massive Multiplayer Online-Games über Server erfolgen. Bei Letzteren handelt es sich meist um Rollenspiele, für die häufig Server-Nutzungskosten anfallen. Als Plattformen dafür dienen Spielekonsolen (Nintendo, Playstation, X-Box) sowie PC's, PDA's und Mobiltelefone. Die Eingabe erfolgt über Gamepads, Joysticks, Spracherkennung, Körperbewegung etc. Die Ausgabe erfolgt über Texte, subjektive Kameraperspektive, Grafiken (auch 3-D), Avatare etc.

## Virtual Reality

Dabei werden virtuelle 3 D-Welten geschaffen, in denen sich Nutzer 3-D-Repräsentanten (Avatare) zulegen und mit diesen dort miteinander agieren können. Diese virtuelle Welt ist wie die reale Welt von Werbebotschaften durchsetzt. Unternehmen können etwa in Second Life zur Präsentation „Inseln" nutzen. Second Life ist eine Parallelwelt mit eigenem Wirtschaftskreislauf, eigener Währung etc., im Mittelpunkt steht die soziale Interaktion. Mit einem kostenlosen Account kann ein Besucher Grundstücke auf privaten Inseln kaufen und sich dort ansässig machen, kostenpflichtige Accounts berechtigen zum Kauf von Inseln, wie dies viele Unternehmen in jüngerer Vergangenheit vollzogen haben wobei Besucher dazu motiviert werden müssen, dort vorbei zu schauen. Die soziale Wertschätzung wird in der virtuellen Welt wegen der Anonymität offen gezeigt, Werbung fällt dabei leider durch. Vielfältige Kritik, etwa wegen Kriminalität, Jugendgefährdung, fehlender Haftung, aber einfach auch mangelndem Erfolg etc., haben dazu geführt, dass die Begeisterung für dieses Projekt stark zurückgegangen ist.

### 5.2.8 Mobile-Werbung

Die Mobilkommunikation gewinnt rasant an Bedeutung. Sie basiert technisch auf drei Komponenten:

- den Endgeräten, dabei handelt es sich je nachdem um internetfähiges Mobiltelefon, Smartphone, PDA, Pocket-PC, Notebook, e-Reader, Tablets etc.,

- den Datendiensten, dabei handelt es sich vor allem um SMS (Text), MMS (Text-Grafik-Stand-/Bewegtbild-Ton), mobiles Internet/WAP, Apps,

- die Netze, dabei sind die Standards GSM (2. Generation), ausgebaut durch EDGE, HSCSD und GPRS sowie UMTS (3. Generation), ausgebaut durch HSPA bzw. HSUPA, und LTE (4. Generation) zu nennen.

Die Vorteile der Mobilkommunikation liegen in der Lokalisierbarkeit durch nutzerinitiierte, terminalbasierte oder netzbasierte Ortung/GPS, der auch internationalen Ortsunabhängigkeit, der jederzeitigen Erreichbarkeit, der Interaktivität und Flexibilität, der Identifizierbarkeit, der Bequemlichkeit und der Kostengünstigkeit. Als Akteure sind neben den Ausrüstungsherstellern und Systembetreibern noch Mehrwertdiensteanbieter und Dienstehändler aktiv. Probleme liegen vor allem in uneinheitlicher Bildschirmdarstellung, Netzabbrüchen und mangelndem Datenschutz.

Die wichtigsten Formen in der Mobilkommunikation sind folgende:

- mobile Nutzung von Suchmaschinen und Anforderung von Daten, mobile Informationsangebote für Rezipienten (Knowledgemanagement), ein- oder mehrstufiger ubiquitärer Dialog zwischen Kunden und Anbieter, mobile Werbeformen (Push/Pull), mobile Anbahnung und Abwicklung von Shopping-Transaktionen (m-Commerce), mobiler Zugriff auf Auktionen, Bezahlen von Produkten vom mobilen Endgerät aus, schnelle Bezahlung am POS (NFC), multimediale Entertainment-Anwendungen (Musik, Video, Videospiele), Anwendungen und Services, die auf den Standort des Rezipienten abheben, mobiler Softwaredownload, mobiles Browsing, mobile Navigation, mobile Telemetrie, gesponsorte

Nachrichten (Branded Content), Couponing (QR-Code/Groupbuying), Aktionen, Messaging (SMS/MMS), Voting, Handy-TV, Klingeltöne, Wallpapers etc.

Die Mobile-Werbung profitiert von verbesserten technischen Standards in der Übertragung mit hoher Datenrate, aber auch in den Endgeräten durch Displaygröße, Akkuleistung, Dateneingabe, schnellere Prozessoren, größere Arbeitsspeicher etc. Bei der Nutzung sind die rechtlichen Rahmenbedingungen zu beachten. Dazu gehören eine klare Identifikation des Absenders, die Impressumspflicht und der Versand von Werbenachrichten nur mit vorheriger Einwilligung des Empfängers. Beim Versand werden das Pull-Modell vom Kunden an den Anbieter, d. h. die Anwahl über oft allerdings teure Rufnummern, oder das Push-Modell vom Anbieter an den Kunden, d. h. der Versand ohne Anforderung, unterschieden. Eine wesentliche Werbeform stellen Banner dar, und zwar als

• Sky (längs senkrecht am Rand), Wallpaper (am oberen und unteren Rand), Medium Rectangle (Rechteck in der Mitte), Maximum Wallpaper (am oberen, linken und rechten Rand), Superbanner (Streifen am oberen Rand), Ad (Rechteck am linken Rand).

Das Banner muss wegen der abweichenden Bildschirmdiagonalen in vier Größen ausgeliefert werden, dabei sind verschiedene Formate möglich. Als weitere Werbeformen kommen vor allem in Betracht (jeweils ist eine Werbekennzeichnung ((W)) am Rand, in kontrastreicher serifenloser Schrift in mind. 9 pt-Größe erforderlich):

• Textlink, d. h. ein Hyperlink führt auf eine werbeführende Seite,

• Bild-und Text-Link (als JPEG), auch als Bewegtbild (Inpage Video Ad),

• Expandable Ad, d. h. eigenes Bildschirmfenster für Werbung mit Schließen-Symbol (x),

• Instream Video Ad als Pre-/Post-Rolls, d. h. Werbeclips vor und nach Videocontent, wird bei Anruf sofort unterbrochen,

• Click to Video, d. h. Bildschirmfenster, das nach Anklicken ein Werbevideo startet,

• Interstitial, d. h. Werbeeinblendung, die bei Seitenaufruf automatisch vorübergehend erscheint, es ist ein Schließen-Symbol (x) erforderlich,

• Landing Page, d. h. spezielle Seite, die bei Aufruf von Informationen aus anderen Webseiten erscheint.

Ein QR-(Quick Response-)Code besteht aus einer quadratischen Matrix mit schwarzen und weißen Punkten und Linien. Diese enthalten digital codiert Informationen mit Texten, Kontaktdaten, Telefonnummern, Bestelldaten etc. In drei von vier Ecken ist ein Quadrat vorhanden, an dem sich der Scanner orientiert. So ist gesichert, dass der QR-Code unabhängig von seiner Ausrichtung immer korrekt eingelesen werden kann. Der Code enthält eine Fehlerkompensation, die sicherstellt, dass die Informationen noch lesbar sind, selbst wenn 30 % der Grafik zerstört sind. Dies ermöglicht auch Designer-QR-Codes. QR-Codes können mit Freeware-Programmen leicht selbst erzeugt und mit kostenlosen Apps (wie Qrafter) auf mobilen Endgeräten erfasst werden.

Erlöse stammen aus Transaktionen als Pay per Click/Pay per Use, Abo-Gebühren und sofortiger Verbindung als Pay per Visitor, Pay for Availability. Verkaufserlöse ergeben sich m-Commerce.

Verbreitete *Dienste* im m-Commerce sind folgende.

### Instant Messaging

Dabei handelt es sich um Dienste, die eine direkte, synchrone und schriftliche Kommunikation zwischen Personen erlauben. Über verschiedene proprietäre Protokolle können Kurznachrichten sofort zwischen Usern übermittelt werden. Je nach System ist auch eine Übertragung von Dateien sowie Audio- und Videostreams möglich. Voraussetzung ist, dass die Kommunikationspartner zeitgleich aktiv sind und eine direkte Kommunikation miteinander anstreben. Der Empfänger der Nachricht kann darauf direkt reagieren. Push-Dienste bringen Inhalte nach vorher vereinbarten Regeln auf den Bildschirm bzw. auf die Festplatte des Nutzercomputers, ohne dass der Nutzer diese vom Anbieter des Informationsdienstes abholen müsste, dazu gehören z. B. Börsen-Ticker, Datenbank-Inhalte oder Browser-Updates.

### Apps

Apps steht für Applets, das sind kleine Programme, teils mit Werbung als Kaufpreisersatz, die vor allem auf Smartphones/Tablet-PC's mit mobilrelevanten Inhalten angeboten werden, z. B. Timer, Analogzeituhr, Flugtermine, Rezepte. Speziell bei Apple handelt es sich dabei um eine End to End-Lösung, d. h. Hardware, Betriebssystem-Software und Anwendungs-Software sind perfekt aufeinander abgestimmt, so gibt es keine Schnittstellenprobleme wie Zeitverzögerung oder Absturz. Dafür muss eine gewisse „Zensur" durch den Systemintegrators hingenommen werden, indem Apps von diesem auf ihre Lauffähigkeit hin geprüft, ggfs. verändert und dann erst freigegeben werden.

### Mash Ups

Mash Ups verbinden bestehende Medieninhalte nahtlos. Dies setzt offene Programmierschnittstellen voraus wie JavaScript, Flash etc. Denkbar ist etwa die Einbindung von Landkarten oder Satellitenfotos mit individuellen Markierungen in eigene Websites, aber auch eingebettete Fotos oder Videos. Dadurch entstehen

Mehrwert-Informationen. Diese können server- oder clientseitig aggregiert und aufbereitet sein, dauerhaft oder anlassbezogen, global oder individuell gesteuert. Sie werden vor allem im sog. Long Tail Business genutzt, d. h. für digitale Nischenprodukte, bei denen Kapitalbindung keine Rolle spielt und daher Programmvielfalt möglich wird.

## Location Based Services

Im Rahmen von Location Based Services können Bewertungen im lokalen Umfeld für Kaufentscheidungen genutzt werden, indem sie mit Kartendiensten als Augmented Reality kombiniert werden. Dazu werden Funktionen und Informationen auf Basis des geografischen Standorts eines Nutzers oder Objekts dem Nutzer selbst (Position aware Services) oder einer anderen Person/Organisation bereitgestellt (Location Tracking Services). Bei Pull-Diensten fordert der Nutzer aktiv Daten zu seinem aktuellen oder zukünftigen Standort ab, bei Push-Diensten erhält er diese automatisch zugesandt. Dabei werden mobile Endgerätetechnologie (Nutzerschnittstelle), mikrogeografische Informationssysteme (Datenquelle) und Internet als Transportweg kombiniert. Die Ortsangabe erfolgt deskriptiv (als Name), anhand von Geokoordinaten oder nach Funkzellen. Die Positionsermittlung erfolgt satellitenbasiert (GPS-Netz), netzwerkbasiert (UMTS) oder Indoor (NFC). Anwendungen beziehen sich etwa auf die Navigation, lokale Soziale Netzwerke, Flottenmanagement (Tracing) oder ortsbezogene Abrechnung (Ticketing).

## Broadcasting

Podcast ist ein Kunstwort aus Broadcast für an viele senden und pod für iPod von Apple. Podcasts dienen der Verbreitung von Audio- und Videodateien im Internet, Videodateien werden Vodcasts genannt. Als Podosphäre wird das Umfeld von Podcasts bezeichnet. Bei den Dateien handelt es sich um online-zugängliche mp3-Files, die sich Nutzer herunterladen und auf ihrem PC oder mp3-Player abspielen. In kostenfreien Podcasts wird Werbung akzeptiert. Auch ein Abonnement mittels RSS-Feed durch Podcatcher wie iTunes ist möglich. Die Aufnahme erfolgt an Rechnern mit Soundkarte/Videokarte, Mikrofon/Webcam und Internetanbindung. Die Software ist häufig kostenlos. Dann sind noch der Schnitt und die Umwandlung in mp3-Files notwendig. Dabei sind die Urheberrechte (GEMA) zu beachten. Der fertige Cast wird auf eigenen Webspace hochgeladen oder bei Podhosters gespeichert, wo man sich ein Konto mit Speicherplatz, meist kostenlos, einrichten kann. Die Veröffentlichung des Podcast erfolgt in Podcast-Portalen. Wichtig sind eine untadelige Ton-/Bildqualität, eine Länge unter 20 Minuten und eine seriös wirkende Präsentation.

### 5.2.9 Multimedia-Werbung

Unter Multimedia i. S. d. Absatzförderung versteht man alle elektronischen Offline-Medien, die nicht zu den Klassischen Medien gehören und sich der simultanen Integration von mindestens zwei Darstellungsformaten wie Ton, Text, Daten, Festbild, Bewegtbild, Animation sowie deren Übertragung und/oder Speicherung bedienen. Sie nutzen damit technische Möglichkeiten, die erst in jüngerer Zeit erschlossen worden sind. Ihre Verbreitung schreitet rasch voran.

Multimedia wird allgemein durch folgende Merkmale umschrieben, wobei nicht alle Darstellungsformate alle Merkmale einzeln erfüllen:

- *Interaktivität.* Dies umschreibt die Fähigkeit zur wechselseitigen Kommunikation zwischen Sender und Empfänger und damit die grundsätzliche Dialog- bzw. Rückkopplungsfähigkeit. Möglich sind sowohl persönliche Dialoge zwischen zwei oder mehreren Nutzern über das Medium als auch Interaktionen mit dem Medium selbst. Dadurch ergibt sich die Möglichkeit des aktiven und individuellen Gestaltens des Kommunikationsprozesses durch den Nutzer bzw. Empfänger unabhängig von vorgegebenen Ablaufmustern.

- *Multifunktionalität.* Dies kennzeichnet die Fähigkeit, je nach Situation unterschiedliche Kommunikationsformen über das Medium abzuwickeln. Die Möglichkeiten reichen optional von den verschiedenen Arten der Individualkommunikation (bilateral/multilateral, synchron/asynchron, linear/nicht-linear) bis zur Massenkommunikation mit gleichem Informationsangebot für alle.

- *Aktualität.* Informationen lassen sich über prinzipiell unbegrenzte Distanzen und unabhängig von der zeitlichen Präsenz eines Kommunikationspartners übermitteln und abfragen. Informationen sind damit jederzeit an beliebigen Orten verfügbar.

- *Digitalisierung.* Es erfolgt der Zugriff auf eine Fülle von Daten und Programmen, die auf Rechnersystemen abgelegt sind, wodurch ein bisher unbekanntes Informationspotenzial entsteht. Dies wird erst durch die Darstellung der Daten in digitaler Form machbar.

- *Individualität.* Modularisierte Nachrichten und Informationen können, auch personalisiert, aus vorgefertigten Modulen variabel und flexibel zusammengestellt bzw. abgerufen werden und schaffen damit eine punktgenaue Ansprachemöglichkeit.

- *Ubiquität.* Durch die grundsätzlich unbegrenzte Sende- und Empfangsmöglichkeit ist prinzipiell ein Zugriff von Jedermann für Jedermann darstellbar. Dies bedeutet zwar eine technisch komplexe, zugleich aber für Nutzer einfache Kommunikationsform.

Multimediale Dienste fassen zumeist mehrere Betreiber in einem Mehrwertdienst (VAS) zusammen. Im Einzelnen handelt es sich dabei je nach Anlage um:

- Content Provider. Sie stellen die multimedialen Inhalte zur Verfügung und pakettieren diese.

- Access Provider. Sie stellen die Zugänge zu den Diensten bereit und gewährleisten deren Nutzung, z. B. durch Nutzerregistrierung und -verwaltung, Kundenbetreuung und -abrechnung, Navigation.

- Net Provider. Sie stellen die Netze für die technische Übertragung der Inhalte über eigene oder angemietete Kapazitäten zur Verfügung.

- Carrier. Sie sorgen für die Installation der Übertragungstechnologie durch Leitungen und Vermittlungstechnik bzw. Netzdienste.

- Hardware-Hersteller. Sie stellen vor allem die benötigten Endgeräte zur Verfügung.

- Software-Anbieter. Sie stellen die Betriebs- und Anwendungsprogramme für den multimedialen Einsatz zur Verfügung.

- Dienstleister. Sie ergänzen die Leistungen durch eigene Angebote (z. B. Consultants, Systemhäuser).

## 5.3 Schauwerbung

|  | eigeninitiierte Veranstaltung | fremdinitiierte Veranstaltung |
|---|---|---|
| nicht-öffentliche (kontrollierte) Teilnahme | Präsentation (5.3.4) | Ausstellung (5.3.1) (Messe) |
| öffentliche (freie) Teilnahme | Event (5.3.3) | POS-Auftritt (5.3.2) |

Abbildung 51: Formen der Schauwerbung

Unter dem Begriff Schauwerbung fasst man zumeist Messen und Ausstellungen sowie Präsentationen am Handelsplatz und Events zusammen (*siehe Abb. 51*). Eine Ausstellung ist eine zeitlich begrenzte Veranstaltung, auf der eine Vielzahl von Ausstellern ein repräsentatives Angebot eines oder mehrerer Wirtschaftszweige oder Wirtschaftsgebiete ausstellt und vertreibt oder über dieses Angebot zum Zweck der Absatzförderung beim allgemeinen Publikum informiert. Im Vordergrund steht demnach die Präsentation.

### 5.3.1 Ausstellungen

Ursprünglich wurde zwischen Messen und Ausstellungen derart unterschieden, dass Messen Marktveranstaltungen sind, auf denen nach Bestellmustern Ware abgesetzt wird, während Ausstellungen als zeitlich begrenzte Repräsentation des Angebots einer Vielzahl von Teilnehmern zu Information und Kontakt, aber nicht zum Verkauf, galten. In der Praxis werden beide Begriffe jedoch meist synonym verwendet. Im Vordergrund von Messen und Ausstellungen steht der Vorführ- und Darbietungszweck, der nicht auf das präsentierte Angebot begrenzt bleibt, sondern das gesamte Leistungsvermögen des Ausstellers zeigt. Dadurch sollen das Wissen, das Vorstellungsbild und die Aktionsbereitschaft der Besucher verbessert werden. Messen und Ausstellungen können sich an die Allgemeinheit oder an Fachkreise wie Wiederverkäufer, Weiterverarbeiter, gewerbliche Nutzer, Großabnehmer etc. wenden, sie finden im regelmäßigen Turnus am gleichen Ort statt. Damit unterscheiden sie sich von verwandten Formen als Dauerveranstaltungen wie Musterläger, Einzelveranstaltungen wie Sonderschauen und standortwechselnden Veranstaltungen wie Wanderschauen. Sie stellen die höchstmögliche Konzentration von Angebot und Nachfrage auf engstem Raum und in kürzester Zeit dar, ihnen kommt insoweit eine komprimierte Marktbarometerfunktion zu.

Deutschland ist durch seine geografische Lage im Herzen Europas und durch seine wirtschaftliche Bedeutung vor allem im Außenhandel ein bedeutender Veranstaltungsplatz. Dieser Entwicklung kommt entgegen, dass Information ein zunehmend wichtiger Erfolgsfaktor ist, die steigende Angebotsvielfalt den Erfahrungsaustausch und ein persönliches Vertrauensverhältnis erfordert und die Erklärungsbedürftigkeit der Produkte steigt. Zudem sind Messen und Ausstellungen multifunktional einsetzbar. So bieten sie eine direkte Responsemöglichkeit zu wirksamem Feedback von Markt und Interessenten. Auch besteht eine sehr gute Kombinationsmöglichkeit mit anderen Kommunikationsmaßnahmen. Deshalb sind sie für gewöhnlich für alle ernstzunehmenden Anbieter Pflichtveranstaltungen, ebenso wie für engagierte private und gewerbliche Nachfrager. Messen und Ausstellungen sprechen alle menschlichen Sinne an, gewährleisten und vergrößern die Markttransparenz, erschließen neue Marktkontakte und bieten sich als Akzeptanztests für Neuproduktideen an. Vor allem aber kommt ihnen ein Ereignis- und Erlebnischarakter zu, der Informationen über ein Angebot viel intensiver und aktiver vermitteln kann als die meisten anderen Kommunikationsinstrumente. Auch die Unternehmenskultur wird durch Standgestaltung, -lage und -infrastruktur widergespiegelt.

Nachteilig ist jedoch die geringe Disponibilität dieser Veranstaltungen infolge ihres institutionalisierten Charakters mit turnusmäßigen Abständen, festen Plätzen und langen Anmeldefristen. Ebenso gibt es eine inflationär steigende Zahl von Veranstaltungen, die kaum mehr alle beschickt bzw. besucht werden können. So gibt es Universalpräsentationen, die Wirtschaftsgüter aller Art zusammenfassen, Mehrbranchenpräsentationen, die in verschiedene Industrie-, Handwerks-, Dienstleistungs- und Handelsbereiche gegliedert sind, sowie Fachpräsentationen, die gleichartige Branchen, Abnehmer, Verfahren, Themen etc. zusammenfassen. Weiterhin gibt es Kongresse mit Konferenzteil und Märkte in Hobbybereichen sowie internationale, regionale und lokale Veranstaltungen.

Daher kommt es auf die Auswahl der richtigen Messen und Ausstellungen an. Erstes Kriterium dafür ist ihre Marktbedeutung. Anhaltspunkte bieten die FKM-(für Gesellschaft zur freiwilligen Kontrolle von Messezahlen)-Ergebnisse. Sie zeigen u. a. Besucherströme, -strukturen, -zeiten, Ausstellergrößen und -strukturen an. Außerdem geht es um die Übereinstimmung von Veranstaltungsumfeld und eigenen Teilnahmezielen. Zu Ersteren gibt es Informationen in den Handbüchern des AUMA (für Ausstellungs- und Messe-Ausschuss der Deutschen Wirtschaft) sowie durch den DIHK (für Deutscher Industrie- und Handelskammertag), durch Handwerkskammern, Wirtschaftsverbände, Außenhandelskammern und durch die Messegesellschaften selbst. Dabei geht es um Informationen wie Kataloge vormals gelaufener Veranstaltungen, Angebotsgliederung und Nomenklatur (Warengruppengliederung), Entwicklung der Aussteller- und Besucherzahlen, Strukturangaben, Ergebnisse von Teilnehmerbefragungen, Markt- und Branchenanalysen etc.

Ausstellungen können vielfach eingeteilt werden:

- nach ihrer Reichweite in regionale, nationale, internationale Veranstaltungen, nach ihrer Präsentationsbreite in Fach- oder Universalausstellungen, nach ihrem Präsentationsschwerpunkt, nach ihrer Funktion, nach ihrer Dauer in permanent oder punktuell, nach ihrem Standort, nach ihrer Branchenrepräsentanz (Einbranchen- oder Mehrbranchenveranstaltung), nach ihrer Aktionsrichtung (Beschaffung/Absatz), nach ihrer Zielgruppe in Fach- oder Publikumsbesucher, nach dem Vorhandensein eines Rahmenprogramms (Kongress o. ä.), nach der medialen Übermittlung (real/virtuell), mit oder ohne Verbandseinfluss und nach ihrer Branchenbedeutung als Leit- oder Nichtleitausstellung.

Leitmessen/-ausstellungen, also marktführende Veranstaltungen, in Deutschland sind u. a. IAA/Frankfurt, Cebit/Hannover, Grüne Woche/Berlin, Int'l Funkausstellung/Berlin, Drupa/Düsseldorf, Boot/Düsseldorf, Bauma/Düsseldorf, Hannover-Messe/Hannover, Int'l Buchmesse/Leipzig, Int'l Handwerksmesse/München, K/Düsseldorf, AutoMobil-Messe/Leipzig, Photokina/Köln, Bautec/Berlin, Automechanika/Frankfurt, Int'l Möbelmesse/Köln, Orgatech/Köln, Ambiente/Frankfurt, Medica/Düsseldorf, Systems/München, Musikmesse/Frankfurt, Eisenwaren-Messe/Köln, Electronica/München, Heimtextil/Frankfurt, Dach+Wand/Leipzig, HerrenModeWoche/Köln, Spoga/Köln, Brau/Nürnberg, Ispo/München, ACHEMA/Frankfurt, Equitana/Essen, Bau/München, ISH/Frankfurt, Hanseboot/Hamburg, Int'l Tourismus-Börse/Berlin, Spielwarenmesse/Nürnberg, Anuga/Köln, SMM/Hamburg.

Die größten Veranstalter finden sich in Hannover, Frankfurt a. M., Köln, Düsseldorf, München, Nürnberg, Berlin, Leipzig, Essen und Stuttgart.

Als wichtige Teilnahmeziele der Veranstaltungen sind die

- Erschließung neuer Märkte, Pflege bestehender Märkte, Werbung neuer Kunden, Erhaltung bestehender Kunden, Unternehmensdarstellung, Vorstellung neuer Produkte, Festigung bestehender Produkte, Entwicklung der Absatzorganisation, Markt- und Konkurrenzübersicht, Profilierung persönlicher Kontakte etc.

zu nennen. Dem stehen als Ziele der Besucher gegenüber wie

- die Erforschung der Markttransparenz, der Angebotsvergleich, die Anbieteridentifizierung, die Gewinnung von Anregungen, die Erkennung von Branchentrends, das Erleben von Demonstrationen, der Besuch des Rahmenprogramms, die persönliche Weiterbildung, der Aufbau und Ausbau von Geschäftskontakten etc.

Messen und Ausstellungen sind ausgesprochen kostenträchtig. Daher ist eine genaue Budgetplanung unerlässlich. Die wichtigsten Kostenpositionen betreffen

- die Standmiete, berechnet nach belegten Quadratmetern, Standart und Standort, die außerdem Serviceleistungen und vorverkaufende Maßnahmen seitens der Messegesellschaft umfassen, die Exponatkosten für Vorführmodelle, Transporte, Installationen etc., die Kosten für Standbau und -versorgung, die Kosten für unterstützende Maßnahmen, um Besucher tatsächlich an den Stand zu bringen, sowie Personalkosten für Vorbereitung, Durchführung, Nachbereitung, Unterkunft, Verpflegung, Transport, Auf- und Abbau, Kleidung etc.

Teilweise gibt es auch die Chance, von öffentlichen Fördermitteln oder Kostensplits durch Kooperation zu profitieren.

Die Angaben zur Beteiligung umfassen

- die Mindest- bzw. Maximalgröße des Stands in Breite und Tiefe, die Lage innerhalb der Halle oder im Freigelände, die Standart, die Bauweise mit Geschosszahl, die ausgestellten Produkte zur Branchengliederung, Abweichungen von Aufteilungsraster oder Standbauweise sowie evtl. Unteraussteller.

Dabei sind auch die Vertragskonditionen wie

- Zulassung, Standmiete, Zahlungsbedingungen, Vertragsrücktritt, Auf- und Abbauzeiten, Angaben über Baumaterialien, Standhöhe, Bodenbelastbarkeit, technische Installationen, Bestimmungen über Feuerschutz, Unfallverhütung, Sicherheitsvorschriften, Haftung, Versicherung etc.

zu berücksichtigen. Serviceleistungen des Veranstalters umfassen u. a.

- die Vermietung von Ständen, Möbeln, Bodenbelägen, Küchen, Beleuchtungen, AV- und Bürotechnik, weiterhin Logistikleistungen, Lagerflächen, Zimmerreservierungen, Standreinigung und -überwachung, Installationen (Telecom-Anschlüsse, Strom, Wasser, Gas, Druckluft etc.), Versicherungen, Aushilfskräfte, Großfotos, Dekomaterialien, Ausstellerausweise, freie Eintrittskarten, Parkausweise etc.

Wichtig ist auch der Eintrag im Katalog und Informationssystem der Veranstaltung. Der Eintrag erfolgt nach Alphabet, Warenverzeichnis und/oder Halle.

Darüber hinaus sind Anzeigen dort möglich. Zu prüfen ist auch die Einbeziehung in das Rahmenprogramm.

Von besonderer Bedeutung ist der Stand.

- In Bezug auf die *Standart* unterscheidet man den Reihenstand, der einseitig nur zu einem Gang hin offen und neben weiteren Reihenständen angeordnet ist, den Mittenstand, der zweiseitig offen zu zwei parallel verlaufenden Gängen ist, den Eckstand, der am Ende einer Reihe steht und zum Haupt- und zum Quergang hin offen ist, den Kopfstand, der am Ende einer Reihe steht und zu zwei Hauptgängen und einem Quergang hin offen ist, den Blockstand, der nach allen Seiten offen ist sowie den Freigeländestand außerhalb der Halle (*siehe Abb. 52*).

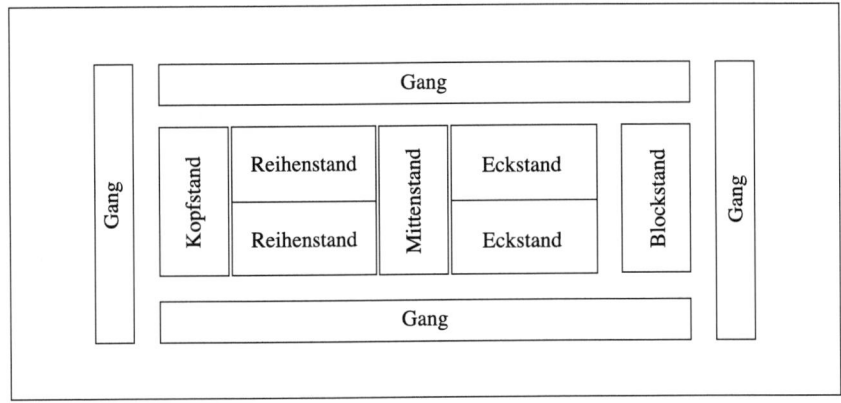

Abbildung 52: Anordnung von Ausstellungsständen

Weiterhin ist die Lage des Stands innerhalb der Fläche bedeutsam. Diese hängt ab von Besucherstromrichtungen sowie der Orientierung zu Halleneingängen, Standnachbarn, Funktionsbereichen etc. Der Standbau betrifft einerseits Miete, Leasing oder Kauf des Stands, womit abweichende betriebswirtschaftliche Aufwendungen verbunden sind. Andererseits aber auch die Standbauweise:

- Der Systembau ist preisgünstig und durch vorgefertigte, passgenaue Teile, leichte Transport- und Lagerfähigkeit, geringen Personal- und Werkzeugbedarf bei Auf- und Abbau, große Stabilität, Vielseitigkeit und Anpassungsfähigkeit einfach zu handhaben. Nachteilig ist jedoch die mangelnde Individualität des Auftritts, die angesichts der Belange der Organisationskultur von größter Bedeutung ist.

- Nach den Bauformen unterscheidet man offene Stände, die keine sichtbehindernden Außenflächen haben, halboffene Stände, die teilweise Außenflächen aufweisen, und geschlossene Stände, die Außenflächen als Sichtsperren tragen.

Die Erstellung des Stands kann durch Messebauunternehmen oder Architekten nach Ausschreibung oder auch in Eigenleistung erfolgen. Die Standarchitektur soll dabei ein Ordnungsschema für die Besucher, ein verbales und visuelles Präsentationskonzept, die Möglichkeit zum praktischen Kennenlernen von Exponaten und zu persönlichem Kontakt mit Beratern zulassen und fördern. Dies bedingt Überlegungen zu Standaufteilung, Bodenbelag, Deckengestaltung, Sichtblenden und Verkleidungen, Stand- und Objektbeleuchtung, technischen Aufbauten, Farbwahl, Einrichtung etc. Dabei lassen sich die Tischebene für Besprechungen und Bewirtungen, die Podestebene für Informationen und Demonstrationen, die Schriftebene für Tafeln und Displays sowie die Kennzeichnungsebene für Identität und Leitsystem unterscheiden. Für die Identifikation ergeben sich dementsprechend die Fern-, die Nah- und die Detailerkennung.

Ein weiterer wichtiger Gesichtspunkt ist die Personalplanung und -auswahl für den Standbetrieb. Die Planung sieht etwa Repräsentanten, Standleiter, technische und kaufmännische Mitarbeiter, Dolmetscher, Auskunfts- und Servicepersonal vor. Für die Auswahl sind Eigenschaften wie ausgeprägte Fachkenntnisse, Kontaktfreudigkeit, sicheres Auftreten, sprachlicher Ausdruck, Flexibilität und Belastbarkeit von größter Bedeutung. Vor der Veranstaltung sind die jeweiligen Zuständigkeiten exakt zu klären und unbedingt Schulungen und Trainings vorzunehmen. Vor Ort bietet sich eine tägliche Lagebesprechung an. Sinnvoll ist auch, einen gemeinsamen Verhaltenskodex zu vereinbaren und sicherzustellen, dass der Stand zu jeder Tageszeit sauber und aufgeräumt aussieht, keine Engpässe bei Verzehr- und Verbrauchsgütern entstehen, alle technischen Einrichtungen reibungslos funktionieren sowie die Standards, z. B. für VIP-Betreuung oder Besuchererfassung und Dienstzeiten, z. B. nach Anwesenheitsplan exakt eingehalten werden. Die Stimmung soll dabei noch stets freundlich und entspannt bleiben.

Schließlich ist auch die Nachbereitung wichtig, so durch Auswertung der Gesprächsinhalte nach Produkten, Anwendungen, Kundenwünschen etc., die Erfassung der Gesprächsschwerpunkte nach Inhalt, Informationsstatus, Beratungsbedarf, Angebotsabgabe, Bemusterung, Akquisition etc. und der systematische Nachfass durch Dankesschreiben, Zusendung abgeforderter Unterlagen, Gesprächsvermittlung, Anfragebearbeitung etc. Dazu, und auch zu Zwecken der Marktinformation, haben sich standardisierte Erfassungsbögen bewährt. Daraus lässt sich auch eine, zwar begrenzte Erfolgskontrolle in Abhängigkeit von vorgegebenen Messe- und Ausstellungszielen ableiten.

**Kosten:**

- Standmiete
- Serviceleistungen der Messegesellschaft
- Exponatkosten für Vorführmodelle, Transport, Installation etc.
- Standbau und -versorgung
- Kosten für Besuchertransport
- Personalkosten für Vorbereitung, Nachbereitung, Unterkunft, Verpflegung, Transfer, Auf- und Abbau, Kleidung etc.

**Angaben zur Beteiligung:**

- Mindest- bzw. Maximalgröße des Stands in Breite/Tiefe
- Lage in Halle/Freigelände
- Standart
- Standbauweise (Geschosszahl)
- ausgestellte Produkte
- Abweichung vom Aufteilungsraster
- evtl. Unteraussteller
- Vertragskonditionen: Zulassung, Standmiete, Zahlungsbedingungen, Vertragsrücktritt, Auf- und Abbauzeiten, Angaben zu Baumaterialien, Standhöhe, Bodenbelastbarkeit, technische Installationen, Feuerschutz, Unfallverhütung, Sicherheitsvorschriften, Haftung, Versicherung etc.
- Eintragung in Katalog und Informationssystem des Veranstalters

**Standart:**

- Reihenstand
- Mittenstand
- Eckstand
- Kopfstand
- Blockstand
- Freigeländestand

**Standbau:**

- Miete, Leasing, Kauf des Stands
- Systembau (offen, halboffen, geschlossen)
- Erstellung durch Messebauunternehmen, Architekten oder in Eigenleistung

**Standarchitektur:**

- Standaufteilung
- Bodenbelag
- Deckengestaltung
- Sichtblenden
- Verkleidungen
- Stand- und Objektbeleuchtung
- technische Aufbauten
- Farbwahl
- Einrichtung

**Standbetrieb:**

- Repräsentanten
- Standleiter, technische und kaufmännische Mitarbeiter
- Dolmetscher
- Auskunfts- und Servicepersonal
- Schulung des Personals
- Lagebesprechung
- Verhaltenskodex
- Ordnungs- und Lieferdienst
- Dienstzeitplan
- Nachbereitung: Auswertung der Gespräche, Angebotsabgabe, Bemusterung, Akquisition, Informations- und Gesprächsvermittlung, Erfolgskontrolle über Erfassungsbögen etc.

Abbildung 53: Checklist zur Ausstellungsplanung

### 5.3.2 Handelsplatzauftritt

Eine weitere Form der Schauwerbung ist der Handelsplatzauftritt. Darunter versteht man alle Bemühungen zur Identifizierung, Information und Auslobung von Herstellerangeboten im Verkaufslokal des Händlers und in „seinen" Medien.

Bei Ersterem sind vor allem Schaufenster/Eingangsbereich und Innenraum von Bedeutung:

- Das Schaufenster kann als Stapelfenster mit Warenvielfalt, Bedarfsfenster nach Nachfragebündel, Phantasiefenster mit Kreativität, Anlassfenster nach Ereignis, Puppenfenster mit Dummies, Luxusfenster mit Exponaten und Warenhausfenster mit Durchblick in den Verkaufsraum gestaltet sein.

- Die Anordnung der präsentierten Produkte erfolgt nach den Prinzipien von Reihe (endlos), Geometrie (geordnet) oder Szene (kontextuell).

- Die Zielpersonen passieren das Schaufenster im Fernstrom auf der anderen Straßenseite, im Nahstrom von rechts kommend, im Gegenstrom von links kommend oder im Fahrstrom mit dem privaten oder öffentlichen Fahrzeug.

Im Innenraum finden häufig erst in unmittelbarer Nähe der Warenplatzierung Kaufentscheidungen statt. Dabei wirken die Produktpräsentation, unterstützende „Möbel" wie Regale, Theken, Gestelle etc. sowie Werbemittel als Displays, Schütten, Trays etc. fördernd. Akustisch kann durch Schnelldurchsagen als live gesprochene Texte und Ladenradio als vorproduzierte Spots in redaktionellem Programm eingebunden eingewirkt werden. Visuell erfolgt dies durch Werbung auf Tragetaschen, Einkaufswägen etc.

Die Medien des Handels sind regelmäßig lokale Klassische Medien, deren Einsatz durch Hersteller finanziell, z. B. durch Werbekostenzuschüsse/WKZ's, oder materiell, z. B. durch Produktionsvorlagen/„Matern" unterstützt wird.

### 5.3.3 Event

Events sind eigeninszenierte Ereignisse, die durch erlebnisorientierte Unternehmens- und Produktveranstaltungen emotionale und physische Reize darbieten, die wiederum einen Aktivierungsprozess bei Zielpersonen auslösen. Typisch dafür ist ihr Projektcharakter, die Präsenz der Teilnehmer und die Abhängigkeit von der Darbietung. Events stellen damit im Rahmen der Kommunikation zielgerichtete und systematische Ideen zur Organisation, Durchführung und Kontrolle von Veranstaltungen dar. Oft werden zur Realisierung Prominente als Gäste eingesetzt, attraktive Locations gewählt und aufwändige Caterings geboten. Die Präsentation selbst erfolgt meist über Multimedia (Dia, AV, Film, Video, CD-I etc.) und Effekte (Licht, Musik, Dekoration, Ausrüstung etc.). Häufige Beispiele solcher Veranstaltungen sind Außendienstkonferenzen zur Motivation der Vertriebsmannschaft, Startveranstaltungen bei initiierten Verkaufsrunden (Kick-off-Meetings) oder Händlerpräsentationen zur Einstimmung auf Produktereignisse (Hospitalities). Events sind durch Merkmale wie Außergewöhnlichkeit, Erlebnischarakter, Originalität, Aktualität, Unmittelbarkeit, Verkaufsförderung, Live-Erlebnis, Zielgruppenorientierung, Erlebnisvermittlung, Inszenierung, Aktivierung, Dialogorientierung, Interaktivität und Vermittlung emotionaler Inhalte gekennzeichnet.

Eine grobe Einordnung von Events kommt zu folgenden Unterscheidungen:

- Kulturevent. Dazu gehören folgende: Musik-Event, Theater-Event, religiöser Event, Kunst-Event, wissenschaftlicher Event, Traditions-Event, Brauchtums-Event, technische Kunst, Media-Event,

- Sportevent. Dazu gehören folgende: Olympiaden, Meisterschaften, Wettkämpfe/Turniere, Freizeitsport,

- Wirtschaftlicher Event. Dazu gehören folgende: Expo, Kongresse, Roadshows, Kick-off-Meetings, Motivationsveranstaltungen, Incentive-Reisen, Händlerpräsentationen, Seminare, Jubiläen, Festakte/Galas, Aktionärsversammlungen, Außendienstkonferenzen, Aktionen am POS, Tag der offenen Tür,

- Gesellschaftlicher Event. Dazu gehören folgende: politischer Event, Besuch von Berühmtheiten,, Paraden/Umzüge, Gartenschau, Eröffnungen,

- natürliche Events. Dazu gehören folgende: Naturereignisse, Naturschutzwochen.

Bei den Teilnehmern sind primäre Gruppen (anwesend und direkt kontaktiert/Zielgruppe), sekundäre Gruppen (anwesend, aber nicht Zielgruppe) und tertiäre Gruppen (nicht anwesend, aber über Medien informiert) zu unterscheiden.

Public Events sind öffentlich zugänglich, Corporate Events sind geschlossen. Eine Sonderform von Events sind Exhibition Events (Messen), die durch Dritte organisiert werden. Eine Messe ist (lt. GewO und AUMA) eine zeitlich begrenzte, im Allgemeinen regelmäßig wiederkehrende Veranstaltung, auf der eine Vielzahl von Ausstellern das wesentliche Angebot einer oder mehrerer Wirtschaftszweige ausstellt und überwiegend nach Muster an Fachbesucher wie gewerbliche Wiederverkäufer, gewerbliche Verbraucher oder Großabnehmer vertreibt. Im Vordergrund steht demnach der Verkauf (Distributionspolitik).

- Veranstaltungstechnik:
  Informations- und Leitsysteme, Stromversorgung, Beleuchtung, Beschallung/Raumakustik, Präsentationstechnik (Leinwand, Overhead/Beamer etc.), drahtlose Übertragungstechnik, Dolmetscheranlagen, Telefon-/Videokonferenzanlage, Klimatisierung/Temperaturverhältnisse
- Akustik:
  behördliche Genehmigungen, Sperrstunde, Ausschankerlaubnis, Sprach-/Musikbeschallung, Durchsage-/Zuschauerleitbeschallung, Stellfläche für Tonregie, Mikrofone, Zuspieltechnik
- Video:
  Indoor/Outdoor, Lichtsituation, Bilddarstellung, Projektoren, Monitore, Zuspieltechnik
- Vertragsbedingungen:
  Miete, Nutzungsbedingungen, Stornierungsgebühren, baubehördliche Genehmigungen
- Flächennutzung:
  Flächenplan, Anzahl der Besucher, Catering-/Präsentationsflächen, Bühne, Serviceflächen, Auf- und Abbauflächen, Dekoration
- Infrastruktur:
  Raumbeschaffenheit, Traglasten, VIP-Bereich, Blumenschmuck, Bodenbelag
- Bewirtung:
  Catering, Mobiliar, Zubehör, Mengenplanung, Auftragsvergabe, Vermietung Standflächen, Vergabe von Restaurationslizenzen, Speisenangebot, Getränkeangebot, Aufbau, Stehtische, Stühle, Schirme, Einweggeschirr, Porzellan-/Metallbesteck, Küchen-/Service-/Barpersonal
- Logistik:
  Abfallentsorgung, Säuberungen, Mülltrennung, Wiederherstellungsarbeiten, Reinigungsdienste (Straße/Fußwege), Schneebeseitigung, Gebäudereinigung
- Kommunikationstechnik:
  Funkgeräte, Interkom, Telefon, Intranet
- Infrastruktur:
  Verkehrsanbindung, Transportunternehmen, Park&Ride, Parkplatzangebot, Hotelunterkünfte, Transferservice, Termine für Zulieferer, Auf- und Abbauarbeiten für Stände, Dekoration, Bühne, technische Ausstattung, Beschilderung für Zuwege, Parkplätze, Ver- und Gebotsschilder
- Sicherheit:
  Schutzbekleidung, Fluchtpläne, Notfallmaßnahmen, Besucher-/Künstlersicherheit, Feuerleiter, Feuerlöscher, Alarm-/Brandmeldeanlagen, Brandschutzvorschriften, Sanitäter, Notarzt
- Bewachung:
  Objektschutz, Risikobeschreibung, Geländeabgrenzung, Tag-Nacht-Bewachung, Schutzwaffen, Hundestaffel, Abschleppvorkehrungen
- Licht:
  Bühnenausleuchtung, Showlicht, Redner-/Produktausleuchtung, Kameralicht, Ambientelicht, Arbeitslicht, Wegebeleuchtung, Lichttechnik-Installation
- Promotion:
  Markenpräsentation, Event-Motto, Logo/Schlüsselmotiv, Veranstalter-Zuordnung, Sponsoren/Medienintegration, Zeitplan, Gesamtgestaltung, Grafikdesign
- Ankündigung:
  Werbemaßnahmen, Internetauftritt, Dialogmarketing, Social Media, Gemeinschaftswerbung, PR-Maßnahmen, Presseverteiler/-berichte/-konferenz, Briefpapier, Visitenkarten, Veranstaltungsprospekt, Einladungslisten, Ausschilderung, Eintritts-/Platzkarten, Berichterstattung, Künstlerbetreuung, Werbegeschenke, Programmheft
- Ticketing:
  Preisgestaltung/Rabattprogramme, Kooperationen, Rückführung nicht verkaufter Tickets
- Nachbearbeitung:
  Analyse durch Mitarbeiter, Presseauswertung, Video-/Fotodokumentation, Besuchernachbefragung

Abbildung 54: Checklist zur Eventplanung

### 5.3.4 Präsentation

Von steigender Bedeutung sind Roadshows als Präsentationen vor wichtigen Geschäftspartnern, vor allem im Rahmen der Investors' Relations. Nicht exakt einzuordnen sind Brand-Parks, welche die Aufgabe haben, eine Markenwelt physisch erlebbar werden zu lassen. Darunter versteht man auf bestimmte Zielgruppen bezogene Freizeitparks, deren Vergnügungsangebote thematisch ausgerichtet sind und im Wesentlichen die Produkte und Marken eines einzigen Unternehmens inszenieren. Dieses Unternehmen in i. d. R. zugleich Betreiber des Parks. Beispiele sind folgende:

- Autostadt Wolfsburg mit Präsentation aller Konzernmarken, Infotainment Mobilität, Technik, Autos, Fahrzeugauslieferung sowie Gläserne Manufaktur, Dresden von Volkswagen,

- Porsche Welt der Emotionen, Leipzig und Porsche Museum, Zuffenhausen,

- BMW-Welt, München als Ausstellungs-, Auslieferungs-, Erlebnis-, Museums- und Eventstätte,

- Mercedes Benz-Welt, Stuttgart, als Kundenzentrum mit Fahrzeugauslieferung und Werksführungen, Verkauf von Betriebsangehörigenfahrzeugen sowie Durchführung von Events,

- Audi-Kundencenter mit Fahrzeugauslieferung und Markenmuseum sowie Audi-Forum, Ingolstadt mit Veranstaltungen, Erlebnisführungen, Ausstellungen, Reisen und Jugendprogramm,

- weiterhin Ravensburger Spieleland, Playmobil Fun-Park, Medienpark (ZDF).

Die mit Brand Parks verfolgten Ziele beziehen sich im Wesentlichen auf markenbezogene Imagebildung, Erhöhung der Kundenbindung und Steigerung der Identifikation der Mitarbeiter mit ihrem Unternehmen. Zusätzlich dienen Brand Parks der Verkaufsförderung und bilden durch Erlöse eine Nebeneinnahmenquelle, die zumindest den Unterhalt unterstützt.

## 5.4 Dialogwerbung

|  | paralleler Sender-Empfänger-Kontakt | sukzessiver Sender-Empfänger-Kontakt |
|---|---|---|
| massen-medialer Kontakt | Interaktives TV | Direktwerbe-anzeige, -spot, -plakat |
| non-medialer Kontakt | Telefon-werbung | Aussendung / Verteilung, (Katalog), Faxwerbung |

Abbildung 55: Formen der Dialogwerbung

Dialogwerbung bedeutet Kommunikation, die sich an individuelle Adressaten richtet und/oder ein Reaktionsmittel beinhaltet, beim Individualkontakt reicht bereits ein Informationsangebot zur Qualifizierung als Direktansprache aus, bei disperser Kontaktaufnahme, dass die Reaktion gegenüber dem Botschaftsabsender mit Hilfe des Werbemittels oder auf andere definierte Art erfolgt und sich auf ein Angebot bezieht. Ziel ist die Herstellung eines Dialogs mit potenziellen Marktpartnern und deren Involvement. Es sind jedoch bereits Reaktanzen bemerkbar. Als Medien der Dialogwerbung werden elektronische und geprintete eingesetzt. Zunächst zu den elektronischen (*siehe Abb. 55*).

### 5.4.1 Elektronische Dialogwerbung

#### *5.4.1.1 Direktwerbefernsehen*

Direktwerbefernsehen kann durch DR-TV-Spots, Werbelangsendungen oder eigenständige Verkaufskanäle (Teleshopping) erfolgen. DR-TV-Spots sind zunächst klassische Fernsehspots, die jedoch mehr oder minder dominant mit einer Reaktionsaufforderung versehen sind. Dabei handelt es sich um die Einblendung/ Ansage einer Telefonnummer, die meist zu einem externen Call Center oder, seltener in eine interne Telefonannahme führt. Dabei gibt es DR-TV-Spots, die dominant der Auslobung von Produkten dienen und in die nur ergänzend eine Telefonnummer eingeklinkt ist. Oder DR-TV-Spots, die dominant dem Direktabsatz dienen, meist mit Produkten, die auf anderen Vertriebswegen nicht erhältlich sind. Dafür haben sich bestimmte Produktkategorien als erfolgversprechend etabliert, wie Tonträger, Bildträger, Münzen, Finanzanlagen etc. Die Gestaltung der DR-TV-Spots ist meist so angelegt, dass die zu kontaktierende Adresse mit hoher Penetranz genannt wird. Probleme ergeben sich daraus, dass der Response unmittelbar nach Ausstrahlung dieser Aufforderung so hoch ist, dass sich Überlastungen, z. B. lange Warteschleifen in Call Centers, bilden, die zu Unzufriedenheiten bei Anrufern führen, wohingegen zu anderen Zeiten das Anrufaufkommen sehr gering ist.

Werbelangsendungen sind Dauerwerbesendungen, die redaktionell aufgemacht sind, aber der Vermarktung konkreter Angebote dienen. Durch ihre unterhaltende Aufmachung sollen Aufmerksamkeit und Interesse bei Zuschauern geweckt werden, die bei normalen Werbespots häufig fehlen. Um eine Verwechslung mit dem redaktionellen Programm des Senders zu verhindern, sind diese Sendungen durch das Insert „Dauerwerbesendung" oder „Werbung" kenntlich zu machen. Der Direktkontakt wird zumeist durch die Einblendung einer kostenfreien, kostenermäßigten oder kostenpflichtigen Telefonnummer ermöglicht. Es gibt private Fernsehsender (NeunLive), deren Geschäftsmodell eine Co-Finanzierung durch Werbeeinnahmen, Provision am Verkaufsvolumen und Anteil am Telefonieumfang vorsieht. Die geschmackliche Qualität dieser Sendungen ist meist fraglich.

Beim Teleshopping erfolgt die Bestellung von Waren nach Ansicht eines Ver-
kaufsmediums meist über Telefonkontakt, vereinzelt auch über Internet. Dazu sind
Verkaufskanäle on air, deren Programminhalt nur aus Teleshopping besteht. Die
Information erfolgt dann üblicherweise über Fernsehen, die Bestellung über Telefon und die Auslieferung durch Paketdienst. Die Produkte werden meist in Form
einer Verbraucherberatung vorgestellt, in ihren Anwendungen gezeigt und nach-
drücklich ausgelobt, sind häufig nicht oder noch nicht im freien Handel erhältlich
und eher großzügig kalkuliert.

Interaktives Fernsehen (I-TV) erfolgt in Vollduplexkommunikation über einen
breitbandigen Sendekanal und einen schmalbandigen Rückkanal digital über Kabel
und Satellit. Dies setzt eine digitale Auslegung der Technik (Set Top Box) ebenso
voraus wie ein geeignetes Eingabegerät (Tastatur). Jeder Teilnehmer ist identifizierbar, so dass er nicht nur individuell adressierbar wird, sondern auch von seiner individuellen Adresse aus Rückmeldungen aufgeben kann. Diese können z. B. in der
Reaktion auf Informationsangebote oder der Bestellung von Verkaufsofferten bestehen. Jedoch stellt sich die Frage der Verbreitung und Bedeutung des I-TV. Strea-
ming-Dienste im Internet bieten eine kostengünstige Alternative dazu.

### 5.4.1.2 Direktwerbehörfunk

Direktwerbehörfunkspots (DR-R-Spots) sind weit verbreitet. Da dabei das wichtige optische Element fehlt, kommt es erheblich auf die Penetranz der anzurufenden
Telefonnummer an. Meist werden dazu Mehrwertnummern der Telekom (0800) mit
angehängter, leicht merkfähiger Ziffernkombination eingesetzt. Teilweise werden
auch Vanity-Nummern verwendet, d. h., die Zahlenkombination ergibt mittels der
den Zifferntasten zugeordneten Buchstaben den Namen des Absenders/Produkts
und ist somit leichter merkfähig. Entsprechend dem redaktionellen Inhalt (Klangfarben) der meisten Hörfunksender handelt es sich bei den angebotenen Produkten
um Tonträger, die häufig auf anderen Vertriebswegen nicht erhältlich sind. Allerdings leidet die Effizienz dieser Werbeform darunter, dass das Radio normalerweise nur als Hintergrundmedium dient, also keine gerichtete Aufmerksamkeit er-
fährt. Außerdem ist zu Zeiten der Spotausstrahlung (Hausarbeit, Autofahren etc.)
häufig kein Schreibgerät in der Nähe, so dass die anzurufende Nummer nicht no-
tiert werden kann. Dann ist Gedächtnisleistung gefragt.

### 5.4.1.3 Telekommunikation

Als Telekommunikationsmedien dienen Telefon und Telefax. *Telefonwerbung*
kann aktiv (Outbound) oder passiv (Inbound) ausgelegt sein. *Aktive* Telefonwerbung
eignet sich vor allem für die Kontaktanbahnung mit Interessenten/Neukunden-
akquisition, zur Aktivierung von Altkunden, zur Kundenbindung auch nach dem
Kauf und zum Zusatzverkauf. Die Kontaktaufnahme zu Interessenten erfolgt etwa

bei Reagierern auf Aktionen (Informationsanforderer), Rückläufen aus aleatorischen Maßnahmen, direkte Neukundenansprache im gewerblichen Bereich, sofern das Angebot dem Gewerbezweck entspricht und der Impuls vom Interessenten ausgeht. Letzteres gilt auch für den privaten Bereich, wobei strenge verbraucherrechtliche Anforderungen gestellt werden, vor allem eine bestehende Geschäftsbeziehung. Die Aktivierung und Bindung von Stammkunden erfolgt etwa durch Restposten-, Saison- oder Ersatzangebote, technische Produkt-, Verwendungs-, Lagerungs-, Einsatz- oder Gebrauchshinweise, Bedarfsermittlung, Neuproduktvorstellung, Einladung zu Veranstaltungen, Auslieferungsterminavis, Erläuterung der Geschäftsbedingungen, Werbe- und Verkaufsförderungstipps.

*Passive* Telefonwerbung beinhaltet u. a. die Entgegennahme von Aufträgen, die Vereinbarung von Terminwünschen und die Kurzinformation bei Nachfragen. Als Hilfsmittel kommen dafür Service 0800, Anrufbeantworter/-weiterschaltung und zunehmend auch die computergestützte Bearbeitung in Betracht. Oft findet eine personale Trennung zwischen Sales Lead-Generierung und Monetarisierung des Kontakts statt, oder das Telefon dient nur der Kontaktherstellung, nicht jedoch dem eigentlichen Verkauf. Die erfolgreiche Kontaktaufnahme und -erhaltung erweist sich bei der Telefonansprache als ausgesprochen schwierig, da einerseits das Spektrum der Kommunikationsmöglichkeiten neben dem Inhalt auf die Akustik reduziert ist und andererseits diese beiden Dimensionen auch nur als Kontrollmöglichkeit für Erfolge zur Verfügung stehen. Dies gilt besonders für „kalte" Adressen, die im privaten Bereich allerdings nicht angegangen werden dürfen.

Mobiltelefonwerbung wird eine große Zukunft vorausgesagt. Eine breite Netzabdeckung, die permanente Erreichbarkeit der Rezipienten, deren Lokalisierung und Identifizierung bieten vielfältige Ansatzpunkte für Dialogwerbung. Es stehen mehrere Netze zur Verfügung (GPRS, UMTS, Bluetooth etc.), gleichfalls werden mehrere Dienste (m-Commerce) angeboten (SMS, WAP, i-Mode etc.). Werbung ist dabei durch Banner-Schaltung, Kurzwerbespots, Nachrichtenverteiler (Permission Marketing) etc. möglich. Derzeitige technische Restriktionen wie Übertragungsgeschwindigkeit, Displaygröße etc. dürften im Laufe der Zeit rasch überwunden werden. Anders sieht es mit rechtlichen Restriktionen aus, die, wie bei allen Formen der Dialogwerbung, eher verschärfend angewendet werden dürften.

*Faxwerbung* nutzt die Telekommunikation per Faxgerät als Transportweg für direkte Werbebotschaften. Dies ist im B-t-C-Bereich nur zulässig, sofern die ausdrückliche Einwilligung des Adressaten vorliegt, angefaxt zu werden oder sofern bereits bestehende Geschäftsbeziehungen vorliegen. Im B-t-B-Bereich ist Faxwerbung nur bei bestehenden Geschäftsbeziehungen zulässig und sofern zu vermuten ist, dass das beworbene Angebot im Geschäftsbetrieb des Angefaxten eingesetzt werden kann. Die Gestaltung der Faxwerbung ist durch die geringe Auflösung und die regelmäßig fehlende Farbigkeit begrenzt. Häufig sind, etwa im Ausland, die Varianten des Faxabrufs (Faxpolling, Fax on Demand, Faxback und Faxmail) anzutreffen.

## 5.4.2 Geprintete Dialogwerbung

### 5.4.2.1 Direktwerbeanzeige

Direktwerbeanzeigen sind Anzeigen mit Reaktionsaufforderung wie schreiben, anrufen, vorbeikommen, mit Adressangabe/Telefonnummer oder mit eingeklinktem Reaktionselement wie Coupon, Antwortpostkarte, Gutschein etc. Es ist müßig, darüber zu diskutieren, ob diese Anzeigen nun der Klassischen Werbung zuzurechnen sind, weil es sich um das Medium Anzeige handelt, oder aber der Nicht-klassischen Werbung, weil es sich um ein Response-Angebot handelt. In jedem Fall ist ein Medienwechsel erforderlich, nämlich von Printwerbung zu postalischen Medien wie Postkarte, Brief oder telekommunikativen Medien wie Telefon, Telefax, Mailbox. Am deutlichsten handelt es sich um ein Reaktionselement in Form von Beikleber zum Abnehmen, Beihefter zum Heraustrennen oder Beileger zum Herausnehmen. Dadurch können dann Bestellungen für Produkte oder Werbemittel adressiert und Informationen angefordert werden. Je nach Ausprägung können diese mehr oder minder differenzierte Bestellangaben aufnehmen. Sinnvollerweise wird dabei eine Codierung der Reaktionsträger vorgenommen, um eine Zuordnung von Rückläufen zu Werbeträgern vornehmen zu können. Dabei sind auch verschiedene Ausgaben, Werbemotive, Platzierungen etc. identifizierbar. Die Effizienz einer Direktwerbeanzeige nur an der Zahl der Rückläufe, Informationseinholung oder Bestellungsabgabe, je nach Lage der Dinge (Werbeziel), zu messen, ist jedoch womöglich irreführend. Es sei denn, ein völlig neues Angebot wird erstmals in einem einzigen Anzeigendurchgang beworben. Aber dies ist fern der Realität der Märkte.

### 5.4.2.2 Direktaussendung

Bei der Direktaussendung als adressiertes, postalisches Direct Mailing handelt es sich um die anlassbezogene Aussendung von Werbemitteln auf dem Postweg an Adressaten, die vorher anhand von Auswahlkriterien als erfolgversprechend selektiert wurden. Adressierte, nicht-postalische Direktaussendungen über private Briefzustelldienste sind erst ab einer gesetzlich reglementierten Gewichtsgrenze möglich.

### Adressenhandling

Entsprechende Adressen sind über Adressverlage zu mieten oder werden der eigenen Database entnommen. Dabei sind vielfältige Gewichts-, Format- und Anordnungsbegrenzungen der Poststücke zu beachten, um Portokosten zu minimieren. Das gleiche Ziel erfüllt die Vorsortierung der Poststücke bei Auflieferung. Der Inhalt besteht meist aus mehreren Teilen, von denen eines der Rückantwort zur Information/Bestellung dient und deren Prozess oft in mehreren Phasen abläuft (Teaser/Roll out/Reminder). Moderne Laserprint- und Inkjet-Drucker ermöglichen personalisierte, mit Tinte unterzeichnete Anschreiben. Im Rahmen von Kunden-Kontakt-Programmen wird Klienten systematisch Nachkaufbetreuung zur Überbrückung bis zum nächsten Bedarf gewährt. Die Reaktionsquote soll dabei durch Einsatz von Aktivierungstechniken gesteigert werden, wie:

- Early Bird zum Subskriptionspreis, Free Gift als Werbegeschenk, Free Trial mit Ware zur Ansicht, Limitierung nach Zeit und/oder Menge, Sweepstake als Preisausschreiben mit vorbestimmten Gewinnern, Teilzahlung und/oder Valutierung, Negative Option für Nichtabschluss nur bei Widerruf.

Nach der Zielgruppe handelt es sich um Privatkunden (Business to Consumer) oder potenzielle Geschäftskunden (Business to Business). Interessenten-Kontakt-Programme (IKP's) begleiten Interessenten kontinuierlich zum ersten Kauf, im Rahmen von Kunden-Kontakt-Programmen (KKP's) wird Kunden systematisch Nachkaufbetreuung zur Überbrückung bis zum Wiederholungskauf gewährt.

Das Adressenhandling wird durch die Datenbank erleichtert. Sie enthält Angaben über:

- Namensdaten wie Firma, Branche, Kundennummer, Größenordnung, Ansprechpartner, Titel, Anrede, Funktion etc.,

- Adressdaten wie Straße, Postfach, PLZ, Ort, Datum für letztes Update, Telefon, e-Mail,

- Auftragsdaten wie Auftragsweg, Bestellwert, Artikelwahl, Preisklasse, Zahlungsart etc.,

- Bestellstammdaten wie Bestelltermine, Retouren etc.,

- Bonitätsdaten wie Schufa-Auskunft, Mahnungen etc.,

- Werbedaten wie Werbeart, Anzahl, Zeitraum etc.,

- Betreuungsdaten wie Reklamationen, Besuchshäufigkeit etc.

Im Business to Business-Bereich sind vor allem folgende Detailangaben sinnvoll:

- Namensblock mit Name, Titel, Anredeart, Position im Unternehmen, erreichbar in Zweigniederlassung, Interesse-Code, Entscheidungsbefugnis, Tätigkeitsbereich, Verweildauer in Funktion,

- Adressblock mit Unternehmensfirmierung, Straße, Postfach, PLZ, Ort, Zweigniederlassung, Außendienstregion, Datum der letzten Modifikation,

- Allgemeine Informationen wie Telefon-Nr., Telefax-Nr., Website-URL, Beschäftigtenzahl, Branchenschlüssel, Bonitätsdaten,

- Interaktionsblock mit Korrespondenz, Kontaktursache, Datum des Erstkontakts, Anfrage, Beschwerde, Werbemittelkontakte, Umsatzzahlen kumuliert/einzeln, Betreuer, Besuchszeiten,

- Profildaten mit Gründungsdatum des Unternehmens, Unternehmensgröße nach Umsatz, Beschäftigtenzahl, Besitzverhältnisse, Beteiligungen, Zweigniederlassungen, Bonitätsdaten, Branche, Produktprogramm, Innovationsfreudigkeit des Unternehmens, Buying Center-Struktur,

- Profildaten Entscheidungsträger mit Name, Titel, Telefon, e-Mail-Adresse, Stellung im Unternehmen, Tätigkeits- und Verantwortungsbereich,

- Aktionsdaten mit Art und Zeitpunkt des Erstkontakts über Außendienst, Mailing, Telefon, Couponanzeige, Art und Zeitpunkt der werblichen Ansprache, Betreuer, zuständiger Verkäufer,

- Reaktionsdaten mit Zeitpunkt und Art der Reaktion u. a. Reklamationsverhalten, Dauer der Kundenbeziehung, Umsatzzahlen kumuliert und nach Einzelaufträgen, Stufe der Loyalitätsleiter, Klassifizierung bzgl. Kundenattraktivität und -zugänglichkeit.

Als Recherchebasis kommen dafür folgende Quellen in Betracht:

- Adressbücher, Telefonbücher, Gelbe Seiten, Außendienstinformationen, Innendienstnotizen, Messenotizen, eigene Interessentenwerbung, Anfragen auf Presseveröffentlichungen, Adressen aus Verkaufsförderungsaktionen, IHK-Verzeichnisse, Handwerkskammernverzeichnisse, Botschaften, Konsulate, Messekataloge, Ausstellerverzeichnisse, Teilnehmer von Seminaren und Tagungen, Handelsregistereintragungen, Tausch/Kauf/Miete von Adressen von Direktwerbeunternehmen/Adressverlagen/Brokern/Fachverlagen etc., Ausschnittdienst, Händlerinformation, persönliche Befragung, Empfehlung, Freundschaftswerbung, öffentliche Bekanntmachungen.

- Adressvermieter aus eigenem Bestand: Unternehmen dürfen nicht selbst mit Adressen handeln, sondern müssen neutrale Dritte, z. B. einen Lettershop, damit beauftragen, die Adressen zur einmaligen Nutzung zu vermieten.

- Spezialanbieter (Broker): Dies sind Originalquellen aus direktem Kontakt und externer Sammlung. Es handelt sich eher um kleine Mengen, jedoch in großer Selektionstiefe mit Zusatzinformationen zur Adresse. Dies bedeutet zwar geringe Streuverluste, aber auch geringe Abdeckung.

- Adressverlage: Diese bedienen sich bei Sekundärquellen, deren Daten in großen Mengen, aber geringer Selektionstiefe bereitstehen. Es werden keine Zusatzinformationen zur Adresse geboten. Die Folge ist zwar hohe Abdeckung, aber auch hoher Streuverlust.

- Auskunfteien: Dies sind Originalquellen, meist zur Auftragsrecherche. Daten liegen dort in großen Mengen und großer Selektionstiefe vor, incl. Zusatzinformationen zur Adresse. Dies bedeutet geringe Streuverluste bei gleichzeitig hoher Abdeckung. Es dürfen aber max. drei Merkmale, z. B. Name, Anschrift, Beruf, kombiniert werden.

- Online-Firmendatenbanken wie ABCD, BDI, D & B Deutschland, Hoppenstedt, Kompass, VC, Wer liefert was, Wer gehört zu wem: Die Kosten betreffen mengenabhängige Gebühren, Anschaltzeit für die Nutzung von Rechner und Datenbank sowie eine Informationsgebühr je Firma.

- Offline-Datenbanken wie CD-ROM von ABC, AZ Bertelsmann, Büro Contact, Creditreform, Hoppenstedt, Industriedatenbank, liefern + leisten, Kompass, Markus, Wer liefert was: Dies ist nur eine spezielle Form der Adressvorlage auf Datenträger anstelle von Papier.

Im Business to Consumer-Bereich sind vor allem folgende Detailangaben sinnvoll:

- Namensblock mit Name, Vorname, Titel, Anredeart,

- Adressdaten mit Straße, Postfach, PLZ, Ort, Geschäftsstelle, Außendienstregion, Datum der letzten Modifikation,

- Allgemeine Information wie Interessen-Kennziffer, Geschlecht, Alter, Beruf, Familiengröße, Bonitätsbeurteilung, Telefon-Nr., Freundschaftswerber, Multiplikator für, Verweildauer unter Anschrift, Banktyp, Kreditkarte, Regional-Typ,

- Interaktionsdaten mit Werbeart, Kontaktzahl, Zeitpunkt der letzten Bestellung, Umsatz kumuliert/einzeln, Zahlungsart, Mahndaten, Mail-Order-Index.

- Profildaten wie Alter, Geburtsdatum, Familienstand, Haushaltsgröße, Kinderzahl, Familienlebenszyklus, Ausbildung, Beruf, Einkommen, Meinungsführer, Meinungsfolger, Regio-Typ basierend auf mikrogeografischer Segmentierung, Hobbies, Interessen, Einstellungen, Zahlungsverhalten,

- Aktionsdaten nach Art und Zeitpunkt des Erstkontakts über Außendienst, Mailing, Telefon, Couponanzeige, Freundschaftswerbung, Art und Zeitpunkt der werblichen Ansprache, Betreuer, zuständiger Verkäufer,

- Reaktionsdaten nach Zeitpunkt und Art der Reaktion u. a. Reaktionsverhalten, Dauer der Kundenbeziehung, Umsatzzahlen kumuliert und nach Einzelaufträgen, Stufe der Loyalitätsleiter, Klassifizierung bzgl. Kundenattraktivität und -zugänglichkeit.

Die Adressen aus eigenem Bestand bedürfen der ständigen Pflege und Aktualisierung, neue Adressen müssen kontinuierlich generiert werden. Adressen können jedoch auch fremd angemietet werden. Dieses Listbroking beinhaltet die Vermittlung des Nutzungsrechts betriebsinterner Adressen anderer Unternehmen über Adressenmakler. Dabei dürfen die Adressen nicht an Konkurrenten des Eigentümers vergeben werden. Sofern Adressverlage eingeschaltet sind, vermieten diese eigene Adressen zur einmaligen Nutzung. Zur Kontrolle gegen Missbrauch sind Dummy-Adressen eingebaut, die bei wiederholtem Gebrauch zu Rückläufern beim Verlag führen. Außerdem sind alle Datenschutzbestimmungen einzuhalten, vor allem die strikte Trennung zwischen Adress- und Informationsteilen. Die Qualität der so gemieteten Adressen ist jedoch trotz aller Optimierungen oft zweifelhaft.

Eine zusätzliche Adressgewinnung zur Verbreiterung der Datenbasis kann durch unterschiedliche Maßnahmen erfolgen, so Coupon-Anzeigen zur Informationsanforderung, Gewinnspiele, Freundschaftswerbung zum Kauf etc. Der Wert vieler solcher Leads ist jedoch zweifelhaft. Auch die eigene (Sekundär-)Ermittlung von Fremdadressen ist zeitaufwändig und wenig erfolgversprechend, z. B. wegen Inaktualität.

Ein besonderer Vorteil wird in der weitgehenden *Effizienzmessung* der Direktaussendung gesehen. Dafür gibt es vielfältige Erfolgsprognoseformen:

- Ein Listentest gibt Auskunft über die mutmaßliche Qualität der Adressbasis.

- Ein Produkttest gibt Auskunft über die Akzeptanz der Produktleistung.

- Ein Zielgruppentest gibt Auskunft über das mutmaßliche Zutreffen der Zielgruppendefinition.

- Ein Werbemitteltest gibt Auskunft über die Wirkung der Gestaltung der Direktwerbung.

- Ein Regionaltest gibt Auskunft über die mutmaßlich zweckmäßige Abgrenzung des Werbegebiets.

- Ein Timingtest gibt Auskunft über den mutmaßlich besten Zeitraum für die Direktwerbung.

Es ist davon auszugehen, dass zwei Tage nach dem höchsten Rücklauf einer Aussendung ungefähr die Hälfte des gesamten Rücklaufs erfolgt ist (Halbwertzeit).

### Kreativgestaltung

Die Gestaltung des Direct Mailing soll folgenden *Anforderungen* genügen:

- Wegwerfstopper vorsehen, um zumindest die Lesechance zu erhöhen oder diese auch überhaupt erst zu schaffen,

- Opener formulieren, d. h. eine kurze Einstimmung auf das bevorstehende Anliegen,

- positive Verstärker einbauen, also den Nutzen des Lesers aus der Nutzung des Angebots herausstellen,

- Beweisführung als kurze Argumentation, weil Leser vor Kaufentscheiden immer nach Sicherheit suchen,

- Führung des Auges über den Text berücksichtigen, sie erfolgt vor allem durch Schlagzeilen und Bilder bzw. Hervorhebungen,

- Vorwegnahme von Einwänden des Adressaten im Text,

- Telefonnummer zur Kontaktaufnahme angeben, falls Probleme oder Fragen auftreten, das schafft zusätzliches Vertrauen,

- Reaktionselement wie Bestellbogen, Antwortumschlag so anlegen, dass es einfach zu handhaben ist,

- P.S. mit dem wichtigsten Argument und einem Appell zum Handeln, also zur Bestellung oder Informationsanforderung,

- Lesekurve/Blickverlauf des Lesers berücksichtigen, typischerweise von oben rechts nach links herüber, dann z-förmig über den gesamten Text, dann zum Textanfang zurück, anschließend vom Briefkopf zur Anrede und zum P.S.

Es empfiehlt sich weiterhin, den Briefkopf von unnötigen, nicht das eigentliche Anliegen betreffenden Angaben freizuhalten wie Bankverbindung, Bezugszeichen etc. Der Text soll übersichtlich und gut strukturiert gehalten sein, also kurze Absätze, Hervorhebungen etc. Der Absender muss deutlich hervortreten. Ebenso der Grund, warum man sich gerade bzw. gerade jetzt an den Adressaten wendet. Ausdrücklich ist die erforderliche Reaktion vorzugeben.

Der Schreibstil soll mit „Sie", „Ihr" arbeiten, nicht mit „ich", „wir", also eine adressatenbezogene Form haben. Nichts sagende Anreden sind zu vermeiden, zur Not sollte man lieber gleich mit dem Text loslegen. Zweiseitige Anschreiben sollen am Ende der ersten Seite mit einem weiterführenden Satz enden, damit auf der zweiten Seite weitergelesen wird. Mehr als zwei Seiten Umfang sind für ein Anschreiben nicht zumutbar, möglichst sollte bereits eine Seite ausreichen.

Auffällige Codes auf dem Antwortträger sind tunlichst zu vermeiden, da sie Misstrauen bei Adressaten provozieren können. Evtl. ist auch eine Faxantwort nahe zu legen oder zumindest zuzulassen. Will man den Rücklauf ausnahmsweise „auf einen harten Kern" begrenzen, so sind Filter zur Qualifizierung hilfreich, z.B. Portofreimachung verlangen, Unterschrift vorsehen, Geburtsdatum/Telefonnummer abfragen.

Ein Mail Order Package besteht aus folgenden Elementen:

- Kuvert: Gestaltungsvariable sind hierbei Format, Papierqualität, Frankierung, Adressierung, Fenster, Absender, Headline/Bilder, Text,

- Brief: Gestaltungsvariable sind hierbei Originalbrief, Fill in-Brief, Offset-Brief, Briefkopf/Logo, Headline, Anrede, Text, Typographie, Absätze, Unterstreichungen, Fettungen, Bilder, Unterschrift, P.S.,

- Informations- und Reaktionselement: Gestaltungsvariable sind hierbei Antwortschein/-kuvert, Folder/Flyer, Prospekt/Katalog.

Wichtiger Bestandteil jedes Mailings ist das Anschreiben. Es erfüllt die Aufgaben als Wegwerfstopper, um die Lesechance zu erhöhen, als Opener zur Einstimmung auf das Thema, als Argumentation der Nutzen der angebotenen Produkte und als Beweis deren Vorteilhaftigkeit. Hinzu kommen sinnvollerweise Reaktionselemente wie Vorzugspreis, Probeexemplar, Einladung etc. Die Reaktion kann durch spielerische Elemente wie Klebemarken, Rubbelfelder, Rückgaberecht, Infoscheck-Übergabe, Reservierungskarte oder Gewinnanrecht erhöht werden. Dem P. S. kommt eine hohe Bedeutung als wichtigstem Argument bzw. Appell zum Handeln zu (*beispielhaft siehe Abb. 56*).

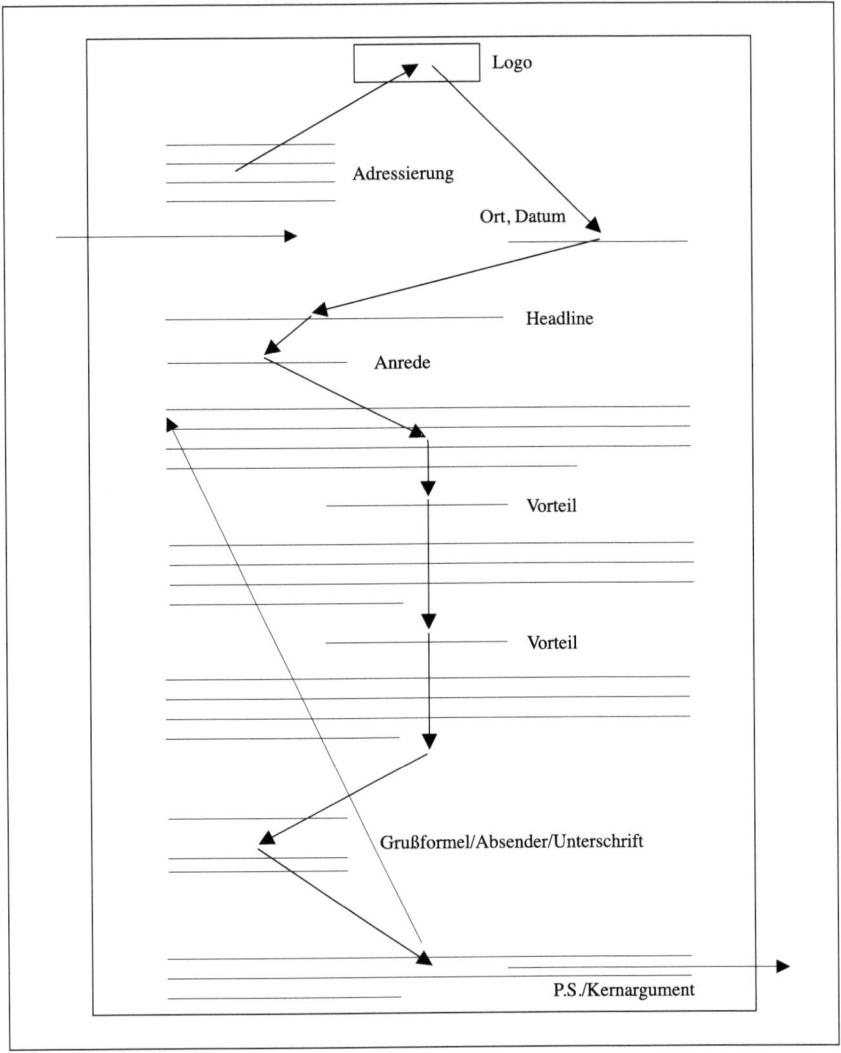

Abbildung 56: Typischer Leseverlauf auf einer Anschreibenseite

Ein weiteres Element ist der Reaktionsträger. Denkbar sind dafür eine Antwortpostkarte wegen der erleichterten Antwortmöglichkeit, des preiswerten Handlings und des Gewichtsvorteils, oder ein Coupon/Umschlag wegen der größeren Vertraulichkeit, des wertigeren Eindrucks und des zusätzlichen Platzes, dabei ist eine Abstimmung auf das Brieffensterformat wichtig. Evtl. kann auch eine Faxantwort zugelassen werden.

Auch das Kuvert kann als Werbemittel genutzt werden, etwa um Aufmerksamkeit zu erregen und Interesse zu wecken oder bereits konkrete Angebote, etwa auf der Innenseite, zu tragen.

Die speziellen Vorteile von Mailings liegen in folgenden Aspekten:

• Es ist eine persönliche Ansprache darstellbar, die mutmaßlich mehr Beeindruckungswirkung hinterlässt als eine anonyme Massenansprache. Es ist eine genauere Zielung an definierte Zielpersonen möglich, die Streuverluste potenziell gering hält. Es ist frei verfügbarer Raum zur Gestaltung von Inhalten und Botschaften vorhanden, der prinzipiell keinen Beschränkungen unterliegt. Auch die Aufmachung ist frei wählbar, so dass, abgesehen von technischen Beschränkungen, die eigene Anmutungsphilosophie voll übergebracht werden kann. Das Werbemittel hat die ungeteilte Aufmerksamkeit des Empfängers und steht vor allem nicht in Konkurrenz zu einem redaktionellen Umfeld. Gegenüber dem Wettbewerb ist eine bessere Geheimhaltung von Angeboten möglich als in den meisten anderen Medien. Es bestehen zudem ausgiebige Test- und Kontrollmöglichkeiten mit beliebiger Fallzahl, so dass Ineffizienzen frühzeitig erkannt werden können. Es ist eine relative Kostengünstigkeit gegeben, vor allem, wenn nur kleinere Zielgruppen erreicht werden sollen. Es besteht die Chance zur spontanen Reaktion auf Angebote, wodurch Kontakte und Käufe provoziert werden. Das Timing des Einsatzes ist frei wählbar und nicht von anderweitig beeinflussten Terminen, wie Erstverkaufstag von Printtiteln, abhängig.

Allerdings gibt es auch einige Nachteile:

• Der Einsatz für Low Interest-Produkte, die im Konsumgüterbereich dominieren, ist nicht sinnvoll, da es meist an der nötigen gerichteten Aufmerksamkeit fehlt. Die Erreichung von Breitenzielgruppen ist unrealistisch kostenaufwändig. Dafür sind vor allem die Portokosten verantwortlich. Ohne Voraussetzungen wie Bekanntheit und Image von Anbieter und Angebot ist der Einsatz wenig erfolgversprechend. Eine ansprechende Gestaltung ist aufgrund der systembedingten Besonderheiten schwierig, und der Gestaltungsfreiraum bleibt durch postalische Bestimmungen real eng begrenzt. Es ist eine geringe tatsächliche Nutzung der Direktwerbestücke zu vermuten, was vor allem in der anhaltenden Flut von Direct Mailings begründet liegt. Vor dieser kann man sich übrigens durch Eintrag in die Robinson-Liste des Deutschen Dialogmarketing-Verbands/ DDV schützen. Auch die Adressqualität ist problematisch und damit häufig Ursache für Fehlstreuungen und Rückläufer wegen Unzustellbarkeit.

## Nicht-adressierte Sendungen

Bei nicht-adressierten Sendungen sind Postwurfsendungen durch postalische Verteilung und Haushaltsverteilungen durch nicht-postalische Verteilung gegeben:

- Bei *Postwurfsendungen* handelt es sich um Drucksachen oder gegenständliche Werbemittel, die vom Postdienst undifferenziert an alle Haushalte oder an die Abholer von Briefsendungen verteilt werden. Dabei sind allerdings zahlreiche Durchführungsbedingungen zu beachten. Zweifelhaft ist zudem die Wertschätzung dieser Form der Dialogwerbung, die anonym und unverlangt ins Haus gelangt.

- *Haushaltsverteilungen* werden durch private Zustelldienste und Verteilerkolonnen per Abgabe in Briefkästen im Haus oder an Passanten auf der Straße erledigt. Es handelt sich meist um Werbegeschenke und Streumittel (Gimmicks) sowie Kurzbroschüren (Leaflets) und vor allem Angebotsblätter (Flyers). Damit kann wahlweise ein Türsignal (Klingeln), Türsignal plus persönliche Übergabe oder Türsignal, persönliche Übergabe und Erläuterung verbunden sein. Dies bietet sich nur bedingt an, da trotz vielfältiger Kontrollen die Zuverlässigkeit der Verteilung in Frage steht. Außerdem ist die Akzeptanz solcher unverlangt eingeworfenen Direktwerbestücke fraglich, zumal zahlreiche Hausbesitzer den Einwurf verbieten. Dennoch erlaubt die Haushaltsverteilung eine exakte Streuung und wird vor allem vom lokalen Handel in dessen Einzugsgebiet intensiv eingesetzt (*siehe Abb. 57*)

Im Rahmen der gegenständlichen Dialogwerbung spielen Werbeartikel, z. B. als Warenproben, Aufkleber, Gadgets, Werbegeschenke, Kalender, vor allem jahreszeitlich gebunden, eine große Rolle. Diese Werbeartikel bieten eine Reihe von Vorteilen:

- Keine Streuverluste, dreidimensionale Anlage, emotionale Dialogbasis, persönliche Übergabe, Inbesitznahme durch die Zielperson, praktischer Nutzer, individuelle Gestaltung, alleinige Aufmerksamkeit, Originalität und zielgruppenspezifische Auswählbarkeit.

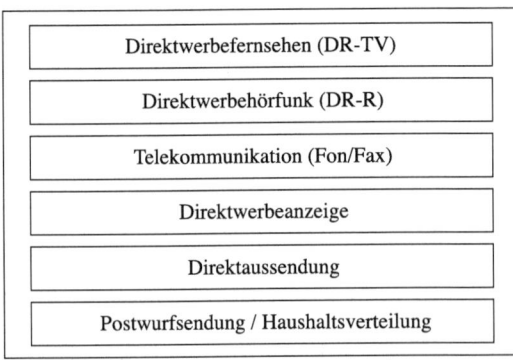

Abbildung 57: Medien der Dialogwerbung

### 5.4.3 Dokumentation

Als Dokumentationen werden alle Anmutungs-, Anwendungs-, Überzeugungs- und Bestätigungsinformationen, meist in gedruckter Form, zunehmend aber auch auf Datenträger oder in Übertragungsnetzen, verstanden, um damit Endabnehmer mit Verkaufsliteratur als Prospekte und Kataloge sowie Absatzmittler/-helfer mit Vorverkaufswerbemitteln anzusprechen.

*5.4.3.1 Verkaufsliteratur*

| **positiv** wirken folgende Elemente: | **negativ** wirken folgende Elemente: |
|---|---|
| + Bilder, vor allem große Bilder<br>+ zusätzliche Bildausschnitte<br>+ große Schriftgrade<br>+ betonte Textstellen<br>+ kurze Wörter, Sätze, Absätze<br>+ gerahmte Textblöcke<br>+ Antiquaschriften<br>+ Fließtext 8 - 12 Pkt.<br>+ Zeilenabstand 10 - 20 % größer<br>+ 40 - 45 Zeichen/Zeile<br>+ bildhafte Adjektive, Metaphern, Vergleiche<br>+ klarer didaktischer Aufbau<br>+ Redundanzen, Merksätze<br>+ wiederkehrende Farbgebung<br>+ Tabellen/Grafiken | - überzogen viel Text<br>- kleine Abbildungen<br>- Ganzaufnahmen mit undeutlichen Details<br>- Brotschriften<br>- Grotestschriftarten<br>- Versaltext<br>- gemischte Schriftstile (Spielereien)<br>- Negativschrift<br>- Abkürzungen, die nicht erklärt werden<br>- Fach- und Fremdwörter |

Abbildung 58: Auswahl wichtiger Gestaltungsregeln für Verkaufsliteratur

*Prospekte* dienen der vertieften, aussagefähigen Erläuterung eines Angebots. Sie realisieren dabei eine Informationsfülle, wie sie in anderen Medien nicht zu erreichen ist. Oft wird sogar eine ganze Serie von Broschüren, Flyers, Leaflets o. ä. aufgelegt, die von der Programmübersicht bis zum Detaileinblick reichen. Dies ist besonders für Angebote bedeutsam, die extensiven Kaufentscheidungen unterliegen, also komplex und erklärungsbedürftig sind. Prospekte sind meist ausführlich betextet und reich bebildert, enthalten technische Daten, Einsatzbeispiele, oft auch redaktionelle Teile zur allgemeinen Imagebildung. Sie liegen am Handelsplatz aus, werden durch Repräsentanten überbracht oder versendet. Ihre Erstellung ist meist kostenaufwändig und prinzipiell fehlergeneigt. Sie werden entweder kostenfrei oder gegen eher geringe Schutzgebühr an Interessenten abgegeben. Eine wichtige Form der Dokumentation ist die Gebrauchsanleitung. Erfahrungen legen Zeugnis davon ab, dass hier erhebliche Fehler gemacht werden. Zwar beginnen alle mit der einschlägigen Glückwunschformel zur Reduzierung etwaiger kognitiver Dissonanzen. Aber danach sind sowohl sprachliche als auch didaktische Mängel häufig.

Für die Gestaltung sind einige Regeln zu beachten. So gelten Bilder als reiz-intensiver als Texte, große Bilder sind besser als kleine, farbige Bilder besser als schwarzweiße. Insgesamt sollen eher warme Farbtöne bevorzugt werden. Menschen haben generell eine höhere Aufmerksamkeitswirkung als Produkte, dynamische Motive eine höhere als statische. Vor allem sind Bildausschnitte zusätzlich zu oder anstelle von Vollprofilen hilfreich. Für den Text sind größere Schriftgrade gegenüber Brotschriften zu bevorzugen. Betonte Textstellen strukturieren dabei den gesamten Textumfang. Es sind möglichst kurze Wörter und Sätze zu verwenden, außerdem kurze Absätze. Gerahmte Textblöcke führen dabei den Leser. Bei gestalteten Flächen sind diagonale besser als senkrechte, senkrechte besser als waagerechte, Kreisflächen besser als Rechteckflächen einzuschätzen. Bei Abbildungen ist zudem die richtige Wahl des Bildausschnitts bedeutsam. Umfeld ist nur insofern sinnvoll, als es die Botschaft unterstützt (z. B. Ambiente für Lebensstil), ansonsten verwirrt es nur. Wichtig ist auch eine kontrastreiche Darstellung sowohl des Produkts in der Umgebung als auch der Schrift über dem Bild.

Antiquaschriften sind lesefreundlicher als Groteskschriften (serifenlose Schrift). Großbuchstaben werden langsamer gelesen, weil die Ober- und Unterlängen fehlen. Gemischte Schriftstile wie gesperrt, kursiv, gefettet etc. vermindern ebenfalls die Lesegeschwindigkeit. Schriften vor unruhigem oder dunklem Hintergrund (negativ-weiß) sind generell schwer zu lesen. Im Fließtext ist mindestens 8–12 Punkt Schriftgröße einzuhalten, jede Zeile sollte nicht mehr als 40–45 Zeichen haben, denn bei längeren Zeilen verliert man leicht den Überblick und kürzere Zeilen führen zu ungünstigen Umbrüchen. Der Zeilenabstand sollte 10–20 % größer sein als der Schriftgrad. Am besten lesbar ist linksbündiger Flattersatz. Kürzere Absätze sind für den Leser schneller auswertbar als lange. Weiterhin ist eine Orientierung am gesprochenen Wort beim Text hilfreich. Die Sätze sollen idealerweise aus nicht mehr als 15 Worten bestehen. Jeder neue Gedanke macht dabei einen neuen Satz aus. Kurze Wörter sind verständlicher als lange, und eine aktive Wortwahl wirkt emotionaler. Hilfreich sind auch bildhafte Adjektive, Metaphern und Vergleiche. Abkürzungen hingegen bremsen den Lesefluss. Der Text sollte insgesamt „mühelos" zu lesen sein. Verstärkend wirken auch Referenzen als Zitate, Adressen oder fiktive Personen. Bei alledem darf die Strukturierung/Gliederung des Werbemittels nicht leiden.

Ein klarer didaktischer Aufbau soll dem Leser logische Lernschritte und somit Erfolgserlebnisse ermöglichen. Für die Ausgewogenheit des Inhalts ist eine Unterteilung in in etwa gleich lange Kapitel hilfreich. Knappe Formulierungen mit nicht mehr als zwei Prädispositionen pro Satz erleichtern das Verständnis. Ein gewisses Maß an Redundanz ist ebenso hilfreich, z. B. in Form von Zusammenfassungen, Merksätzen, Übersichten. Farben können gezielt um ihrer psychologischen Wirkung willen eingesetzt werden oder um wichtige Passagen zu kennzeichnen. Handlungsabläufe sollen tabellarisch dargestellt werden, um eine größere Transparenz, selektives Lesen, bessere Orientierung und das Erkennen von Zusammenhängen zu erleichtern. Die Tonalität soll naturgemäß keine autoritäre, sondern eine kooperative Einstellung signalisieren. Fachwörter sind so weit wie möglich zu vermeiden, unvermeidbare Fachwörter zumindest zu erklären, wobei es von der Zielgruppe abhängt, was als Fachwort gilt und was nicht. Bei komplexen Beschreibungen kann eine Liste der verwendeten Begriffe beigefügt werden, dies gilt auch für verwendete Abkürzungen. Für gleiche Dinge oder Tätigkeiten sollen dabei stets gleiche Begriffe verwendet werden. Bild- und Textinhalte müssen aufeinander abgestimmt sein. Tabellen, Grafiken, Diagramme etc. lockern die Darstellung auf und sind zahlreich einzusetzen.

Der *Katalog* ist eigentlich ein schriftliches Verkaufsgespräch. Er dient als selbstverkäuferische Anbietbasis im Versandgeschäft und bietet eine systematische und geschlossene Übersicht über das Warenangebot einer Unternehmung. Er enthält Produktbeschreibungen, Leistungsdaten, Preisangaben, Lieferbedingungen etc. und hat meist die Form eines Buches, einer Liste, einer Kartei (Loseblatt) oder auch die Form von Datenträgern (CD-ROM/DVD). Es kann sich um einen Hauptkatalog mit dem kompletten Programm/Sortiment als Universalkatalog handeln oder um eine Serie von Teilkatalogen, die nur zielgruppenspezifische Programm-/Sortimentsausschnitte als Spezialkataloge enthalten. Außerdem gibt es Neuheitenkataloge zur Aktualisierung des Angebots.

Der Katalog kann einmal je Werbezeitraum erscheinen oder mehrmals, evtl. mit Nachauflagen. Wird dabei die dramaturgische Gestaltung betont, spricht man auch von einem Magalog (Kunstwort aus Katalog und Magazin) oder, in abgeschwächter Form, von einem Katazin. Die Funktionen des Katalogs liegen vor allem in der Markterschließung, Neukundenakquisition, Kundenpflege und -aktivierung, sowie Unterstützung der Feldorganisation bzw. deren Ersatz bei C-Kunden. Der Katalog trägt konkrete Warenofferten, die unter Bezugnahme auf Bestellhilfen geordnet werden können. Dabei ist die Optimierung hinsichtlich einer Zuteilung der Seiten und Anordnung der Waren dort sinnvoll.

Besondere Bedeutung haben dabei die Titelseite, die Rückseite, die 3. Umschlagseite sowie die Innenseiten 2 + 3 (Hot Spots). Eine Aufmerksamkeitslenkung erfolgt etwa durch Hervorhebung von Schlüsselartikeln, Bebilderung nach Farbigkeit und Größe, Piktogramme zur Orientierung, Stopper mit wichtigen Argumenten etc. Die Kataloggestaltung folgt verkäuferischen Aspekten. So gibt es Auftaktseiten im Anschluss an die Titelseite mit Begrüßung, Produktgruppenverzeichnis, Zugartikeln etc. Die letzten Seiten werden meist speziell für dispositionsbezogene Inhalte genutzt, wie technischer Kundendienst, telefonische Bestellmöglichkeit, Teilzahlungsangebot, Maßtabelle, Garantie, Umtauschmöglichkeit, Schlagwortverzeichnis etc. Dazwischen gibt es weitere Stopperseiten, so mit speziellen Angeboten, Gewinnspielen, Reaktionselementen etc. Die Zurechnung des artikelbezogenen Deckungsbeitrags je Seite erlaubt eine Feinsteuerung der Artikelreihenfolge und des Seitenanteils einzelner Artikel nach ihrer Rentabilität. Dabei ist auch der typische Blickverlauf auf einer Katalogseite von oben links nach unten rechts bedeutsam. Wichtig sind weiterhin die Herausstellung des Preises, die Farbenwahl,

die Anordnung von Produkten und die Ergänzung durch Symbole oder Bildausschnitte. Die Typographie folgt in erster Linie der Maßgabe guter Lesbarkeit. Beim
Text ist auf gute Verständlichkeit, etwa für Warenbeschreibungen, zu achten.

Kataloge bestehen meist aus einem Package von Werbe- und Arbeitsmitteln,
dazu gehören der interesseerweckende Versandumschlag, ein personalisiertes
Anschreiben, eine Bestellkarte mit Handlungsauslöser, zusätzliche Flyer etc. Bedeutsam ist auch die richtige Wahl des Versandzeitpunkts. Kataloge sind wegen
ihrer Herstellungs- und Logistikkosten allerdings ausgesprochen aufwändige Werbemittel. Dafür besteht die Möglichkeit zu einer echten Erfolgskontrolle durch
direkte Kosten- und Erlöszurechnung bzw. Deckungsbeitrag je Werbeplatz.

| Papierqualität | Gewicht je qm in gr | Gewicht eines Bogens DIN A 4 in gr |
|---|---|---|
| Luftpostpapiere, dünnes Seidenpapier | 17 - 18 | 1 |
| Ungeglättetes Dünndruckpapier, dünnes Durchschlagpapier, Florpostpapier | 30 - 40 | 2 |
| Einseitig glattes Zellulosepapier, Transparentpapier, stärkeres Durchschlagpapier | 40 | 2,5 |
| Pergaminpapier | 40 - 42 | 2,5 |
| Ungeglättetes Druckpapier (Zeitungspapier) | 48 - 50 | 3 |
| Hartpostpapier | 50 - 100 | 3 - 6 |
| Geglättetes Papier für Briefumschläge | 50 - 80 | 3 - 5 |
| Geglättetes Druckpapier | 53 | 3 |
| Schreibpapier (gut satiniert) | 60 - 100 | 4 - 6 |
| Illustrationspapier (hochsatiniert), Naturkunstdruckpapier | 80 - 120 | 5 - 7 |
| Maschinengestrichene Papiere und Kartons, wie Zeitschriften, Prospekte, Kataloge | 60 - 170 | 3 - 10 |
| Gussgestrichene Papiere und Kartons wie Etiketten, Schokoladenpapier, Verkaufskartons | 70 - 420 | 4 - 20 |
| Gestrichene, glänzende Papiere, halbmatte und matte Kunstdruckpapiere | 80 - 135 | 6 - 8 |
| Sehr gut gestrichene, glänzende Kunstdruckpapiere | 80 - 135 | 6 - 8 |

Abbildung 59: Papiersorten

### 5.4.3.2 Vorverkaufswerbemittel

Der Vorverkauf soll die zielgerichtete Beeinflussung der Absatzmittler/-helfer
im Sinne des Angebotserfolgs erreichen. Er argumentiert in ökonomischen Dimensionen, um der eigenen Ware im Absatzkanal die Bedeutung zu verschaffen, die
der Absender ihr zugedenkt und setzt dazu auch Anreize unter Hinweis auf Werbekampagne, Promotions, Testergebnis, Marktstellung, Markenkompetenz etc. ein.

Der *Salesfolder* ist meist ein Leaflet, selten ein aufwändigeres Werbestück, in
welchem dem Handel die Vorteile eines Produkts verargumentiert werden. Dabei
sind harte betriebswirtschaftliche Daten ausschlaggebend, nicht etwa Images o. a.

wie in der Endabnehmerwerbung. Vielfach erfolgt jedoch ein Hinweis auf diese mit dem Ziel des Vorverkaufs, aber auch dem Hintergedanken, dass der Handel es sich gar nicht leisten können wird, auf einen Artikel in seinem Sortiment zu verzichten, den seine Kunden auf Grund der werblichen Ansprache durch den Hersteller (Pull) verlangen. Der Salesfolder dient neben dem Versand an Einkaufsentscheider auch als Aufhänger für das Verkaufsgespräch des Außendienstmitarbeiters (ADM). Tatsächlich ist dies jedoch weitgehend Makulatur, da nurmehr immense Initialinvestitionen den Handel zur Sortimentsaufnahme bewegen können.

Das *Salesblatt* ist Bestandteil des Ordersatzes. Der Ordersatz wiederum ist die Bestellunterlage im Handel, anhand derer geordert wird. Neben der detaillierten Produktbezeichnung nach Größe, Geschmack, Packungseinheit etc. trägt sie den GTIN-Code, der vom Disponenten klassischerweise nach Durchsicht des entsprechenden Warenvorrats mit einem Handscanner eingelesen und mit der benötigten Stückzahl ergänzt wird. Produkte, die sich nicht in diesem Ordersatz befinden, können somit nicht bestellt werden. In der Handelszentrale kann nun nur erreicht werden, dass neue, differenzierte oder variierte Produkte gegen meist hohes Entgelt zum nächstmöglichen Termin in den erneuerten Ordersatz aufgenommen werden. Auf die tatsächliche Order in den Verkaufsstellen hat dies, abgesehen von wenigen zentral vorgegebenen Pflichtartikeln, aber keinen Einfluss. Also bedarf es gesonderter Beilagen des Herstellers, die darauf hinweisen. Auch hier stehen ausschließlich kommerzielle Argumente im Vordergrund. Insofern handelt es sich um einen zweistufigen Reinverkauf.

## 5.5 Absatzunterstützung

### 5.5.1 Verkaufsförderung

Die Verkaufsförderung könnte durchaus mit gleicher Berechtigung der Distributionspolitik im Marketing zugerechnet werden wie der Kommunikationspolitik. Denn sie richtet sich auf alle Maßnahmen der punktuellen Aktivierung zur Erhöhung von Absatzerfolg und Absatzchancen mit Bezug auf die Zielgruppen Vertriebsmannschaft, Absatzmittler (im Rein- und Rausverkauf) und Endabnehmer. Damit sind auch schon die wesentlichen Merkmale der Verkaufsförderung genannt.

*Verkaufsförderung beabsichtigt die Stimulierung einer punktuell erhöhten Transaktionsbereitschaft bei Absatzpartnern.* Diese Definition hat verschiedene begriffliche Bestandteile.

• Unter „Stimulierung" versteht man eine Aktivierung durch Schlüsselreize. Diese Aktivierung kann affektiv, z.B. durch Bilder, kognitiv, z.B. über Preisnennung, oder physisch, z.B. aus Haptik oder Degustation, erfolgen. Die Aktivierungsrichtung soll dabei auf Appetenz zielen, das Aktivierungsausmaß soll möglichst hoch sein. Aus ethischen Gründen ist es dabei wichtig, dass die Aktivierung bewusst erfolgt.

- „Punktuell" meint eine aktional begrenzte Aktivierung. Diese Begrenzung kann zeitlich, räumlich oder inhaltlich ausgelegt sein, sich also auf einen bestimmten Aktionszeitraum beziehen, auf ein bestimmtes Aktionsgebiet oder auf bestimmte Produkte, wobei dies Sachleistungen sowohl wie auch Dienstleistungen einbezieht.

- Das Definitionsmerkmal „Transaktionsbereitschaft" bedeutet, dass es bei Verkaufsförderung um die Erreichung ökonomischer, quantitativer Ziele geht, also nicht nur um vorökonomische, qualitative Größen wie Bekanntmachung, Imageprofilierung, Akzeptanz, Vertrautheit etc.

- Bei „Absatzpartnern" schließlich handelt es sich um alle Interessenhalter im Absatzbereich. Dazu gehören die eigenen Mitarbeiter im Verkauf sowie selbstständige Absatzhelfer. Weiterhin Handelsentscheider im Ein- und Verkauf sowie gewerbliche und private Endkunden.

Es handelt sich also bei Verkaufsförderung um die Planung, Organisation, Implementierung und Kontrolle von Maßnahmen, d. h. Verkaufsförderung ist durch einen Managementaspekt gekennzeichnet. Es geht um die punktuelle Aktivierung von Zielpersonen, d. h. die Aktivierung ist begrenzt und soll einen Zustand der vorübergehend erhöhten inneren Erregung und Spannung erzeugen. Es soll ökonomischer Absatzerfolg erreicht werden, d. h. vollzogene Kauf-/Verkaufstransaktionen, bzw. die Wahrscheinlichkeit dazu soll erhöht werden (i. S. v. Absatzchancen), indem wichtige psychographische Voraussetzungen für den Absatzerfolg verbessert werden. Und als Zielgruppen sind die Vertriebsmannschaft, die Absatzmittler und die Endabnehmer zu betrachten.

Verkaufsförderung grenzt sich damit zur Werbung dadurch ab, dass diese nicht punktuell, sondern kontinuierlich angelegt ist. Außerdem verfolgt Werbung keine quantitativen, sondern qualitative Ziele. Und sie ist nicht nur auf den Absatzmarkt begrenzt, sondern zielt auch auf Beschaffungsmärkte für Personal, Finanzen und Einsatzstoffe. Keine Abgrenzung ist hinsichtlich der Zielgruppen möglich, denn diese sind überschneidend. Auch werden Mediagattungen/Werbeträger (Print-, Elektronik-, Außenwerbung) in beiden Bereichen gleichermaßen eingesetzt. Dies gilt auch für die Werbemittel (Anzeigen, Spots, Plakate).

Zielgruppen und Ziele

Dabei sind mehrere Zielgruppen gegeben:

- Die Vertriebsmannschaft (Staff). Dabei kann es sich um den Absatz im Innenverkauf, dem Residenzprinzip, oder im Außenverkauf, dem Domizil- oder dem Treffprinzip, handeln. Die Verkäufer können angestellt (= Reisende) oder freiberuflich tätig sein (= Absatzhelfer).

- Die Absatzmittler (Trade). Dabei kann es sich um Großhändler oder Einzelhändler handeln. Allerdings besteht eine starke Tendenz zur Ausschaltung der Großhandelsstufe zugunsten eines direkteren Absatzweges. Sinnvollerweise wird dabei weiterhin nach

- Reinverkauf als Pipeline Filling, Zielpersonen sind hier die Einkäufer des Handels, und

- Rausverkauf als Merchandising des Herstellers bzw. Trade Marketing des Handels, Zielpersonen sind hier die Verkäufer des Handels,

unterschieden.

• Die Endabnehmer (Consumer). Dabei kann es sich um private Haushalte zur Eigenbedarfsdeckung oder um gewerbliche Betriebe zur Weiterverarbeitung handeln. In beiden Fällen ist die Kaufentscheidung von Gruppeneinflüssen abhängig.

Als konkrete Ziele der Verkaufsförderung sind folgende zu nennen:

• Erzeugung von Aufmerksamkeit und Kontakt, vor allem zur Etablierung neuer Angebote und Aktualisierung bestehender Angebote (Information),

• Ausbau von Interesse und Motivation bei eigenen Mitarbeitern und fremden Absatzhelfern,

• Auslöser und Umsetzung des Kaufakts bei Einzelpersonen und Kaufgremien.

Maßnahmenbereiche

|  | Aufmerksamkeit und Kontakt | Interesse und Motivation | Auslöser und Handlung |
|---|---|---|---|
| Mitarbeiter |  |  |  |
| Einkäufer im Handel |  |  |  |
| Verkäufer im Handel |  |  |  |
| Endabnehmer |  |  |  |

Abbildung 60: Formen der Verkaufsförderung

Aus der Kombination von Zielen und Zielgruppen lassen sich die folgenden zwölf Gruppen von Verkaufsförderungsaktivitäten ableiten (*siehe Abb. 60*):

• Erzeugung von Aufmerksamkeit und Kontakt bei der Vertriebsmannschaft zur Übermittlung von Informationen von der Marketingleitung an die Verkäufer in einer Art und Weise, dass diesen die Nachricht nicht entgeht und möglichst nachhaltig in Erinnerung bleibt. Dazu gehören Arbeitsgespräche, Memos oder Telefonkonferenz.

- Erzeugung von Aufmerksamkeit und Kontakt bei Absatzmittlern im Reinverkauf zur Einstimmung auf Maßnahmen innerhalb der Absatzkette. Dazu gehören Präsentationen wie z.B. Händlerkongress, Jahresgespräche zur Rahmenvereinbarung oder Demonstrationseinheiten wie z.B. TV-DVD-/Laptop-Beamer-Kombi.

- Erzeugung von Aufmerksamkeit und Kontakt bei Absatzmittlern im Abverkauf zur Weitergabe dieser Informationen an den Ort des Verkaufs, wo in vielen Fällen erst die konkrete Kaufentscheidung fällt. Dazu gehören Verkaufstrainings, Argumentationshilfen und Verkaufshandbücher (Sales Manuals).

- Erzeugung von Aufmerksamkeit und Kontakt bei Endabnehmern zur Nutzenauslobung des Angebots und zur Einstellungs- bzw. Verhaltensänderung oder -bestätigung. Dazu gehören Sampling wie z.B. Degustation bei Food-Produkten, Vorführung, wie z.B. durch Propagandisten, und Handelsplatzwerbemittel in Schaufenster, Eingangsbereich oder Innenraum.

- Ausbau von Interesse und Motivation bei der Vertriebsmannschaft durch Dramatisierung des Aktionsinhalts und Betonung dessen Stellenwerts. Dazu gehören Verkaufswettbewerbe als Aktionsrunden, Anreizsysteme (Incentives) und Grundausstattungen wie Produktmuster, Händler-Give Away als Türöffner etc.

- Ausbau von Interesse und Motivation bei Absatzmittlern im Reinverkauf durch Erhöhung der Akzeptanz über Vorleistungen des Aktivitäteninitiators. Dazu gehören Regalpflege, betriebswirtschaftliche Beratung und Platzierungsmanagement wie z.B. nach Direkter Produkt-Profitabilität.

- Ausbau von Interesse und Motivation bei Absatzmittlern im Abverkauf durch wahrnehmbare Präsenz am Ort des Verkaufs (POS) und Aufforderungswirkung dort. Dazu gehören Produktschulung, Anwendungshilfen und Hinweise auf Markttesterfolge.

- Ausbau von Interesse und Motivation bei Endabnehmern, um bei diesen zumindest kurzfristig ins Bewusstsein zu geraten. Dazu gehören Mehrfach- bzw. Vorzugsplatzierungen als Off Shelf- bzw. Check out-Displays sowie gezielte Risikoreduktion z.B. durch Warenrücknahme, Garantieauslobung oder Warentestergebnis.

- Auslöser und Umsetzung der Aktion bei der Vertriebsmannschaft durch deren Unterstützung in einer Art und Weise, dass sich ihr Einsatz für sie als besonders lohnend darstellt. Dazu gehören Bonus- und Prämiensysteme, Gewährung von Privilegien im Kollegenkreis und Anerkennung im sozialen Umfeld.

- Auslöser und Umsetzung der Aktion bei Absatzmittlern im Reinverkauf durch Schaffung von Anlässen zur Aktivierung und Konkretisierung des Kaufs. Dazu gehören Angebote zu Sonderkonditionen, z.B. Rabatt, Valuta, Bestellschluss, individuelle Koop-Zuschüsse (WKZ's) und Appelle an Interessengemeinsamkeiten im Absatzkanal.

- Auslöser und Umsetzung der Aktion bei Absatzmittlern im Abverkauf durch Auseinandersetzung mit dem vorteilhaften Angebot und Einstimmung auf den Kaufakt der Kunden. Dazu gehören günstige Absatzfinanzierung bei höherwertigen Produkten, Belohnungen für Geschäftsstättentreue der Endkunden und Bereitstellung von Deko-Diensten am POS.

- Auslöser und Umsetzung der Aktion bei Endabnehmern durch Verhaltensimpuls in Richtung Vollzug des Kaufakts. Dazu gehören limitierte Angebote, Sonderpreise (Price off) und Produktzusätze mit gleicher Packung (Onpack).

Dabei ist das Phänomen zu berücksichtigen, dass Verkaufsförderung keineswegs nur an das Instrument Werbung gebunden ist. Vielmehr ist zumindest auch die Einbindung des Vertriebs gegeben. Bei konsequenter Betrachtung ergibt sich sogar der Stellenwert eines selbstständigen Instruments, das verschiedene Marketing-Mix-Bereiche integriert. Dazu einige Beispiele:

- VKF-Maßnahmen, die dem Angebotsbereich zuzuordnen sind, sind etwa Produktschulung, unechte Handelsmarkenpolitik, Einführungsaktionen und Produktausstattungen,

- VKF-Maßnahmen, die dem Entgeltbereich zuzuordnen sind, sind etwa Prämienkataloge, Rabattsysteme, vorwärtsgerichtete Funktionsübernahme und Absatzfinanzierung,

- VKF-Maßnahmen, die dem Vertriebsbereich zuzuordnen sind, sind etwa Leihaußendienst, Absatzkanalselektion, Vorzugsplatzierungen am POS und Propagandisteneinsatz,

- VKF-Maßnahmen, die dem Werbebereich zuzuordnen sind, sind etwa Events, Fachwerbung, POS-Werbemittelangebot und Sprungwerbung.

### 5.5.2 Produktausstattung

Unter Produktausstattung versteht man die werbliche Nutzung der Warenhülle, die daneben aber noch weitere Funktionen erfüllt.

Design betrifft dabei die Entwicklung neuer und die Optimierung bestehender, industriell gefertigter bzw. zu fertigender Produkte und Produktsysteme für die physischen und psychischen Bedürfnisse der Benutzer. Dies geschieht auf Basis ästhetischer, wirtschaftlicher und ergonomischer Analysen mit Hilfe von Form, Farbe, Material und Zeichen. Design ist ein wichtiger Differenzierungsfaktor angesichts technisch immer gleichartigerer Produkte und bringt die eigenen kulturellen Ansprüche an das gesellschaftliche Umfeld zum Ausdruck. Es soll die effiziente Gestaltung von Aufwand und Nutzen erreichen, wobei die Funktion immer weniger die

Form determiniert. Miniaturisierung erlaubt damit den Primat der Ergonomie. Vom Handwerk grenzt sich Design durch die Trennung von Entwurf und Ausführung sowie durch die Serienfähigkeit des Ansatzes ab, von der Kunst durch seine Funktionsorientierung. Durch die Umsetzung des fortschrittlichsten, gerade noch akzeptierten Design wird zudem eine Evolution des Geschmacksempfindens bewirkt.

Styling beinhaltet die geschmackliche und sachliche Warengestaltung, soweit diese untrennbar mit dem Produkt verbunden ist. Es ist durch Größe, Form, Material, Oberfläche, Farbe, Symbolik und deren Kombinationen gekennzeichnet und erhöht idealerweise gleichzeitig den Gebrauchswert der Ware. Moderne Fertigung ermöglicht hier selbst kleine Sonderserien.

Design und Styling kommt damit eine hohe kommunikative Bedeutung im Markt zu. Diese stellen eine planvolle Gestaltungsarbeit mit starken ästhetischen Bezügen dar und haben mehrere Dimensionen. Die praktische Dimension befasst sich mit der Erleichterung der Benutzbarkeit durch Ergonomie, vor allem Styling. Die ästhetische Dimension bezieht sich auf wahrnehmungsbezogene Urteile durch Anmutung, vor allem Design. Die symbolische Dimension umfasst die Kommunikationsleistung eines Produkts vor allem durch Labelling. Die Integration der Produktausstattung in die Kommunikations- und Marketingstrategie eines Unternehmens erfolgt durch die Funktion des Design-Management.

### 5.5.3 Licensing

Unter Licensing versteht man die Einräumung der Möglichkeit zur kommerziellen Nutzung von gewerblichen Schutzrechten (Lizenznehmer) für Produkte und Dienste durch Dritte gegen Entgelt (Lizenzgeber). Man unterscheidet neben den atypischen Produktlizenzen (Brand Licensing/Lizenzmarke) mehrere Typen von Werbelizenzen, bei denen es enger um das Recht geht, bestimmte Zeichen/Symbole Anderer in der eigenen Werbung unverändert einzusetzen. Dies bedarf vorab der Prüfung deren Affinität zum Charakter des Absenders/Angebots (Konnotation) sowie deren Verbreitung und Relevanz in der anvisierten Zielgruppe. Denkbar ist die Nutzung von Medienfiguren wie Comics als bekannteste Form des Character Licensing. Dann die Vergabe/der Erwerb von Nutzungsrechten (Namen und/oder Bilder) von Prominenten als Celebrity Licensing. Weiterhin die Nutzung von Veranstaltungen (Event Licensing), vor allem im Bereich des Sports und der Wohltätigkeit. Eine Sonderform ist die Vergabe/der Erwerb von Verwertungsrechten an Veröffentlichungen für Nebenprodukte und an Veröffentlichungen über Prominente. Die Einnahmen des Lizenzgebers bestehen meist aus einer Minimumgarantie (fix) und einer Erfolgsbeteiligung (variabel). Hinzu kommen für den Lizenznehmer Kosten für die Vermittlung der Nutzungsrechte, die Einarbeitung in die werbliche Gestaltung sowie Optionen zur Verlängerung bzw. Erweiterung der Nutzung. Unbefugte Ausbeutung von Schutzrechten zieht je nach dessen Wert hohe Strafen nach sich.

## 5.6 Intermediavergleich
## bei nicht-klassischer Werbung

Ein Intermediavergleich bei nicht-klassischer Werbung ist weitaus schwieriger zu bewerkstelligen als bei klassischer Werbung. Dies liegt vor allem in der Heterogenität der zu beurteilenden Medien begründet. Im Weiteren werden folgende Medien als die wichtigsten unterstellt:

| | Produktvorteile | Interaktivität | Multisensorische Ansprache | Verbindung zum Kaufentscheid | Emotionalität im Umfeld | Gestaltungsfläche/-zeit | Zwangsläufigkeit des Kontakts | Zielgruppensteuerbarkeit/-ausschöpfung | Flexibilität im Einsatz | Demonstration | Aktualität/Reagibilität | Vorverkauf |
|---|---|---|---|---|---|---|---|---|---|---|---|---|
| Verkaufsförderung | | | | | | | | | | | | |
| Traditionelle PR | | | | | | | | | | | | |
| Placement | | | | | | | | | | | | |
| Sponsoring | | | | | | | | | | | | |
| Online-Medien | | | | | | | | | | | | |
| Messe/Ausstellung | | | | | | | | | | | | |
| Handelsplatzauftritt | | | | | | | | | | | | |
| Event | | | | | | | | | | | | |
| Produktausstattung | | | | | | | | | | | | |
| Television Commerce | | | | | | | | | | | | |
| Fon-Fax/Mobile Commerce | | | | | | | | | | | | |
| Direktwerbeanzeige | | | | | | | | | | | | |
| Direktaussendung | | | | | | | | | | | | |
| Katalog/Prospekt | | | | | | | | | | | | |
| Salesfolder/-blatt | | | | | | | | | | | | |

Abbildung 61: Intermediavergleich nicht-klassischer Werbung

- Öffentlichkeitsarbeit mit traditionellen Formen, Placement und Sponsoring,
- Online-Medien mit Banner-Werbung und andere WWW-Werbeformen,
- Schauwerbung mit Ausstellungen, Handelsplatzauftritt und Events,
- Dialogwerbung als elektronische und geprintete Direktwerbung,
- Verkaufsförderung, Produktausstattung, Licensing.

Den Klassischen Medien Anzeigen in Zeitungen, Zeitschriften und sonstigen Printtiteln, Spots im Fernsehen, Hörfunk, Lichtspielhaus und Plakat als stationäre und mobile Außenwerbung sowie Werbetechnik stehen also mindestens die genannten nicht-klassischen Medien gegenüber.

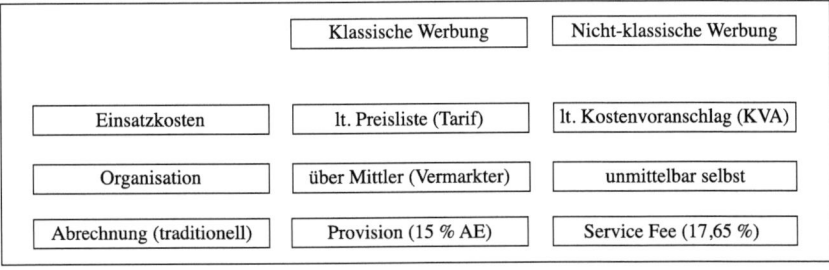

Abbildung 62: Technische Unterschiede A-t-L/B-t-L

Die nächste Überlegung bezieht sich auf die Beurteilungskriterien dieser Medien. Auch dabei ist eine Rubrizierung sehr schwierig, jedoch soll von folgenden Kriterien ausgegangen werden (*siehe Abb. 61*):

- *Produktvorteile* meint, inwieweit ein Medium in der Lage ist, die spezifischen Vorteile eines Angebots darzustellen und auszuloben. Dies ist auch wichtig für seine Eignung zur Positionierung.
- *Interaktivität* meint, ob das Medium eine Zweiwegkommunikation erlaubt, oder nur eine Einwegkommunikation zulässt. Dabei wird unterstellt, dass eine Zweiwegkommunikation per se wirkungsvoller ist.
- *Multisensorische Ansprache* meint, ob das betreffende Medium parallel mehr als einen Wahrnehmungssinn anspricht. Dabei wird unterstellt, dass die parallele Ansprache mehrerer Wahrnehmungssinne wirkungsvoller ist.
- *Verbindung zum Kaufentscheid* meint, wie nahe das Medium sachlich, formal, räumlich und zeitlich einem Kaufentscheid zugunsten des beworbenen Produkts ist. Je näher, als desto wirkungsvoller wird es eingeschätzt.
- *Emotionalität* im Umfeld bezieht sich darauf, inwieweit ein Medium eine erlebnisorientierte Gestaltung der Werbebotschaft zulässt oder nicht. Je emotioneller das Umfeld, desto besser wird ein Medium eingeschätzt.

- *Gestaltungsfläche/-zeit* bezieht sich auf die Menge der in einem Medium einsetzbaren Informationen und Gefühle. Je freizügiger dieser Rahmen ist, desto besser kann er für eine wirkungsvolle Werbung genutzt werden.

- *Zwangsläufigkeit des Kontakts* erfasst, in welchem Maße es möglich ist, das Medium bewusst zu vermeiden oder in welchem Maße es geradezu unausweichlich ist. Je weniger man ihm ausweichen kann, desto besser.

- *Zielgruppensteuerbarkeit/-ausschöpfung* bezieht sich auf die Zielung des Mediums auf eine abgegrenzte Zielgruppe. Je besser die Zielung und je weiter die Abdeckung, als desto besser ist das Medium einzuschätzen.

- *Flexibilität im Einsatz* bezieht sich auf die Verfügbarkeit des Mediums für den werblichen Einsatz. Je mehr Freiheitsgrade die Einsatzgestaltung dabei erlaubt, als desto besser wird es angesehen.

- *Demonstration* zielt auf die Möglichkeit eines Mediums ab, ein Produkt bzw. seine Vorteile „begreifbar" zu machen (Hands-on Experience). Je unmittelbarer dies möglich ist, desto besser.

- *Aktualität/Reagibilität* bezieht sich auf die Fähigkeit eines Mediums, auf aktuelle Entwicklungen reagibel einzugehen. Dies hängt vor allem von den Vorlaufzeiten des Einsatzes ab, je kürzer diese sind, desto besser.

- *Vorverkauf* bezieht sich nicht auf die Endabnehmer eines Angebots, sondern auf etwaige Mittler im Absatzkanal. Es ist zu prüfen, inwieweit ein Medium speziell zur Ansprache dieser Absatzmittler in der Lage ist oder nicht.

Geht man im Folgenden von diesen Kriterien aus, so kann man die vorher genannten nicht-klassischen Medien hinsichtlich jedes dieser Kriterien zu beurteilen versuchen. Naturgemäß ist diese Beurteilung von den konkreten Umständen des Einzelfalls abhängig, insofern kann keine generalisierende Aussage getroffen werden.

# 6. Integration der Kommunikationsmaßnahmen

## 6.1 Integrationsinhalte

Setzt ein Werbungtreibender auch nur einige dieser Medien parallel ein, erwächst daraus die Forderung nach Integrierter Kommunikation. Integrierte Kommunikation hat zum Ziel, aus differenzierten Quellen der Kommunikation ein für die Zielpersonengruppe konsistentes Erscheinungsbild des Absenders zu vermitteln. Dies ist dringend angeraten, um der Gefahr der Diffusität entgegen zu wirken und eine gewünschte Profilierung zu erreichen.

Dazu sind fünf Maßnahmenbereiche einsetzbar (*siehe Abb. 63*):

Abbildung 63: Anforderungen an Integrierte Kommunikation

- Die Werbebotschaften sollen einer *zentralen Aussage* folgen, die über alle Medien unverändert beibehalten wird. Denkbar ist eine additive Ergänzung einzelner Teilbotschaften sowie eine völlige oder eine teilweise Wiederholung der Inhalte.

- Um eine *gestalterische Klammer* für alle Maßnahmen in den verschiedenen Medien zu erreichen, ist die gemeinsame Verwendung formaler Elemente angezeigt. Dazu gehören alle Corporate Design-Elemente als Stilkonstanten. Die Form kann jeweils medienadäquat adaptiert oder konstant durchgehalten sein.

- Die Maßnahmen sollen auch *zeitlich koordiniert* ablaufen. Nach der Intensität kann dabei unterschiedlich vorgegangen werden. Das Mix der eingesetzten Medien kann im Zeitablauf konstant bleiben oder variiert werden.

- Auch die Einsatzgebiete der Maßnahmen müssen aufeinander *räumlich abgestimmt* sein. Zu unterteilen ist nach lokalem, regionalem, nationalem, internationalem oder globalem Einsatz. Außerdem kann eine räumliche Verdichtung des Einsatzes vorgenommen werden.

- Ziel ist eine *effektive und effiziente Arbeitsteilung* der Medien zur optimalen Erreichung der Kommunikationsziele. Dabei sind weiterhin von Bedeutung die Mediengewichtung, d.h. der relative Anteil der Medien am gesamten Mix, die Medienanzahl, d.h. die Vielfalt eingesetzter Medien, und die Zusammenfassung nach Medien, nach Zielgruppen oder auch kombiniert.

Um im Rahmen der integrierten Kommunikation zu einer durchgängigen Umsetzung der Positionierung zu gelangen, wird die Philosophie der Brand Communications genutzt. Darunter versteht man die integrative Abstimmung aller Kommunikationsinstrumente, die fähig sind, Marken/Unternehmen in Relation zum Mitbewerb zu differenzieren und gegenüber den Abnehmer-Zielgruppen zu profilieren.

„Integrative Abstimmung" deutet darauf hin, dass das Ziel eine inhaltlich, formal und raum-zeitlich harmonisierte Kommunikation ist; „aller Kommunikationsinstrumente" zeigt an, dass der Einsatz über klassische Mediawerbung hinaus gehender Ansprachekanäle für regelmäßig erforderlich gehalten wird; „die fähig sind" impliziert eine strategische Zielplanung und die Bestimmung der dazu am besten geeigneten Mittel/Medien; „Marken" gibt an, dass ausschließlich Angebote in Frage stehen, die markenfähig sind, also bestimmte Anforderungen, die für die Konstituierung einer Marke als erforderlich angesehen werden, erfüllen, dies gilt auch für Unternehmen und „in Relation zum Mitbewerb zu differenzieren und gegenüber den Abnehmer-Zielgruppen zu profilieren" weist auf die allgemeinen Inhalte der Kommunikation mit kompetitiver Diskriminierung und nutzenbezogener Auslobung hin und dient der Abrundung.

Integrierte Kommunikation umfasst damit die Bereiche von Inhalt/Aussage, Form/Gestaltung sowie Zeit/Raum von Botschaften. Ziel ist dabei die Erreichung der Absenderidentität, Gleichheit eines Produkts/Unternehmens mit sich selbst aus eigener Sicht als Selbstbild und Sicht Dritter als Fremdbild. Jedes Angebot hat qua Präsenz ihm zugeschriebene Identitätsfaktoren und kann weitere durch kommunikative Maßnahmen erwerben oder übernehmen.

Bei alledem ist es unbedingt empfehlenswert, eine einheitliche Konzeption beizubehalten. Diese muss einmal gut durchdacht und angemessen geplant werden, um sie dann langfristig unverändert beizubehalten. Und falls Änderungen erforderlich sind oder als notwendig erachtet werden, so sind diese nur in kleinen, vorsichtigen Schritten zu vollziehen.

## 6.2 Corporate Identity

Corporate Identity (CI) ist in Theorie wie Praxis ein außerordentlich schillernder Begriff. Man versteht darunter die Einheit und Übereinstimmung von Erscheinung, Worten und Taten eines Unternehmens mit seinem formulierten Selbstverständnis, also den einheitlichen Auftritt eines Unternehmens und seiner Teile gegenüber Dritten.

Abzugrenzen ist CI von:

- der Unternehmensphilosophie, welche die grundsätzlichen ökonomischen, gesellschaftspolitischen und sozialen Wert-, Ziel- und Kompetenzvorstellungen eines Unternehmens in Bezug auf sich selbst und seine Stellung in der Umgebung ausdrückt,

- der Unternehmenskultur, welche die Gesamtheit der Normen und Wertvorstellungen, der Denkhaltungen und Überzeugungen umfasst, die dem Verhalten und den Entscheidungen der Menschen im Unternehmen zu Grunde liegen,

- dem Unternehmensimage als der Vorstellung von einem Gegenstand, die sich mit der Wirklichkeit womöglich nur zum Teil deckt. Dieses ist der emotional gefärbte Ausdruck der Identität innerhalb eines Meinungsraumes.

Die Corporate Identity kennt zwei Arten der Unternehmenssicht. Das Selbstbild, das weitgehend von den subjektiven Vorstellungen und Zielen des Unternehmens herrührt, und das Fremdbild, das die Sicht der Marktpartner widerspiegelt. Es geht nunmehr darum, das Selbstbild näher zu definieren und das Fremdbild an das Selbstbild anzupassen. Als Basis ist dafür die Corporate Mission zu definieren. Dabei werden die grundlegenden ökonomischen, politischen und sozialen Wert-, Ziel- und Kompetenzvorstellungen in Bezug auf sich selbst (Business Mission) und die Stellung in der Gesellschaft (Value Mission) ausgedrückt. Dies wird zumeist in Form von Unternehmensgrundsätzen (Leitsätze) definiert, die als praktische Ausführung des Leitbilds strikt zu beachten sind.

*Corporate Mission* ist die sinnstiftende Vision des Unternehmens, die über die reine Leistungsbereitstellung hinaus seinen Beitrag zur Gesellschaft definiert. Sie besagt, wofür eine Organisation, Institution oder Unternehmung im Kern steht, was ihre Vision ist und woher sie ihre Marktberechtigung bezieht (Was ist unser Geschäft? Was sind unsere Kunden? Was ist für unsere Kunden von Wert? Was wird künftig unser Geschäft sein? Was sollte unser Geschäft sein?). Die Initiatoren großer, erfolgreicher Gemeinschaften hatten seinerzeit klare Basisannahmen und ein konsistentes Vorstellungsbild über ihre intendierte Position in der Gesellschaft. Mit zunehmender Ausweitung und zeitlicher Ferne vom Gründungsstadium droht diese Vision jedoch heutzutage verloren zu gehen. Es ist ganz natürlich, dass rein operative Anliegen wie Rentabilität, Produktivität, Liquidität etc. in den Vordergrund treten. Dies war auch nicht weiter problematisch, solange die Umweltbedingungen günstig, d. h. überschaubar und expansiv waren, doch diese Zeiten sind wohl endgültig vorbei. Die heutige Umwelt ist komplex und restriktiv, die Ressourcen sind belastet. Und es stellt sich ganz selbstverständlich die Frage nach der gesellschaftlichen Legitimation von in der Wirtschaft tätigen privaten und auch öffentlichen Gemeinschaften. Und dafür reichen Gewinnerzielungsabsicht und Bestandssicherung allein nicht aus. Dies ist vielmehr nur das Ziel des Anbieters, die Gesellschaft stellt ganz andere Ansprüche an dessen Existenz. Es stellt sich also die Frage nach der Vermittlung der exakt definierten, strategischen Ausrichtung bei einer zunehmend kritischen und informationsüberfrachteten Öffentlichkeit. Denn Defizite im gesellschaftlichen Rollenspiel wirken sich besonders negativ auf die Vermarktung von Ideen, Produkten und Diensten aus. Daher muss die ursprüngliche Vision der Organisation wieder freigelegt und daraufhin überprüft werden, inwieweit sie noch in das zukünftige Umfeld passt oder nicht. Vor allem aber muss sie wieder nach innen und außen gelebt werden. Damit die Gesellschaft ihre sinnstiftenden Inhalte wahrnimmt und durch Akzeptanz honoriert. Und damit die Mitarbeiter sich wieder der Sinnhaftigkeit ihres Tuns bewusst werden und motiviert zu Werke gehen.

Über das Fremdbild geben entsprechende qualitative Marketingforschungserhebungen weitgehend Auskunft. Ganz wichtig sind auch Mitarbeitermeinungen in der Belegschaft, bei Vertrauensleuten, Betriebsräten, Managern und mittleren Führungskräften, Kundenkontaktmitarbeitern, informellen Gruppen, dort wie derum bei Schlüsselpersonen, welche die Meinung Vieler bündeln und ihrerseits beeinflussen, und schließlich auch Problemgruppen. Das so gewonnene Fremdbild wird dem Selbstbild gegenübergestellt.

Hinsichtlich des Selbstbilds sollte der Anbieter auf Ausprägungen und Charaktereigenschaften rekurrieren, die ihn auszeichnen. Dabei bewährt es sich, das Unternehmen als lebenden Organismus, ähnlich einem Menschen, wie es im Übrigen auch der modernen Sicht der Betriebswissenschaft entspricht, aufzufassen. So wie vertraute Menschen durch Ausprägungen und Charaktereigenschaften gekennzeichnet sind, so lässt sich auch ein Unternehmen lebensnah durch Merkmale beschreiben. Sich diese bewusst zu machen, sie verantwortungsvoll zu steuern und zu stabilisieren, ist allererste Voraussetzung für das klare Profil jedes Anbieters. Denn ohne Klarheit über sich selbst, bleibt jegliche Aktivität zufällig.

Jede Gemeinschaft lässt sich hinsichtlich dieser oder anderer Kriterien darin beschreiben wie sie sich selbst sieht bzw. von anderen gesehen werden möchte und wie andere sie sehen bzw. wie sie sich tatsächlich darstellt.

Sofern das definierte Selbstbild mit dem erhobenen Fremdbild total oder weitestgehend übereinstimmt, ist nur ein geringes Aktivitätenniveau erforderlich, um diese Kongruenz beizubehalten bzw. etwaig noch vorhandene Abweichungen zu korrigieren. Dies ist aber ein recht seltener Glücksfall. Regelmäßig wird es vielmehr so sein, dass Selbstbild und Fremdbild mehr oder minder stark auseinander fallen. Dann stellen sich zwei Alternativen. Zum einen kann das Fremdbild so akzeptiert und das Selbstbild entsprechend angepasst werden. Dies kommt allerdings einer Verleugnung der eigenen Anbieterpersönlichkeit gleich. Wenn man jedoch mit den Ausprägungen und Charaktereigenschaften des Fremdbilds gut leben kann, erspart man sich damit zumindest großen Korrekturaufwand. Zum anderen kann man darauf abzielen, das Fremdbild dem Selbstbild anzupassen, denn nur dann kommen die eigenen Werte angemessen in der Öffentlichkeit, und damit bei den Zielgruppen, über. Dies ist dann in erster Linie eine Aufgabe der Marketing-Kommunikation. Schließlich kann auch, und das ist realiter der weitaus häufigste Fall, eine Anpassung in beiden Dimensionen erforderlich werden, d. h., eine Veränderung des gewollten Selbstbilds gegenüber dem Status quo und eine Veränderung des erreichten Fremdbilds in Richtung auf dieses neue Selbstbild.

## 6.3 Außenwahrnehmung eines Anbieters

Die Außenwahrnehmung eines Anbieters ist auch deshalb von entscheidender Bedeutung, weil sie vielfach Markterfolge zu erklären vermag, die durch objektive Faktoren anderweitig nicht bestimmt werden können. Sie dient den Menschen als Orientierung in einer immer komplexer werdenden Realität anhand innerer Vorstellungsbilder. Diese bewegen sich auf einer Meta-Ebene, womöglich losgelöst von der Real-Ebene.

Denn die Vermarktung besteht nicht allein aus dem „nackten" Produkt an sich, sondern aus einem Konglomerat aus objektivem Produkt und subjektiver Wahrnehmung dieses Produkts. Bei der objektiven Leistung wird es immer schwieriger, dem Markt noch etwas Außergewöhnliches zu bieten, denn die Leistungsdimensionen sind bereits weitgehend ausgeschöpft, und was der eine Anbieter hier mehr bietet, bietet der andere dort mehr. Daher ist die Hoffnung, eine bessere Marktposition allein durch die objektive Leistung erringen zu können, oftmals vergebens. Viel günstiger sind die Voraussetzungen hingegen bei der subjektiven Wahrnehmung des Angebots. Damit können Präferenzen aufgebaut werden, welche die Leistung seitens der Nachfrager höher wichten und damit auch eine größere Kaufbereitschaft hervorrufen.

Es dauert vergleichsweise lange, bis Mängel in der Außenwahrnehmung im Betriebsergebnis durchschlagen, aber wenn es erst einmal soweit ist, dann ist der Unternehmensverfall kaum mehr aufzuhalten, denn es braucht mindestens eine ebenso solange Zeit, die Präsentation in der Öffentlichkeit wieder hoch zu fahren, und diese Zeitspanne überfordert die Überlebensfähigkeit vieler Anbieter.

Die Unternehmenswerbung zielt darauf ab, das Selbstbild nach außen hin zutreffend zu kommunizieren. Dabei können drei Interpretationsrichtungen unterschieden werden:

- Der *designorientierte* Ansatz (Corporate Design) stellt auf die formalen Erscheinungsformen des Absenders ab. Sie sind das sichtbare Pendant der Kultur als visuelle Gestaltung der Artefakte, mit denen sich ein Unternehmen der Öffentlichkeit präsentiert, um zutreffende Identifikation und Wiedererkennung zu ermöglichen. Sie umfassen als Mittel zur Bestimmung des Auftritts das

  – Objektdesign als Verkörperung der Leistung oder Gestaltung von Ideen,

  – Architekturdesign, also vor allem Gebäude, Einrichtung und Ausstattung,

  – Grafikdesign, also zentrale Bildelemente (s. o.),

– Sprachdesign, also die Tonalität der Ansprache als Corporate Wording.

– Corporate Design definiert somit die Erscheinungsmerkmale der Organisation in ihrer Umwelt, die sich als Gestaltungskonstanten durch alle Maßnahmen ziehen. Diese sind daraufhin zu untersuchen, ob sie die Werte und Normen des Botschaftsabsenders angemessen widerspiegeln.

• Der *führungsorientierte* Ansatz versteht diese Aufgabe vor allem als Prozess der Willensbildung und -durchsetzung nach innen, um eine einheitliche Bewusstseinsbildung und Identifikation der Mitarbeiter zu erreichen, aber auch nach außen, zur zielkonformen Orientierung der Organisation in Verhalten (Corporate Behavior). Sie stellt die Leitlinie des Agierens im Markt dar, also gegenüber Lieferanten, Abnehmern, aktuellen und potenziellen Wettbewerbern und diversen anderen Interessengruppen (Stakeholders).

• Der *imageorientierte* Ansatz geht von der Koordination von Erscheinungsbild und Verhaltensweisen, von Aktivitäten im Innen- und Außenverhältnis unter einer einheitlichen Konzeption aus (Corporate Communications). Kommunikationsprogramme dienen damit zur Erkennung und Einstellungsbeeinflussung bei Zielgruppen. Als Mittel dazu werden differenzierte Werbeaussagen eingesetzt. Diese betreffen sowohl Klassische als auch Nicht-klassische Medien.

In der Summe ergeben sich so Sympathie und Kompetenz, Akzeptanz und Vertrauen in den Absender (Corporate Goodwill). Sympathie und Kompetenz sind dabei die Eckpfeiler der Akzeptanz. Ein Anbieter, der nur kompetent ist, wird zwar respektiert, aber nicht unbedingt geliebt. Und ein solcher, der nur sympathisch ist, wird zwar gemocht, aber strahlt keine Sicherheit aus. Erst beide Größen gemeinsam sind in der Lage, öffentliches Vertrauen zu generieren.

Im Rahmen der CI tritt Corporate Behavior verstärkt in den Vordergrund. Anlass sind Verhaltensweisen von Unternehmen und deren Managern, die zwar einzelwirtschaftlich gerechtfertigt sind, gesamtgesellschaftlich jedoch auf Unverständnis stoßen. Dazu gehört das Victory-Zeichen von Deutsche Bank-Vorstandschef Josef Ackermann (2004) im Mannesmann-Prozess, in dem er angeklagt war, oder das Kassieren hoher vertraglicher Abfindungen, wie im Fall Ron Sommer bei seinem Abgang als Vorstandsvorsitzender der Deutschen Telekom. Hinzu kommen Reaktionen wie das Anziehen der Aktienkurse anlässlich der Ankündigung von Massenentlassungen wie bei Siemens oder die Androhung von Massenkündigungen bei nicht genehmen Tarifabschlüssen wie bei PIN. Daraus folgt ein steigender Meinungsdruck der Öffentlichkeit, der durch Unverständnis und Neid getrieben wird, befeuert von Medien und Politikern, denen die Betroffenen keine zureichende Gegenwehr entgegen setzen. Um Sanktionen zuvor zu kommen, unterwerfen sich Unternehmen freiwilligen Selbstverpflichtungen im Rahmen ihrer Corporate Social Responsibility. Diese besagen, dass nicht alles gemacht werden darf, was möglich und auch rechtlich zulässig ist. Außerdem sollen Regelungen der Corporate Compliance für eine bessere Selbstkontrolle sorgen und solchen empfundenen Auswüchsen Einhalt gebieten. Dabei handelt es sich jedoch um rein reaktive Ansätze. Sinnvoll hingegen wäre eine qualitativ wertorientierte Unternehmensführung, bei der sich das Unternehmen als guter Bürger der Gemeinschaft versteht und aufführt (Corporate Citizenship).

Beispiel Deutsche Bank

Die Fehlkommunikation der Deutschen Bank hat Prinzip. Dazu einige Beispiele: 1994 wird „Peanuts" zum Unwort des Jahres gewählt, es stammt aus der Pressekonferenz des damaligen Vorstandschefs Kopper in der Holzmann-Insolvenz und bezieht sich auf 30 Mio. DM offene Handwerkerrechnungen. 1999 wird die Ausgliederung der nicht vermögenden Kunden in die Bank 24 vorgenommen, nach Protesten wird diese dann 2002 wieder eingegliedert. 2002 verkündet der damalige Vorstandschef Breuer im Fernsehen, dass er die Kirch-Gruppe für nicht mehr kreditwürdig halte, es folgt die Insolvenz der Kirch-Gruppe, ein Schadensersatzprozess endet zu Lasten der Bank. Die Deutsche Bank gibt die Fusion mit der Dresdner Bank bekannt, diese scheitert jedoch in den Detailverhandlungen (die Dresdner Bank wird dann von der Allianz-Gruppe übernommen). Die Deutsche Bank gibt die Fusion mit der Postbank bekannt, doch auch hier scheitern zunächst die Detailverhandlungen. 2004 wird ein Rekordgewinn von 2,55 Mrd. € gemeldet, zeitgleich wird die Entlassung von 6.400 Mitarbeitern verkündet (nachdem seit 1999 bereits 22.000 Stellen abgebaut wurden). Die Bezüge des Vorstandsvorsitzenden Ackermann werden mit 10 Mio. € p.a. vermeldet. Die Slogans wechseln von „Vertrauen ist der Anfang von allem" (1995) zu „Die Bank für Europa" (1999) zu „Leading to Results" und „Passion for Performance/Leistung aus Leidenschaft" aktuell.

# 6.4 Internationale Marketingkommunikation

## 6.4.1 Erklärungsansätze

Die internationale Werbung sieht sich im Vergleich zur nationalen Werbung zusätzlichen Herausforderungen gegenüber. Diese resultieren aus mehreren Faktoren, u. a. aus:

- höherer Ungewissheit über die Marktverhältnisse im Ausland, dadurch zusätzliches Risiko, erhöhtem Koordinationsaufwand in der Steuerung der Werbung, Abweichungen in der Medienstruktur, welche die Mediawerbung erschweren, unterschiedlichen Werbebeschränkungen, die Anpassungen erforderlich machen, teilweise anderem Markennamen für identische Produkte, unterschiedlichen Interpretationen der Markennamen, national abweichenden Werbezielgruppen, national abweichendem Konsumverhalten.

Zur Erklärung wird die Kultur bzw. kulturelle Unterschiede herangezogen. Kultur ist allgemein menschengeschaffen, also das Produkt des gesellschaftlichen Handels und Denkens einzelner Menschen. Sie ist überindividuell und ein soziales Phänomen, das den Einzelnen überdauert. Sie wird erlernt und durch Symbole übermittelt. Sie wirkt durch Normen, Regeln und Handlungsanweisungen verhaltenssteuernd. Kultur ist damit die Gesamtheit der Grundannahmen, Werte, Normen, Einstellungen und Überzeugungen einer sozialen Einheit, die sich in einer Vielzahl von Verhaltensweisen im Laufe der Zeit herausgebildet hat. Weil Kultur nach innerer Konsistenz und Integration strebt, gibt es verschiedene Ansätze zur Erklärung speziell im internationalen Zusammenhang.

### 6.4.2 Global Advertising

Dem Global Advertising liegen drei allgemein ökonomische Hypothesen zu Grunde:

- Mit hohen Produktionsauflagen ist Kostendegression verbunden. Niedrige Kosten bedeuten zugleich hohe Wettbewerbsfähigkeit.

- Dieser Effekt tritt jedoch nur ein, sofern das Produktprogramm in hohem Maße standardisiert ist.

- Standardisierung wiederum bedarf einer Zentralisation der Betriebsfunktionen, vor allem der Führung.

Zudem lassen sich die Thesen in Bezug auf die Kommunikation auf zwei weitere Bereiche zurückführen.

*Grenzüberschreitende Kommunikation lässt sich* danach auf Grund moderner Übertragungstechniken, vor allem Satelliten, *überhaupt nicht mehr verhindern.* Früher stellten nationalstaatliche Grenzen wirksame Barrieren für den Informationsfluss zwischen Märkten dar. Insofern war auch die Kommunikation national ausgerichtet. Dies ist nicht mehr der Fall. Seit extraterrestrische Sendestationen in Betrieb sind, seit die Verkabelung mit deutlich erweitertem Programmangebot ausländischer Hörfunk- und Fernsehsender progressiv fortschreitet, wird auch der Informationsfluss über Ländergrenzen hinweg begünstigt (Media Overspill). Dadurch treten teilweise autonom gewachsene Kulturen in verstärkten informatorischen Kontakt zueinander und folglich auch unterschiedliche, weil autonom entwickelte Werbekonzepte. Daraus kann, leicht einleuchtend, der Nachteil erwachsen, dass der Käufer einer Marke in einem Land nun für ihn überraschend mit der mehr oder minder abweichenden Botschaft der gleichen Marke, die eigentlich für ein anderes Land bestimmt ist, konfrontiert wird. Daraus können Irritation und Verunsicherung des Käufers über sein ihm vertrautes Markenbild entstehen. Dies mag, hinreichende Penetration und Nachhaltigkeit vorausgesetzt, sogar in Kaufabstinenz (Markenwechsel) durch kognitive Dissonanz münden. Ein Szenario, das für jeden Markenartikler alarmierend wirken muss. Tatsächlich sind grenzüberschreitender Kommunikation noch einige Limitationen gesetzt, vor allem durch das technisch noch nicht befriedigend gelöste Sprachübertragungsproblem, die beschränkten Sendekapazitäten der Satelliten, die ebenso beschränkten Empfangsmöglichkeiten, vor allem aber durch das limitierte Potenzial global vermarktbarer Angebote, z. B. durch abweichende Markennamen.

Außerdem sind immer günstiger werdende Voraussetzungen grenzüberschreitender Kommunikation *durch konvergente Sozialstrukturen gegeben.* Die modernen Industriegesellschaften der westlichen Welt haben nach dem Weltkrieg II fast parallel einen enormen Aufschwung erlebt. Damit einhergegangen ist eine im Wesentlichen gleichartige Entwicklung der nationalen Sozialstrukturen. So sollen heutzutage die jungen Leute, die Manager, die Hausfrauen etc. verschiedener Länder einander nach Einstellung und Verhalten mehr ähnlich sein als innerhalb eines Landes jeweils untereinander. Damit wird es für Hersteller, die sich international an eine einigermaßen trennscharf eingrenzbare Zielgruppe wenden, was regelmäßig wohl der Fall ist, möglich, innerhalb verschiedener Länder dennoch gleiche Ansprachformen und -inhalte einzusetzen. Daraus erwächst als Vorteil eine günstige Relation von Entwicklungs- und Produktionskosten einerseits zu damit verbundenem Schaltvolumen andererseits. Denn für eine Marke müssen nicht mehr unbedingt länderspezifische Werbekonzepte und zugehörige Umsetzungen erarbeitet und bezahlt werden. stattdessen wird einmal gedacht und gefinished, das aber umso gründlicher und von vornherein generalisierend, umfassend und einheitlich. Dadurch verbessert sich das Verhältnis von Vor- zu Streukosten. Selbst aufwändige Umsetzungen rechnen sich somit, weil sich deren Kosten auf mehr Einschaltungen verteilen.

Allerdings bietet auch das vordem praktizierte Domestic Advertising handfeste Vorteile. Denn trotz der möglichen Annäherung internationaler Kulturstrukturen, die im Detail durchaus umstritten bleibt (Multi Options Society/Naisbitt), gibt es in Abhängigkeit vom Angebotsumfeld durchaus noch genügend signifikante Unterschiede, die nach hinsichtlich Inhalt und Form verschiedenartiger Ansprache verlangen. Diese Marktspezifika sind für den Anbieter umso besser nutzbar, je treffender, markanter, spitzer Konzept und Umsetzung eine Marke werblich profilieren und abgrenzen. Oder umgekehrt, etwaige unvermeidliche oder beabsichtigte Generalisierungen in der Kommunikation führen beinahe zwangsläufig zu Effektivitätseinbußen, die bei gegebenen nationalen Vermarktungsbedingungen eben nur durch jeweils spezifisch darauf abgestimmte Werbemaßnahmen optimal genutzt und beeinflusst werden können. Das bedeutet, dass den *Effizienzvorteilen* des Global Advertising zumindest *Effektivitätsnachteile* gegenüberstehen, was umso schwerwiegender ist, als dies die Kernanforderung an jede Kommunikationsleistung darstellt. Im Grundsatz dreht sich die Diskussion letztlich darum, dass die Befürworter eines globalen, standardisierten Absatzkonzepts die potenziellen Vorteile der Positionierungskonsistenz und der Umsetzungskosteneinsparung höher wichten als die möglichen Nachteile aus wenig anfechtbaren Effizienzeinbußen, während es sich bei den Gegnern genau umgekehrt verhält, eine Wertung, die von den Umständen des Einzelfalls abhängig ist. Kompromisse wie „Think global, act local" täuschen über diese Probleme nur hinweg.

## Fokussierung

Hinsichtlich der Marketingumsetzung besteht die Möglichkeit der Fokussierung auf Lokalisierungsvorteile mit entsprechender Differenzierung der Werbung oder aber der Generalisierung auf Globalisierungsvorteile mit entsprechender Standardisierung der Werbung. Als *Gründe* für eine Fokussierung werden folgende genannt.

Eine mangelnde Berücksichtigung länderspezifischer Besonderheiten, die Absatzerfolge negativ tangieren können, ist ansonsten nicht ausgeschlossen. Es bestehen erhebliche Unterschiede in der Medienlandschaft nach Struktur und Nutzung, z. B. in Bezug auf Print- oder TV-Dominanz. Abweichende Produktgebrauchsbedingungen sind nicht korrigierbar, wenn sie sich nur aus dem kulturellen und mentalen Zusammenhang des Landes heraus erklären. Es können unterschiedliche Phasen im Marktlebenszyklus gegeben sein, die eine abweichende Vermarktung erfordern, da verschiedene Personengruppen im Diffusionsprozess angesprochen werden sollen. Eine zentrale Kontrolle und Koordination ist letztlich nicht praktikabel, da davon demotivatorische Wirkungen und inakzeptable Entscheidungsverzögerungen ausgehen. Das Not invented here(NHI-)-Syndrom, das auf verständlichen Landesegoismen beruht, behindert die Übernahme fremder Leistungen. Unterschiedliche Absatzmethoden (Distributionsformen, -wege, -systeme) lassen unterschiedliche Approaches erforderlich werden. Generalisierende Kosteneinsparungen fallen bei näherem Hinsehen geringer aus als vielfach unterstellt, so dass sie durch Effektivitätsnachteile leicht überkompensiert werden. Eine unterschiedliche Preisstruktur (Nachfrage, Wettbewerb, Kosten) erfordert eine abweichende preisliche Positionierung von Angeboten.

Dem steht die Meinung gegenüber, dass die Kulturdimensionen und Vermarktungsbedingungen sich einander nicht nur nicht annähern, sondern sich sogar evolutionär voneinander entfernen. Deshalb muss im Gegenteil eine Individualisierung des Angebots angestrebt werden. So stehen die Konzepte der globalen Generalisierung und der globalen Fokussierung gegeneinander.

## Generalisierung

Als *Gründe* für eine Generalisierung werden hingegen vor allem folgende genannt. Die Reduzierung der Forschungs- und Entwicklungskosten auf eine Angebotsversion ist möglich, die absatzraumübergreifend vermarktet werden kann. Es kann ein einheitliches Produkt-/Firmenimage auf allen bearbeiteten Märkten durch gleiche Positionierung geschaffen werden. Es kommt zur Erleichterung effizienter Planung durch einheitliche Zielsetzung, die nicht der Berücksichtigung divergierender Interessen bedarf. Ähnlichkeiten in den Zielgruppen und deren steigende Mobilität führen ohnehin zu einer Konvergenz der Vermarktungsbedingungen. Die Koordination und Kontrolle wird durch bessere

Übersichtlichkeit und Reduktion der Anzahl der Strategien vereinfacht. Die Ausnutzung von Know-how-Transfer durch ähnliche Umsetzungen auf taktischer und operativer Ebene gelingt. Eine Zentralisation des Managements führt zu effizienterer Steuerung des Unternehmens durch die damit betrauten Stellen. Real entsteht eine Internationalisierung des Wettbewerbs, wobei nicht mehr Einzelmärkte, sondern Marktzusammenhänge entscheidungsrelevant werden. Media-Overlappings bzw. nicht zu verhindernde grenzüberschreitende Kommunikation infolge Satellitenrundfunks bzw. ausländischer Printtitel können ausgenutzt werden.

Dies betrifft vor allem Märkte für Rohstoffe, Hightech- und Hightouch-Produkte. Deshalb ist es für international tätige Unternehmen möglich, ihr Angebot zu standardisieren, überall gleiche Verkaufskonzepte anzuwenden und Leistungsstandards zu gewährleisten. Dadurch wird es weiterhin möglich, Kosteneinsparungen zu realisieren. Insofern soll der Zielkonflikt zwischen Qualität und Preis überwindbar werden. Von daher sind global agierende Unternehmen vorgeblich erfolgreicher.

Es ist jedoch wohl unbestritten, dass trotz unverkennbarer Annäherung internationaler Sozialstrukturen und der Internationalisierung des Wettbewerbs in Abhängigkeit vom Angebotsumfeld dennoch genügend signifikante Unterschiede verbleiben, die eine nach Form und Inhalt länderspezifisch abweichende Vermarktung erfordern. Derartige Marktspezifika sind für einen Anbieter umso besser nutzbar, je treffender, markanter, spitzer seine Positionierung ist. Oder umgekehrt: Unvermeidliche Generalisierungen des Absatzkonzepts führen beinahe zwangsläufig zu Effektivitätseinbußen, da die jeweils spezifischen Vermarktungsbedingungen eben eher durch individuell abgestimmte Aktivitäten nutzbar sind als durch globale.

### Beispiel Gillette

Gillette gehörte zu den Vorreitern des Global Advertising. Mitte der 1980er Jahre trat der Konzern an seine Stammagentur BBDO, New York, heran und beauftragte diese mit der Entwicklung einer global einsetzbaren Kampagne für Gillette-Nassrasierer. Das BBDO-Headquarter gab den Auftrag an ausgewählte, besonders leistungsfähig erscheinende Landesdependancen weiter, mit dem ausdrücklichen Hinweis darauf, eine Kampagne zu entwickeln, die global einsetzbar ist. Man beabsichtigte, die verschiedenen Kampagnenvorschläge zu sammeln und die besten von ihnen dem Auftraggeber Gillette zur Entscheidung vorzustellen. Nach einiger Zeit kam ein Feedback aus den Landesdependancen, und es war alles andere als ermutigend. Jede Agenturfiliale meldete, dass sie sehr wohl eine interessante Kampagne für ihr eigenes Land oder ihren Kulturraum zustande bringen könnte, diese(s) jedoch so verschiedenartig vom Rest der Welt sei, dass eine darüber hinausgehende Kampagnentragfähigkeit nicht gegeben ist, da die Auslobung dann notgedrungen zu profan erfolgen muss. Im Headquarter wollte man schon kapitulieren, bis der CCO sich der Aufgabe annahm. Sein Grundgedanke war zu prüfen, welche Motivationen alle Männer dieser Erde einen. Denn wenn es gelingt, diese Einstellungen und Verhaltensweisen zu bestimmen, könnte darauf eine global alle Männer gleichermaßen ansprechende Kampagne aufgebaut werden. Seine Überlegungen führten ihn zu den klassischen Selbstverwirklichungsmotiven jedes Mannes: Erfolgreich im Beruf sein, ein guter Familienvater sein, Herausforderungen annehmen und meistern, etwas leisten, auf das man stolz sein kann, Kameradschaft unter Männern, liebevoller Ehepartner sein etc.

Bei BBDO war man der Meinung, dass diese Motive kulturraumübergreifend gelten, folglich wurde die Gillette-Kampagne im Basiswerbemedium TV auf Bildsequenzen aufgebaut, die eben jene Selbstverwirklichung zeigten und suggerierten, dass sie durch eine glatte, saubere Rasur leichter zu erreichen wären. So wurde auch BBDO London mit der Umsetzung für den mitteleuropäischen Markt beauftragt. Im Rahmen von Pattern Campaigns beschränkt sich dies auf eine Adaptation im Tonbereich und eine Übersetzung der Textsuper (Slogan). Dazu wurde Bildmaterial angeliefert, aus dem jeweils besonders passend erscheinende Sequenzen ausgewählt werden konnten. Doch schon bei diesem Footage gab es unerwartete Probleme, zeigten die Sequenzen doch blondhaarige Männer, weil diese als besonders jugendlich gelten. In Nordeuropa wurden diese Models auch akzeptiert, sahen sie doch so aus, wie man sich Nordeuropäer landläufig vorstellt. Südeuropäer konnten sich jedoch nicht mit diesen Models, und damit auch nicht mit der von ihnen promoteten Marke, identifizieren, denn in Südeuropa dominiert die schwarze Haarfarbe. Folglich wurden nur schwarzhaarige Männer als Vorbild akzeptiert. Man fand jedoch heraus, dass auch Nordeuropäer sich durchaus mit schwarzhaarigen Männern identifizieren, erinnern diese sie doch an den Lifestyle und die Atmosphäre ihres letzten Urlaubs im Süden. Insofern kamen in der mitteleuropäischen Kampagnenumsetzung vorzugsweise schwarzhaarige Models zum Einsatz, deren Bildsequenzen insoweit nachgedreht werden mussten.

Speziell in Deutschland kam ein weiteres Problem hinzu. Der Slogan in der globalen Gillette-Kampagne hieß „Gillette. The best a Man can get." Die Übersetzung ins Deutsche führte jedoch zu Alleinstellungsformulierungen, die damals aus wettbewerbsrechtlichen Gründen verboten waren. Also musste für Deutschland ein neuer Slogan erfunden werden, der dieselben Inhalte in juristisch erlaubter Form formulierte. Allerdings war das nicht so einfach, weil der Slogan nicht gesprochen, sondern gesungen wurde. Der Text musste also nicht nur rechtlich einwandfrei sein, sondern auch noch auf die Taktung der Musik passen. Die deutsche BBDO-Niederlassung machte sich also an die Arbeit. Nun ist es dringend ratsam, Slogans vor ihrem Feldeinsatz immer anwaltlich freigeben zu lassen. Doch alle Slogan-Vorschläge der Werber wurden bei dieser Vorprüfung durch die Anwälte wegen erheblicher Bedenken abgeschossen. Anwälte haben dabei die Gewohnheit, sich strikt an zur Prüfung vorgelegte Texte zu halten und diese freizugeben oder abzulehnen. Sie sind jedoch für gewöhnlich in keiner Weise selbst kreativ, indem sie eigene konstruktive Vorschläge machen. In ihrer Verzweiflung ging die Agentur jedoch den Hausjuristen an, nicht nur immer zu erklären, was nicht erlaubt sei, sondern doch einmal zu erklären, was denn erlaubt wäre. Aus Spaß antwortete der Anwalt: Erlaubt wäre z. B. „Gillette. Für das Beste im Mann." Denn dies ist ein subjektiver Superlativ, der immer erlaubt ist (ähnlich wie das weißeste Weiß meines Lebens oder dieser Kaffee schmeckt mir am besten). Froh, nun endlich eine Sloganformulierung gefunden zu haben, die rechtlich einwandfrei ist und auch noch gut klingt, wurde dieser Slogan ausgewählt. Die Tücke war nur, dass im Text zur Taktung der unterliegenden Musik eine Silbe fehlte. Also wurde daraus: „Gillette. Für das Be-e-e-este im Mann." So ging dieser Global Advertising-Spot über Jahre hinweg on Air.

# 7. Kommunikationscontrolling

## 7.1 Messung der Kommunikationsleistung

Die Messung der Kommunikationsleistung bezieht sich auf Zielerreichungsgrad, Wirtschaftlichkeit und Mitteltauglichkeit. Je besser die Botschaft des Senders beim Empfänger ankommt, desto höher ist die Leistung.

Unter Messung versteht man ganz allgemein die Zuordnung von Zahlen oder Symbolen zu Objekten, hier: Werbemaßnahmen. Die Messung im Rahmen der Kommunikation gilt als besonders schwierig, weil es an klaren Kriterien für eine solche eindeutige Zuordnung fehlt. Dabei ist es zunächst wichtig, den Oberbegriff Effizienz in zwei Messbereiche zu zergliedern, die Effizienz i. e. S. und die Effektivität. Beide Begriffe werden oft synonym verwendet, was jedoch regelmäßig zu Irritationen darüber führt, was genau gemessen werden soll. Effizienz wird daher im Folgenden nur im engeren Sinne verwendet.

Effizienz bedeutet knapp, die Dinge richtig zu tun, Effektivität bedeutet hingegen, die richtigen Dinge zu tun. Für die Beurteilung, ob man die Dinge richtig tut, ist die Relation von Mitteleinsatz (Input) und Ergebnis (Output) entscheidend. Für die Beurteilung, ob man die richtigen Dinge tut, ist jedoch die Relation von Mitteleinsatz (Input) und Zielsetzung (Target) zu hinterfragen. Die Effizienzmessung ist demnach in erster Linie quantitativ angelegt und setzt bei der Wirtschaftlichkeit der Werbung an. Die Effektivitätsmessung ist hingegen eher qualitativer Natur und setzt bei der Mitteltauglichkeit der Werbemaßnahmen zur Zielerreichung an.

Wichtig ist, bei der Beurteilung der Kommunikationsleistung Effizienz und Effektivität zu trennen. So kann ein Messergebnis, das unter wirtschaftlichem Mitteleinsatz erreicht wird, zwar als zureichend „abgehakt", jedoch auch hinterfragt werden, ob nicht bei zweckmäßigerer Ausgestaltung sogar ein besseres Ergebnis möglich gewesen wäre. Wird hingegen ein Messergebnis, das Wirtschaftlichkeitsanforderungen nicht genügt, als unzureichend reklamiert, muss es noch dahingehend untersucht werden, ob nicht interne oder externe Widerstände verhindert haben, dass Maßnahmen richtig greifen konnten.

Die Messung der Werbeeffizienz kann sich auf zwei *Inhalte* beziehen:

- Die *Werbewirkungsmessung* untersucht die Erreichung der qualitativen, meist als Kognition, Affektion und Konation bezeichneten, Werbeziele.

- Die *Werbeerfolgsmessung* untersucht die Erreichung quantitativer Werbeziele. Die elementare Bedeutung dieser Unterscheidung rührt daher, dass beide Zielgrößen nicht gleichwertig sind, sondern in einem Zweck-Mittel-Verhältnis zueinander stehen, d. h. die Werbewirkung ist notwendige, nicht aber hinreichende Voraussetzung für den Werbeerfolg.

Eine andere Dimension der Kommunikationsleistung ist die Unterscheidung nach dem *Zeitpunkt* der Messung. Diese kann vor dem Einsatz der Werbung (ex ante) oder danach (ex post) erfolgen. Es bleibt unbefriedigend, erst im Nachhinein, also nach erfolgtem Werbeeinsatz, Anhaltspunkte über die mutmaßliche Effizienz von Aktivitäten zu erhalten. Denn dann ist das Werbebudget bereits ausgegeben und kann allenfalls noch für die Folgeperioden „gerettet" werden.

Folglich wird überwiegend versucht, bereits bevor große Teile dieser Kosten aufgelaufen sind, Anhaltspunkte für die mutmaßliche Effizienz der Werbung zu erhalten. Dabei stellen sich aber vor allem zwei Probleme. Zum einen der Mangel des, notwendigerweise fehlenden oder unvollständigen Finishing der Werbemittel im Layout bei Print, Animatic bei Elektronik etc., das für die Effizienz relevant ist, und zum anderen das Fehlen adäquater Umfeldbedingungen, wie sie für den späteren Einsatz der Werbung zutreffen. Kumulieren beide Probleme, was regelmäßig der Fall ist, ist eine zutreffende, valide und reliable Hochrechnung der Kommunikationsleistung sehr in Zweifel zu ziehen.

Die Vorab-Messung der Kommunikationsleistung betrifft die Effizienzprognose, die Messung im Nachhinein die Effizienzkontrolle.

Aus den beiden bisher dargestellten Dimensionen der Effizienzmessung, dem Inhalt und dem Zeitpunkt, ergeben sich durch Kombination vier Untersuchungsfelder (*siehe Abb. 64*):

| | | Messinhalt | |
|---|---|---|---|
| | | Werbewirkung | Werbeerfolg |
| Messzeitpunkt | Prognose | Werbewirkungs-prognose | Werbeerfolgs-prognose |
| | Kontrolle | Werbewirkungs-kontrolle | Werbeerfolgs-kontrolle |

Abbildung 64: Arten der Werbeeffizienzmessung

- Die *Werbeerfolgskontrolle* betrifft die Überprüfung der Zielerreichung in Form von Kaufakten, oft wird dies fälschlicherweise als Oberbegriff für die gesamte Effizienzmessung benutzt.

- Die *Werbewirkungskontrolle* betrifft die Überprüfung der Zielerreichung in Form von Images etc.

- Die *Werbeerfolgsprognose* betrifft die Vorhersage der Zielerreichung in Form von Kaufakten als Verhalten.

- Und die *Werbewirkungsprognose* betrifft die Vorhersage der Zielerreichung in Form von Images etc.

## 7.2 Werbewirkungsprognose

Innerhalb der Werbewirkungsprognose, also der Vorhersage der Erreichung psychographischer Zielgrößen in der Werbung, kann auf verschiedene Verfahren zurückgegriffen werden (*in der Übersicht siehe Abb. 65*).

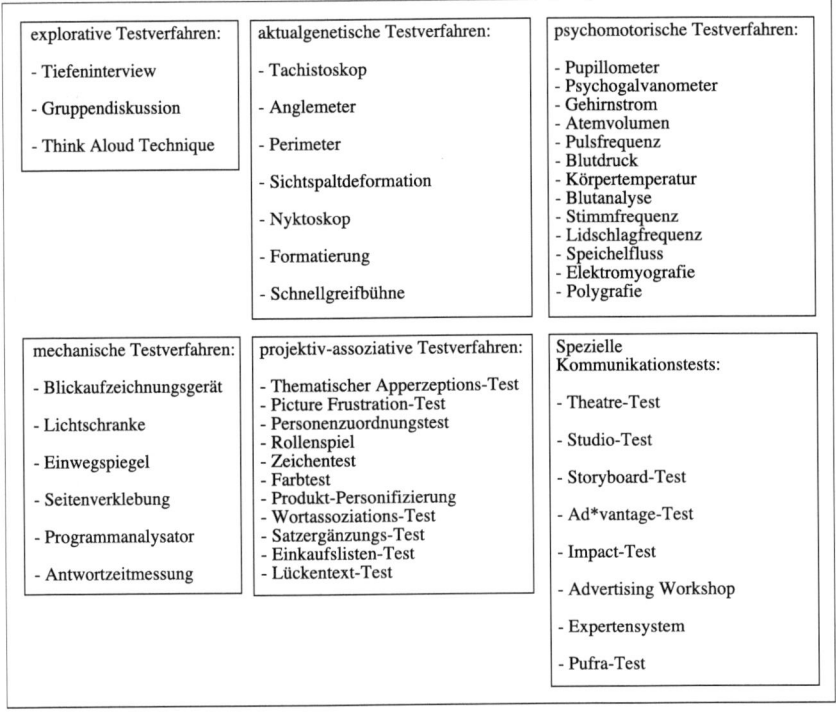

Abbildung 65: Verfahren zur Werbewirkungsprognose

### 7.2.1 Explorative Testverfahren

Explorative Verfahren bedienen sich der Befragung und Gruppendiskussion als Mittel zur Vorausschätzung von Werbewirkung. Die meist mündliche *Befragung* erfolgt als Tiefeninterview durch einen psychologisch geschulten Interviewer. Er beabsichtigt eine Anpassung des Gesprächs an die Individualität des Befragten zur Herstellung einer Vertrauensbeziehung mit gesteigerter Auskunftsbereitschaft. Als Basis dient dabei ein Gesprächsleitfaden, das Protokoll erfolgt auf Tonband oder durch stichwortartige Mitschrift. Allerdings ergeben sich erhebliche Deutungsspielräume. Eine Testperson wird dazu aufgefordert, sich intensiv mit einem zur Schaltung beabsichtigten Werbemittel zu beschäftigen. Danach wird mit ihr darüber gesprochen, wie ihre Anmutung des beworbenen Produkts/Umfelds ist. Es wird sukzessiv nachgefragt, um in immer tiefere Schichten des Bewusstseins zu gelangen, wo die ursächlichen Faktoren für Anmutungen veranlagt sind. Allerdings kann diese Form der Erhebung aus Zeit- und Kostengründen praktisch immer nur in kleiner „Kopfzahl" stattfinden, erhebt also keinerlei Anspruch auf Repräsentanz der Erkenntnisse.

Eine sehr praktikable Form, jedoch ebenso ohne jeden Anspruch auf Repräsentanz, ist die *Gruppendiskussion.* Dazu werden Zielpersonen, Käufer, Laien, Experten etc. zu einem Round Table-Gespräch eingeladen. Die Rekrutierung der Gesprächspartner erfolgt aus vorhandener Adressdatei oder durch „Baggern" von der Straße. Die Gesprächsleitung liegt bei einem erfahrenen Psychologen, die Dauer beträgt ca. eine Stunde, die Gruppengröße liegt zwischen acht und zwölf Personen. Die Teilnehmer, die einander nicht kennen, tauschen sich zu Einstellungen, Verhaltensweisen, Motiven etc. in Bezug auf ein durch ein Werbemittel vorgegebenes Produkt aus. Auch besteht die Möglichkeit der unbemerkten bzw. unerkannten verdeckten Teilnahme. Gruppendynamische Effekte führen zu einem Dialog. Frauen sind dabei generell kommunikativer als Männer. Es besteht allerdings die Gefahr, dass Meinungsführer in der Gruppe den Verlauf der Diskussion zu steuern und Meinungen anderer zu dominieren versuchen. Gruppendiskussionen geben jedoch ansonsten gute Einblicke in die unvoreingenommene Sichtweise der Zielpersonen. Zudem sind sie kostengünstig und schnell durchführbar.

Beim *Think Aloud* gibt eine Testperson ein mündliches Protokoll der Gedanken, die sie bei der Auswahl, Bewertung und Entscheidung über Werbebotschaften zu Produkten beschäftigen. Diese werden aufgezeichnet (Papier/Tonträger) und erlauben so eine Auswertung des Wahlverhaltens, des für und wider einer Kaufentscheidung. Über mehrere Testpersonen hinweg lassen sich so Kaufentscheidungsprotokolle anlegen, die das System von Informationen, Schlussfolgerungen, Voraussetzungen etc. und die Rolle von Werbebotschaften dabei offenlegen. Diese Kenntnis ist für die weitere Vorgehensweise wichtig, denn es sollten genau die Inhalte transportiert werden, die sich im Protokoll als ausschlaggebend herausstellen.

Alle diese Verfahren leiden allerdings unter dem Mangel bewusstseinsgesteuerter Aussagen. Geht man davon aus, dass Werbewirkungen wesentlich emotionaler Natur sind, liegt zwischen der tatsächlichen Werbewirkung und deren Messung der Filter des Verstands. Das heißt, Aussagen werden verzerrt und geben nicht die ursächlichen Faktoren, sondern nur die verstandesmäßig verzerrte Form dieser Faktoren wieder. Daher wird versucht, auf andere Weise zu Messgrößen zu gelangen.

### 7.2.2 Aktualgenetische Testverfahren

Aktualgenetische Testverfahren arbeiten mit Mitteln der Wahrnehmungserschwernis. Werbung, die eine besondere Gestaltfestigkeit hat, setzt sich dabei besser durch als andere. Dafür gibt es vielfältige Verfahren, hier nur die wichtigsten.

Beim *Tachistoskop* wird durch den Schnellverschluss eines Beamer-Objektivs eine extrem kurzzeitige Darbietung von Werbemotiven möglich, und zwar weit unterhalb 1/20 Sekunde, wo das menschliche Auge Abbildungen zwar noch wahrnehmen, nicht aber mehr bewusst erkennen kann. Die Darbietungszeit wird kontinuierlich verlängert. Eine Werbevorlage gilt als umso „besser", je kürzer die Zeitspanne zu ihrer zutreffenden Identifizierung ist. Problematisch ist dabei vor allem die künstliche Testsituation, die womöglich zu übersteigerter Aufmerksamkeit der Testperson führt, um im Test besonders gut „abzuschneiden". Weiterhin ist durchaus unklar, welche Erkenntnisse daraus zu ziehen sind, dass ein Werbemittel extrem kurzzeitig nur als Baum, Hexe, Berg o. ä. „gesehen" wird. Die Wahrnehmungstheorie geht daher heute von ganz anderen Grundlagen aus als denen der Ganzheitspsychologie.

Beim *Anglemeter* werden Werbemittel perspektivisch verzerrt wiedergegeben als Seiten-, Drauf-, Druntersicht, wie das in der Realität häufig vorkommt. Beim Perimeter werden Werbemittel am Rand des Sichtfelds der Augen dargeboten, ebenfalls eine praktisch häufige Wahrnehmungssituation, etwa beim Passieren von Plakatwänden. Bei der *Sichtspaltdeformation* ist nur ein kleiner Ausschnitt als Schlüssellocheffekt des Gesamtmotivs erkennbar, fraglich ist, ob dieses daraus bereits zutreffend identifiziert wird, was positiv wäre. Beim *Nyktoskop* wird die Umgebungshelligkeit beginnend bei totaler Verdunklung stufenlos gesteigert, je eher ein Werbemittel dabei erkannt werden kann, desto besser. Bei der *Formatierung* werden Werbemittel verkleinert oder vergrößert, um Betrachtungsabstände zu simulieren. Jeweils sind diejenigen Werbemittel die „besten", die unter den ungünstigsten Bedingungen noch zutreffend identifiziert werden. Alle diese Verfahren messen allerdings nur die pure Wahrnehmung, die allenfalls Voraussetzung für Werbewirkung ist. Die eigentliche Wirkung entsteht hingegen erst bei näherer/längerer/häufigerer Beschäftigung mit dem Werbemittel.

Bei der *Schnellgreifbühne* handelt es sich um eine bühnenähnliche Apparatur, die für kurze Zeit mehrere Werbemittel, z.B. Anzeigenandrucke, freigibt, von denen die Testperson spontan eines zu wählen hat, bevor sich der Vorhang kurze

Zeit später wieder schließt. Dadurch kann vor allem die Durchsetzungsfähigkeit im direkten Vergleich mehrerer Werbemittel getestet werden. Dies ist bei expliziter Konkurrenzorientierung der meisten Märkte und gigantischem Informationsüberhang durchaus von Belang.

### 7.2.3 Psychomotorische Testverfahren

Psychomotorische Testverfahren greifen auf unwillkürliche, vom Menschen nicht beeinflussbare, Körperreaktionen zurück, da unterstellt wird, dass verbale Angaben der Testpersonen immer verstandesmäßig verzerrt sind. Es gibt wiederum vielfältige Verfahren, hier die wichtigsten.

Mit dem *Pupillometer* misst man die Veränderung der Pupillengröße der Testperson zwischen „Normalzustand" und Vorlage eines Werbemittels. Eine Größenveränderung bedeutet psychische Aktivierung, also emotionale Auseinandersetzung mit der Werbebotschaft, was als gutes Zeichen interpretiert wird. Problematisch ist dabei die Ungewissheit über die Qualität der Aktivierung, also Begeisterung oder Erschrecken. Diese ist wiederum nur durch Befragung zu erheben.

Das *Psychogalvanometer* misst den Hautwiderstand, der sich gegenüber dem „Normalzustand" im tonischen Niveau bei Aktivierung durch Wahrnehmung eines Werbemittels infolge Schweißabsonderung auf der Hautoberfläche im phasischen Niveau erhöht. Dazu wird ein Niedervolt-Stromfluss über Elektroden auf Handinnen- oder Fußunterseite gegeben und gemessen, welchen Widerstand die Haut diesem entgegensetzt. Hoher Verlust an Stromstärke bedeutet viel Widerstand, geringe Schweißabsonderung, geringe Aktivierung. Problematisch ist vor allem die ungünstige Relation zwischen dem großen Grundwiderstand der Haut und der äußerst geringen Potenzialveränderung. Außerdem können Veränderungen des Widerstandswerts durch vielfältige andere Faktoren, außer Aktivierung, entstehen.

Durch die *Gehirnstrommessung* (EEG) über Messonden auf der Kopfhaut wird auf die geistige Aktivierung bei Vorlage eines Werbemittels geschlossen. Betawellen mit hoher Frequenz und geringer Amplitude zeigen hier an, dass eine bewusste Auseinandersetzung stattfindet.

Die *Atemvolumenmessung* zeigt ebenfalls die Aktiviertheit an, denn eine höhere Aktivierung benötigt mehr Sauerstoff, also höheres Atemvolumen. Gleiches gilt für die Pulsfrequenzmessung, die Blutdruckmessung oder die Körpertemperaturmessung mittels Infrarot-Thermometer.

Durch die *Blutanalyse* kann die Hormonausschüttung als Aktivierungsindikator vor, während und nach der Darbietung eines Werbemittels festgestellt werden. Die *Stimmfrequenz* wird durch Atemfrequenz, Muskelanspannung und Tremor beeinflusst, deren Messung zeigt sehr zuverlässig die Aktivierung an. Sie kommt zudem ohne störende Apparaturen und Anwesenheit Dritter aus. Weiterhin zeigt eine erhöhte *Lidschlagfrequenz* Aktivierung zur besseren Flüssigkeitsverteilung auf der Netzhaut und damit für besseres Sehen an.

Bei Werbung für Food-Produkte indiziert der *Speichelfluss* bei Testpersonen den „Appetite Appeal". Dieser kann über eine Sonde ähnlich der Speichelabsaugung beim Zahnarzt gemessen werden. Durch *Elektromyographie* werden Muskelveränderungen im Gesicht gemessen und mit normierten Muskelkonstellationen in einem „Gesichtsatlas" verglichen, für welche die jeweilige psychische Interpretation bekannt ist. Die *Polygraphie* schließlich funktioniert analog zum Lügendetektor durch parallele Messung von Atmung, peripherer Durchblutung, Pulsfrequenz und Hautwiderstand.

Die große Problematik dieser und ähnlicher Verfahren liegt darin, dass Körperreaktionen gemessen werden und für diese ein sicherer Zusammenhang zur Werbewirkung behauptet wird. Dieser Zusammenhang ist aber sehr fraglich, sicher ist vielmehr nur, dass die bloßen Körperreaktionen gemessen werden, also Pupillengröße, Hautwiderstand, Gehirnströme etc. Welche Schlüsse man daraus ziehen kann, ist dann äußerst spekulativ.

### 7.2.4 Mechanische Testverfahren

Mechanische Testverfahren bedienen sich der nicht-teilnehmenden Beobachtung, um Beeinflussungen (Hawthorne-Effekte) zu vermeiden. Dafür gibt es vielfältige Verfahren, wiederum in Folge die wichtigsten.

Das *Blickaufzeichnungsgerät* (Eye Mark Recorder) registriert über eine Vorrichtung ähnlich einer Skibrille den Blickverlauf der Pupillen über einem Print-Werbemittel und gibt diesen auf einem Monitor wieder. Dadurch ist erkennbar, welche Elemente einer Vorlage wirklich wahrgenommen, dies sind Fixationen, und welche übergangen werden, dies sind Saccaden. Auch ist die Reihenfolge, Wiederholung und Gesamtdauer der Betrachtung ausweisbar. Problematisch ist dabei vor allem die realitätsferne Testsituation (Forced Exposure). Andere Verfahren, wie Compagnon, nehmen eine unbewusste Videoaufzeichnung der Wahrnehmung durch eine einseitig verspiegelte Platte vor. Bei diesem Makroeffekt ist allerdings nur identifizierbar, welche Seiten eines vorgelegten Testheftes wie lange aufgeschlagen werden, nicht jedoch, wie der Blickverlauf auf Anzeigen darin ist. Problematisch ist dabei wiederum die Interpretation, denn eine lange/wiederholte Betrachtung kann z. B. auch ganz einfach auf Unverständlichkeit der Aussage statt besonderem Interesse beruhen.

Mit der *Lichtschranke* wird die Passierfrequenz bzw. der Betrachtungsabstand von Testpersonen zu einem Werbemittel gemessen. Den gleichen Zweck erfüllt die Infrarotmessung. *Einwegspiegel* durch dünne Silberschicht auf einer Glasscheibe und abgedunkelten Beobachtungsraum dahinter erlauben vor allem die Auswertung der Körpersprache durch Gestik, Mimik etc. von Testpersonen bei Konfrontation mit einem Werbemittel. Dies kann fotografiert oder videoaufgezeichnet werden. Die leichte *Verklebung* von Anzeigenseiten in einem Testheft gibt auch ohne Anwesenheit von Beobachtern Aufschluss darüber, welche Seiten aufgeschlagen worden sind und welche nicht.

Der *Programmanalysator* besteht aus zwei Joysticks, je einen für Gefallen und Missfallen, die während einer Werbespot-Darbietung zu betätigen sind. Die Testperson soll jeweils denjenigen Signalgeber auslösen, der ihrer momentanen Wahrnehmungsqualität entspricht. Durch einen Zeitvergleich ist damit ausweisbar, welche Elemente in Commercials genau positive oder negative Reaktionen bewirken.

Die *Antwortzeitmessung* ist computergestützt und wertet aus, wie viel Zeit zwischen dem Erscheinen einer Frage zum Werbemittel auf dem Monitor und der Antworteingabe über die Tastatur vergeht. Dies wird als Indiz für den Überzeugungsgrad gesehen (je kürzer, desto besser).

Das Ziel der Vermeidung von Beobachtungseffekten wird hier also durch zahlreiche Unwägbarkeiten erkauft, welche die Aussagefähigkeit der Ergebnisse in Bezug auf Werbewirkung in Mitleidenschaft ziehen.

### 7.2.5 Projektiv-assoziative Testverfahren

Projektive Testverfahren arbeiten mit der Drittpersonentechnik als Befragungsexperiment. Dem liegt die Annahme zugrunde, dass Meinungen, die für die eigene Person gültig sind, aber aus sozialen Gründen wie Tabu, Erwünschtheit etc. nicht geäußert werden, statt dessen in dritte Personen projiziert werden. Dafür werden willkommene Hilfen angeboten. Durch assoziative Testverfahren werden spontane, ungelenkte Verbindungen zwischen Werbebotschaften und Gedächtnis- bzw. Gefühlsinhalten im Erlebnisumfeld provoziert. Wiederum gibt es vielfältige Verfahren für beide Ansätze.

Beim *Thematischen Apperzeptions-Test* (*TAT*) werden Testpersonen eine Reihe mehr oder minder verschwommener Fotos, die typische Kauf- und Konsumsituationen mit dem beworbenen Produkt zeigen, vorgelegt, wozu eine Geschichte erzählt werden soll, die zeigt, in welcher Weise das zu bewerbende Produkt darin einbezogen wird. Beim *Picture Frustration-Test* (*PFT*) werden produktbezogene Konflikte zwischen zwei Personen als Karikaturen mit Sprechblasen dargestellt. Eine Sprechblase bleibt offen, sie ist von der Testperson auszufüllen. Wiederum ist interessant, in welcher Form das zu bewerbende Produkt einbezogen ist. Beim *Personenzuordnungstest* (*PZT*) sind eine Reihe von Portraitfotos, aber auch Tiersymbolen, Zitaten, Automarken etc., unterschiedlichen beworbenen Produkten als für diese typisch zuzuordnen. Daraus wird auf deren Sichtweise geschlossen.

Gleiches gilt beim *Rollenspiel*, bei welchem dem beworbenen Produkt eine Rolle in einer sozialen Beziehung zugewiesen werden soll, oder beim Zeichentest, bei dem Testpersonen aufgefordert werden, das zu bewerbende Produkt als Symbol zu zeichnen wie z. B. Baum, Haus. Daraus wird dann auf dessen Sichtweise geschlossen.

Beim *Farbtest* sollen zu bewerbenden Produkten typische Farben zugeordnet werden. Die Zuordnung wird nach Erkenntnissen der Farbpsychologie interpretiert.

Bei der *Produkt-Personifizierung* wird nach Eigenschaften wie Stärken, Schwächen, größte Leistungen, Werdegang etc. von zu bewerbenden Produkten gefragt.

Beim *Wortassoziations-Test (WAT)* werden Testpersonen aufgefordert, zu Reizwörtern, die in Zusammenhang mit dem zu bewerbenden Produkt stehen, Begriffe zu nennen, die ihnen dazu jeweils spontan, also unter Zeitdruck, einfallen. Beim *Satzergänzungs-Test (SET)* werden Satzanfänge mit dem zu bewerbenden Produkt vorgegeben, die von Testpersonen nach persönlicher Einschätzung zu vervollständigen sind.

Der *Einkaufslisten-Test* gibt zwei Einkaufslisten vor, die bis auf das zu bewerbende Produkt ansonsten identisch sind, anhand deren Testpersonen die jeweils einkaufende Person charakterisieren sollen. Unterschiede können dann nur auf das zu bewerbende Produkt zurückgeführt werden.

Beim *Lückentext-Test* werden produktbezogene Satzlücken offen gelassen, die meist durch Adjektive oder Attribute von Testpersonen auszufüllen sind. Jeweils kann aus diesen Assoziationen auf die Sichtweise des Produkts geschlossen werden.

### 7.2.6 Spezielle Kommunikations-Tests

Zu Kommunikations-Test gehören Verfahren, die speziell zur Werbewirkungsprognose entwickelt worden sind. Beim *Theatre-Test* sollen Testpersonen zunächst vor Beginn einer Filmvorführung (Pre Choice), die Werbung für das zu testende Produkt enthält, aus einer Liste konkurrierender Produkte solche auswählen, die sie später als Gewinnpreis erhalten möchten. Die gleiche Wahl stellt sich ihnen, unter dem Vorwand einer missglückten erstmaligen Erfassung, nach der Vorführung (Post Choice). Präferenzveränderungen werden dann auf die zwischenzeitlich vorgeführte Werbung zurückgeführt.

Der *Studio-Test* misst die Erinnerung (Recall) an einzelne Werbespots nach Darbietung eines Blocks von ca. 10 Spots mit konkurrierenden Produkten. Beim *Storyboard-Test* werden die wesentlichen Szenen eines Werbespots illustriert (Draft), animiert (Animatic) oder geschnitten (Stealomatic) vorgeführt und nach ihrem Eindruck bei Zielpersonen der Werbung erhoben.

Der *Ad\*vantage-Test* (GfK) ist eine Kombination dieser Verfahren. Es werden sowohl die Erinnerung (Recall) für Werbespots innerhalb eines 1,5-stündigen TV-Programms mit Unterbrecherwerbeblöcken als auch die Meinungen und Präferenzen vor und nach dessen Darbietung in Bezug auf das zu testende Produkt festgestellt. Bei Anzeigen werden Testpersonen zum Durchblättern eines Folders mit Werbung für das zu testende und konkurrierende Produkte aufgefordert, während ablenkende Fragen gestellt werden. Gemessen werden wiederum Meinungen und Präferenzen. Beim *Impact-Test* wird in ähnlicher Weise die Erinnerung an die Anzeige und einzelne Anzeigenelemente gemessen.

In *Advertising Workshops* wird eine Gruppe von Zielpersonen (Focus Group) mit Werbemittel-Entwürfen konfrontiert und zu einem informellen Gedankenaustausch darüber aufgefordert.

Diese und andere noch so kunstvolle Konstruktionen können jedoch immer nur die Werbewirkung als Voraussetzung erheben, machen aber keinerlei Aussagen zu Markterfolgen der Werbung.

Daran ändern auch computergestützte Verfahren als Expertensysteme wenig, die nicht nur Werbemittel anhand vorgegebener Wissensbausteine maschinell beurteilen, sondern auch konstruktiv Vorschläge für bessere Umsetzungen anhand dieses Wissens erstellen.

Eine weit verbreitete Form ist auch der Putzfrauen-Test (*Pufra-Test*). Dazu werden scheinbar unbeteiligte Personen im Umfeld, in der Praxis eben häufig Putzfrauen, willkürlich zu ihrer subjektiven Einschätzung der mutmaßlichen Wirkung zum Einsatz geplanter Werbemittel befragt („spricht mich an"). Dies ist von allen aufgeführten Varianten zweifellos die mit Abstand schlechteste. Dennoch werden davon erstaunlicherweise immer wieder weit reichende Entscheidungen abhängig gemacht.

## 7.3 Werbeerfolgsprognose

Innerhalb der Werbeerfolgsprognose, also der Vorhersage der Erreichung ökonomischer Zielgrößen, kann auf verschiedene Verfahren zurückgegriffen werden (*in der Übersicht siehe Abb. 66*).

Befragungs-Experiment

Gebietsverkaufstest

Testmarkt-Simulation

Storetest

Mini-Markttest

Mikro-Markttest

Abbildung 66: Verfahren der Werbeerfolgsprognose

Das *Befragungs-Experiment* geht von einem Testmarkt aus, auf dem zwei Gruppen von Zielpersonen hinsichtlich ihres marktrelevanten Verhaltens erhoben werden, eine Gruppe, die Experimentalgruppe, die der in ihrem Erfolg zu messenden Werbung ausgesetzt wird, und eine zweite, die Kontrollgruppe, die dieser Werbung nicht ausgesetzt wird. Sind alle relevanten anderen Merkmale in beiden Gruppen identisch, können Unterschiede im Verhalten, also Kauf oder Nichtkauf bzw. Kaufintensität/-frequenz, nur auf den Einfluss der Werbung zurückgeführt werden. Dafür können mehrere Experimentaldesigns eingesetzt werden, das häufigste ist wohl das EBA-CBA-Design. Dabei werden sowohl die Experimentalgruppe (E) als auch die Kontrollgruppe (C) zeitlich jeweils zu Beginn des Tests (B für before), also vor der Bewerbung in der Experimentalgruppe, und zum Ende des Tests (A für afterwards) hinsichtlich ihres jeweiligen Kaufverhaltens gemessen. Dadurch sind Abweichungen in der Ausgangssituation (Gruppeneffekte) und durch zeitliche Überstrahlungen (Carry Over-Effekte) sowie durch Außenfaktoren (Spill Over-Effekte) und unvermeidliche Lernwirkungen (Entwicklungseffekte) zwar nicht vermeidbar, aber doch erkennbar. Es ergibt sich der prospektive Werbeerfolg. Allerdings beeinflussen diese Störfaktoren nicht nur die Ausgangsgrößen, sondern führen auch untereinander zu Verzerrungen (Interaktionseffekte), welche die Aussagefähigkeit des Ergebnisses in Zweifel ziehen lassen. Abhilfe schaffen nur formale Experimentaldesigns, die aber wegen ihrer wirklichkeitsfremden Prämissen praktisch schwer durchführbar sind.

Der *Gebietsverkaufstest* betrifft den probeweisen Verkauf eines neuen Produkts in je einem gut abgegrenzten Marktgebiet unter Einsatz der geplanten Werbung, alternativ im anderen bei Unterlassung von Werbung, mit Messung der jeweiligen Absatzergebnisse. Sofern das Produkt bereits distribuiert und beworben ist, aber in Bezug auf eine Änderung der Bewerbung getestet werden soll, reicht auch nur ein Marktgebiet. Voraussetzung ist die Isomorphiebedingung, d. h. die Gleichartigkeit von Nachfrage, also Soziodemographie, Bedarf etc., Handel, also Struktur, Sortiment etc., Wettbewerb, also Art, Größe etc., und Medien, also Verfügbarkeit, Nutzung etc., sowohl zwischen den Testgebieten als auch zum zur eigentlichen Distribution beabsichtigten Gesamtmarkt. Dann, allerdings auch nur dann, kann auf Absätze/Preise geschlossen werden, die sich beim Einsatz bestimmter Werbemittel im Vergleich zu einer werbelosen Situation bzw. bei einer geänderten oder im Einsatz gesteigerten Werbung im Vergleich zur bestehenden, in ihrem Erfolg bekannten, ergeben. In der Praxis ist vor allem die Isomorphie-Bedingung kaum zu erfüllen. Zudem bedingt die Größe vieler Testmärkte erhebliche Kosten für Produktvorrat, Streubudget etc., und eine Geheimhaltung gegenüber der Konkurrenz ist nicht mehr gewährleistet. Auch besteht die Gefahr der Übertestung und der fehlenden Stabilisierung der Wiederkaufrate bei längeren Kaufintervallen.

Daher werden zunehmend *Testmarkt-Ersatzverfahren* eingesetzt. Sie verzichten auf den hohen, ohnehin nicht einzulösenden Anspruch der Gebietsverkaufstests und suchen stattdessen praktikablere Wege.

Die *Testmarkt-Simulation* ist die wirklichkeitsgetreue Nachbildung der Markt-realität in Modellform, z. B. durch im Studio nachempfundene Einkaufssitua-tionen, und dessen Durchspielen in realitätsnaher Weise, z. B. mit Einkaufs-gutscheinen für Testpersonen. Nach Anwerbung der Testpersonen erfolgt dazu zunächst ein Erstinterview zu produktbezogenen Einstellungen und Verhaltens-weisen. Danach kommt es zur Konfrontation mit den zu testenden Werbemitteln, meist in ein realistisches Umfeld eingebunden (Video-Werbeblock, Anzeigen-folder etc.). Darauf folgt die eigentliche Kaufsimulation im Konkurrenzumfeld. Dabei gekaufte Produkte müssen, unter Anrechnung der Gutscheine, mit eige-nem Geld zu realen Preisen bezahlt werden. Im Nachkauf-Interview werden Kauf- bzw. Nichtkaufgründe erhoben. Nichtkäufer erhalten das beworbene Produkt gra-tis dazu. Die Testpersonen sollen die Produkte dann im privaten Umfeld praktisch einsetzen. Im Schlussinterview werden Produktbeurteilung und Werbeeinfluss abgefragt. Eine zweite Kaufsimulation stellt die Wiederkaufneigung fest. Aus den Erst- und Wiederkaufraten kann auf den mutmaßlichen Markterfolg hochgerech-net werden, der auf Produkt- und Werbeeinfluss zurückzuführen ist.

Beim *Storetest* handelt es sich um den probeweisen Verkauf von Produkten durch Einsatz neuer/veränderter Werbung unter weitgehend kontrollierten Be-dingungen, allerdings in (30–50) realen Geschäften, die zu diesem Zweck eigens angeworben und distribuiert werden. Der Ablauf umfasst die Bevorratung der Geschäfte mit dem Testprodukt, den Einsatz der Werbung im Einzugsgebiet die-ser Geschäfte und die Ermittlung des Kaufumfangs dort. Häufig wird dabei ein Design aus zwei Testgebieten (Handelspanels) mit Geschäften angewendet, die an-sonsten vergleichbar sind, und in zwei Zeiträumen abwechselnd mit bestehender Werbung und neuer Werbung abgedeckt werden.

Beim *Mini-Markttest* wird neben der Abverkaufsseite auch die Reaktion der Abnehmer durch Einbeziehung von Haushaltspanels realistisch erfasst (Single Source). Dazu weisen sich die Stammkäufer in den Testgeschäften bei Einkauf mit einer ihnen zugewiesenen Identifikationskarte aus, so dass die getätigten Verkäufe einzelnen Abnehmern verursachungsgerecht zugerechnet werden können. Die an-deren Elemente, wie Handelsbevorratung, werbliche Beeinflussung etc. bleiben unverändert. Ein solcher Ansatz bietet den großen Vorteil, dass aus einer Quelle geschöpft wird, d. h. die im Panel erfassten Händler verkaufen genau jene Waren, die in im Panel ebenfalls erfassten Haushalten ge-/verbraucht werden. Somit er-fährt man nicht nur globale Werte, sondern spezifische Aussagen. Allerdings nur auf der Outputseite, d. h. der werbliche Input ist nur ungenügend steuerbar. Ebenso ist nicht zu verhindern, dass Haushalte relevante Einkäufe in anderen als den Test-geschäften tätigen bzw. diese auch an andere als die Panelhaushalte verkaufen. Daher ist der Wunsch nach weiterer Einflussnahme auf das Testdesign entstanden.

Beim *Mikromarkttest* handelt es sich um eine Kombination von Haushaltspanel zur Erfassung des Konsumverhaltens, Handelspanel mit Scannerkasse zur Abver-kaufserfassung in Geschäften über GTIN-Strichcode und Haushaltsidentifikationskarte, örtlich gesteuertem TV- und Print-Werbemitteleinsatz sowie unterstützender Proben- und Handzettelverteilung in einem ausgewählten Ort (Haßloch/BehaviorScan). Die Ergebnisse werden in einem Managementreport präsentiert. Wichtig ist dabei, dass es sich bei den zugrunde liegenden Daten nicht um Testergebnisse handelt, sondern um reales Kaufverhalten zur Deckung des Haushaltsbedarfs. In Haßloch ist mithin eine gezielte Ansprache jedes einzelnen verkabelten Haushalts mit TV-Werbung möglich, auch nach Experimental- und Kontrollgruppen getrennt. Die Marktgebiete sind zudem gut eingegrenzt, wirtschaftlich zu bearbeiten und in ihrer Bevölkerungsstruktur und Kaufkraft hinreichend repräsentativ. Die Mitwirkung des Handels ist vertraglich gesichert. Damit handelt es sich wiederum um einen Single Source-Ansatz und insgesamt durch die Hightech-Anlage um das elaborierteste Verfahren zur Werbeerfolgsprognose. Die Kosten betragen jedoch ca. 100.000 €, was angesichts anstehender Verluste bei Einsatz suboptimaler Werbung für größere Unternehmen verkraftbar ist. Allerdings können nur Massengüter des täglichen Bedarfs (Fast Moving Consumer Goods) mit kurzer Wiederkaufrate im Lebensmitteleinzelhandel getestet werden. Für Nischenprodukte ist die absolute Fallzahl der Zielpersonen zu gering. Regionale Besonderheiten, z.B. NBL, können ebenso wenig nachgebildet werden wie die Listungsakzeptanz des Handels. Zudem besteht die Gefahr der Übertestung des Gebiets, nicht zuletzt durch werbliche Overspendings. Auch werden keine qualitativen Aussagen, z.B. Likes/Dislikes, zur Werbung getroffen, also keine Hinweise auf Verbesserung bei unbefriedigendem Erfolg gegeben.

## 7.4 Werbewirkungskontrolle

Innerhalb der Werbewirkungskontrolle, also der Überwachung der Erreichung psychographischer Zielgrößen, kann auf verschiedene Verfahren zurückgegriffen werden (*in der Übersicht siehe Abb. 67*).

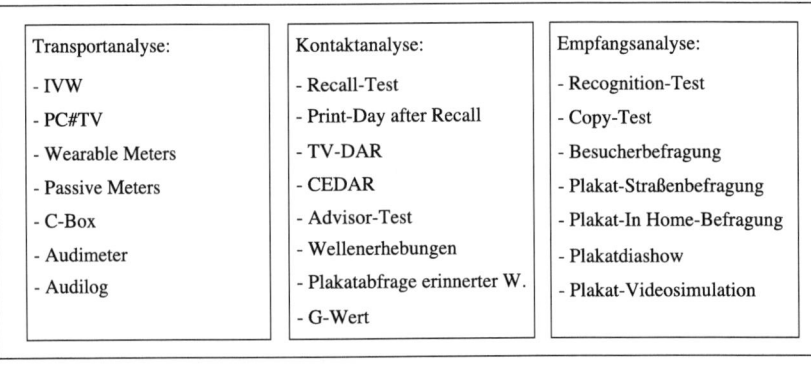

Abbildung 67: Verfahren der Werbewirkungskontrolle

### 7.4.1 Ad hoc- und Wellenerhebungen

Zu den fallweisen Ad hoc-Erhebungen zählen vielfältige Verfahren. Der *Recall-Test* untersucht die Erinnerung einer Zielperson an beworbene Produkte. Man unterscheidet den Aided Recall unter Vorgabe des zu erhebenden Werbungtreibenden und den Unaided Recall ohne eine solche Stützung, Letzteres stellt demnach den wesentlich härteren Wert dar. Erhoben werden spontane Erinnerung und darüber hinaus einzelne Kommunikationsinhalte.

Der *Print-Day after Recall (DAR)* erhebt Personen, die eine Zeitschrift zur Durchsicht erhalten, durch Nachinterview hinsichtlich ihrer Erinnerung an einzelne Anzeigen, u. a. die für das getestete Produkt, indem die Zeitschrift Seite für Seite mit ihnen durchgegangen und nach Erinnerung abgefragt wird. Beim TV-DAR wird die Erinnerung an am Vortag zum getesteten Produkt ausgestrahlte Werbespots bei Personen gemessen, die angeben, dann ferngesehen zu haben. Problematisch ist dabei der sehr geringe Anteil von Sehern, die sich überhaupt an irgendeine Werbung erinnern, und wenn, dann bedauerlicherweise oftmals falsch. Deshalb wird beim Same Day Recall *(SDR)* noch am gleichen Tag der Ausstrahlung der Werbespots nach deren Erinnerung telefonisch gefragt.

Beim *Controlled Exposure Day after Recall (CEDAR)* wird Personen ein Werbeblock mit dem Spot des getesteten Produkts zunächst im Studio vorgeführt, während gleichzeitig ablenkende Fragen gestellt werden. Am nächsten Tag werden diese Personen dann nach ihrer Werbeerinnerung befragt. Dies ist zwar wesentlich wirtschaftlicher zu erheben, jedoch auch realitätsferner. Beim ADVISOR-Test werden die Testpersonen ebenfalls vorrekrutiert, dabei zur gezielten Fernsehnutzung motiviert und anschließend nach ihrer Erinnerung an den Spot für das getestete Produkt befragt.

In *Wellenerhebungen* (Tracking Studies) werden wechselnde repräsentative Personen, im Unterschied zum Panel, der Zielgruppe in regelmäßigen Abständen zu ihrer Werbeerinnerung befragt. Insofern handelt es sich um die kontinuierliche Kontrolle der Werbewirkung hinsichtlich Durchsetzungsfähigkeit (Recall) und Eindruckswert (Impact). Daraus kann auf Veränderungen im Konkurrenzumfeld und aufgrund von Werbeaufwandsänderungen geschlossen werden. Praktisch alle großen Marktforschungsinstitute bieten solche Wellenerhebungen als Standardinformationsdienste an.

Im Außenwerbungsbereich gibt es die *Plakatabfrage* anhand erinnerter Wege (GfK/DSM) und den G-Wert (Nielsen/FAW: Produkt aus Erinnerer-Anteil an Werbung und Passierfrequenz pro Stunde). Diese beruhen auf Befragungen bei jeweils repräsentativ ausgewählten Personen nach der Erinnerung an durch Plakat beworbene Produkte.

### 7.4.2 Empfängeranalysen

In der Empfängeranalyse wird erhoben, ob Kommunikation das getestete Produkt tatsächlich an Zielpersonen transportiert hat. Dies erfolgt im Printbereich traditionell durch *Recognition-Tests* (Wiedererkennung). Der Globalwert wird dazu auf seine Elemente heruntergebrochen, indem Vorlagen in Werbeträgern einzeln durchgegangen und dahingehend aufgeschlüsselt werden, ob Testpersonen das betreffende Werbemittel bemerkt haben (Noted), ob sie das beworbene Produkt bzw. den Werbungtreibenden (Marke) richtig angeben (Seen/Associated) und ob sie dieses Werbemittel tatsächlich überwiegend genutzt haben (Read Most). Beim kontrollierten Recognition-Test werden zusätzlich fingierte Werbemittel in die Vorlage einbezogen, um, tatsächlich sehr häufig vorkommende, Fehlangaben zu quantifizieren.

Die Medienhäuser nutzen diese Verfahren auch intensiv zur Optimierung ihrer redaktionellen Inhalte in Copy-Tests. Sie bieten Werbungtreibenden, die im entsprechenden Heft mit Anzeigen vertreten sind, an, sich dabei kostenlos mit einer begrenzten Zahl individueller Zusatzfragen anzuschließen.

In Bezug auf Kinowerbung werden die Besucherbefragung vor Ort oder, nach Abfrage der Telefonnummer bei Besuchern, einen Tag später durch Anruf angewandt. Bei Außenwerbung ist die Empfängeranalyse sehr schwierig. Eine Möglichkeit ist die Straßenbefragung bei Passanten hinter einer Anschlagstelle nach Wiedererkennung eines Motivs. Bei der In Home-Befragung werden Fotos von Plakatmotiven nach Wiedererkennung abgefragt. In der Plakatdiashow werden diese Motive tachistoskopisch im realen Umfeld eingebunden dargeboten. Bei der Videosimulation wird eine Fahrt durch die Straßen der Stadt mit Abfrage der dabei wiedererkannten Plakatmotive vorgenommen.

### 7.4.3 Kontaktanalysen

In der Kontaktanalyse wird erhoben, ob Kommunikation für das getestete Produkt potenziell mit Zielpersonen in Berührung kommen konnte. Im Printbereich ist eine Prüfung der Auflagen und damit der technischen Reichweite durch die Informationsgemeinschaft zur Feststellung der Verbreitung von Werbeträgern (*IVW*) gegeben. Werbedurchführende, die sich der IVW-Satzung unterwerfen, die u. a. eine genau aufgeschlüsselte Meldung der Auflagen und Zulassung stichprobenartiger Überprüfungen vor Ort bedingt, dürfen das IVW-Logo, dem in der Branche Gütesiegelcharakter zukommt, in ihren Werbemitteln führen. Dies ist besonders wichtig im Rahmen der Fachwerbung, bei der außerdem die Struktur der Leserschaft ausgewertet wird. Damit ist zumindest die Auflagenverbreitung des Werbeträgers sichergestellt.

Bei Elektronik-Medien ist die technische Reichweite ausschlaggebend. Hier kann der Kontakt auf dreierlei Wegen entstehen: Erstens terrestrisch, d. h. über Antenne, zweitens leitungsgebunden, d. h. über Kabelanschluss, und drittens orbital, d. h. über Satellit. In dieser Reihenfolge sinkt die Reichweite, gleichzeitig steigt die Anzahl der Programme. Das heißt, die höchsten Kontaktchancen haben Programme, die über Antenne empfangen werden, weil sie die größte technische Reichweite und die geringste Konkurrenz anderer Programme haben. Allerdings sagt die technische Reichweite nichts über die Nutzung.

Bei TV wird die Nutzung daher durch die *PC#TV*-Fernsehforschung (GfK) erhoben. Dazu wird in 5.640 repräsentativen Haushalten mit über 14.800 Personen ein Zusatzgerät (TC Score) zwischen Antennenbuchse und TV-Gerät eingeschleift. Dieses erfasst, wann TV-Geräte ein- und ausgeschaltet und welche Programme dazwischen von Sehern aufgerufen werden. Dabei werden jeweils Datum, Uhrzeit, Dauer und demographische Daten der Seher ausgewiesen. Ebenso können auch Telespiel-, Videotext-, Online-, Homecomputer- oder DVD-Betrieb identifiziert werden. Die Ergebnisse werden auf Datenträger zwischengespeichert, aufsummiert und per Datenfernübertragung nachts in einen Zentralrechner überspielt, von wo aus sie am nächsten Morgen ab 9.30 Uhr auswertungsbereit abgerufen werden können. Sonderanalysen erfassen u. a. Sehintensität, Seherschaftsstruktur, Seherwanderung/-bindung/-überschneidung. Diese Daten sind Grundlage für die in den Medien ausgewiesenen Ratings als vorgeblich vor auf einem Sender zur Sendezeit eingeschalteten Geräten befindliche Personen und für die Bewertung der Platzierung eingeschalteter bzw. die Platzierung zukünftiger Werbespots. Allerdings hat es in der Vergangenheit einige Unregelmäßigkeiten in der Auswertung gegeben, die zur Beunruhigung Anlass geben.

Für die Erfassung muss sich jede Person im Haushalt als Seher individuell an- und wieder abmelden. Es werden bis zu sieben Personen plus ein Gast erfasst. Unter der Voraussetzung, dass die ausgewählten Haushalte repräsentativ sind, sich deren Fernsehnutzung unter dem Einfluss der Erfassung nicht verändert, jede Person sich immer ordnungsgemäß an- und abmeldet und während der Meldezeit aufmerksam fernsieht, geben die gewonnenen Daten in der Tat Aufschluss über die Medienleistung.

Allerdings sind gerade bei der Erfüllung dieser zahlreichen Voraussetzungen Zweifel angebracht. Daher werden andere Methoden genutzt. Wearable Meters werden von Testpersonen am Körper getragen, z. B. als Armband, und reagieren auf die Audiosignale in Reichweite des Fernseh- oder Radiogeräts anhand derer die jeweils eingeschalteten Sender identifiziert werden können. Passive Meters messen aufgrund der körpereigenen Wärmeausstrahlung, ob sich eine Person in Reichweite des Fernseh- oder Radiogeräts befindet. Durch beides kann zumindest die physische Anwesenheit von Testpersonen zum Zeitpunkt der Werbeausstrahlung sicher gestellt werden. Bei der C-Box ist ein Kameraobjektiv im Messgerät eingebaut, das den Zuschauerraum vor dem TV-Gerät aufnimmt und damit weitergehend ausweist, ob Aufmerksamkeit der Testpersonen beim Empfang gegeben ist oder nicht.

Bei HF werden ähnliche Verfahren wie bei Fernsehspots angewandt, die Erfassung erfolgt durch Audimeter zwischen Antennenbuchse und Radiogerät bzw. Aufschreibung als Audilog. Ein zusätzliches Problem stellt hier jedoch die weitaus kleinere Fallzahl durch die Fraktionierung der Hörerschaft auf verschiedenste Sendestationen dar. Besonders problematisch ist die Werbewirkungskontrolle bei Außenwerbung. Für die Ermittlung der Leistungswerte wird mangels besserer Grundlage die Praxiserfahrung (API-Formel) als Basis angenommen.

## 7.5 Werbeerfolgskontrolle

Innerhalb der Werbeerfolgskontrolle, also der Überwachung der Erreichung ökonomischer Zielgrößen, kann auf verschiedene Verfahren zurückgegriffen werden (*in der Übersicht siehe Abb. 68*).

Verbraucherpanel

STAS-Potenzial

BuBaW

Direktbefragung

Werbeelastizität

Abbildung 68: Verfahren der Werbeerfolgskontrolle

Unter *Panelerhebungen* versteht man allgemein Verfahren, die bei einem bestimmten, gleich bleibenden Kreis von Untersuchungseinheiten, also Personen, Haushalten, Handelsoutlets, Unternehmen etc., in regelmäßigen zeitlichen Abständen wiederholt zum gleichen Untersuchungsgegenstand vorgenommen werden (Längsschnittanalyse).

Das Verbraucher-Panel erhebt Bedarfe und Einstellungen individuell und aggregiert für Ge- und Verbrauchsgüter repräsentativ bei Endabnehmern, und zwar Haushalten oder Einzelpersonen. Die Erfassung wird durch Aufschreiben als Haushaltsbuchführung oder durch Einlesen der GTIN-Codes auf Packungen durch Handscanner vorgenommen. Die Auswertung erfolgt kurzfristig, meist wöchentlich. Alle Haushalte und Personen müssen dabei im Verbreitungsgebiet der Werbung wohnen und kaufen. Der Markterfolg neuer bzw. geänderter Werbung kann dann aus den Panelzahlen abgelesen werden.

Allerdings gibt es dabei zahlreiche Probleme. Die Panelsterblichkeit ist durch Ausscheiden von Teilnehmern infolge Fluktuation, Beitragsermüdung, Todesfall, Heirat, Umzug etc. verursacht und kann bis zu 50 % p.a. ausmachen. Dieser Verlust wird durch in Reserve gehaltene Teilnehmer kontinuierlich ausgeglichen, wobei allerdings zunehmend das Definitionskriterium des gleichen Personenkreises verlorengeht. Außerdem kommt es zur Panelroutine, d. h., das regelmäßige Nachhalten der Einkäufe wird versäumt. Dies bedingt unweigerlich Ergebnisverzerrungen.

Der Paneleffekt bewirkt eine Veränderung des Kaufverhaltens unter dem Eindruck der Kauferfassung. Als Overreporting bezeichnet man von Endabnehmern angegebene Käufe, die tatsächlich nicht getätigt werden, z. B. aus Prestigegründen, als Underreporting solche, die tatsächlich getätigt, aber nicht angegeben werden, z. B. Tabuprodukte. Diesen Problemen versucht man, durch Rotation der Teilnehmer, kleine Belohnungen für die Mitwirkung und eine „Anlernphase" ohne Datenauswertung zu begegnen.

In Verbindung mit TV-Werbung wird das *STAS*-Potenzial (Short-term Advertising Strength) angeführt. Es ermittelt die Differenz zwischen den Käufen einer bestimmten Marke durch Haushalte, die in den letzten sieben Tagen vor dem Kauf keine Werbung für die betreffende Marke gesehen haben, und den Haushalten, die in den letzten sieben Tagen vor dem Kaufakt Werbung für die betreffende Marke gesehen haben. Ausgangspunkt ist dabei die Durchsetzungsfähigkeit von Commercials im Konkurrenzwerbumfeld. Allerdings sind Zweifel an der Gültigkeit dieser Erkenntnisse angebracht.

*BuBaW* ist das Akronym für Bestellung unter ausdrücklicher Bezugnahme auf Werbung. Diese Möglichkeit ist klassischerweise bei Bestellcoupons im Rahmen der Direktwerbung in Medien gegeben. Die Identifizierung des belegten Werbeträgers, z. B. über einen in Anzeigen eingedruckten Code oder die Endziffer der Telefonnummer, die in einem TV-Spot genannt wird, erlaubt vordergründig einen leichten Effizienzabgleich. Dieser ist jedoch tatsächlich nur dann gegeben, wenn ein Angebot außer in diesem Medium über keinen anderen Anspracheweg beworben worden ist. Dies ist in der Realität aufgrund des zumeist eingesetzten Media-Mixes nur seltenst der Fall. Tatsächlich ist eine Erfolgsmessung etwa bei Teleshopping-Angeboten, die nur einmalig offeriert werden, möglich.

Bei der *Direktbefragung* werden Werbeerreichte hinsichtlich des Einflusses der Werbung auf ihren Kaufentscheid befragt. Dies erfordert zum einen die Identifizierung der tatsächlich werbeerreichten Personen, zum anderen deren Meinungserhebung. Beides ist praktisch jedoch bedenklich. So weiß man aus Erfahrung, dass Personen, die behaupten, ein Angebot aus der Werbung zu kennen, tatsächlich ebenso gut über andere Kommunikationskanäle dazu in Kontakt geraten sein können. Außerdem ist es schon rein subjektiv kaum möglich, eine Ursächlichkeit bestimmter Werbung für den Kauf nachzuvollziehen. Insofern kann aber auch der Werbeerfolg nicht hinreichend isoliert und überwacht werden.

Die *Werbeelastizität* ist der Quotient aus werbebedingter Umsatzänderung als Folge im Zähler und Variation der Werbeausgaben als Ursache im Nenner. Er liegt zwischen 0 und ∞. Bei 1 ist eine proportionale Änderung von Werbebudget und Umsatz gegeben, bei Werten < 1 liegt die Umsatzänderung unter der sie verursachenden Werbebudgetänderung, der Umsatz steigt/sinkt also weniger als die

Werbeausgaben, die Werbeelastizität ist dann starr, bei Werten > 1 hingegen darüber, d.h. der Umsatz steigt/sinkt stärker als die Werbeausgaben, die Werbeelastizität ist dann flexibel. Im direkten Konkurrenzvergleich kann man durch die
Kreuz-Werbeelastizität noch die Beziehung konkurrierender Werbebudgets und
Produktumsätze zueinander ausrechnen.

Das ist zwar theoretisch gut machbar, praktisch aber scheitert dieser Ansatz der
Werbeerfolgskontrolle schon daran, dass die durch eine Werbebudgetänderung
verursachte Umsatzänderung unbekannt bleiben muss, weil Umsatzänderungen
durch vielfältige andere Faktoren bedingt sein können als durch die Veränderung
der Werbeausgaben. Damit aber fehlen die Werte für den Koeffizienten und die
gesamte Elastizität.

## 7.6 Problematik der Werbetestverfahren

### 7.6.1 Probleme bei Pretests

Bei der Anwendung und Auswertung der Werbetestverfahren ergeben sich
einige relevante Probleme. Aus Zeit- und Kostengründen wird oft nur ein Sujet
einer Werbekampagne in Pretests einbezogen. Auf diese Weise kann es geschehen, dass eine leistungsfähige Kampagnenidee wegen eines schwächeren Motivs
gekippt wird. Aus Zeit- und Kostengründen wird ein Sujet meist nach nur ein-
maligem Werbemittelkontakt beurteilt. Dies unterschlägt jedoch Lernerfolge,
die im Zeitablauf beinahe zwangsläufig entstehen und als kaufbeeinflussend
einzuschätzen sind. Testvorlagen werden meist isoliert und nicht realistisch in
einem mehrkanaligen Werbeumfeld eingebunden dargeboten. Gerade durch multimediale Anstöße und die arbeitsteilige Abstimmung der Medien innerhalb eines
integrierten Konzepts entfaltet sich aber erst die volle Werbewirkung.

Die zur Untersuchung herangezogenen Fallzahlen sind im Allgemeinen zu gering, um verlässlich zu sein. Dies führt zwangsläufig zu Verzerrungen bei der
Ableitung von Aussagen aus der untersuchten Stichprobe auf die interessierende
Grundgesamtheit. Die Struktur der Probandengruppe ist häufig nicht repräsentativ für die Zusammensetzung der Grundgesamtheit. Zum quantitativen Mangel
kommt so oft der qualitative Mangel falscher Quotierung. Diese richtet sich eher
an pragmatischen Verfügbarkeitskriterien aus als an der psychographischen Übereinstimmung mit der strategischen Zielgruppe. Jedes Testergebnis ist individuell,
deshalb fehlt oft eine aussagefähige Vergleichsbasis als Bewertungsmaßstab, der
objektiviert indizieren könnte, ob ein Test nun mit Erfolg absolviert wurde oder
nicht. Gerade darauf kommt es aber entscheidend an.

Standarderhebungen sind oft zu grob gerastert und zeitigen verzerrte Ergebnisse, da sie nicht mit genügender Detailliertheit und Gerechtigkeit auf die Individualität jeder Kampagne eingehen. Damit stellt auch die Standardisierung

von Testbedingungen keine Lösungsmöglichkeit dar. Die Kopplung mit weiteren Untersuchungsgegenständen führt zur unsachgemäßen Beeinflussung der Ergebnisse. Positive oder negative Anmutungen zu verwandten Themen, wie Qualitätseinschätzung, Preisbereitschaft etc., die meist aus pragmatischen Zeit- und Kostenersparnisgründen einbezogen werden, irradiieren auf die Aussagen zur Werbung und beeinträchtigen so das Testergebnis. Vielfältige, subjektive Wertungen der Marktforscher fließen als Interpretation mit ein. So weicht die Zusammenfassung (Management Summary), die aus Vereinfachungsgründen meist nur genutzt wird, vom Datenteil des Berichtsbands, dessen Studium man sich gern erspart, oft nicht unerheblich ab.

Soziale Phänomene können nicht antizipiert werden und bleiben daher außer Acht. Gerade darin liegt aber oft die Stärke der Werbung als Sozialtechnik. Im Labor können die sich erst evolutionär aus dem Marktgeschehen ergebenden Interdependenzen jedoch nicht simuliert werden. Die häufig künstliche Laborsituation führt zu veränderten Reaktionen bei den Probanden. Diese fühlen sich aufgefordert, sich kritischer, involvierter, überlegter als sonst zu geben. Da die Probanden um ihre Funktion wissen, weicht ihre Meinungsäußerung von der unkonditionierten Konsumsituation im Feld meist erheblich ab. Apparative Erhebungsmethoden zur vermeintlichen Ausschließung von Verzerrungen rufen diese erst recht hervor. Zudem entstehen dadurch Testverweigerer, die mit ihrer Reaktion nicht in die Ergebnisse eingehen, obgleich sie zur Zielpersonengruppe gehören. Daraus folgt ein erheblicher Erhebungs-Bias.

Psychomotorische Testverfahren messen nur physiologische Dimensionen, nicht aber Anhaltspunkte für Markterfolg. Es fehlt an der Unterscheidbarkeit von Ursache und Anlass, oder genauer, an der unerlässlichen Stringenz zwischen dem beobachteten, gemessenen Reflex und seiner Bedingung. Daher sind die Ergebnisse ambivalent. Spontane Ablehnung für Ungewohntes kann sich im Assimilationsprozess des realen Marktumfelds zur Zustimmung verändern. Menschen tendieren dazu, zur Vereinfachung ihr Umfeld zu kategorisieren und alles, was nicht auf Anhieb in dieses Denkschema passt, abzulehnen. Dazu kommt es im Labor aber erst gar nicht. Erfahrungswerte bewirken unzulässige Umwertungen am Ergebnis. Die Objektivität, deretwegen die Tests überhaupt veranlasst sind, ist dahin. Jede Interpretation und Umwertung impliziert persönliche Werturteile und damit Verzerrungen der Ergebnisse.

Daher haben Werbetests wohl schon die Veröffentlichung vieler guten Kampagnenansätze vereitelt. Der Grund für ihre nach wie vor ungebrochen große Beliebtheit liegt in ihrer Eignung, Entscheidungen von Managern abzusichern und zu rechtfertigen.

## 7.6.2 Probleme bei Posttests

Die Werbung ist innerhalb des Marketing-Mix nur ungenügend abgrenzbar. So ist nicht bekannt, auf Grund welcher Marketingparameter ein Angebotserfolg genau zu Stande gekommen ist und welchen Anteil die Werbung daran hat. Die zeitliche Werbewirkung ist nur ungenügend abgrenzbar. So ist unbekannt, wann genau die Initiierung für einen Werbeerfolg stattgefunden hat, der sich irgendwann im Kauf manifestiert. Solche Carry Over-Effekte verzerren die Werbeeffizienzmessung. Die räumliche Werbewirkung ist nur ungenügend abgrenzbar. So ist nicht bekannt, wo genau die Kommunikation, die für einen Einstellungs- oder Verhaltenserfolg ursächlich ist, stattgefunden hat. Solche Spill Over-Effekte verzerren ebenfalls die Effizienzmessung.

Die Werbung ist nur ungenügend im Kommunikations-Mix abgrenzbar. Eine Image- oder Kaufwirkung kann sowohl durch klassische als auch nicht-klassische Werbemittel entstehen, und innerhalb dieser wiederum durch vielfältige Einzelmedien, so dass eine Zurechnung letztlich nicht möglich ist. Es besteht eine mangelnde Isolierung gegenüber informeller Kommunikation. Denn ein Ergebnis muss nicht einmal auf Grund formaler Unternehmensaktivitäten zu Stande gekommen sein, sondern kann auch aus informellen Kontakten, z.B. Mund zu Mund-Propaganda, herrühren. Es besteht eine mangelnde Isolierung von Prädispositionen der Abnehmer. Selbst eine leistungsfähige Werbung kann historisch bedingte, negative Prädispositionen (Imageremanenz) nicht immer kompensieren, also letztlich doch erfolglos bleiben, obwohl sie gut arbeitet.

Es besteht eine mangelnde Abgrenzung gegenüber autonomen Wettbewerbsaktivitäten. Der Werbeerfolg wird immer auch von erfolgreichen oder erfolglosen Aktivitäten der Mitbewerber beeinflusst. Eine an sich funktionsfähige Kampagne kann somit dennoch zum Scheitern verurteilt sein. Es besteht eine mangelnde Abgrenzung endogener Käuferverhaltensveränderungen. Ein Angebot kann nicht nur auf Grund guter Werbung erfolgreich sein, sondern allein schon deshalb, weil ein starker Sozialtrend in der Abnehmerschaft darauf hinarbeitet. Umgekehrt kann ein Produkt auch sozial „geächtet" sein. Das zentrale Kriterium Aufmerksamkeitswirkung ist nur eine, allerdings notwendige Voraussetzung für den Markterfolg, nicht jedoch als dafür hinreichend anzusehen. Denn Aufmerksamkeit allein schafft noch keinen Handlungserfolg.

# 8. Ethik in der Werbung

Kommunikationsaktivitäten stehen zunehmend in der Kritik der Öffentlichkeit. In der Tat sind neben wichtigen Vorzügen auch erhebliche Problemfelder der Werbung in Kauf zu nehmen. Im Folgenden sind einige wesentliche davon aufgezeigt.

Werbung fördert allgemein die Markttransparenz durch Verbesserung des Informationsstands der Nachfrage und vor allem durch die Möglichkeit zum Vergleich zwischen verschiedenen Angeboten. Dies kommt ganz unmittelbar der Erhaltung einer hohen Wettbewerbsintensität zugute. Jedoch hat die wachsende Informationsüberflutung im Effekt eine Verschleierung der Markttransparenz zur Folge. Die interessengesteuerte Informationsabgabe der Anbieter in der Werbung kann daher zur subjektiven Fehlinformation führen und eine Beschränkung des individuellen Informationsstands mit der Gefahr der Ausnützung der damit verbundenen Unwissenheit bewirken. Dies setzt letztlich die Wettbewerbsintensität herab. Zunächst ist jedenfalls eine zu hohe Markttransparenz nicht wünschenswert.

Das wettbewerbliche Leitbild in Deutschland geht von einem mittleren Grad an Marktunvollkommenheiten im Rahmen weiter Oligopole aus, weil das klassische Modell des vollkommenen Wettbewerbs zu einer „Schlafmützenkonkurrenz" führt und auch sonst nicht realistisch scheint. Ein mittlerer Grad an Intransparenz ist insofern wünschenswert, als zu geringe Marktvollkommenheit ausgeprägte Wettbewerbsbeziehungen über Ausbildung von Präferenzen erschwert und zu hohe Marktvollkommenheit dynamische Wettbewerbsprozesse von Vorstoß und Verfolgung behindert. Werbung ist also nur insofern dem Wettbewerb förderlich, als der Bereich mittlerer Transparenz dabei nicht verlassen wird. Hohe Markttransparenz kommt allerdings nach allgemeiner Meinung vor allem neuen Anbietern zugute, die sich dadurch erst gegenüber potenziellen Nachfragern bemerkbar machen können. Die hohen Werbeaufwendungen führen aber realiter eher zum Ausschluss neuer Anbieter, sofern sie sich nicht hohe interne Subventionen zunutze machen können. Das heißt, wenn überhaupt, so erhöht Werbung im Effekt die Markttransparenz tendenziell zugunsten bestehender Anbieter.

Aber ausgesprochen wenigen Anbietern ist daran gelegen, eine Markttransparenz im Sinne der besseren Vergleichbarkeit von Angeboten herbeizuführen. Denn ein Angebot hat eine umso größere Chance der Akzeptanz am Markt, je mehr es aus der direkten Vergleichbarkeit zum Mitbewerb herausgenommen wird. In Zeiten der Me-too-Produkte ist nur die Generierung von Präferenzen geeignet, eigene Absatzchancen zu erhöhen. So werden ursprünglich mehr oder minder gleiche Angebote im Wege der Kommunikation nachträglich profiliert. Im Ergebnis wird damit die Angebotsübersicht verringert. Schließlich ist die Informationsbotschaft bestimmter Low Involvement-Produkte recht bescheiden. Aber selbst bei Produktgruppen, die erklärungsbedürftig sind, beschränkt sich Werbung zunehmend auf Emotion. Die Gründe dafür liegen in der kurzen, unkonzentrierten Betrachtungszeit von Werbemitteln und der Unmöglichkeit, Produkterläuterung unter dieser Limitation angemessen überzubringen. Allerdings setzt dies voraus, dass Werbung auch tatsächlich sachdienliche Informationen zum Inhalt hat. In vielen Branchen gerade intensiv beworbener Angebote baut Werbung aber überwiegend oder ausschließlich auf unthematische, affektive Stimmungen als pure Emotionalität. Dieser kommt, da wenig aussagefähig über das Angebotsprofil selbst, nur geringer Nachrichtenwert zu. Dies trifft insbesondere auf homogene Güter zu wie Zigaretten, auf Low Interest-Produkte wie Rasierapparate und problemlose Waren wie Hygienepapiere. Deren hoher Werbeeinsatz scheint damit unter diesem Gesichtspunkt nicht gerechtfertigt. Zudem nennt jeder Werbungtreibende natürlich nur die Vorzüge seines Angebots, nicht aber dessen Nachteile, was absolut legitim ist. Dadurch kommt erst gar keine objektive Informationslage zustande. Denn diese erforderte ja die ehrliche Nennung aller, auch der nachteiligen Aspekte, um dann als Zielperson qualifiziert unter jenen abwägen zu können. Dies finanziert aber verständlicherweise kein Werbungtreibender. Insofern ergibt sich nur ein eingeschränkter Informationsstand aus der Werbung. Diese Funktion wird also nur wenig zuverlässig erfüllt. Die interessengesteuerte Informationsabgabe der Anbieter in der Werbung kann zur subjektiven Fehlinformation führen und eine Beschränkung des individuellen Informationsstands mit der Gefahr der Ausnützung der damit verbundenen Unwissenheit bewirken. Dies setzt letztlich die Wettbewerbsintensität herab.

Die Chance der werblichen Bekanntmachung verschiedener Angebote führt zur Erhöhung der Auswahlmöglichkeiten am Markt infolge kommunikativer Differenzierung und bietet damit konkret ein Stück Lebensqualität. Jedoch entsteht die ernstzunehmende Gefahr unrationeller Programmproliferation, die im Ergebnis eine Reduktion der subjektiven Auswahlmöglichkeiten durch Verwirrung der Informationslage infolge objektiv kaum nachvollziehbarer Angebotsunterschiede zur Folge haben mag. Mangels faktischer USP's werden kommunikative UAP's aufgebaut, die jedoch nichts daran ändern, dass Angebote zunehmend austauschbar sind. Dieses Argument kann allerdings nur für den seltenen bis ausgeschlossenen Fall Gültigkeit haben, dass erstens alle Anbieter am Markt Werbung treiben und zweitens dies auch noch mit gleicher Intensität. Doch das ist realiter keineswegs der Fall. Nur vergleichsweise wenige Anbieter einer Branche setzen überhaupt Werbung ein, und das in sehr unterschiedlichem Ausmaß. Dabei kann sogar die schwierige Lösung der Probleme dahingestellt bleiben, ob die Werbung im Verhältnis der Marktanteile oder egalitär erfolgen und wie deren Wirksamkeit dann bewertet werden soll. Daher wird die Marktvielfalt nur verzerrt wiedergegeben, bestimmte Anbieter dominieren, andere treten überhaupt nicht in Erscheinung. Der Eindruck aus der Werbung entspricht also nicht der Marktrealität. Die Auswahlmöglichkeiten werden dadurch jedenfalls kaum erhöht.

Eine entscheidende Vereinfachung des Einkaufs durch Unsicherheitsreduktion und Zeitersparnis bei der Auswahl wird erst durch die Zusicherung definierter, allgemein bekannter Angebotseigenschaften als quasi Qualitätsgarantie aus der Werbung ermöglicht. Jedoch führt gerade dies unter Umständen zur Unsicherheitserhöhung durch künstliche Komplizierung des Einkaufs bei Einbringung sozialer und psychologischer Nebenleistungen, die über die Vor- und Nachteile der reinen Produktleistung hinaus abzuwägen sind. Das subjektiv empfundene Risiko eines Kaufs steigt mit dessen durch Werbung reklamierter Außen- und Egowirkung.

Erst Werbung ermöglicht durch massenmediale Ansprache mit breitestmöglicher Bekanntmachung die Realisierung von Preissenkungen über höhere Stückzahlen aus Massenproduktion, -beschaffung und -absatz (Economies of Scale). Jedoch besteht die Gefahr der Preisremanenz und der Einrechnung von Werbekosten im Preis durch Umlage. Fehlt der Zwang zur Weitergabe etwaiger Kostensenkungen, z. B. bei prozessualen Monopolen, abgestimmten Oligopolen etc., können solche Preise am Markt auch durchgesetzt werden. Werbeintensive Branchen fördern damit ggf. Ineffizienzen durch Einbehalt von Nichtleistungsmargen. Im Übrigen führt Werbung durch den Aufbau von Meinungsmonopolen über Präferenzen ganz allgemein zum Abbau primärer Preiskonkurrenz und zur Senkung der Preisreagibilität. Die stillschweigende Voraussetzung dieser Behauptung ist zudem, dass Werbung per se mehr Absatz zu schaffen imstande ist. Eben diese Wirkung bleibt aber durchaus umstritten. So ist kaum schlüssig nachzuweisen, welchen Anteil welche Werbemaßnahmen am Markterfolg eines Angebots haben, oder auch nicht. Ein eindrucksvolles, leichtsinnigerweise von der Werbebranche gern angeführtes, Argument ist die Konstanz oder gar Steigerung des Tabakabsatzes in Ländern mit Werbeverbot für Tabakwaren nach dessen Einführung. Diese Ergebnisse legen die Vermutung nahe, eine eher nur lose Kausalität zwischen Werbung und marktweitem Absatzerfolg zu unterstellen. Selbst wenn man eine direkte positive Korrelation voraussetzt, gilt dieses Argument nur für kompetitive Märkte, d. h. solche, auf denen starker Wettbewerb zur Weitergabe von Kosteneinsparungen im Preis zwingt. Die Realität in hohem Maße konzentrierter Märkte spricht allerdings dagegen. So können etwaige Kosteneinsparungen ebenso gut voll oder teilweise vom Hersteller als Gewinnzuwachs einbehalten werden.

Insbesondere die Absatzmittlerwerbung dient der Erschließung neuer Einkaufsquellen für Verbraucher. Damit wird eine Ausweitung von Nutzungsalternativen im bestehenden Markt erreicht sowie der Eintritt neuer Anbieter, z. B. unter Umsetzung der aus technischem Fortschritt resultierenden Innovatorenrente, gefördert. Jedoch wirken hohe Werbeaufwendungen zugleich als Marktschranken für neue Anbieter, die diesen Initialausgaben noch nicht gewachsen sind. Dazu sind allenfalls integrierte Konzerne durch interne Alimentation ihrer Geschäftsbereiche fähig. Daraus folgt eine Tendenz zur Zementierung von Marktverhältnissen und womöglich eine Hemmung der Fortschrittswirkung funktionsfähiger Märkte. Das kann zu Verzerrung des Wettbewerbs und Fehlallokation knapper Ressourcen führen.

Konsumanimierende Werbung weitet Märkte aus und beeinflusst damit den Konjunkturverlauf positiv. Im Ergebnis werden somit das gesamtwirtschaftliche Wachstum sowie die individuelle und folglich allgemeine Wohlstandsanmutung gefördert. Jedoch bewirkt Werbung auch die Verleitung zu unnötigen Ausgaben (Overbuying) durch Aufbau eines Sozialklimas, das zur stetigen quantitativen wie qualitativen Steigerung des Konsumniveaus stimuliert. Daraus folgt evtl. eine soziale Unzufriedenheit in den Teilen der Bevölkerung, die mit diesen Erwartungen nicht mithalten können. Inwieweit solche Verhaltensweisen angesichts schrumpfender Ressourcen noch vertretbar sind, bleibt zweifelhaft.

Eine maßgeschneiderte Bedarfserfüllung infolge feiner Marktsegmentierung erhöht die Käuferzufriedenheit durch die Chance zur Wahl genau derjenigen Angebote, die zum präferierten Lebensstil am besten passen. Jedoch besteht die Tendenz zur Hypersegmentierung mit daraus folgender geringerer Markttransparenz und Kaufsicherheit. Insbesondere besteht die Gefahr der Manipulation der Abnehmer durch eine ausgefeilte Sozialtechnik, der man sich nicht mehr entziehen kann, egal ob man will oder nicht, die demnach also zwanghaft wirkt als außengeleiteter Konsument und dem liberalen Element der Marktwirtschaft zuwiderläuft. Nur ein subjektiv empfundener Nutzen gleicht als Äquivalent die mit der Kaufentscheidung verbundene Geldausgabe aus. Tatsache ist, dass Werbung solche Nutzenerwartungen allerdings oft erst generiert. So werden zur Differenzierung der Angebote etwa unnötige, die Ware verteuernde Zusatzleistungen als unverzichtbar dargestellt, soziale oder psychologische Mechanismen zum Aufbau eines subjektiv empfundenen Kaufzwangs genutzt oder künstlicher Veralterung unterliegende Produkte zur Neuanschaffung suggeriert. Das heißt, Nutzenerwartungen werden nicht konkretisiert, sondern kreiert, um damit Absatzpotenzial für das eigene Angebot zu schaffen.

Die Stabilisierung der Nachfrage durch Präferenzbildung (Markentreue) und Monopolisierung am Markt (Preisruhe) ist Voraussetzung zur Planbarkeit des Marktgeschehens durch Unternehmen. Diese wiederum ist aufgrund der steigenden Fixkostenbelastung der Leistungserstellung unerlässlich. Werbung stellt dafür das einzige wirksame Instrument dar. Jedoch bauen Werbeaufwendungen gerade prozyklisch eine zusätzliche Fixkostenbelastung auf und erhöhen insofern weiter das Anbieterrisiko. Außerdem verleitet diese an Marktmacht orientierte Einstellung zur Etablierung von Angeboten am Markt über pure Penetration sowie Generierung erst künstlich zu schaffender Bedarfe, um damit wenigstens Teile inflexibler Investitionen zu retten.

Werbemaßnahmen führen zu einer Qualitätssteigerung innerhalb des Marktangebots über die Bekanntmachung und Dominanz der jeweils vorteilhaftesten Offerten in Bezug auf Leistung, Preis oder Preis-Leistungs-Verhältnis. Jedoch verringern sich die Marktchancen für hochleistungsfähige Angebote, die gerade zu Beginn ihrer Marktexistenz und vor allem bei neuen Anbietern den hohen Werbeaufwand nicht tragen, durch niedrigen Share of Advertising. Das heißt, Werbung wirkt primär strukturerhaltend, solange sich nicht alle Anbieter den gleichen Wer-

bedruck leisten können. Insofern ist denkbar, dass es, entgegen der Ordnungs-
philosophie, zur Dominanz leistungsunterlegener Angebote kommt, zumal wenn
deren Fehlqualitäten nicht offensichtlich oder nachprüfbar sind. Die ordnungs-
politisch wichtige Funktion zur Förderung des Leistungsbewusstseins der Anbieter scheint auf den ersten Blick einleuchtend. Tatsächlich dienen Werbeausgaben
aber wohl zum größten Teil eher der unproduktiven Wettbewerbsneutralisierung
und wirken damit marktzutrittsbeschränkend. Letztlich kann nur der Saldo der
Werbeinvestitionen akquisitorisch wirken, die Masse stellt makroökonomisch
Mittelverschwendung dar und sperrt neue Anbieter wirkungsvoll von attraktiven
Märkten aus, sofern diese nicht interne Subventionierungsvorteile aus Diversifika-
tion nutzen und mehr oder minder lange Phasen von Anfangsverlusten hinnehmen
können. Letztlich mag Werbung insofern sogar zu schlechteren Marktergebnissen
führen, als deren Kosten von den Anbietern nach dem Tragfähigkeitsprinzip im
Preis weiterkalkuliert werden.

Werbung erleichtert die Diffusion neuer Produkte im Markt durch Angebots-
bekanntmachung, -differenzierung und -profilierung. Damit mindert sie das Ein-
führungsrisiko und forciert Innovationen als Chance auf schnelleren Return on
Investment auf Seiten der Unternehmen. Jedoch ist die Gefahr der Produkthektik
am Markt durch extrem kurze Lebenszyklen infolge physiologischer und/oder
psychologischer Obsoleszenz nicht zu verkennen. Ebenso fördert die zwanghafte
Produktdifferenzierung an sich gleichartiger Produkte (Me too) eine künstliche
Anheizung der Nachfragebeeinflussung.

Die Steuerung des Werbeeinsatzes nach zeitlicher, räumlicher, personeller und
sachlicher Dimension erlaubt die reibungslose Anpassung der Absatz- an die Be-
reitstellungsbedingungen bei Sach- und Dienstleistungen. Jedoch wird damit
gerade die Nachfrage dem Angebot angepasst und nicht, wie für eine emanzi-
pierte Marktwirtschaft wünschenswert, umgekehrt das Anbieterpotenzial zur Befriedigung von auf Verbraucherwünschen basierenden Mangelzuständen genutzt.
Wobei anzumerken ist, dass Nachfrage aus sich heraus nicht kreativ sein, sondern
immer nur auf marktpräsentes Angebot reagieren kann.

Durch Werbung werden in der Werbebranche hunderttausende spezialisierte
und damit hoch wertschöpfende Arbeitsplätze geschaffen. Und nicht nur dort, sondern auch in den serviceergänzenden Branchen (Zulieferer). Jedoch stellt Werbung
zumindest im Rahmen von Neutralisierungsaufwendungen, die heutzutage deren
weitaus größten Anteil ausmachen, Verschwendung gesellschaftlicher Mittel dar,
die durch ihren unproduktiven Einsatz positive Beschäftigungseffekte überkom-
pensieren und somit makroökonomisch betrachtet eher eine Wohlstandsminde-
rung herbeiführen können. Dass Werbung also, wenn auch nur eine vergleichsweise begrenzte Zahl, zudem hoch spezialisierter und damit sachlich immobiler
Arbeitsplätze schafft, kann nicht zu deren ethischer Rechtfertigung angeführt werden. Dasselbe gilt ebenso etwa für die Rüstungs- oder Kernkraftwerksindustrie,
ohne dass sich daraus für diese oder andere Branchen schon ein Wertanspruch ab-

leiten ließe. Das heißt, ein positiver Arbeitsplatzbeitrag kann ebenso nicht als ausreichendes Argument für Werbung angesehen werden.

Der Werbeeinsatz fördert die Medienvielfalt durch seinen Kostendeckungsbeitrag zur Unterstützung des redaktionellen Programms. Durch tragbare Einzelverkaufspreise werden Medien damit breiteren Bevölkerungsschichten überhaupt erst zugänglich gemacht. Jedoch ist damit schattengleich die Gefahr der finanziellen Abhängigkeit der Redaktionen von den Interessen großer Werbungtreibender infolge nicht auszuschließender Einflussnahmeversuche auch auf die nicht-werblichen Inhalte der Werbeträger verbunden. Eine solche Abhängigkeit hat durchaus politische Dimensionen. Insofern stimmt diese Behauptung in der Tat. Viele spektakuläre Medienangebote sind überhaupt nur noch durch den offenen oder verdeckten Verkauf von Werbeplätzen zu finanzieren. Angesichts der zunehmend penetranten Durchdringung von Verlags- und Sendeprogrammen fragt sich jedoch, ob der Preis dieses erweiterten und interessanteren Medienangebots nicht bald hypertrophiert und eine sinnvolle Grenze erreicht ist. Erfreuen können sich an diesen attraktiven Programmen wirklich nur Leser und Zuschauer, die den damit untrennbar verbundenen, auf archetypischen Beeinflussungsmechaniken beruhenden Werbedruck in Kauf nehmen.

Marktforschungsstudien fördern immer wieder zutage, dass Verbraucher Werbung zu großen Teilen als informierend und unterhaltend begrüßen. Offensichtlich gibt es also eine publikumsgewünschte Funktion der Werbung, und sie wird nicht als bloßes Hard Selling betrachtet, wenngleich dazu das Forschungsdesign zu prüfen wäre. Jedoch bieten werbliche Aussagen nicht unbedingt Objektivität, halten natürlich gewisse Informationen zurück oder nutzen die Unwissenheit der Verbraucher aus. Hier entsteht immer wieder der Eindruck der Manipulation. Diese ist gegeben, falls jemand Einfluss um des eigenen Vorteils willen unter Auslassung des Vorteils des Rezipienten ausübt, sofern er dabei Techniken einsetzt, die für diesen schwer durchschaubar sind und dort den Eindruck erwecken, über seine Handlung frei entscheiden zu können. Erstes Merkmal ist dabei, dass der Beeinflussende seinen Einfluss bewusst und um des eigenen Vorteils willen ausübt. Dies ist bei der Werbung zweifellos der Fall. Sie wird planvoll eingesetzt und soll im Vorhinein bestimmte, ökonomische und/oder außerökonomische Ziele erreichen, welche die Leistungs- und Wettbewerbsfähigkeit des Werbungtreibenden erhöhen. Zweitens übt der Beeinflussende diesen Einfluss ohne Rücksicht auf den Vorteil des Beeinflussten aus. Auch wenn die Nutzenversprechen der Werbung immer wieder suggerieren, dass die Wahrnehmung eines Angebots letztlich nur dem Besten der Umworbenen dient, bleibt die Vorteilswirkung doch relativ. So ist Werbung keineswegs in der Lage, Verbrauchern die objektiv beste Problemlösung zu empfehlen, sondern natürlich wird nur das eigene Angebot, selbst wenn es konkurrenzunterlegen ist, ausgelobt. Dass die Konkurrenzbedingungen der Marktwirtschaft implizit zu bestmöglichen Gesamtergebnissen in der Bedarfsbefriedigung der Nachfrager führen, ist offensichtlich. Aber dieses hohe Leistungsniveau kommt aus einer Mischung mehr oder minder guter Angebote zustande, vor allem, wenn deren objektive Qualität für gewöhnlich schwer oder erst im Nachhinein feststellbar ist. Drittens wählt der Beeinflussende bewusst Techniken, die vom Beeinflussten nicht oder nur schwer durchschaubar sind. Hier steht die unbewusste Werbung im Fokus. Abzugrenzen davon ist die Kontroverse zur subliminalen Perzeption. Nachgewiesen wurde zwischenzeitlich zu Genüge, dass mechanistische Formen der unterschwelligen Beeinflussung Fiktion bleiben. Zweifelsfrei ist jedoch, dass selbst von wahrgenommener Werbung eine mehr oder minder intensive unbewusste Beeinflussung ausgeht, die assoziativ wirkt und damit wiederum gedankliche Prozesse in Gang setzt, die sich der kognitiven Kontrolle weitgehend entziehen. Die Mehrheit der Werbebotschaften ist geradezu darauf angelegt, indem sie sich unthematischer Inhalte bedient. Schließlich muss der Beeinflusste das Gefühl behalten, über sein Urteil und seine Handlung frei entschieden zu haben. Auch dies ist typisch für Werbung, die konditioniert und auf Lernergebnisse abzielt, die Handlungserfolge bei subjektiver Autonomie der Zielpersonen bewirken. Beispiele sind die Nutzung des Herdentriebs, das Verknappungsgesetz oder die Betonung von Gemeinsamkeiten. Damit handelt es sich bei Werbung wohl zweifelsfrei um Manipulation. Wichtig ist jedoch zu erinnern, dass Manipulation auch Verführung bedeutet. Und das ist etwas durchaus Positives. Denn wer lässt sich nicht gerne verführen. Und Werbung verführt, etwa zum Kauf eines schönen Autos, mit dem man bequemer und sicherer ans Ziel kommt, zum Kauf einer neuen HiFi-Anlage, welche den Lieblingssongs erstmals gehörte Finessen entlockt, zum Kauf einer Packung Zigaretten, deren Rauch genussvoll entspannend und anregend wirkt, zum Kauf einer Armbanduhr, welche die Zeit zu einem ganz neuen Erlebnis werden lässt etc. Es entspricht nicht der Realität, dass man sich als Verbraucher nach jeder Kaufentscheidung von der Werbung hereingelegt fühlt. Die Regel ist, dass Kauferlebnisse aufgrund von Werbeanstößen stimulierend wirken. Und wer wendet nicht auch im Privatleben Verführungskünste an, um egoistische Ziele zu erreichen, ohne dass dies gleich verwerflich ist.

Verbraucher können schließlich denken und sind im marktwirtschaftlichen System kraft Nachfrage freier Souverän, so dass keine Rede davon sein kann, dass Manipulation Tür und Tor geöffnet ist. Jedoch sind Verbraucher traditionell schlecht organisiert und atomistisch, so dass das Problem des Machtmissbrauchs durch ein Lebensstil-Diktat, das den Konsum zur zentralen, selbstwertbestimmenden Form der Lebensgestaltung macht, nicht zu leugnen ist. Zumal die fehlende Rationalität ihres Verhaltens dabei erschwerend hinzukommt. So werden umfangreiche Grundrechte für Verbraucher reklamiert, wie die Bildung von Verbraucherorganisationen und -beratungen, die Schulung des Konsumentenverhaltens, die Durchführung neutraler Warentests, die Mitsprache bei Wirtschaftspolitik und Gesetzgebung sowie eine Missbrauchsaufsicht über Unternehmen und deren Haftung. Weitere Rechte betreffen das Recht auf Sicherheit, den Schutz vor schädlichen Produkten, die objektive Produktinformation, die freie Wahl zwischen mehreren Substitutionsprodukten sowie die Anhörung bei Produktkonzipierung und -vermarktung. Davon ist man jedoch weit entfernt, und die Werbung ist keinerlei Ersatz dafür, noch hilft sie sonderlich, die eingeforderten Rechte zu unterstützen. Es scheint unrealistisch, das Rad der Kommunikationsentwicklung zurückschrauben zu wollen. Doch angesichts der nicht unerheblichen Bedenken gegen die Nebenwirkungen und Mechanismen der Werbung bleibt der Wunsch, deren unkontrolliertes Ausufern zu verhindern. Wobei sie derzeit allerdings bereits vielfältigen Kontrollen unterliegt. Ein Blick in die USA und die Erfahrung, dass amerikanische Verhältnisse in aller Regel mit Time Lag nach Europa überschwappen, zeigt, dass eine extreme Kommerzialisierung der Meinungsäußerung schnell penetrant wirkt. Die Hoffnung auf Vermeidung dieser Zustände bleibt jedoch gering. Denn staatliche Sanktionen sind zur Lösung dieses Problems allenfalls als Ultima ratio anzusehen. Und Appelle an die werbungtreibende Wirtschaft (Hersteller/Dienstleister), an Werbungsmittler (Agenturen) und Werbeträger (Verlage/Sender/Pächter) müssen angesichts der gegebenen manifesten ökonomischen Interessen weitgehend wirkungslos bleiben.

Die Ethik in der Werbung ist somit ein besonders heikel erscheinender Aspekt. Daher hat sich die Werbewirtschaft in einem Akt vorauseilenden Gehorsams Richtlinien zur Selbstkontrolle der Werbung verordnet. Im Unterschied zu gesetzlichen Regelungen ziehen Verstöße gegen Richtlinien der Selbstkontrolle keine rechtlichen Sanktionen nach sich. Die Regeln haben aber gleichwohl eine mittelbare rechtliche Wirkung, da sich die Rechtsprechung bei der Beurteilung der Lauterkeit von Werbemaßnahmen daran orientieren kann. Hauptträger der freiwilligen Selbstdisziplin in der Werbewirtschaft ist der Deutsche Werberat.

Der Deutsche Werberat besitzt nicht die Bedeutung wie vergleichbare Institutionen anderer Länder, was u. a. auf das ohnehin engmaschige, ausdifferenzierte deutsche Werberecht zurückzuführen ist. Von großer Bedeutung ist jedoch die konfliktregelnde Wirkung dieser ethischen Instanz. Öffentliche Kritik an einzelnen Werbemaßnahmen findet über den Deutschen Werberat Zugang zu den Verantwortlichen. Bei berechtigter Kritik versucht das Gremium, das Ärgernis zu beseitigen, es stellt sich schützend vor die Werbewirtschaft, wenn die Kritik unberechtigt ist. Auch ohne Richter und einstweilige Verfügung können so störende Werbeaktivitäten beseitigt werden. Die konkrete Tätigkeit bezieht sich auf Einzelbeschwerden, Verhaltensregeln und Information.

Bei gesetzeswidriger, unerwünschter oder zweifelhafter Werbung handelt der Deutsche Werberat aufgrund eigener Initiative oder nach Anregung und Beschwerde von Außenstehenden. Nach der Verfahrensordnung des Rats ist jedermann berechtigt, Beschwerden vorzulegen, einzelne Verbraucher, Politiker, Journalisten oder Mitbewerber; anonyme Beschwerden werden jedoch nicht bearbeitet. Eine wichtige Aufgabe ist die Bearbeitung von Aussagen und Darstellungen im Vorfeld der gesetzlichen Gremien. Bei eindeutigen Gesetzesverstößen wird die Angelegenheit an die Zentrale zur Bekämpfung unlauteren Wettbewerbs weiter geleitet, bei einer Verletzung der Bestimmungen des Heilmittelwerbegesetzes an den Verein für lautere Heilmittelwerbung. Sieht sich der Werberat veranlasst, einzugreifen, so kann er eine Einstellung oder Abänderung der Werbemaßnahme fordern. Falls keine Reaktion erfolgt, kann als äußerste Maßnahme eine öffentliche Rüge erteilt werden.

Das Erarbeiten von Leitlinien ist ein weiteres wichtiges Arbeitsfeld. Während die Bearbeitung von Beschwerden der Korrektur von Fehlerscheinungen und -entwicklungen dient, versucht der Deutsche Werberat, solche vorbeugend zu verhindern. Gleichzeitig wird damit verbrauchergerechte Werbung gefördert. Diese freiwilligen Verhaltensregeln werden vom Gremium und den Medien hinsichtlich der Einhaltung überwacht. Leitlinien betreffen u. a. die Werbung mit und vor Kindern in Werbehörfunk und Werbefernsehen, die Werbung mit unfallriskanten Bildmotiven, die Werbung für alkoholische Getränke, die Darstellung von Frauen in der Werbung etc.

Auch wird versucht, das Ausmaß der zu bearbeitenden Fälle vorbeugend zu verringern, indem durch Vermittlung von Fakten und Hinweise auf Entwicklungen und Tendenzen das Bewusstsein für Selbstdisziplin geschärft wird. Alle Gruppen der Werbewirtschaft, Politiker, Medien und andere öffentliche Bereiche werden dazu ständig über Auffassungen, Forderungen und Entwicklungen in der Verbraucherpolitik, die Arbeit des Deutschen Werberats und die werberelevante Rechtsprechung informiert. Dadurch sollen staatliche Regelungen im Vorfeld vermieden und das Vertrauen in den liberalen Rechtsstaat und die Verantwortungsbereitschaft seiner Bürger gestärkt werden.

Darüber hinaus gibt es freiwillige Selbstbeschränkungen der werbungtreibenden Wirtschaft. Denn der Markt ist keine moralisch neutrale Zone. Deshalb kann gerade auch die Werbewirtschaft sich der Pflicht ethischen Verhaltens nicht entziehen. Die Öffentlichkeit der Werbung bedingt das Entstehen öffentlicher Kritik. Die Pflicht zu ethischem Handeln beschränkt sich nicht darauf, sich dieser Kritik zu stellen, sondern selbstkritische Reflektion zu fördern und das eigene Tun zu hinterfragen, es bedeutet auch, sich selbst ohne Zwang zu disziplinieren. Einzelne Branchen bewältigen diese Aufgabe durch die freiwillige Aufstellung von Verhaltensregeln.

Außerdem gibt es Schlichtungsstellen für Verbraucher bei den IHK'en, die auch in Streitfällen der Werbung vermitteln. Dieser Service ist nicht gesetzlich verankert, sondern durch private Initiative entstanden. Auf internationaler Ebene sind die Verhaltensregeln für die Werbepraxis der Internationalen Handelskammer (ICC) zu nennen, die laufend aktualisiert werden. Spezielle Verhaltensregeln gibt es für Direktmarketing und Werbung mit Umweltzeichen und -argumenten sowie die Anwendung und Durchsetzung der Verhaltensregeln im Marketing.

Das Ansehen der Werbeschaffenden in der Öffentlichkeit ist in der Tat angekratzt. Mitarbeiter in Werbeagenturen rangieren dort (lt. Forsa) noch hinter Politikern, Gewerkschaftsfunktionären, Steuerinspektoren und Journalisten und nur knapp vor Telekom-Mitarbeitern und Versicherungsvertretern.

# Literaturverzeichnis

*Aerni*, M./*Bruhn*, M.: Integrierte Kommunikation, Zürich 2008

*Ahlers*, G. M.: Organisation der Integrierten Kommunikation, Wiesbaden 2006

*Ahrens*, R./*Scherer*, H./*Zerfaß*, A. (Hrsg.): Integriertes Kommunikationsmanagement, Frankfurt a. M. 1995

*Albers*, Sönke/*Clement*, M./*Peters*, K. (Hrsg.): Marketing mit interaktiven Medien, 2. Auflage, Frankfurt a. M. 1999

*Alby*, T.: Web 2.0. Konzepte, Anwendungen, Technologien, München 2007

*Auer*, H.-D./*Bauer,* A.: Direct Response TV, Ettlingen 1997

AUMA (Hrsg.): Erfolgreiche Messebeteiligung, Berlin 2002

*Avenarius*, H.: Public Relations, 2. Auflage, Darmstadt 2000

*Babin*, J.-U.: Perspektiven des Sportsponsoring, Frankfurt a. M. 1995

*Bachem*, C.: Webtracking – Werbeerfolgskontrolle im Netz, in: Wamser, C./Fink, D. H. (Hrsg.): Marketing-Management mit Multimedia: Neue Medien, neue Märkte, neue Chancen, Wiesbaden 1997, S. 189–198

*Bauer*, H. H./*Große-Leege*, D./*Rösger*, D. (Hrsg.): Interactive Marketing im Web 2.0, 2. Auflage, München 2008

*Baumgarth*, C.: Markenpolitik, 3. Auflage, Wiesbaden 2008

*Becker*, J.: Marketing-Konzeption, 10. Auflage, München 2012

*Behrens*, Gerold: Werbung, München 1996

*Birker*, Klaus: Betriebliche Kommunikation, Berlin 1998

*Birkigt*, Klaus/*Stadler*, Marius (Hrsg.): Corporate Identity, Grundlagen, Funktionen, Fallbeispiele, 11. Auflage, Landsberg a.L. 2002

*Böll*, Karin: Merchandising und Licensing, München 1999

*Borchardt*, H.-J./*Harms*, H.: Strategisches Kommunikations-Management, Heidelberg 1998

*Born*, A.: Timing der Werbung, Modellansätze und Erfahrungen, Saarbrücken 2008

*Bräutigam*, S.: Management von Markenarchitekturen, Gießen 2004

*Bremshey*, P.: Eventmarketing, Wiesbaden 2001

*Bristot*, R.: Geschäftspartner Werbeagentur, Essen 1995

*Broadbent*, S./*Haarstick*, K: Accountable Advertising, München 1999

*Brosius*, H. B./*Fahr*, A.: Werbewirkung im Fernsehen, München 1996

*Bruhn*, Manfred: Kommunikationspolitik, 7. Auflage, München 2012

- Sponsoring, 5. Auflage, Frankfurt a. M. 2010

- Multimedia-Kommunikation, München 1997

- Unternehmens- und Marketingkommunikation, 3. Auflage, München 2014

- Integrierte Unternehmenskommunikation. Ansatzpunkte für eine strategische und operative Umsetzung integrierter Kommunikationsarbeit, 6. Auflage, Stuttgart 2014

- Integrierte Unternehmenskommunikation. Entwicklungsstand in Unternehmen, Wiesbaden 1999

*Bruhn*, Manfred/*Boenigk*, M.: Integrierte Kommunikation, Wiesbaden 1999

*Bruns*, Jürgen: Direktmarketing, 2. Auflage, Ludwigshafen 2006

*Buck*, A./*Vogt*, M. (Hrsg.): Design Management. Was Produkte wirklich erfolgreich macht, Wiesbaden 1997

*Butscher*, S.: Kundenclubs als modernes Marketinginstrument, Ettlingen 1995

*Clausen*, E.: Mehr Erfolg auf Messen, Landsberg a.L. 2000

*Clef*, U. (Hrsg.): Handbuch Radio Marketing, München 1995

*Cleveland*, B./*Mayben*, J./*Greff*, G.: Call Center Management, Wiesbaden 1998

*Dallmer*, Heinz (Hrsg.): Handbuch Direct Marketing, 8. Auflage, Wiesbaden 2002

*Derieth*, A.: Unternehmenskommunikation, Opladen 1995

*Dietz*, K.: Werbung – Was ist erlaubt? Was ist verboten?, 3. Auflage, Offenburg 1997

*Dittrich*, Helmut: Telefonieren – professionell und überzeugend, München 1994

*Elias*, Kriemhild/Schneider, Karl Heinrich: Handlungsfeld Kommunikation, Köln 1996

*Ellinghaus*, U.: Werbewirkung und Markterfolg, München u. a. 2000

*Emrich*, C.: Multi-Channel-Communications- und Marketing-Management, Wiesbaden 2008

- Interkulturelles Marketing-Management, 2. Auflage, Wiesbaden 2009

*Engelhardt*, Alexander von: Werbewirkungsmessung, München 1999

*Erber*, S.: Eventmarketing, 4. Auflage, München 2005

*Esch*, F.-R.: Wirkungen integrierter Kommunikation, 2. Auflage, Wiesbaden 1998

- Strategie und Technik der Markenführung, 8. Auflage, München 2014

*Esch*, F.-R. (Hrsg.): Moderne Markenführung, 4. Auflage, Wiesbaden 2013

*Esch*, F.-R./*Kroeber-Riel*, W. (Hrsg.): Expertensysteme für die Werbung, München 1994

*Fantapié Altobelli*, C./*Hoffmann*, S.: Werbung im Internet, Kommunikations-Kompendium (MGM), München 1995

*Faulstich*, W.: Grundwissen Medien, München 1994

*Felser*, G.: Werbe- und Konsumentenpsychologie, 3. Auflage, Berlin/Heidelberg 2007

*Fieger*, U./*Broßmann*, M. (Hrsg.): Business Multimedia, Wiesbaden/Frankfurt a. M. 1997

*Fill*, C.: Marketing-Kommunikation, München 2001

*Fink*, D. H./*Wamser*, Ch.: Neue Medien im Marketing, München 1999

*Fischer*, G.: Direktmarketing-Aktionen planen, rechnen, kontrollieren, 2. Auflage, Ettlingen 1999

*Förster*, H.-P.: Corporate Wording, Frankfurt a. M. 1994

*Francke*, L.: Erlaubtes und Unerlaubtes in der Verkaufsförderung und in der Werbung von A–Z, 3. Auflage, München 1997

*Fritz*, W.: Internet-Marketing und Electronic Commerce, 4. Auflagen, Wiesbaden 2006

*Frühschütz*, J.: Lexikon der Medienökonomie, Frankfurt a. M. 2000

*Fuchs*, W./*Unger*, F.: Verkaufsförderung, 2. Auflage, Wiesbaden 2003

– Management der Marketing-Kommunikation, 5. Auflage, Heidelberg 2014

*Fünfgeld*, H./Mast, C. (Hrsg.): Massenkommunikation, Opladen/Wiesbaden 1997

*Gedenk*, K.: Verkaufsförderung, München 2002

*Geffken*, M. (Hrsg.): Das große Handbuch Werbung, Landsberg a. L. 1999

*Glöckler*, T.: Strategische Erfolgspotentiale durch Corporate Identity, Wiesbaden 1995

*Glogger*, A.: Imagetransfer im Sponsoring, Frankfurt a. M. 1999

*Gottschling*, Stefan/*Rechenauer*, Hannes O.: Direktmarketing, München 1994

*Graf*, Chr.: Event-Marketing, Wiesbaden 1998

*Grauer*, M./*Merten*, U.: Multimedia, Berlin u. a. 1997

*Greff*, G.: Das 1 × 1 des Telefonmarketing, 2. Auflage, Wiesbaden 2000

*Greff*, G./*Kruse*, J. P.: Das ABC des Call Center Management, Wiesbaden 1999

*Gruninger-Hermann*, Ch.: Teleshopping, Stuttgart u. a. 1999

*Gutjahr*, G./*Keller*, I.: Corporate Identity – Meinung und Wirkung, in: Birkigt, K./Stadler, M. M./Funck, H. J. (Hrsg.): Corporate Identity, 8. Auflage, Landsberg a. L. 1995, S. 77–96

*Halstenberg*, V.: Integrierte Marken-Kommunikation, Frankfurt u. a. 1996

*Hamm*, I.: Internet-Werbung, Stuttgart 2000

*Harbecke*, B.: Der Schlüssel zum Messeerfolg, Bremen 1996

*Hartleben*, R. E.: Werbekonzeption und Briefing, 2. Auflage, Erlangen 2004

*Haselhofer*, G.: Database Marketing, Wien 1996

*Haucke*, Manfred: Mehr Erfolg am Telefon, München 1994

*Heinemann*, Chr.: Werbung im interaktiven Fernsehen, Wiesbaden 1998

*Heinrich*, J.: Medienökonomie, Opladen 1994

*Heinze*, T.: Kultursponsoring, 4. Auflage, Opladen 2009

*Hermanns*, Arnold/Marwitz, C.: Sponsoring 3. Auflage, München 2007

*Hettler*, U.: Social Media Marketing, München 2010

*Hofbauer*, G./*Hohenleitner*, C.: Erfolgreiche Marketing-Kommunikation, München 2005

*Hofe*, K. G.: Praktisches Werbe- und Marketing-ABC, 4. Auflage, Freiburg 1999

*Hofsäss*, M./*Engel*, D.: Praxishandbuch Mediaplanung, Berlin 2003

*Holland*, H.: Direktmarketing, 3. Auflage, München 2009

– Mobile Marketing, Wiesbaden 2006

*Holzbaur*, U. u. a.: Eventmanagement, 3. Auflagen, Berlin u. a. 2005

*Huber*, M.: Kommunikation im Web 2.0, Konstanz 2008

*Huckemann*, M/*Weiler*, D. S. ter: Messen meßbar machen, 2. Auflage, Neuwied 1999

*Hünerberg*, R./*Heise*, G.: Multimedia und Marketing, Grundlagen und Anwendungen, Wiesbaden 1995

*Huth*, Rupert/*Pflaum*, Dieter: Einführung in die Werbelehre, 7. Auflage, Stuttgart u. a. 2005

*Janssen*, A.: Haushaltswerbung, Ettlingen 1998

*Janßen*, V.: Einsatz des Werbecontrolling, Wiesbaden 1999

*Jefkins*, F.: Public Relations, 5. Ed., Suffolk 1998

*Karmasin*, H.: Produkte als Botschaften, 4. Auflage, Landsberg a. L./Wien 2007

*Kehl*, R. E.: Erfolgsmessung im Direktmarketing, Ettlingen 1995

*Kern*, A.: Regionale Kommunikation, Köln 1999

*Kinnebrock*, W.: Integriertes Eventmarketing, Wiesbaden 1993

– Marketing mit Multimedia, Landsberg a. L. 1994

*Kirchner*, K.: Integrierte Unternehmenskommunikation, Wiesbaden 2001

*Kleebinder*, H.-P.: Internationale Public Relations, Wiesbaden 1995

*Klein*, H.-M.: Zufriedene Kunden am Telefon, Neuwied 1999

*Klimsa*, P.: Multimedia, Reinbek 1995

*Kloss*, Ingomar: Werbung, 5. Auflage, München 2012

– Werbecontrolling, Konzepte – Instrumente – Fallbeispiele, Stuttgart 2003

*Kolb*, H.-P.: Multimedia, Frankfurt a. M. u. a. 1999

*Kramer*, D.: Fine-Tuning von Werbebildern, Wiesbaden 1998

*Kreifels*, R./*Breuer*, Chr./*Maidl*, J.: Die Werbeagentur in Recht und Praxis, München 2000

*Kroeber-Riel*, Werner/*Esch*, F. R.: Strategie und Technik der Werbung, 7. Auflage, Stuttgart u. a. 2011

*Kroeber-Riel*, Werner/*Weinberg*, P./*Gröppel-Klein*, A.: Konsumentenverhalten, 10. Auflage, München 2013

*Kroehl*, H.: Corporate Identity als Erfolgsfaktor im 21. Jahrhundert, München 1999

*Küthe*, E./*Venn*, A.: Marketing mit Farben, Köln 1996

*Kunczik*, M.: Public Relations: Konzepte und Theorien, 5. Auflage, Köln u. a. 2010

*Langner*, T.: Integriertes Branding, Wiesbaden 2003

*Latour*, S.: Namen machen Marken, Frankfurt a. M./New York 1996

*Ludes*, P./*Werner*, W. (Hrsg.): Multimedia-Kommunikation, Wiesbaden 1997

*Martini*, B.-J. (Hrsg.): Handbuch PR (Loseblattwerk), Neuwied 1999

*Mast*, C./*Huck*, S./*Güller*, K.: Kundenkommunikation, Stuttgart 2005

*Mayer*, S.: Wettbewerbsfaktor Design, Berlin u. a. 1996

– Der Einsatz von Design als Wettbewerbsfaktor im Markt für Investitionsgüter, Hamburg 1997

*McKenna*, R.: Relationship Marketing, Reading u. a. 1991

*Menzler-Trott*, E. (Hrsg.): Call Center Management, München 1999

*Müller*, G./*Kohl*, U./*Schoder*, D.: Unternehmenskommunikation, Bonn u. a. 1997

*Müller*, R.: Event-Marketing = Event + Marketing, in: Tomczak, T./Müller, F./Müller R. (Hrsg.): Die Nicht-Klassiker der Unternehmungskommunikation, St.Gallen 1995, S. 112–117

*Müller*, W.: Interkulturelle Werbung, Heidelberg 1997

*Muldoon*, K.: Handbuch Katalogmarketing, Landsberg a.L. 1997

*Neidhardt*, F. (Hrsg.): Öffentlichkeit, öffentliche Meinung, soziale Bewegungen, Opladen 1994

*Neumann*, D.: Erlebnismarketing, Eventmarketing, 2. Auflage, Düsseldorf 2006

*Nickel*, O.: Werbemonitoring, Wiesbaden 1997

– (Hrsg.): Event Marketing – Grundlagen und Erfolgsbeispiele, 2. Auflage, München 2007

*Nickel*, U.: Bartering, Position, Probleme, Perspektiven, Frankfurt 1996

*Niepmann*, C.: Wirkungsmodelle der Werbung, Hamburg 1999

*Olert*, J.: Integriertes Kommunikationsmanagement, Wiesbaden 2003

*Pepels*, Werner: Kommunikations-Management, 5. Auflage, Stuttgart 2014

– Einführung in die Kommunikationspolitik, Stuttgart 1997

*Pflaum*, Dieter/*Eisenmann*, H./*Eisenmann*, H.: Verkaufsförderung, Landsberg a.L. 2000

*Pflaum*, Dieter/*Linxweiler*, R.: Public Relations der Unternehmung, Landsberg a.L. 1997

*Pickert*, M.: Die Konzeption der Werbung, Heidelberg 1994

*Pradel*, M.: Marketingkommunikation mit neuen Medien, München 1997

*Prüser*, S.: Messemarketing, Wiesbaden 1997

*Raab*, G./*Gernsheimer*, O./*Schindler*, M.: Neuromarketing, Wiesbaden 2009

*Reiter*, Wolfgang Michael (Hrsg.): Werbeträger – Handbuch für die Mediapraxis, 9. Auflage, Frankfurt a. M. 1999

*Robers*, D.: Integrierte Marketing-Kommunikation von Konzernen, Wiesbaden 1999

*Robertz*, G.: Strategisches Messemanagement im Wettbewerb, Wiesbaden 1999

*Rogge*, Hans Jürgen: Werbung, 6. Auflage, Ludwigshafen 2004

*Rohrbach*, P.: Interaktives Teleshopping, Wiesbaden 1997

*Ronellenfitsch*, M.: Medienrecht, Stuttgart 2000

*Rosenstiel*, L.v./*Kirsch*, A.: Psychologie der Werbung, Rosenheim 1996

*Rossiter*, J.R./*Percy*, L.: Advertising and Promotion Management, 2. Ed., New York et al 1995

*Rota*, Franco P.: PR- und Medienarbeit im Unternehmen, 2. Auflage, München 1994

– Informationsmittel des Unternehmens, München 1997

*Ruhrmann*, G.: Risikokommunikation, Opladen/Wiesbaden 1998

*Scheier*, C./*Held*, D.: Wie Werbung wirk: Erkenntnisse des Neuromarketings, Freiburg 2007

– Was Marken erfolgreich macht, Planegg 2007

*Schick*, S.: Interne Unternehmenskommunikation, 4. Auflage, Stuttgart 2010

*Schiele*, G./*Hähner*, J./*Becker*, C.: Grundlagen des Web 2.0, 2. Auflage, Wiesbaden 2008

*Schimansky*, A.: Der Neue Wert der Marke, München 2014

*Schleuning*, Chr.: Dialogmarketing, 3. Auflage, Ettlingen 1997

*Schloßbauer*, S.: Handbuch der Außenwerbung, 2. Auflage, Frankfurt a. M. 1998

*Schmitz*, C.A. (Hrsg.): Managementfaktor Design, München 1994

*Schneider*, K. (Hrsg.): Werbung in Theorie und Praxis, 4. Auflage, Waiblingen 1997

*Schnierer*, T.: Soziologie der Werbung, Opladen 1999

*Schotthöfer*, P. (Hrsg.): Recht im Direktmarketing, Ettlingen 1999

*Schugk*, M.: Interkulturelle Kommunikation, 2. Auflage, München 2014

*Schweiger*, Günter/*Schrattenecker*, Gertraud: Werbung, 8. Auflage, Stuttgart 2012

*Silberer*, G. (Hrsg.): Interaktive Werbung, Stuttgart 1997

*Silberer*, G./*Wohlfahrt*, J./*Wilhelm*, T. (Hrsg.): Mobile Commerce, Wiesbaden 2002

*Steffenhagen*, Hartwig: Wirkungen der Werbung, 2. Auflage, Aachen 2000

*Stender-Monhemius*, K.: Einführung in die Kommunikationspolitik, München 1999

*Szyszka*, P.: Strategische Kommunikationsplanung, Konstanz 2008

*Tomczak*, T./*Müller*, F./*Müller*, R. (Hrsg.): Die Nichtklassiker der Unternehmenskommunikation, St.Gallen 1995

*Trommsdorff*, V.: Konsumentenverhalten, 8. Auflage, Stuttgart u. a. 2011

*Unger*, Fritz u. a.: Mediaplanung, 6. Auflage, Heidelberg 2012

*Unger*, Fritz/*Dögl*, Rudolf: Taschenbuch Werbepraxis, Heidelberg 1995

*Vögele*, S.: 99 Erfolgsregeln für Direktmarketing, 3. Auflage, Landsberg a.L. 1997

*Wahl*, J. H. W.: Möglichkeiten und Grenzen des Einsatzes von Multimedia im Marketing, Frankfurt a. M. 1997

*Walliser*, B.: Sponsoring – Wirkung und Kontrollmöglichkeiten, Wiesbaden 1995

*Werner*, A.: Marketing-Instrument Internet, 3. Auflage, Heidelberg 2003

*Wiedmann*, K. P.: Markenpolitik und Corporate Identity, in: Bruhn, H. (Hrsg.): Handbuch Markenartikel, Band 2, Stuttgart 1994, S. 1033–1054

*Wirtz*, B. W.: Medien- und Internetmanagement, 8. Auflage, Wiesbaden 2012

*Wiswede*, G.: Soziologie, 3. Auflage, Landsberg/Lech 1998

– Einführung in die Wirtschaftspsychologie, 4. Auflage, München 2007

*Witt*, M.: Kunstsponsoring, Berlin u. a. 2000

*Woll*, E.: Erlebniswelten und Stimmungen in der Anzeigenwerbung, Wiesbaden 1997

*Zanger*, C./*Sistenich*, F.: Eventmarketing, in: Marketing ZFP, Nr. 4/1996, S. 233–242

*Zerfaß*, A.: Unternehmensführung und Öffentlichkeitsarbeit, Opladen 1996

*Zurstiege*, G.: Werbeforschung, Konstanz 2007

# Sachwortverzeichnis